“十二五”国家重点图书出版规划项目

现代电磁无损检测学术丛书

电磁无损检测数值模拟方法

陈振茂　解社娟　曾志伟　裴翠祥　著

康宜华　审

机 械 工 业 出 版 社

本书以作者长年科学研究成果为基础，结合学科最新研究进展，针对典型电磁无损检测方法，包括涡流检测、脉冲涡流检测、直流电位检测、漏磁检测及电磁超声检测的数值模拟方法进行了系统介绍。针对各种检测方法，给出了电磁场有限元分析、信号计算的理论公式和具体计算步骤、程序开发思路，以及针对典型检测探头和检测对象的数值模拟结果计算实例。同时，以典型缺陷反演重构为目的，给出了检测信号反演的各种方法和计算实例，并介绍了几种检测信号的高效计算方法。最后给出了核电站换热管材料、复合材料、超轻多孔材料检测等方面的应用实例。

本书首次系统归纳了电磁无损检测数值模拟理论和方法，对研究电磁无损检测和计算电磁场的学生和研究人员具有参考意义。

图书在版编目（CIP）数据

电磁无损检测数值模拟方法/陈振茂等著. —北京：机械工业出版社，2017.3

（现代电磁无损检测学术丛书）

“十二五”国家重点图书出版规划项目

ISBN 978-7-111-55919-1

Ⅰ.①电… Ⅱ.①陈… Ⅲ.①电磁检验-无损检验-数值模拟 Ⅳ.①TG115.28

中国版本图书馆 CIP 数据核字（2017）第 008669 号

机械工业出版社（北京市百万庄大街 22 号　邮政编码 100037）
策划编辑：薛　礼　责任编辑：李超群　刘良超　武　晋
责任校对：刘雅娜　刘秀芝　封面设计：鞠　杨
责任印制：李　飞
北京铭成印刷有限公司印刷
2017 年 3 月第 1 版第 1 次印刷
184mm×260mm · 15.25 印张 · 367 千字
0001—1500 册
标准书号：ISBN 978-7-111-55919-1
定价：148.00 元

凡购本书，如有缺页、倒页、脱页，由本社发行部调换

电话服务
服务咨询热线：010-88379833
读者购书热线：010-88379649

网络服务
机 工 官 网：www.cmpbook.com
机 工 官 博：weibo.com/cmp1952
教育服务网：www.cmpedu.com
金 书 网：www.golden-book.com

序　1

利用大自然的赋予，人类从未停止发明创造的脚步。尤其是近代，科技发展突飞猛进，仅电磁领域，就涌现出法拉第、麦克斯韦等一批伟大的科学家，他们为人类社会的文明与进步立下了不可磨灭的功绩。

电磁波是宇宙物质的一种存在形式，是组成世间万物的能量之一。人类应用电磁原理，已经实现了许多梦想。电磁无损检测作为电磁原理的重要应用之一，在工业、航空航天、核能、医疗、食品安全等领域得到了广泛应用，在人类实现探月、火星探测、无痛诊疗等梦想的过程中发挥了重要作用。它还可以帮助人类实现更多的梦想。

我很高兴地看到，我国的无损检测领域有一个勇于探索研究的群体。他们在前人科技成果的基础上，对行业的发展进行了有益的思考和大胆预测，开展了深入的理论和应用研究，形成了这套“现代电磁无损检测学术丛书”。无论他们的这些思想能否成为原创技术的基础，他们的科学精神难能可贵，值得鼓励。我相信，只要有更多为科学无私奉献的科研人员不懈创新、拼搏，我们的国家就有希望在不久的将来屹立于世界科技文明之巅。

科学发现永无止境，无损检测技术发展前景光明！

中国科学院院士

程开甲

2015 年秋日

序　2

无损检测是一门在不破坏材料或构件的前提下对被检对象内部或表面损伤以及材料性质进行探测的学科，随着现代科学技术的进步，综合应用多学科及技术领域发展成果的现代无损检测发挥着越来越重要的作用，已成为衡量一个国家科技发展水平的重要标志之一。

现代电磁无损检测是近十几年采发展最快、应用最广、研究最热门的无损检测方法之一。物理学中有关电场、磁场的基本特性一旦运用到电磁无损检测实践中，由于作用边界的复杂性，从“无序”的电磁场信息中提取“有用”的检测信号，便可成为电磁无损检测技术理论和应用工作的目标。为此，本套现代电磁无损检测学术丛书的字里行间无不浸透着作者们努力的汗水，闪烁着作者们智慧的光芒，汇聚着学术性、技术性和实用性。

丛书缘起。2013 年 9 月 20～23 日，全国无损检测学会第 10 届学术年会在南昌召开。期间，在电磁检测专业委员会的工作会议上，与会专家学者通过热烈讨论，一致认为：当下科技进步日趋强劲，编织了新的知识经纬，改变了人们的时空观念，特别是互联网构建、大数据登场，既给现代科技，亦给电磁检测技术注入了全新的活力。是时，华中科技大学康宜华教授率先提出：敞开思路、总结过往、预测未来，编写一套反映现代电磁无损检测技术进步的丛书是电磁检测工作者义不容辞的崇高使命。此建议一经提出，立即得到与会专家的热烈响应和大力支持。

随后，由福建省爱德森院士专家工作站出面，邀请了两弹一星功勋科学家程开甲院士担任丛书总顾问，钱七虎院士、徐滨士院士、陈达院士、杨叔子院士、张履谦院士等为顾问委员会成员，为丛书定位、把脉，力争将国际上电磁无损检测技术、理论的研究现状和前沿写入丛书中。2013 年 12 月 7 日，丛书编委会第一次工作会议在北京未来科技城国电研究院举行，制订出 18 本丛书的撰写名录，构建了相应的写作班子。随后开展了系列活动：2014 年 8 月 8 日，编委会第二次工作会议在华中科技大学召开；2015 年 8 月 8 日，编委会第三次工作会议在国电研究院召开；2015 年 12 月 19 日，编委会第四次工作会议在西安交通大学召开；2016年5月15日，编委会第五次工作会议在成都电子科技大学召开；2016年6月4日，编委会第六次工作会议在爱德森驻京办召开。

好事多磨，本丛书的出版计划一推再推。主要因为丛书作者繁忙，常“心有意而力不逮”；再者丛书提出了“会当凌绝顶，一览众山小”高度，故其更难矣。然诸君一诺千金，知难而进，经编委会数度研究、讨论精简，如今终于成集，圆了我国电磁无损检测学术界的一个梦！

最终决定出版的丛书，在知识板块上，力求横不缺项，纵不断残，理论立新，实证鲜活，预测严谨。丛书共包括九个分册，分别是：《钢丝绳电磁无损检测》《电磁无损检测数值模拟方法》《钢管漏磁自动无损检测》《电磁无损检测传感与成像》《现代漏磁无损检测》《电磁无损检测集成技术及云检测/监测》《长输油气管道漏磁内检测技术》《金属磁记忆无损检测理论与技术》《电磁无损检测的工业应用》，代表了我国在电磁无损检测领域的最新研究和应用水平。

丛书在手，即如丰畴拾穗，金瓯一拢，灿灿然皆因心仪。从丛书作者的身上可以感受到电磁检测界人才辈出、薪火相传、生生不息的独特风景。

概言之，本丛书每位辛勤耕耘、不倦探索的执笔者，都是电磁检测新天地的开拓者、观念创新的实践者，余由衷地向他们致敬！

经编委会讨论，推举笔者为本丛书总召集人。余自知才学浅薄，诚惶诚恐，心之所系，实属难能。老子曰：“夫代大匠斫者，希有不伤其手者矣”。好在前有程开甲院士屈为总顾问领航，后有业界专家学者扶掖护驾，多了几分底气，也就无从推诿，勉强受命。值此成书在即，始觉“千淘万漉虽辛苦，吹尽狂沙始到金”限于篇幅，经芟选，终稿。

洋洋数百万字，仅是学海撷英。由于本丛书学术性强、信息量大、知识面宽，而笔者的水平局限，疵漏之处在所难免，望读者见谅，不吝赐教。

丛书的编写得到了中国无损检测学会、机械工业出版社的大力支持和帮助，在此一并致谢！

丛书付梓费经年，几度惶然夜不眠。

笔润三秋修正果，欣欣青绿满良田。

是为序。

现代电磁无损检测学术丛书编委会总召集人
中国无损检测学会副理事长

丙申秋

前　言

随着现代社会的发展，现代装备和结构趋于大型、复杂、高性能化，随之而来的是结构和材料的失效可能导致严重事故，危及人民生命财产安全。如何避免灾难性事故的发生是现代装备和结构必须解决的问题，是国家的重大需求。保障结构完整性的需求凸显了在役和役前无损检测的重要性，同时为避免过度维护导致的经济性和可靠性问题，定量无损评价已成为重要手段。

在众多无损检测手段中，电磁无损检测具有非接触、快速、信号处理简便等优点，广泛应用于众多工业领域。数值模拟是理解电磁无损检测信号发生机理、设计和优化探头、基于信号反演对缺陷进行定量重构的关键手段。电磁无损检测的基本原理主要是低频电磁场问题，涉及瞬态、稳态线性涡流场，非线性静、动态磁场，恒定电流场等问题，同时针对复合材料无损检测还需考虑材料各向异性。因此，电磁无损检测的数值模拟涉及低频电磁场数值分析的基本理论、方法和学科前沿问题。

本书以作者多年的科学研究成果为基础，结合学科最新研究进展，针对典型电磁无损检测方法，包括涡流检测（Eddy Current Testing，ECT）、脉冲涡流检测（Pulsed ECT，PECT）、漏磁检测（Magnetic Flux Leakage Testing，MFLT）、直流电位检测（DC Potential Drop，DCPD）以及电磁超声检测（Electromagnetic Acoustic Testing，EMAT）的数值模拟方法进行了系统深入的介绍。针对上述各种检测方法，分别给出了电磁场控制方程、有限元分析、信号计算的理论公式和具体计算步骤，以及程序开发的主要思路，还给出了针对典型检测探头和对象的数值模拟结果算例。同时，以典型缺陷反演重构为目的，给出了检测信号反演的各种方法和计算实例，并介绍了几种检测信号的高效计算方法。最后给出了电磁无损检测数值模拟在核能结构、超轻多孔材料等方面的应用实例。本书首次系统归纳了主要电磁无损检测数值模拟方法和计算程序思路，对从事电磁无损检测和计算电磁场理论及应用的研究人员和研究生具有参考意义。

本书首次尝试归纳电磁无损检测数值模拟相关的经典方法和最新研究成果，对作者研究组以外的研究成果也做了一些介绍。其中，部分内容是作者在国外学习研究期间涉及的工作内容，得到了日本东京大学、日本东北大学、日本原子能机构（JAEA）及美国密歇根大学等相关国内外大学和研究机构学者的支持和协助，部分内容是作者指导的博士和硕士研究生的学位论文内容。曾志伟负责的内容得到了课题组李俭老师的协助。在此对相关学者和学生表示衷心感谢。本书成稿过程中，参照现代电磁无损检测技术丛书编委会各位委员非常有价值的意见和建议进行了多次修改。华中科技大学康宜华教授任本书主审，对全书进行了全面审定。在此，对他们一并表示衷心感谢。本书部分公式和图表的绘制、校对等得到陕西省无损检测与结构完整性评价工程技术研究中心研究生的鼎力帮助，这里也向他们表示衷心的感谢。

本书第1章、第2章、第6章主要内容和第8章部分内容由西安交通大学陈振茂执笔，第3章全部内容和第2章、第8章部分内容由厦门大学曾志伟执笔，第4章、第5章全部和第6章及第1章的部分内容由西安交通大学解社娟执笔，第7章全部及第8章部分内容由西安交通大学裴翠祥执笔。全书由陈振茂、解社娟整理统稿。康宜华教授负责全书的审稿工作，并提出了宝贵的修改意见。

鉴于作者的知识范围和编排时间等因素，书中难免有不妥甚至错误之处，敬请读者批评指正。

作　者

目　　录

第1章　绪　　论

内容摘要

本章首先简要介绍无损检测研究相关背景、典型应用，主要电磁无损检测方法的原理和特点，电磁无损检测相关研究开发的历史和现状，电磁无损检测数值模拟的主要内容和研究现状，最后给出本书框架和各章的主要内容概要。

1.1　无损检测和电磁无损检测

人类社会的进步要求不断发展新型装备和结构，以满足日益增长的能源、交通运输、日常生活以及安全等需求，现代装备越来越向大型、复杂、高性能化发展，其使用环境也趋向超高温、超高压、放射腐蚀、超强电磁场等，随之而来的是结构和材料的失效可能带来巨大危害。如何避免灾难性事故是现代装备和结构必须解决的问题，是国家的重大需求。同时，水、电、气、通信等社会保障系统虽多属常规结构，但其失效不仅会给人民生活带来极大的不便，而且可能危及人民生命财产安全和社会稳定。确保社会保障系统的安全可靠同样也是国家重大需求。保障结构完整性的需求凸显了结构和材料在役和役前无损检测和评价的重要性。同时，为避免过度维护而降低系统经济性及其伴生的资源、环境问题，定量无损评价已成为现代产业必需的重要手段。

在众多无损检测手段中，电磁无损检测由于其检测信号为电学参量，具有非接触、快速、信号处理便捷等优点，广泛应用于众多产业领域，是被检部件数量最多的无损检测方法。无损检测方法的数值模拟是理解无损检测信号发生机理，设计、升级和优化探头结构和检测系统，以及基于检测信号对缺陷进行定量反演重构的关键手段。电磁无损检测的检测用物理场主要为电磁场，属于低频电磁场问题，涉及瞬态电磁场，稳态线性涡流场，非线性静、动态磁场，恒定电流场等问题；复合材料的电磁无损检测还涉及材料各向异性；部分高频电磁无损方法（如微波检测），还涉及电磁波等高频电磁场问题。电磁无损检测的数值模拟不但涉及低频电磁场数值分析的基本理论、方法、高效计算、程序开发，也涉及非线性、履历性磁性介质电磁场计算、各向异性材料建模、复杂缺陷的建模和重构、高精度高效检测新方法开发等学科前沿问题。

1.1.1　无损检测的基本概念

在不对检测对象结构和材料造成损伤的前提下，通过向检测对象施加物理场并测量分析其反应，以实现对检测对象进行缺陷（损伤）检测的活动称为无损检测。无损检测不仅要求检测后对结构材料不造成宏观损伤，也要求不因检测本身对相应结构的完整性带来影响。无损检测方法可以对结构的关键部位进行定点反复在线检测（无损监测），也可以通过定期检测对服役结构的安全性进行有效确认。除检测探头无法接近的部位外，无损检测技术可以实现大部分结构的表面缺陷和体积缺陷检测。

结构内部和表面没有过度的缺陷和损伤是保障机械强度和完整性的关键。表面缺陷或损伤可能带来表面状态如形态、色调等的变化，通过肉眼观察，即通过可见光即可进行识别和评估。但材料内部缺陷必须依靠入射其他物理能量代替可见光对缺陷状态进行定性和定量检测。这种能量应能有效穿透进入材料内部，并且缺陷和损伤能对其传播特性和反应产生明显影响。不对结构造成损伤的物理能量的入射和测量分析是无损检测的关键要素。

无损检测中的检测对象一般可分为宏观缺陷和微观缺陷（损伤）。宏观缺陷的尺度一般为毫米量级，而微观缺陷应为微米量级。虽然塑性变形和疲劳损伤一般并不称为缺陷，但由于其位错、滑移等现象的存在，也可列入微观缺陷的范畴。

宏观缺陷可能在材料与结构的制造、加工和服役过程中产生，包含裂纹、空洞、夹杂、磨损减薄等。设备在运行过程中，由于内外流和腐蚀作用（如流动加速腐蚀、液滴冲击腐蚀）等，可能发生管道、容器壁的局部和全面厚度减薄，即腐蚀缺陷。同时，很多构件由于温度/机械拉应力、腐蚀环境和应力腐蚀耐受性因素，可能在低应力条件下产生很大的应力腐蚀裂纹。而机械/温度等脉动应力的长期作用，是疲劳裂纹的主因。壁厚减薄、应力腐蚀裂纹、疲劳裂纹以及空洞和夹杂等是典型的宏观缺陷，其大小超出一定尺度则可能危及结构安全。

设备长期运行伴随的材料老化，多为微观缺陷的发生和汇聚造成材料的组织和形态变化而引起。例如，核电站压力容器、管道和聚变堆包层结构材料的辐照脆化主要起因于中子辐照造成不纯物的产生和累积以及相关的微观缺陷。材料的塑性变形、疲劳损伤、蠕变等也伴随有材料内部的微观损伤，如位错、滑移、微空洞等。对这种微观损伤进行定量评价也是无损检测的重要目标。本书中将发生微观损伤和宏观缺陷的部位统称为损伤部位，而将没有损伤和缺陷的部位称为健全部位。另外，对各种待检部件、结构称为对象结构或材料，对为开发、验证和标定检测手段模拟检测对象结构制作的检测对象则称为试样或试块。

无损检测的主要应用对象为金属材料结构，近几年在陶瓷、复合材料、木材、混凝土等材料的研究上也有很好的应用。对于不同的材料和结构，由于能量传播特性的差异，同一检测方法也会有不同的检测效果。一般说来，对于一定检测对象的材料和结构需要开发相应的检测方法和工艺，并不存在普通适用的无损检测方法和仪器。

无损检测方法由于入射和测量物理能量种类和在介质中的传播方式、检测信号的抽出、处理和可视化手段等的不同，而具有非常多的种类，其相应的检测性能、泛用性、经济性等也各不相同。电磁无损检测的入射能量是电磁能，由于其相应的响应信号多直接为电磁信号且一般检测不需要物理接触，因此具有适用性强、设备简单、检测效率高等特点。本书主要围绕电磁无损检测方法，就其物理原理、检测信号数值模拟方法等理论部分开展重点说明，为电磁无损检测系统的开发、优化和信号处理方法的便捷高效化等提供必要的手段和支撑。

1.1.2 无损检测一般原理

无损检测方法即为在不对检测对象结构造成损伤的前提下，通过向检测对象入射物理场，并测量和分析其反应，对材料内部缺陷和损伤状况进行推测、判定的方法。不同种类的无损检测方法对应不同的入射能量，如射线、超声波、热流、电磁场、机械振动等。由于缺陷和损伤部位的材料特性变化会影响入射物理场的传播特性，如射线的吸收，声波的反射、折射、衍射，电导率、磁导率的变化等，通过对物理场传播特性变化进行测量即可实现缺陷和损伤的检测和评价。因此，不同的检测对象需要根据其材料、几何特征选择相应的入射物理能量和检测方法。一般而言，人工主动施加入射能量并检测其反应的方法称为主动无损检测方法，它是无损检测方法的主流。也有部分无损检测方法无需人工入射能量，而是直接测量并分析结构和材料损伤所诱发的物理场变化，这些方法称为被动无损检测方法。

对于主动无损检测方法，如图 1-1 所示，其检测过程可用如下公式定性描述：

$$\boldsymbol{N}_{\text{output}} = F(\boldsymbol{N}_{\text{input}}) \tag{1-1}$$

式中，$\boldsymbol{N}_{\text{output}}$和$\boldsymbol{N}_{\text{input}}$分别为无损检测中入射和检出物理能量参数向量；$F$ 为检测对象和物理场的相互作用函数。

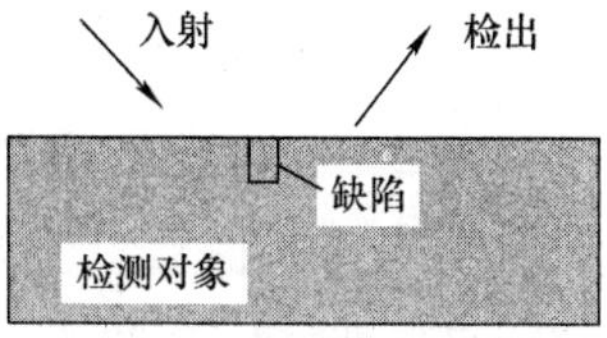

图 1-1　无损检测基本原理

函数 F 一般为检测对象的物理特性 $\boldsymbol{M}$ 和几何特征参数 $\boldsymbol{G}$ 的函数，可表示为

$$\boldsymbol{F} = F(\boldsymbol{M}, \boldsymbol{G}_1, \boldsymbol{G}_2) \tag{1-2}$$

式中，变量 $\boldsymbol{M}$ 为材料结构、分布函数系数等；$\boldsymbol{G}_1$、$\boldsymbol{G}_2$分别为材料几何信息和缺陷信息的状态向量。

由于材料几何信息一般已知，缺陷信息状态向量 $\boldsymbol{G}_2$ 可从式（1-2）进行求解，一般表达为

$$\boldsymbol{G}_2 = F^{-1}(\boldsymbol{N}_{\text{output}}, \boldsymbol{N}_{\text{input}}, \boldsymbol{M}, \boldsymbol{G}_1) \tag{1-3}$$

式（1-3）表示，通过入射能量并测量其反应，结合物理定律以及对象材料几何信息，可以得到材料内部缺陷的状态向量，此即定量无损检测的目标。式（1-1）表征了输入物理量和测量所得物理量的关系，即对应无损检测理论正问题。而式（1-3）则对应反问题，即从检测所得输出量确定函数 F 中包含的检测对象信息。

材料特征量 $\boldsymbol{M}$ 一般与物理场和检测对象相互作用过程中能量传播路径上的材料物理参数 $\boldsymbol{m}(\boldsymbol{g})$ 相关，可定性用积分表示为

$$\boldsymbol{M} = \int_{in}^{out} \boldsymbol{m}(\boldsymbol{g})\,\mathrm{d}g \tag{1-4}$$

式中，in 和 out 分别为能量进入和离开检测对象的位置，即路径的起点和终点。例如，对于涡流检测，则对应涡流路径的电导率、磁导率等材料特征。如果物理场的传播路径中包含缺陷（损伤）区域，可以利用缺陷和健全部位的物理参数的量值和缺陷部位的大小来描述材料特征量 $\boldsymbol{M}$，即可表示为

$$\boldsymbol{M} = M(\boldsymbol{m}_{\text{s}}, \boldsymbol{m}_{\text{d}}, \boldsymbol{g}_{\text{s}}, \boldsymbol{g}_{\text{d}}) \tag{1-5}$$

式中，$\boldsymbol{m}_{\text{s}}$、$\boldsymbol{m}_{\text{d}}$、$\boldsymbol{g}_{\text{s}}$、$\boldsymbol{g}_{\text{d}}$中的 m 表示分布物理参数，$\boldsymbol{g}$ 表示几何大小参量，下角标 s 表示健全部位，下角标 d 表示缺陷部位。

在实际无损检测试验中，$\boldsymbol{N}_{\text{input}}$即对应探头的激励单元向检测对象入射的物理场的标度变量，$\boldsymbol{N}_{\text{output}}$即为探头的检测单元测量所得信息，两者在检测试验后均为已知量。对这些测量结果，利用式（1-3）和式（1-5），从原理上可以获得缺陷、损伤相应的物理参数的变化，进而可获得缺陷和损伤的状态，即材料内部信息 $\boldsymbol{g}_{\text{d}}$和 $\boldsymbol{m}_{\text{d}}$，其中 $\boldsymbol{g}_{\text{d}}$对应缺陷部位几何信息，$\boldsymbol{m}_{\text{d}}$对应缺陷部位的损伤状态的程度。

1.1.3　电磁无损检测方法

电磁无损检测方法即为入射或测量物理场为电场和（或）磁场的无损检测方法。涉及

的物理能量主要包括恒定电场、恒定磁场、涡流场、交变电场、交变磁场、电磁波等，相应的材料特性主要有电导率、磁导率、压电/压磁系数等，也包括描述电磁材料特性的具体参量，如矫顽力、剩磁强度、居里点、增量磁导率、磁噪声强度等。具体的电磁无损检测方法包括常规涡流检测、远场涡流检测、非线性涡流检测、脉冲涡流检测、漏磁检测、脉冲漏磁检测、电磁超声检测、直流电位检测、交流电位检测、磁噪声检测、磁记忆检测、增量磁导率检测等方法。

把材料中的传导电流作为检测物理量的代表方法是直流电位检测方法。其原理为通过电极向检测对象施加恒定直流电流，然后扫描电极，测量导电性检测对象表面的电位分布，以对检测对象进行缺陷判定和定量分析。缺陷或损伤会导致材料局部电导率发生变化，从而导致传导电流在缺陷部位发生绕流等，进而影响表面电位分布，这正是直流电位检测方法的检测原理。直流电位检测方法需要探针接触试样进行测量，所必需的表面处理等会影响其检测效率和适用范围。作为一种变型，向检测对象材料施加交流传导电流的方法即为交流电位方法。由于导体中的交流电流分布可以通过线圈进行非接触测量，可以解决直流电位方法的接触电阻的噪声问题。但交变电流的趋肤效应也限制了交流电位方法对内部/深层缺陷的检测能力。

采用磁场能和基于材料磁特性进行无损检测的代表性方法即为漏磁检测法。其基本原理是通过施加外部磁场使检测对象磁化，在缺陷附近由于磁阻的变化会引起磁力线/磁场能的外泄形成漏磁场。对漏磁场采用磁粉、磁场传感器等进行测量即可发现缺陷，对信号进一步处理分析也可获得缺陷的几何图像信息。材料的磁学特性还包括很多其他效应，如巴克豪森磁噪声、非线性磁滞效应、磁致伸缩和力磁效应等。基于残余应力和塑性变形等微观损伤对磁畴运动的影响，巴克豪森磁噪声方法通过测量磁噪声推断磁畴运动（转动），进而对残余应力和塑性/疲劳损伤进行评价。而基于非线性磁滞效应的非线性磁导率、矫顽力、剩磁以及增量磁导率的测量则主要着眼于损伤对磁滞回线参量的影响，即入射磁场能量和响应磁场信号的非线性相关性。通过入射磁场能并测量磁性特性参数可有效实现对磁性金属材料机械损伤的检测。自然磁化方法和磁记忆方法机理有所不同，前者主要基于奥氏体不锈钢的磁性相变导致的损伤诱发磁化和漏磁场，而后者主要是由于力磁效应导致磁性介质产生漏磁场。由于相变和力磁效应与材料中的应力场和塑性变形场相关，自然磁化法和磁记忆方法是测量评价残余应力和塑性变形的有效手段。

基于电磁感应涡流能量进行缺陷和损伤检测的方法通称为涡流检测方法。根据具体方法的特点，又可分为常规涡流检测方法、脉冲涡流检测方法、非线性涡流检测方法和远场涡流检测方法等。在导体检测对象附近施加时变磁场会在导体表层感生涡流，由于导体内部的缺陷和损伤导致电导率变化，使缺陷部位和健全部位的涡流会有所不同，通过检测涡流产生的二次磁场，即可对材料中的缺陷进行检测和定量评价。常规涡流检测方法一般采用正弦波激励电流，并通过检波获取特定频率检测信号。而脉冲涡流检测方法则采用脉冲激励磁场，并一般采用磁场传感器直接测量相应的二次磁场信号，基于信号峰值和过零点等特征信号参数对缺陷进行检测和评价。由于脉冲信号包含更多频率成分，且可使用更大激励磁场，对深部缺陷和多层结构的检测相对具有优势。非线性涡流检测主要着眼于电导率和磁导率的非线性特性，通过检测感应涡流产生的二次磁场中的高次谐波成分对材料中的损伤进行检测和评价。另外，远场涡流检测本质上是一种具有特殊探头结构的涡流检测方法，主要用于磁性管道的外壁面缺陷检测。通过利用直接磁场和从管外返回的间接磁场的衰减特性差异，远场涡流检测可有效克服涡流检测的表皮效应，对较厚磁性管道的外部缺陷进行有效检测和评价。

上述检测方法主要采用低频电磁场作为入射物理场，而微波检测方法则属另一类电磁无损检测方法，是通过入射电磁波检测和对象材料/结构相互作用后的微波响应的方法，可以对大面积材料表面的宏观、微观缺陷进行检测和评价。超声检测是向材料入射机械波动（振动）能量的方法，表面上并非电磁无损检测方法。实际上，常规超声检测方法产生超声波的主要手段是压电型超声换能器，基于压电效应产生脉冲机械位移和超声波。而电磁超声作为电磁无损检测和超声检测的结合，需要通过在检测对象中感应涡流，并与偏置磁场相互作用形成电磁力以产生超声波。除超声波的传播是机械现象外，电磁超声检测中超声波的发生和检测都是基于电磁原理以及电磁运动耦合效应，也可归为电磁无损检测方法。

由于电磁无损检测利用的物理场从根本上都是电磁场，其物理现象可以通过麦克斯韦方程来描述。根据频率的不同可分为高频电磁无损检测（电磁波）和低频/恒定电磁场电磁无损检测方法（主流电磁无损检测方法）。电磁能量和检测对象的相互作用，虽然在材料端部和形状变化部同样也有信号变化输出，但在检测对象形状变化平缓的部位且无缺陷时一般信号变化不大。由于缺陷导致的信号具有不同的时空特征，这使得基于电磁无损检测的缺陷判定成为可能。电磁无损检测信号一般反映的是检测部位电导率、磁导率的宏观效应，但也有如磁噪声等电磁无损检测信号可反映微观缺陷与磁畴壁的相互作用，即反映出微观的特性变化。另一方面，磁场中磁性体可能产生的磁化力和涡流伴生的洛伦兹力也是检测相关能量变化的可能手段。磁粉方法以及最近提出的洛伦兹力涡流检测方法等即属于这一范畴。

1.1.4　无损检测实际应用要点

由于射线通过材料时健全部位和缺陷部位对射线的吸收系数不同，射线检测图像对空洞缺陷的检测比较有效。超声检测方法主要是通过检测在缺陷表面超声波的反射等信号，对于体积较小的裂纹缺陷也同样有效。基于不同原理，各种无损检测方法各具特点，对不同的检测对象和缺陷会表现出非常不同的检测性能。

缺陷的检出率、位置大小定量精度不仅与检测方法和仪器设备、检测工艺相关，还与检测人员的技术水平和素质密切相关。要保证一定的检测精度和检出率必须进行方法、设备、工艺、人员综合培训、考核和认证。

为实现高可靠性的无损检测，需要对检测物理能量的特性和传播机理有充分的理解，对保证检测精度和效率的方法有足够的知识。检测物理能量的行为主要涉及其发生的原理和方法、与被检对象的相互作用机理、在检测对象中的传播行为，以及信号检出原理和方法等。对于实际检测应用，则涉及物理能量信号测量、实际检测试验实施工艺和精度保证方法，以及最终给出缺陷、损伤评价结果的方法等。

合适的检测工艺可以降低误检率和避免缺陷漏检，可有效保证检测精度。由于对已检出的缺陷还需要给出数量、位置、大小等定量的评价结果，除选定的检测方法和设备必须具有技术合理性外，要求检测人员必须具有相应的知识和技能。上述合理性和技能需要通过综合考核予以验证确认，即所谓的综合检测能力验证（Performance Demonstration，PD）。PD 的实施需要一批与实际拟检测缺陷相当的含缺陷试样，以确认对象人员和设备可以对所定缺陷和检测对象进行有效检测和评价的能力。这样的 PD 试验必须针对实际的检测对象试样，利用实际拟使用的仪器和工艺，由实际进行检测的人员进行。

具有实际检测对象缺陷的标准试样对于 PD 实验至关重要。一般具有和实际缺陷完全等价缺陷试样的制作非常困难，因而制作在无损检测意义下等效的标准试样也很重要。例如对于疲劳裂纹和应力腐蚀裂纹，由于这类裂纹通常是在特定环境下长期运行后产生的，要在有限时间加工同样的裂纹非常困难。而焊接缺陷等制造缺陷基本上随机发生，很难对其大小、分布进行有效控制。总之，由于特定缺陷的大小和特性控制并非易事，在标准试样中加工特定缺陷是很大的难题。在与实际完全相同的缺陷无法制备时，有时必须采用人工模拟缺陷进行代替。这些人工缺陷常常采用机械加工、电火花加工、化学腐蚀等方法制备。由于人工缺陷和实际缺陷的不同，即使可以有效检测人工缺陷，也并不能完全保证对实际缺陷的检出能力。因此，人工模拟缺陷的设计和标准化非常重要。

对于已检出的缺陷是否对结构产生危害的评价即为缺陷行为评价。当检测缺陷的数量、位置、大小等确定后，可以利用设计和实际载荷对含缺陷结构和设备的完整性进行定量评价，以确保部件和设备还能安全实现其功能。当缺陷为裂纹时，缺陷安全评价一般采用断裂力学分析方法。断裂力学是基于强度因子进行结构破坏评价的方法，可以确定裂纹的扩展行为和允许极限。现行的缺陷安全分析一般采用线性断裂力学，将检测所得裂纹等效为一定长度和深度的标准裂纹，然后计算相应断裂模式的强度因子并基于允许值判定断裂行为。而裂纹的扩展，包括疲劳和应力腐蚀裂纹的扩展一般采用技术标准设定的扩展曲线进行分析预测，并利用强度因子进行破坏判定。

1.2 无损检测典型工程背景

1.2.1 核电站结构应力腐蚀裂纹无损检测

应力腐蚀裂纹（Stress Corrosion Cracking，SCC）是金属材料在某些特定介质环境和拉伸应力下发生的延迟破裂现象，常在远低于设计许用应力、没有明显宏观变形的情况下出现泄漏甚至断裂，隐蔽性强、危害性大。随着石油、化工、冶金、核电等高安全性工业部门的发展，应力腐蚀裂纹的危害性日益突出。

核电站等大型机械系统的关键部件（图 1-2）由于在制造、装配时产生的残余应力以及运行中的工作应力和轻水环境，易产生应力腐蚀裂纹。例如沸水堆（Boiling Water Reactor，BWR）核电站的炉心隔筒、压力容器管台焊部、主冷却管和再循环管焊接部均出现过应力腐蚀裂纹。在反应堆压力容器顶盖控制棒驱动机构管座以及控制棒中心位置销钉处也曾出现应力腐蚀裂纹。压水堆（Pressurized Water Reactor，PWR）核电站发生应力腐蚀裂纹的主要部位有蒸汽发生器热交换管管板扩管部、主回路不锈钢管道、堆内的燃料包壳和结构部件等。

随着运行时间的增加，核电站关键部件中应力腐蚀裂纹有增加趋势。一旦发生应力腐蚀裂纹贯穿事故，不但造成冷却剂泄漏而引起核污染威胁，而且会造成因停机带来的巨大经济损失。例如日本东京电力公司 2003 年发生的反应堆炉心隔筒应力腐蚀裂纹问题，造成了其 17 座核电机组全部停机，几乎导致日本东京地区出现电力危机。美国的核电站在 1980—1994 年间由于腐蚀问题导致的功率因子损失中，沸水堆再循环管道和压水堆蒸汽发生器管

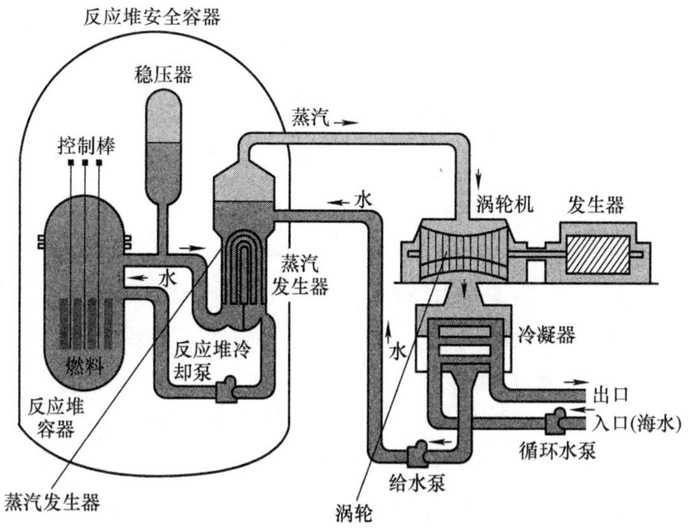

图 1-2　压水堆核电站示意图和应力腐蚀裂纹多发区域

道的应力腐蚀裂纹占主要部分。因此针对 SCC 的定期无损检测对确保核电站的安全运行具有重大意义。

近年来，对裂纹无损检测的要求已从定性发展到了定量。从断裂力学和损伤容限的概念看并不是所有的裂纹都影响设备的安全运行。正确评价检出裂纹的大小和进展特性，以确定合理的维护对策（修理、更换或带裂纹运行）非常重要，有效的裂纹无损定量会有力促进核电设备利用率的提高。在确保安全性的基础上提高核电设备的利用率有着重要的经济价值。

裂纹无损定量是确保核电站等大型机械系统安全运行和提高设备利用率的一个重要课题，对保护人民生命财产安全具有重要的社会意义和重大的经济价值。另一方面，应力腐蚀裂纹主要有沿晶界扩展 SCC（IGSCC），另外还包括穿晶 SCC（TGSCC）、辐照加速 SCC（IASCC）、压水堆 SCC（PWSCC）等。SCC 通常具有类似于树枝分叉的复杂微观结构，且通常发生的焊接部位等具有材料各向异性，其定量无损检测具有很大难度。SCC 定量无损检测需要解决的问题包括复杂裂纹建模和信号模拟，以及从检测信号反演重构缺陷参数的反问题方法等，相关研究本身也是学科前沿，具有重要的理论意义。

1.2.2　燃气轮机热端叶片热障涂层无损评价

由于我国能源结构和环境保护的要求，重型燃气轮机在火力发电中正得到大力发展。为提高燃气轮机效率和进一步减少碳排放，要求不断提高燃气轮机的进口工作温度。为实现这一目标，和冷却技术改良同样重要的是热障涂层（Thermal Barrier Coating，TBC）技术，即使用低热导率的陶瓷隔热涂层来降低叶片基材工作温度。

TBC 由热导率低的陶瓷涂层、中间过渡层和基材有效粘接构成，可使金属基材工作温度降低 50 ~ 150℃。但如果其陶瓷涂层部分脱落或减薄，会导致叶片局部温度异常上升，进而由于热效应等导致损伤。另外，由于热应力和离心力的影响，脆性陶瓷涂层中会产生与涂层表面垂直的纵向裂纹和可能导致剥离的界面裂纹。纵向裂纹由于热疲劳等一旦进展入基底材料，会影响到部件的强度和寿命。通常，叶片 TBC 老化到一定程度后，为防止这类负面影响，需要对涂层进行重新涂设。但如果裂纹已侵入基材，则无法实施修理。为确定修理的妥当性以及确定再涂修理的最佳时机，高精度的劣化诊断和余寿命评估方法非常必要。这不但有利于确保部件安全，还可降低维护成本。

TBC 发生破坏的主要原因是界面裂纹和纵向裂纹的发生和扩展（图 1-3）。同时表面涂层（Top Coating，TC）的减薄也是隔热功能降低的主要威胁。界面裂纹主要是由微小裂纹的产生、增加和合体所致。微小裂纹的产生和热增氧化（Thermal Growth Oxide，TGO）层的生成密切相关，最后剥离一般发生于 TGO 层附近的表层薄膜中。为此，TBC 涂层无损检测的对象除上述的界面裂纹和纵向裂纹外，由于劣化造成的空隙率的变化、与隔热效果密切相关的陶瓷表面涂层的厚度、TGO 层以及薄膜粘结强度等也非常重要。现有的 TBC 劣化诊断方法，主要包括用于剥离检测的红外线热成像法、用于涂层厚度检测的涡流检测法、用于检测空隙率和 TGO 层特性的超声波法和阻抗波谱法等。红外线热成像法可有效检测 TBC 剥离，但其最小空间分辨率约为 3mm，对垂直于薄膜的裂纹及微小界面裂纹无效。涡流检测法可有效检测上层薄膜的厚度（误差约数微米），但对于层间剥离的检测能力较差。由于表层薄膜是非金属材料，电导率为零，故该方法也不能用于陶瓷涂层内的裂纹检测。各种超声波检测方法如激光超声、表面声波、超声声发射等主要是根据超声波音速的变化来检测涂层空隙率、粘结强度等。由于涂层非常薄（如 0.3mm），裂纹信号通常和界面信号混合在一起，现在尚无有效的方法来识别裂纹存在，目前的超声检测方法对于 TBC 裂纹检测和定量有效性不足。对于 TGO 层厚度检测，虽然阻抗频谱法有一定可行性，但由于内部复杂的冷却通道，其应用也有一定难度。

TBC 表面陶瓷涂层在使用过程中由于高温气体的冲蚀等会发生减薄，从而影响其隔热效果，故表面陶瓷涂层厚度的无损评价是保证 TBC 质量的关键之一。考虑到涂层厚度变化微小，常规超声测厚方法等很难适用。高频涡流检测可检测微米级的厚度变化，可能对涂层厚度评价有效。但由于 TBC 在使用过程中中间粘接层的电磁特性和厚度均可能发生变化，会对涡流检测信号产生影响。多频涡流和反问题方法可通过对多频检测和多参数同步重构，可以获得表面陶瓷涂层厚度。由于涡流局限于导体表面，不会受到内部冷却通道的影响，涡流检测法也可检测和定量粘接层和基材中的裂纹。如上所述，电磁无损检测方法对 TBC 定量无损检测非常重要。

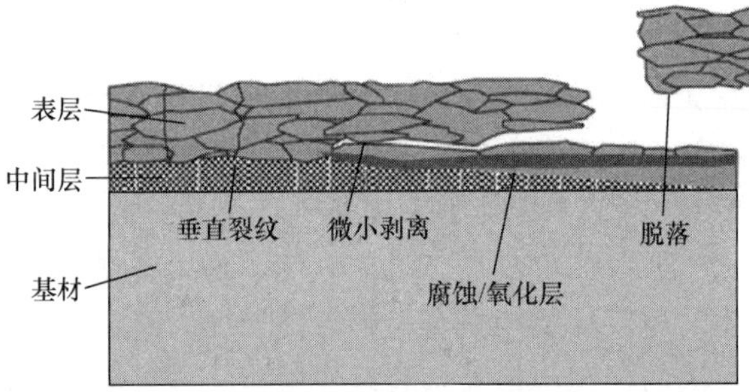

图 1-3 TBC 失效模式

1.2.3 超轻多孔材料无损检测

超轻多孔材料具有重量轻、高比强度、高比刚、高强韧、耐撞击、高效散热隔热等性能，对交通、航天航空、造船、海洋采油等高技术领域具有重要意义，尤其在航天航空、高速列车、交通运输等高能耗领域应用前景广泛。

超轻多孔材料按微观结构的有序性可分为泡沫金属和栅格材料两大类，其中栅格材料又包括点阵桁架结构材料和夹芯波纹结构材料等，如图 1-4 所示。栅格材料具有超轻结构，比同样体积的实心结构轻得多，减重降耗效果非常显著，而且在强度、刚度、延展性以及隔音、减振等方面性能更加优越。在汽车领域，栅格材料可取代通常使用的冲压钢板，用作汽车的前隔板和后壁面，重量减少 25%，且同时刚度增加 70%；还可制成具有缓冲性能的管状结构部件，比同等重量的实体金属板多吸收 50% ~60% 的能量。高速列车前端若采用多孔复合材料夹芯板，重量可比钢制件减轻 30% ~35%，并可承受 300km/h 速度的冲击。在航天航空领域，飞机的机翼、机头整流罩等结构件也可利用具有高比强度和良好承载能力的超轻多孔材料夹芯结构来制造。

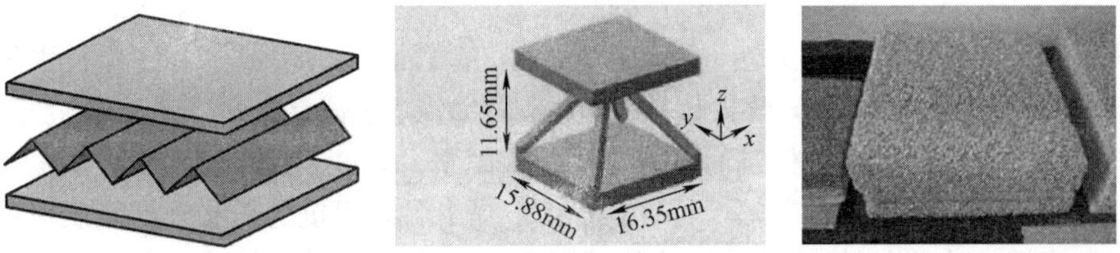

a)　b)　c)

图 1-4　几种典型的超轻多孔结构材料

a）夹芯波纹结构材料　b）点阵桁架夹芯结构材料　c）泡沫金属材料

金属栅格材料一般由上、下面板和中间夹层（波纹金属板或桁架杆系）通过钎焊、滚焊等方法连接而成。面板及中间夹芯材料常采用奥氏体不锈钢（厚 1 ~3mm），锥体及波纹板等中间夹芯通常用冲压成形等方法制成。夹芯板的焊接部位是整个结构的薄弱环节，焊接部位出现的损伤以及焊接质量问题有可能使结构的整体强度下降，进而导致构件功能失效。夹芯板构件的焊接质量主要表现为焊接部位因存在应力集中以及焊接质量不佳而造成的裂纹、虚焊、漏焊等情况；在构件使用过程中，则表现为受外来疲劳载荷作用而产生疲劳裂纹以及焊接部位脱开等现象。尤其在航天航空、高速列车等装备中，关键构件的功能失效可能引发灾难性事故，因此必须采取有效的无损检测方法来解决夹芯结构制备和使用过程中所存在的裂纹损伤和焊接不良问题。

1.2.4　碳纤维增强树脂基复合材料无损检测

碳纤维增强树脂基（Carbon Fiber Reinforced Plastic，CFRP）复合材料是 20 世纪 80 年代后期发展起来的一类结构材料。与传统金属材料相比，CFRP 具有密度低、耐化学腐蚀、减振、降噪等一系列优异性能，其高比强度和高比模量两大特性特别受到关注，因而在国民经济和国防建设的各个领域，尤其是在航空航天领域，得到了广泛应用。

CFRP 在制备和使用过程中由于各种原因会产生不同类型的缺陷。与金属材料不同，CFRP 在断裂或损坏之前几乎没有先兆，具有突然性，并往往对结构造成致命威胁，直至造成重大安全事故，因此对 CFRP 的无损检测格外重要。

目前研究较多的 CFRP 无损检测方法有超声检测、X 射线检测、红外热成像检测等。这些研究取得了一定进展，成果已应用于实际检测。但是，这些检测方法都有各自的缺点。超声检测要求被检测表面有一定的光滑度，检测过程中一般需要使用耦合剂，对小、薄和复杂零件检测困难，且 CFRP 内部界面众多，回波噪声大。X 射线检测成本高，需要防护措施，检测效率低，不易发现与射线垂直的裂纹，检测分层缺陷困难。红外热成像检测要求被检工件传热性能好，表面发射率高，对缺陷的定性、定位与定量比较困难。

CFRP 具有一定的导电能力，理论上可以用涡流检测技术进行检测。涡流检测较其他检测技术在某些方面有一定的优势，如检测前对零件表面的清理要求较低，检测时不必接触工件，不需要耦合剂，可在极端环境下进行，单面检测，易实现自动化，很多时候可在不分解被检对象的前提下在外场进行原位检测。所以，CFRP 涡流检测的研究具有重要意义。

1.3 电磁无损检测研究历史和现状

作为电磁无损检测的主要方法，涡流检测（Eddy Current Testing，ECT）技术的发展可以追溯到 19 世纪。1879 年，英国人休斯（Hughes）首次将涡流原理应用于冶金分选实验，揭开了涡流检测技术的序幕。但当时没有克服干扰因素，未能形成一种稳定的测量技术。直到 20 世纪 50 年代初，德国学者福斯特（Forster）提出了以阻抗分析法来抑制涡流检测中的干扰因素，为涡流检测的机理分析和设备研制提供了理论基础，使 ECT 有了实质性突破。1980 年前后，美国首先报道了 ECT 有关成果在压水堆核电站蒸汽发生器管道维修检查中的实际应用。

按检测原理和激励方式的不同，涡流检测可分为单频涡流检测、多频涡流检测、脉冲涡流检测、远场涡流检测等方法。传统涡流检测技术是单频涡流检测，采用单一频率的正弦波作为激励信号，通过在复阻抗平面图上观察缺陷对检测信号的影响而判断试件的电磁特性。单频涡流检测主要用于检测导体表面和近表面的缺陷。根据被测材料及缺陷深度的不同，选择合适的激励频率，从而得到良好的检测信号。可选择的激励频率从几赫兹到几兆赫兹不等。感应电压的大小和激励频率、被测材料的电导率和磁导率、激励线圈的尺寸和形状以及激励电流大小都有关系。如果检测信号对缺陷之外的其他参数也很敏感，那么就会影响缺陷检测的精度。

为了克服单频涡流的某些缺点，1970 年美国学者 Libby 提出了多频涡流（Multi-Frequency Eddy Current，MFEC）检测技术，即同时使用几个频率的电流信号激励探头。由于不同频率的激励信号在导体中的透入深度不同，多频涡流检测一方面能够获得来源于试样多个深度的缺陷信息，提高涡流检测准确度；另一方面，可通过对不同频率信号进行分析来消除干扰因素，如换热管管道中的支承板、管板、沉积物、凹痕以及管子冷加工产生的干扰噪声，探头晃动提离噪声等，极大地增强了涡流技术的检测能力。但是，多频涡流检测只能提供有限的检测信息，有时难以实现对缺陷的精确定量。

近年来发展起来的脉冲涡流检测（Pulsed Eddy Current Testing，PECT）技术克服了多频涡流检测信号中数据有限的弱点。脉冲涡流检测的激励信号是脉冲的形式，通常为具有一定占空比的方波，响应信号中含有丰富的频率成分，因此能够探测到导体更深层的缺陷信息。脉冲涡流检测主要有以下特点：不需要改变参数设置，一次扫描就可得到丰富的频率信息；在激励探头上可施加较大的能量，从而实现对深层缺陷的检测；相对于多频涡流检测，仪器成本低。近年来，脉冲涡流检测技术在飞机机身结构中的裂纹和腐蚀等检测问题上取得了很多研究成果。

远场涡流（Remote Field Eddy Current，RFEC）检测技术是一种基于远场涡流效应的管道检测技术，探头一般是内通式，由一个激励线圈和一组设置在与激励线圈相距约2～3倍管径长度的测量线圈构成。激励线圈通以低频交流电，电磁能量两次穿过管壁，测量线圈能接收到来自激励线圈的穿过管壁后返回管内的磁场，因而能以相同的灵敏度检测管子内外壁缺陷，不受趋肤深度限制。近年来，远场涡流检测技术的实际应用研究与开发已成为热门课题。

我国涡流检测技术的研究与应用起始于20世纪60年代，当时，航空、冶金和有色金属部门开始采用涡流法来检测成形金属管材以及棒材的表面缺陷。

近二十年来，电子技术和计算机技术等相关学科的发展为涡流检测提供了理论和技术基础，使涡流检测进入了一个崭新的发展阶段。尤其是数值计算技术的发展，克服了解析法的缺点，极大地促进了涡流检测技术的发展和人们对涡流检测机理的认识。但是目前仍有一些重要问题需要进一步研究，以便充分发挥涡流检测技术的潜能，如缺陷信号数值模拟计算、缺陷定量分析以及探头优化设计等，其中数值模拟计算是这些问题的关键。而缺陷定量仍是涡流检测技术面临的一大挑战，也是无损检测领域的难题之一。

在直流电位法（Direct Current Potential Drop，DCPD）无损检测方面，自麻省理工学院（MIT）的Vasatis提出以来，DCPD在无损检测蠕变和疲劳裂纹扩展检测、蠕变变形及损伤检测以及宏观裂纹的检测方面取得了很大进展。例如基于直流电位法的裂纹长度测定方法，利用裂纹面两端的电位差与裂纹扩展长度的函数关系将所测得的电位值转换为等效的裂纹长度，电位差与裂纹长度关系可通过理论推导得到，也可通过分析或试验进行标定，具有测量精度高、稳定性好、可连续自动检测裂纹扩展等特点。

直流电位法具有装置简便、易于操作的优点，交流电位法具有输入电流小、能消除电化学影响、信号易于放大等优点。直流电位法能满足疲劳裂纹的测试要求，但抗噪声和抗干扰能力差，不宜用于应力腐蚀下的裂纹扩展监测。因此1980年，有学者发展了交流电位（Alternating Current Potential Drop，ACPD）法，其工作原理和直流电位法基本相同，但在精度、灵敏度和稳定性等方面优于直流法。

20世纪80年代初提出的无触点的交流电磁场测量（Alternating Current Field Measurement，ACFM）技术综合了电位法和电磁场测量技术，可对焊缝表面裂纹的长度和深度进行非接触测量，通过测量响应的近表面磁场的扰动可准确推断缺陷的长度，但由于深度和磁场扰动无直接关系，裂纹深度需要经过复杂计算才能得到。ACFM技术和交流电位法同样适用于检测磁性材料的表面裂纹，但用ACFM技术测定表面裂纹尺寸时，无须将表面清理至裸露金属。ACFM技术和ACPD技术都是利用信号反演以确定裂纹尺寸，不需要事先在试样上校准。

直流电位法总的发展趋势是从单裂纹检测向多种检测对象（焊缝熔深、工件壁厚、腐蚀引起的壁厚局部减薄、表面淬硬层、渗层深度）、多裂纹的检测方向发展，且由过去的公式定量裂纹向利用优化方法进行多裂纹反演的方向发展。裂纹深度评价方面也在向高精度、多探头、数字化、自动化方向发展。

应力腐蚀裂纹的定量无损检测方法主要有超声检测、涡流检测、直流检测等方法。其中超声检测方法是SCC定量无损检测的主要手段。超声SCC定量检测的主要方法有采用横波或纵波的裂纹尖端回波方法、衍射波飞行时差（TOFD）法、相控阵超声（UPA）检测方法等。其中，采用电子扫描的相控阵超声检测方法是 SCC 定量无损检测的主要发展方向。核电结构 SCC 主要发生在奥氏体不锈钢及高温合金结构的焊接部位，焊接部位的柱状晶各向异性会对超声检测信号产生严重影响，导致其检测能力和定量精度的降低。同时检查人员的检查经验和设备能力，对检测精度也有重要影响。因而，采用各种无损检测方法相互补充、相互验证，对提高检测结果的可靠性非常必要。涡流检测具有很多优点，如对表面和近表面缺陷具有较高灵敏度、高检出性能、速度快、信号自动处理以及对材料的各向异性不敏感等。同时由于是非接触检测，不需要特殊的表面处理，因此可缩短检测周期、降低成本。涡流检测已经广泛应用于导体表面的裂纹检测以及材料的评估和生产监控中，是检测对象数量最多的无损检测方法，特别在压水堆核电站蒸汽发生器换热管的缺陷在役检测（In-Service Inspection，ISI）方面，涡流检测是目前唯一有效的手段。但是，在核电结构的许多重要部件（如堆内构件、再循环管道、管台焊缝等）的定量无损检测中，目前主要使用超声检测技术，ECT 技术的应用尚在研究中。

由于超声方法对于浅裂纹以及焊接部应力腐蚀裂纹的定量检测存在精度问题，加之考虑到导致超声检测精度下降的柱状晶等焊接部位材料特性不会显著引起材料电磁特性变化以及涡流检测方法对浅裂纹的定量的优势，因此涡流定量检测在解决实际复杂裂纹定量尤其是 SCC 定量问题上被寄予厚望，被视为超声检测的一个有效补充。由此可见，基于涡流检测的裂纹无损定量研究对确保核电站等大型机械系统的安全运行具有重要意义。

1.4 电磁无损检测数值模拟方法研究现状

电磁无损检测信号数值计算包括两方面：一是正问题计算，即在探头尺寸等检测条件参数和被检工件的电磁特性、缺陷状况等已知的条件下，求解电磁场分布及其对检测探头阻抗或电压的影响；二是反问题计算（或缺陷无损定量计算），即在电磁场分布或检测探头特性参数变化（检测信号）以及检测探头参数等已知的条件下，估算被检工件的电磁特性、缺陷大小分布等。正问题数值求解已有许多有效的方法，如有限元法、边界元法和矩量法等，目前在理论和应用上都趋于成熟。如果选择合适的计算方法和确立合适的数值模型，一般情况下正问题的数值求解是稳定、唯一的，即是适定的。而反问题求解是利用有限个场量数据来确定被测工件中缺陷的性质及分布。已知条件是离散、有限的，因此其解往往是不适定或病态的，表现为可能具有多个极值解。

1.4.1 电磁无损检测数值模拟基本过程

正问题数值模拟的一般过程是：①数值模拟方法确立；②程序开发和验证；③计算对象分析和建模；④参数选定、信号计算、灵敏度分析；⑤优化设计。不同的电磁检测方法其控制方程往往不同，且一般需要进行适当的近似，使问题可有效求解。程序开发则需要针对选定的控制方程和边界条件，建立适当的数值求解方法，如差分法、有限元法、加权余量法等，然后开发相应的数值模拟程序。计算对象的建模需要对对象的几何特性、电磁特性进行详细分析，对其电导率、磁导率、均匀性、各向异性、非线性等特性有明确的了解，并根据检测方法所使用的相应的电流、磁场等条件进行适当的近似，确立几何模型、材料特性、本构关系等。计算参数的选定则需要根据计算目的，设定不同的缺陷位置、大小，不同的探头结构和尺寸，不同的对象和干扰因素等条件，进行数值计算，分析各参数对检测信号的影响规律，从而为探头设计、检测条件设定等提供科学依据。而优化设计则是选定优化目标后(如最佳信噪比、最佳灵敏度等)，对探头尺寸和结构参数、检测条件参数等进行优化，优化过程一般涉及大量不同参数条件的检测信号计算。对于一般无损检测研究人员，方法的确立和程序开发可以省略，直接选用商用软件。但如果不能理解这些计算软件的原理，往往无法得到合理的计算结果。同时，优化计算往往也是在选定的有限参数集中进行选优计算。

电磁无损检测反问题一般转化为使检测信号和计算信号间残余误差（也称“残差”）最小的优化问题。对于基于物理模型的优化方法，电磁无损检测反问题需要首先对计算对象建立物理模型并确立有效的正问题计算手段，然后建立相应的反演优化算法和程序。反演过程一般需要求解大量正问题，因而需要选取高效、高精度的正问题求解方法，否则必须采用并行计算等大型计算系统解决计算量问题。当然，进行检测实验获取检测信号和对信号进行适当的标定是信号反演的前提，是不可或缺的过程。对于无须物理模型的黑箱优化算法，如神经网络或统计分类方法，则需要通过数值计算或实验获取大量的信号-缺陷参数数据集，作为网络训练和统计特性抽取的基础。而一旦训练完成，这一类方法往往可在很短时间内获得反演重构结果。

以下分别就正、反问题的研究现状进行说明。

1.4.2 电磁无损检测正问题数值模拟方法

涡流检测的理论基础是由麦克斯韦方程得到的电磁涡流场控制方程，除了较简单情况外，一般都难以得到解析解。近年来，随着计算机性能的不断提高和发展，涡流场的高精度数值计算方法和计算模型均有了很大发展。

在 ECT 正问题计算方面，W. Lord，H. Sabbagh，J. Bowler 等在 1990 年前后建立了 ECT 信号的理论和数值计算方法。H. Sabbagh 等开发了基于格林函数的 ECT 信号体积分方法(Volume Integral Method，VIM)；J. Bowler 等建立了基于理想裂纹模型和格林函数的 ECT 信号计算理论；T. Takagi 等在 1994 年开发了有限元 ECT 信号计算方法和程序，达到了很高的计算精度，并针对核电站蒸汽发生器换热管的涡流检测提出了一系列标准（Benchmark）问题，对促进 ECT 信号高精度数值计算方法的发展起到了很大作用。Z. Badics 等开发了在体积分方法中先期计算格林函数的 ECT 信号高速数值计算方法；H. Fukutomi 在 A. Kameari 提出的退化向量磁位 $\boldsymbol{A}_{\mathrm{r}}$ 方法基础上开发了三维棱边元涡流分析方法和程序。这些方法均取得了较高的计算精度，但也不同程度地存在计算时间问题。

边界元法是另一种使用较多的 ECT 信号数值计算方法，与有限元法的计算区域为整个求解场域不同，边界元法的网格剖分对象仅限于场域边界。基于有限元-边界元的混合法在大规模涡流问题计算中，取得了很好的效果。现在，针对具有各向异性材料特性的复合材料电磁无损检测以及具有非线性特性的含磁心探头涡流检测信号计算也取得了重要进展。

近年来，脉冲涡流数值计算方面也取得了很大的进展。R. Ludwig 等采用加权余量法对二维轴对称脉冲涡流的向量磁位进行了数值计算；J. Bowler 等在时间常数很小的指数激励电流情况下，对半无限大空间中脉冲涡流的响应进行了计算；M. Tanaka 等采用边界元法对脉冲涡流进行了数值计算，并提出将傅里叶变换应用到边界元计算中，通过边界元的正弦稳态分析得到频域响应，而通过对频域响应的结果进行傅里叶反变换得到瞬态响应，这样就省去了体积积分的计算过程。目前，Y. Li 等开发的板、管等的脉冲涡流解析解法相应的 ETREE 软件，以及 S. Xie 等开发的基于频域叠加思路的脉冲涡流信号数值计算方法在脉冲涡流检测相关研究中得到了很好应用。

1.4.3 电磁无损检测反问题数值模拟方法

涡流无损定量检测，即涡流检测反问题，一般归结为一个均方误差极小的优化问题。涡流检测反问题相应的目标函数及约束条件很难给出简单而明确的数学表达式，通常无法使用解析法，而是需要用数值方法求解。数值解法的基本思想是通过一系列的迭代计算逐步接近最优点。对于涡流检测反问题，一般先将其转换成一系列的正问题，然后利用一定的优化方法迭代计算，直至逼近或达到最优解。由于每一步迭代计算中需要进行若干次涡流场正问题数值计算和一些辅助计算，所以对于大型优化问题，需要较长的计算时间。另外，由于不同的源可能对应相似的场量，所以反问题大多具有不适定性，具体表现为具有多个极值，如何处理这一问题，也是电磁无损检测反问题研究需要解决的重要课题。

1. 基于涡流检测信号的裂纹定量研究

在传统涡流检测中，裂纹无损定量是利用 ECT 信号的相位和幅值，然后基于预先设定的基准曲线来判定缺陷参数的。基准曲线是根据人工裂纹制定的。由于人工裂纹和实际裂纹的差异，基准曲线法对 SCC 等实际裂纹的定量存在很大误差。

为克服基准曲线法在裂纹定量方面的不足，从检测信号通过反演进行缺陷定量的方法得到了很大进展。目前裂纹重构一般采用数值解法，重构方法主要包括基于数值模型的方法和无数值模型方法。基于数值模型的重构方法主要有梯度类算法、禁忌搜索法、模拟退火法、遗传算法等，无数值模型的重构方法主要有人工神经网络方法等。

在基于数值模型的裂纹重构中，需要进行一系列涡流检测正问题的数值计算，所以快速有效的正问题数值计算方法对求解反问题是至关重要的。Z. Chen 提出了基于先期计算单位源引起的场分布来求解涡流检测信号变化的新方法，使检测信号的计算区域缩小到了裂纹本身，在保证了高精度的同时大大减少了计算量，解决了 ECT 定量检测中面临的计算时间难题。近年来，有学者利用类似的方法实现了体积缺陷的三维重构。

在裂纹定量中，重构方法的研究也取得了很大进展。1993 年，S. Norton 等利用一阶优化方法对导体板中的理想裂纹进行了重构，并且首先较系统地提出了基于确定论优化理论的裂纹重构方法。确定论算法收敛速度快，但需要目标函数的梯度信息且容易陷入局部极值。近年来，还出现了一些基于人工智能的随机算法，如人工神经网络、遗传算法等。利用人工智能算法，很容易判断出裂纹的方向、位置等特性，但对于机械系统余寿命估计中的关键参数，如裂纹长度和深度，却不易精确定量。因此，如何将随机算法和确定论算法有机结合，提高裂纹定量中解的收敛性和效率，是一个研究热点。

2. 基于脉冲涡流检测信号的定量研究

近年来，脉冲涡流检测技术在定量检测方面也得到了显著进展。在脉冲涡流检测信号特征量和检测对象特性参数相关性方面，存在大量研究文献。例如 C. Tai 等发现脉冲涡流检测信号的峰值、峰值时间和过零时间与金属厚度、涂层以及基底电导率有明显的依赖关系，并由此来测量金属厚度和电导率；X. Wu 等研究了基于脉冲涡流检测信号的导体厚度测量问题；T. Chen 等使用脉冲涡流检测信号的特征点和形状进行缺陷检测；G. Tian 等研究了基于脉冲涡流检测信号新特征量的表面缺陷、次表面缺陷等的识别问题等。在基于脉冲涡流扫描信号进行缺陷的定量重构方面，S. Xie 进行了系列研究工作，建立了基于确定论方法、随机方法以及组合方法的脉冲涡流反演理论，实现了多层结构局部减薄缺陷的定量重构。

3. 应力腐蚀裂纹的定量研究

在应力腐蚀裂纹定量重构问题上，M. Hashimoto，N. Yusa，Z. Chen 等通过制作 SCC 试样和采用不同 ECT 探头进行检测，发现不同环境和材料的 SCC 具有不同的裂纹导电特性，并指出利用通常的数值计算模型进行 SCC 定量会引起过小评价问题；N. Yusa 等基于裂纹几何特征提出疲劳裂纹可用一个绝缘区域模拟，无须考虑裂纹开口宽度，而 SCC 应该使用一个考虑宽度的导电区域来模拟；Z. Chen 提出了利用具有不均匀非零电导率的矩形裂纹模型来模拟计算 SCC 的方法；Tanaka 等对自然裂纹提出了一种用张量表示电导率单元的新模型；W. Cheng 等提出能否通过寻找对裂纹深度信息敏感而对于裂纹电导率不敏感的深度特征信号函数来定量 SCC。总之，SCC 定量中需要考虑裂纹区域电导率的值。

在 SCC 重构算法的研究方面，Z. Chen 和 N. Yusa 等利用人工神经网络、遗传算法、禁忌搜索、模拟退火算法等随机优化方法对 SCC 的形状参数和电导率进行了重构；F. Kojima 等利用进化算法研究了自然裂纹的重构；T. Chady、张思全、耿强等分别利用蚁群算法、支持向量机等对 SCC 进行了重构。

综上所述，基于涡流和脉冲涡流检测信号的正问题数值模拟方法、缺陷定量等已有较多的研究发展，以 SCC 为代表的实际裂纹的无损定量也出现了很多研究成果，但是对于 SCC 的定量，以往主要是考虑裂纹内部电导率统一的简单裂纹模型，在应用于实际复杂裂纹的定量检测时仍有一定误差，需要进一步改进。目前，在 SCC 定量研究中，数值计算模型的建立、有效全局优化算法的开发以及无损定量中解的不适定性等问题尚有待解决。

1.5　本书主要内容和框架

如前所述，本书主要介绍电磁无损检测信号的数值模拟方法。针对的主要电磁无损检测方法有涡流检测、脉冲涡流检测、直流电位检测、漏磁检测及电磁超声检测等，同时还介绍了其在核电、航天航空及能源动力装备中的典型应用。在数值模拟方法方面，除传统的线性、非线性有限元方法，还介绍了无网格方法、高效数值模拟方法以及采用复合领域方法的磁心处理等最新的研究成果。本书的目标是不仅使相关读者可以理解电磁无损检测的基础理论，还对探头设计和优化以及信号反演给出理论指导。本书的主要构成和概要内容如下。

1）第2章系统介绍了涡流检测信号数值模拟相关的 $\boldsymbol{A}$-ϕ，$\boldsymbol{A}_r$，$\boldsymbol{A}$-V 理论和相应的轴对称、三维有限元、混合法、体积分法等离散和数值求解方法，同时利用标准问题验证和比较了各种方法的计算效率和精度，分析了各自的特点。对于检测信号的计算方法也给出了系统的推导和讨论，方便实际涡流检测计算软件中检测信号的计算方法的选取。同时，还介绍了基于无缺陷场信息数据库的高效涡流检测计算方法。最后，给出了基于涡流检测信号进行裂纹重构的反问题方法，并对应力腐蚀裂纹建模和重构相关的最新研究成果进行了介绍。

2）第3章给出了涡流检测正问题数值模拟相关的一些最新研究进展，包括检测探头含有磁心时的分区域数值计算方法，碳纤维增强复合材料涡流检测时必须考虑的各向异性材料涡流检测数值模拟问题。最后就无网格方法在涡流检测信号模拟中的应用进行了概要描述。

3）第 4 章系统地给出了脉冲涡流检测的数值模拟方法。首先给出了基于传统涡流检测数值模拟方程和逐步数值积分的瞬态涡流计算求解方法。其次介绍了基于傅里叶级数和频域叠加的脉冲涡流数值计算新方法，同时介绍了通过频域插值降低计算量的算法，以及基于常规涡流快速算法的三维缺陷脉冲涡流检测信号快速计算方法。最后给出了基于脉冲涡流检测信号进行缺陷重构的理论和方法，推导了脉冲涡流检测信号梯度计算的解析公式，给出了基于共轭梯度确定论方法和神经网络－共轭梯度混合法的体积缺陷反演求解思路和算例。

4）第 5 章介绍了直流电位检测相关的数值计算方法。包括基于网络电路近似的电阻网络方法、基于恒定电流场问题的有限元分析方法，以及高效信号计算和反问题算法。针对从检测电位信号重构缺陷位置、大小、形状参数的反问题，给出了基于梯度理论和优化算法的确定论缺陷重构方法，以及基于多种启发式随机优化算法的缺陷重构方法。同时，为解决采用规则网格对复杂形状缺陷进行重构的局限性，提出了多介质单元并应用到直流电位信号的正、反问题分析中，给出了有效性验证。

5）第 6 章给出了漏磁检测信号数值模拟方法。考虑到漏磁检测问题中电磁本构关系的非线性，首先介绍了基于等效磁极化的非线性静态磁场的计算方法，给出了三维问题基于 $\boldsymbol{A}$-ϕ 控制方程的 FEM-BEM 混合方法求解思路，基于等效磁极化法实现了对强磁性介质和非线性静态问题的有效求解，并给出了实验验证算例。其次，介绍了对于漏磁检测问题的快速计算方法，有效避免了复杂励磁单元的网格剖分，为反问题应用奠定了基础。最后给出了基于确定论方法通过漏磁检测信号对缺陷进行定量反演的算法和算例。

6）第 7 章给出了基于有限元分析和差分法的电磁超声检测数值模拟方法和有效性验证。方法系统考虑了强磁性材料电磁超声问题涉及的非线性、磁致伸缩效应、磁化力等的影响，依次介绍了基于等效磁极化方法的永久磁体磁场计算方法，基于 $\boldsymbol{A}_r$ 方法考虑分布磁导率影响的脉冲涡流和电磁力计算方法，基于空间有限元离散和时间差分格式的超声波数值计算方法，以及基于速度诱发电场原理的电磁超声检出信号计算方法。所提方法和开发程序的有效性通过计算、实验信号的比较得到了验证。

7）第 8 章给出了电磁无损检测数值模拟方法在实际无损检测问题中的应用。主要包括在超轻多孔夹芯材料涡流检测、核电蒸汽发生器换热管涡流检测探头设计和优化中的应用，在燃气轮机叶片热障涂层检测中的应用，以及在飞机结构涡流检测中的应用，对实际涡流检测中数值模拟方法的应用给出了范例。

第 2 章　涡流检测数值模拟方法

内容摘要

本章首先给出涡流检测问题基本控制方程，介绍用于非磁性金属材料涡流检测数值模拟的有限元-边界元混合方法、用于磁性材料涡流检测问题的棱边有限元退化磁向量位（$\boldsymbol{A}_\mathrm{r}$）方法以及基于格林函数的体积分法的理论和算法，并通过计算和实验结果的比较，说明方法和程序的有效性及精度。其次，介绍一种基于无缺陷场量数据库的裂纹缺陷涡流检测信号高效数值计算方法，给出复杂缺陷二维扫描涡流检测信号的高效数值模拟结果。最后，给出基于高效信号计算方法和反问题方法的涡流检测缺陷定量反演算法和算例。

2.1　涡流检测问题基本方程

2.1.1　涡流场基本控制方程

涡流检测数值模拟的关键是涡流场的计算。涡流场问题需满足法拉第电磁感应定律、麦克斯韦全电流定律（广义安培环路定理）及磁通连续性原理和电流连续性方程，即

$$\nabla \times \boldsymbol{E} = -\frac{\partial \boldsymbol{B}}{\partial t} \quad \text{（法拉第电磁感应定律）} \tag{2-1}$$

$$\nabla \times \boldsymbol{H} = \boldsymbol{J} + \frac{\partial \boldsymbol{D}}{\partial t} \quad \text{（麦克斯韦全电流定律）} \tag{2-2}$$

$$\nabla \cdot \boldsymbol{B} = 0 \quad \text{（磁通连续性原理）} \tag{2-3}$$

$$\nabla \cdot \boldsymbol{J} = 0 \quad \text{（电流连续性方程）} \tag{2-4}$$

式中，$\boldsymbol{B}$ 为磁感应强度向量；$\boldsymbol{E}$ 为电场强度向量；$\boldsymbol{H}$ 为磁场强度向量；$\boldsymbol{D}$ 为电位移向量；$\boldsymbol{J}$ 为电流密度向量。

涡流检测问题中最大激励频率低于 10MHz 时，以空气介电系数（$10^9/(36\pi)$ F/m）和不锈钢的电导率（1.0MS/m）计算，$\partial \boldsymbol{D}/\partial t = \omega\varepsilon/\sigma \boldsymbol{J} = 0.556 \times 10^{-9}\boldsymbol{J}$，电位移的时变率（位移电流）较感应电流小得多，可以忽略。实际上，通常激励频率小于 1MHz 的涡流检测问题对应的电磁波波长大于 30m，较通常的探头和检测对象尺寸大得多。因此，涡流检测问题属于低频电磁场问题。忽略麦克斯韦全电流定律和电流连续性方程中的位移电流，涡流场控制方程变为式（2-1）、式（2-3）、式（2-4）以及式（2-5）：

$$\nabla \times \boldsymbol{H} = \boldsymbol{J} \tag{2-5}$$

对于一般导体材料，其本构关系为

$$\boldsymbol{B} = \mu \boldsymbol{H} \tag{2-6}$$

$$\boldsymbol{J} = \sigma \boldsymbol{E} \tag{2-7}$$

式中，μ 为磁导率；σ 为电导率。对于线性介质，两者均为常数；对于非磁性材料，其磁导率等于空气磁导率 μ_0。

涡流场问题同样需要满足边界条件，通常的边界条件为磁感应强度的垂直分量和磁场强度的切向分量连续，当材料为磁性介质时，需考虑边界面磁流的存在，即

$$\boldsymbol{B}_1 \cdot \boldsymbol{n} = \boldsymbol{B}_2 \cdot \boldsymbol{n} \tag{2-8}$$

$$\boldsymbol{H}_1 \times \boldsymbol{n} - \boldsymbol{H}_2 \times \boldsymbol{n} = \boldsymbol{k} \tag{2-9}$$

式中，脚标 1、2 表示边界两侧介质中的场量；$\boldsymbol{n}$ 为界面单位法向量；$\boldsymbol{k}$ 为面磁流，对于磁性介质 $\boldsymbol{k} = \boldsymbol{M} \times \boldsymbol{n}$，其中 $\boldsymbol{M}$ 为磁化强度向量。

2.1.2 A-ϕ 表述涡流场基本方程

以 $\boldsymbol{B} = \nabla \times \boldsymbol{A}$ 定义磁向量位 $\boldsymbol{A}$，可使磁通连续条件式（2-3）自动满足。这时将磁向量位代入式（2-1）可得

$$\nabla \times \left(\boldsymbol{E} + \frac{\partial \boldsymbol{A}}{\partial t} \right) = 0 \tag{2-10}$$

由于梯度场是无旋场，可以导入标量位 ϕ，当电场强度为

$$\boldsymbol{E} = -\frac{\partial \boldsymbol{A}}{\partial t} - \nabla \phi \tag{2-11}$$

时，法拉第电磁感应定律可以自动满足。利用本构关系式（2-6）和磁向量位定义，可将式（2-5）重写为

$$\nabla \times \left(\frac{1}{\mu} \nabla \times \boldsymbol{A} \right) = \boldsymbol{J} \tag{2-12}$$

进一步利用涡流-电场（$\boldsymbol{J}$-$\boldsymbol{E}$）本构关系可得

$$\nabla \times \left(\frac{1}{\mu} \nabla \times \boldsymbol{A} \right) = -\sigma \left(\frac{\partial \boldsymbol{A}}{\partial t} + \nabla \phi \right) \tag{2-13}$$

另外，利用电流连续性方程式（2-4）和式（2-11）可推导得到

$$\nabla \cdot \sigma \left(\frac{\partial \boldsymbol{A}}{\partial t} + \nabla \phi \right) = 0 \tag{2-14}$$

对式（2-13）进行向量变换并施加库仑规范 $\nabla \cdot \boldsymbol{A} = 0$，同时为了使有限元离散系数矩阵对称，施加以下变换：

$$\Phi = \int_0^t \phi \mathrm{d}t \tag{2-15}$$

最终可得导体区域涡流场问题的控制方程为

$$\frac{1}{\mu} \nabla^2 \boldsymbol{A} = \sigma \left(\frac{\partial \boldsymbol{A}}{\partial t} + \nabla \frac{\partial \Phi}{\partial t} \right) \tag{2-16}$$

$$\nabla \cdot \sigma \left(\frac{\partial \boldsymbol{A}}{\partial t} + \nabla \frac{\partial \Phi}{\partial t} \right) = 0 \tag{2-17}$$

注意式（2-16）中利用了磁导率空间均匀的假设。对于空气区域，由于电导率为零，式（2-17）自动满足，而（2-16）式变为

$$\frac{1}{\mu_0} \nabla^2 \boldsymbol{A} = -\boldsymbol{J}_0 \tag{2-18}$$

式中，$\boldsymbol{J}_0$为空气中电流源（涡流检测激励线圈电流）的电流密度向量。

对于磁感应强度法向分量连续的边界条件，可以通过式（2-19）满足：

$$\boldsymbol{A}_1 \times \boldsymbol{n} = \boldsymbol{A}_2 \times \boldsymbol{n} \tag{2-19}$$

通常的有限元分析中界面两端单元采用相同的界面节点，即隐含了 $\boldsymbol{A}_1 = \boldsymbol{A}_2$。这时式（2-19）边界条件自然满足，无须单独考虑。对磁场强度切向分量的边界条件，则有

$$\left(\frac{1}{\mu_1}\nabla\times\boldsymbol{A}_1 - \frac{1}{\mu_2}\nabla\times\boldsymbol{A}_2\right)\times\boldsymbol{n} = \boldsymbol{k} \tag{2-20}$$

对式（2-16）在包含边界的小圆柱区域进行积分，且考虑界面有面电流 $\boldsymbol{k}$，其左端为

$$\int_{\Omega}\frac{1}{\mu}\nabla\cdot\nabla\boldsymbol{A}\mathrm{d}\Omega = \int_{\Omega_1}\frac{1}{\mu_1}\nabla\cdot\nabla\boldsymbol{A}\mathrm{d}\Omega + \int_{\Omega_2}\frac{1}{\mu_2}\nabla\cdot\nabla\boldsymbol{A}\mathrm{d}\Omega = \frac{1}{\mu}\int_{S}\nabla\boldsymbol{A}\cdot\boldsymbol{n}\mathrm{d}S \tag{2-21}$$

式中，Ω 为柱体区域；S 为其表面；Ω_1、Ω_2 为界面两侧的小圆柱体部分。记小圆柱体与界面的交面为 Γ，当小圆柱体高度趋于零时柱面的侧面消失，面积分变为

$$\begin{aligned}\frac{1}{\mu}\int_{S}\nabla\boldsymbol{A}\cdot\boldsymbol{n}\mathrm{d}S &= \frac{1}{\mu_1}\int_{\Gamma}\nabla\boldsymbol{A}_1\cdot\boldsymbol{n}\mathrm{d}S - \frac{1}{\mu_2}\int_{\Gamma}\nabla\boldsymbol{A}_2\cdot\boldsymbol{n}\mathrm{d}S \\ &= \int_{\Gamma}\frac{1}{\mu_1}\frac{\partial\boldsymbol{A}_1}{\partial n}\mathrm{d}S - \int_{\Gamma}\frac{1}{\mu_2}\frac{\partial\boldsymbol{A}_2}{\partial n}\mathrm{d}S\end{aligned} \tag{2-22}$$

同样，由于式（2-16）右端为电流密度，当小圆柱体高度趋于零时体电流部分消失，但面电流 $\boldsymbol{k}$ 部分的体积分变为面积分，即

$$\int_{\Omega}\left[\boldsymbol{k} + \sigma\left(\frac{\partial\boldsymbol{A}}{\partial t} + \nabla\frac{\partial\Phi}{\partial t}\right)\right]\mathrm{d}\Omega = \int_{\Gamma}\boldsymbol{k}\mathrm{d}S \tag{2-23}$$

比较式（2-22）和式（2-23），可以发现边界条件，即式（2-20）可写为

$$\frac{1}{\mu_1}\frac{\partial\boldsymbol{A}_1}{\partial n} - \frac{1}{\mu_2}\frac{\partial\boldsymbol{A}_2}{\partial n} = \boldsymbol{k} \tag{2-24}$$

即这时的磁边界条件可利用向量位连续和式（2-24）表达。

通常界面的 $\boldsymbol{k} = \boldsymbol{M}\times\boldsymbol{n}$，当界面两端的磁导率相同时面磁流为零。例如对于非磁性介质的涡流问题，由于两端的磁导率均为空气磁导率，这时的界面条件变为

$$\frac{\partial\boldsymbol{A}_1}{\partial n} = \frac{\partial\boldsymbol{A}_2}{\partial n} \tag{2-25}$$

对于电流/电场边界条件，基于式（2-5），由于旋度场的散度为零，可以简单得出忽略位移电流条件下的电流密度界面条件为

$$\boldsymbol{J}_1\cdot\boldsymbol{n} = \boldsymbol{J}_2\cdot\boldsymbol{n} \tag{2-26}$$

对于涡流检测问题，由于空气区域电导率为零，其电流密度也为零，这时导体表面的电流和电场强度的法向分量均为零。

在导体中，电荷密度 ρ 一般满足 $\rho = \rho_0\exp(-\sigma t/\varepsilon_0)$。由于空气介电系数 ε_0 很小，所以导体中体电荷会在瞬间消失，可以认为导体中不存在体电荷。但在不同电导率介质的界面上，若两侧区域 1 和区域 2 的导电率分别记为 σ_1 和 σ_2，则其面电荷密度 τ 为

$$\tau = -\frac{(\sigma_2 - \sigma_1)}{\sigma_1}\boldsymbol{n}\cdot\boldsymbol{D}_2 \tag{2-27}$$

即电荷密度和区域 2 的电位移 $\boldsymbol{D}_2$ 相关。对于涡流检测问题，设区域 2 为空气时，$\tau = -\varepsilon_0\boldsymbol{n}\cdot\boldsymbol{E}_{\mathrm{air}}$。这说明即使上述 $\boldsymbol{A}-\phi$ 表述省略了位移电流，但并没有忽略面电荷的存在。实际上 $\boldsymbol{A}-\phi$ 表述的电场表达式（2-11）中，$\partial\boldsymbol{A}/\partial t$ 表征了感应电场，$\nabla\phi$ 表征了电荷效应，即上述 $\boldsymbol{A}-$

ϕ 控制方程可以考虑电荷的影响。

2.1.3 A^* 表述涡流场基本方程

以下给出涡流场问题的 A^* 表述，这里 A^* 称为修正磁向量位。如图2-1所示，设定求解区域 Ω 包含导电区域 Ω_1 和包围 Ω_1 的非导电区域 Ω_2，并记两者的界面为 Γ_{12}。在 Γ_{12} 上，磁场强度的切向分量连续，磁感应强度的法向分量连续，涡流的法向分量为0。Ω 的边界分为 Γ_H 和 Γ_B 两部分。在 Γ_H 上，磁场强度的切向分量为0；在 Γ_B 上，磁感应强度的法向分量为0。A，$A-V$ 表述中，Ω_1 中的求解变量为向量位 A 和标量位 V，Ω_2 中的求解变量为 A。A^* 表述中，整个 Ω 中的求解变量都是 A^*。

类似于 $A-\phi$ 方程，A，A-V 表述的涡流场控制方程是

$$\nabla\times\nu\nabla\times\boldsymbol{A}+\sigma\frac{\partial\boldsymbol{A}}{\partial t}+\sigma\nabla V=\boldsymbol{J}_s \tag{2-28}$$

式中，$\nu=1/\mu$ 为磁阻率；J_s 为激励源电流密度。式(2-28)包含了安培环路定律、法拉第电磁感应定律、磁通连续性原理和磁介质的本构关系。对式（2-28）两边求散度可知，该式也隐含了电流连续性条件。

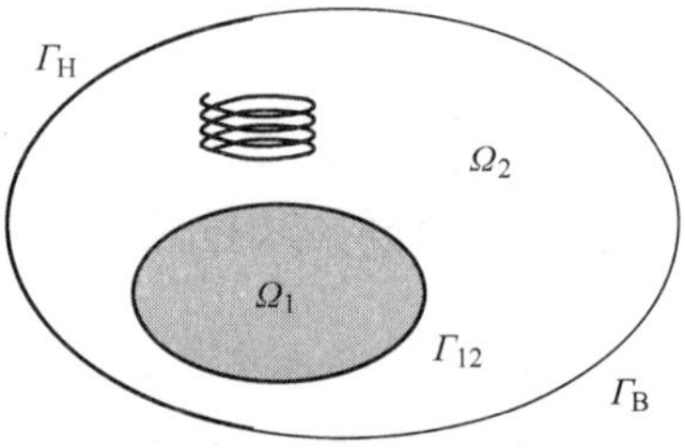

图2-1　求解区域及边界

定义修正磁向量位 A^* 为

$$\boldsymbol{A}^*=\boldsymbol{A}+\int_{-\infty}^{t}\nabla V\mathrm{d}t \tag{2-29}$$

由于 V 是连续的，因此 ∇V 存在。将式（2-29）代入式（2-28），可得

$$\nabla\times\nu\nabla\times\boldsymbol{A}^*+\sigma\frac{\partial\boldsymbol{A}^*}{\partial t}=\boldsymbol{J}_s \tag{2-30}$$

如果 ν 不与空间坐标相关，则式（2-30）变为

$$\nu\nabla\times\nabla\times\boldsymbol{A}^*+\sigma\frac{\partial\boldsymbol{A}^*}{\partial t}=\boldsymbol{J}_s \tag{2-31}$$

如果 ν 不均匀，则需要考虑界面条件。式（2-31）即 A^* 表述的控制方程。这时电场强度 E 可表示为

$$\boldsymbol{E}=-\frac{\partial\boldsymbol{A}^*}{\partial t} \tag{2-32}$$

由于 A^* 在空间上是连续的，因此 E 也是连续的，即 E 的切向分量 E_τ 和法向分量 E_n 都是连续的。在电导率不同的两种媒质的分界面上，涡流密度的法向分量 $J_{en}=\sigma E_n$ 必然不连续，这与涡流密度应满足的界面条件相矛盾。可见，在三维涡流场问题中，A^* 表述仅适合于电导率连续的情况。在 A，$A-V$ 表述中，∇V 项使得 E_n 不连续，从而允许 J_{en} 连续。在二维或轴对称问题中，A^*、E 和 J_e 仅有 z 或 ϕ 分量，没有界面法向分量，因此不存在上述涡流密度法向分量不连续的问题。

如记 e_n 为界面的单位法向量，则 A^* 表述的界面条件为

$$\boldsymbol{A}_1^*-\boldsymbol{A}_2^*=0 \qquad (\Gamma_{12}) \tag{2-33}$$

$$\boldsymbol{e}_n\times(\nu_1\nabla\times\boldsymbol{A}_1^*-\nu_2\nabla\times\boldsymbol{A}_2^*)=0 \qquad (\Gamma_{12}) \tag{2-34}$$

$$\boldsymbol{e}_{\mathrm{n}} \cdot \left(-\sigma \frac{\partial \boldsymbol{A}^{*}}{\partial t}\right)=0 \qquad (\Gamma_{12}) \tag{2-35}$$

$\boldsymbol{A}^*$ 表述的边界条件是

$$\boldsymbol{e}_{\mathrm{n}} \times \nu \nabla \times \boldsymbol{A}^{*}=0 \qquad (\Gamma_{\mathrm{H}}) \tag{2-36}$$

$$\boldsymbol{e}_{\mathrm{n}} \times \boldsymbol{A}^{*}=0 \qquad (\Gamma_{\mathrm{B}}) \tag{2-37}$$

由于控制方程中不显含标量位函数，$\boldsymbol{A}^*$ 表述的控制方程较为简单，但如前所述，$\boldsymbol{A}^*$ 表述不适用于三维问题。

2.2　涡流检测轴对称问题

轴对称问题是指三维模型可由半径方向和轴线方向组成的平面绕对称轴旋转一周而得，所求解变量只有周向（环向）分量，且该分量不随旋转角度而变化。涡流检测中，当涡流检出线圈和被检工件为同轴圆柱或圆筒时，线圈中的激励电流和导电工件中的感应电流只沿圆周方向流动，此时涡流检测问题可由轴对称模型进行描述。对于平板工件的检测，只要平板面积足够大，使得平板边缘处的涡流已衰减到可以忽略的程度，并且平板中的材料缺失为圆孔且与圆柱形线圈同轴，这样的涡流检测模拟也可视为轴对称问题。由于轴对称问题变量在周向不发生变化，故实际上为二维问题。本节介绍涡流检测轴对称问题的有限元模拟方法及典型算例。

2.2.1　涡流场轴对称问题控制方程

1. 控制方程

对于轴对称情况，$\boldsymbol{A}^*$ 表述的各个向量只有 ϕ 分量（环向分量），即$\boldsymbol{A}^{*}=\boldsymbol{e}_{\phi}A_{\phi}$，$\boldsymbol{J}_{\mathrm{s}}=\boldsymbol{e}_{\phi}\boldsymbol{J}_{\mathrm{s}\phi}$，并且有$\partial \boldsymbol{A}_{\phi}/\partial \phi=0$。此时，式（2-31）可化简为

$$-\nu \frac{\partial^{2} A_{\phi}}{\partial z^{2}}+\nu \frac{A_{\phi}}{\rho^{2}}-\frac{\nu}{\rho} \frac{\partial A_{\phi}}{\partial \rho}-\nu \frac{\partial^{2} A_{\phi}}{\partial \rho^{2}}+\sigma \frac{\partial A_{\phi}}{\partial t}=J_{\mathrm{s}\phi} \tag{2-38}$$

式（2-38）即为轴对称问题 A_ϕ 表述的控制方程。

对于时谐场，控制方程为

$$\nu \frac{\partial^{2} A_{\phi}}{\partial z^{2}}-\nu \frac{A_{\phi}}{\rho^{2}}+\frac{\nu}{\rho} \frac{\partial A_{\phi}}{\partial \rho}+\nu \frac{\partial^{2} A_{\phi}}{\partial \rho^{2}}-\mathrm{j}\omega\sigma A_{\phi}=-J_{\mathrm{s}\phi} \tag{2-39}$$

式中，j 为虚数单位；ω 为角频率。式（2-38）和式（2-39）中未施加规范条件。轴对称条件下有

$$\nabla \cdot \boldsymbol{A}^{*}=\frac{1}{\rho} \frac{\partial A_{\phi}}{\partial \phi}=0 \tag{2-40}$$

即轴对称涡流问题中，库仑规范是自动满足的。根据亥姆霍兹定理，只要规定合适的边界条件，式（2-38）和式（2-39）就有唯一解。

2. 界面条件与边界条件

令(ϕ, p, n)为局部直角坐标系，其中 p 是 $R-z$ 平面中的切线方向局部坐标，则 $\boldsymbol{A}$ 的旋度为

$$\nabla\times\boldsymbol{A}=\boldsymbol{e}_{\mathrm{p}}\frac{\partial A_{\phi}}{\partial n}-\boldsymbol{e}_{\mathrm{n}}\frac{\partial A_{\phi}}{\partial p} \tag{2-41}$$

同样，$\boldsymbol{B}$ 的法向分量和 $\boldsymbol{H}$ 的切向分量可表示为

$$\boldsymbol{e}_{\mathrm{n}}\cdot\boldsymbol{B}=-\frac{\partial A_{\phi}}{\partial p} \tag{2-42}$$

$$\boldsymbol{e}_{\mathrm{n}}\times\boldsymbol{H}=-\boldsymbol{e}_{\phi}\nu\frac{\partial A_{\phi}}{\partial n} \tag{2-43}$$

由式（2-42）可知，只要 A_{ϕ} 在整个界面上都是连续的，那么 $\boldsymbol{B}$ 的法向分量就是连续的。由式（2-43）可知，$\nu(\partial A_{\phi}/\partial n)$的连续性可以保证$\boldsymbol{e}_{\mathrm{n}}\times\boldsymbol{H}$ 的连续性。因此，轴对称问题中 A_{ϕ} 表述的界面条件为

$$A_{\phi1}-A_{\phi2}=0 \qquad (\Gamma_{12}) \tag{2-44}$$

$$\nu_1\frac{\partial A_{\phi1}}{\partial n}-\nu_2\frac{\partial A_{\phi2}}{\partial n}=0 \qquad (\Gamma_{12}) \tag{2-45}$$

由于轴对称问题中电流无法向分量，因此不需考虑界面上电流的法向连续性问题。

同样由式（2-42）和式（2-43）可知，强加边界条件 $A_{\phi}=0$ 可使$\boldsymbol{e}_{\mathrm{n}}\cdot\boldsymbol{B}=0$，自然边界条件$\partial A_{\phi}/\partial n=0$ 可使$\boldsymbol{e}_{\mathrm{n}}\times\boldsymbol{H}=0$。因此，$A_{\phi}$ 表述的边界条件为

$$\frac{\partial A_{\phi}}{\partial n}=0 \qquad (\Gamma_{\mathrm{H}}) \tag{2-46}$$

$$A_{\phi}=0 \qquad (\Gamma_{\mathrm{B}}) \tag{2-47}$$

2.2.2 轴对称问题有限元离散

1. 轴对称问题的三角形单元形函数

轴对称问题分析通常采用三角形单元进行离散。在单元中使用线性函数来近似试探函数，即将单元 e 中任意坐标处的位函数表示为

$$A_{\phi}^{e}(\rho,z)=a^{e}+b^{e}\rho+c^{e}z^{\ominus} \tag{2-48}$$

式中，a^e、b^e和 c^e为待定系数。令（ρ_j^e，z_j^e）（$j=1$，2，3）为单元的 3 个节点（即三角形的顶点）的坐标，$A_{\phi j}^{e}$（$j=1$，2，3）为节点上 A_{ϕ} 的值，则有

$$\begin{pmatrix}A_{\phi1}^{e}\\A_{\phi2}^{e}\\A_{\phi3}^{e}\end{pmatrix}=\begin{pmatrix}1&\rho_1^e&z_1^e\\1&\rho_2^e&z_2^e\\1&\rho_3^e&z_3^e\end{pmatrix}\begin{pmatrix}a^e\\b^e\\c^e\end{pmatrix} \tag{2-49}$$

求得待定系数为

$$\begin{pmatrix}a^e\\b^e\\c^e\end{pmatrix}=\frac{1}{2\Delta^e}\begin{pmatrix}a_1^e&a_2^e&a_3^e\\b_1^e&b_2^e&b_3^e\\c_1^e&c_2^e&c_3^e\end{pmatrix}\begin{pmatrix}A_{\phi1}^{e}\\A_{\phi2}^{e}\\A_{\phi3}^{e}\end{pmatrix} \tag{2-50}$$

其中

⊖ 上角标 e 不表示指数。

$$a_1^e = \rho_2^e z_3^e - \rho_3^e z_2^e, \qquad a_2^e = \rho_3^e z_1^e - \rho_1^e z_3^e, \qquad a_3^e = \rho_1^e z_2^e - \rho_2^e z_1^e$$

$$b_1^e = z_2^e - z_3^e, \qquad b_2^e = z_3^e - z_1^e, \qquad b_3^e = z_1^e - z_2^e$$

$$c_1^e = \rho_3^e - \rho_2^e, \qquad c_2^e = \rho_1^e - \rho_3^e, \qquad c_3^e = \rho_2^e - \rho_1^e$$

Δ^e表示三角形单元的面积，即

$$\Delta^e = \frac{1}{2}\begin{vmatrix} 1 & \rho_1^e & z_1^e \\ 1 & \rho_2^e & z_2^e \\ 1 & \rho_3^e & z_3^e \end{vmatrix}$$

将式（2-50）代入式（2-48）得

$$A_\phi^e(\rho,z) = \sum_{j=1}^{3} N_j^e A_{\phi j}^e \tag{2-51}$$

式中，N_j^e（j=1，2，3）称为形函数，可表示为

$$N_j^e = \frac{1}{2\Delta^e}(a_j^e + b_j^e\rho + c_j^e z) = \frac{1}{2\Delta^e}\begin{vmatrix} 1 & \rho & z \\ 1 & \rho_{j+1}^e & z_{j+1}^e \\ 1 & \rho_{j+2}^e & z_{j+2}^e \end{vmatrix} \tag{2-52}$$

2. 有限元离散方程

可以证明，式（2-39）的能量泛函是

$$F(A_\phi) = \frac{1}{2}\iint_\Omega \left[\nu\left(\frac{\partial A_\phi}{\partial z}\right)^2 + \nu\left(\frac{\partial A_\phi}{\partial \rho} + \frac{A_\phi}{\rho}\right)^2 + \mathrm{j}\omega\sigma A_\phi^2 - 2J_{\mathrm{s}\phi}A_\phi\right]\mathrm{d}\Omega \tag{2-53}$$

求式（2-53）的极小值可得到满足界面条件和边界条件的式（2-39）的解。式（2-53）定义在整个求解域上，它也可以表示为定义在各个单元上的能量泛函的和，即

$$F(A_\phi) = \sum_{e=1}^{m} F^e(A_\phi^e) \tag{2-54}$$

$$F^e(A_\phi^e) = \frac{1}{2}\iint_{\Omega^e} \left[\nu\left(\frac{\partial A_\phi^e}{\partial z}\right)^2 + \nu\left(\frac{\partial A_\phi^e}{\partial \rho} + \frac{A_\phi^e}{\rho}\right)^2 + \mathrm{j}\omega\sigma\,(A_\phi^e)^2 - 2J_{\mathrm{s}\phi}A_\phi^e\right]\mathrm{d}\Omega \tag{2-55}$$

式中，m 为单元个数。在整个求解域上对式（2-53）求极小值就成了在各个单元上对式(2-55)求极小值。

为得到式（2-55）的极小值，将其对各个 $A_{\phi i}^e$（i=1，2，3）求偏导数，并令各个偏导数为0，即

$$\begin{aligned}\frac{\partial}{\partial A_{\phi i}^e}F^e(A_\phi^e) &= \frac{1}{2}\frac{\partial}{\partial A_{\phi i}^e}\iint_{\Omega^e} \left[\nu\left(\frac{\partial A_\phi^e}{\partial z}\right)^2 + \nu\left(\frac{\partial A_\phi^e}{\partial \rho} + \frac{A_\phi^e}{\rho}\right)^2 + \mathrm{j}\omega\sigma\,(A_\phi^e)^2 - 2J_{\mathrm{s}\phi}A_\phi^e\right]\mathrm{d}\Omega \\ &= 0\,(i=1,2,3)\end{aligned} \tag{2-56}$$

应用式（2-51），式（2-56）的第一项变为

$$\frac{1}{2}\frac{\partial}{\partial A_{\phi i}^e}\iint_{\Omega^e}\nu\left(\frac{\partial A_\phi^e}{\partial z}\right)^2\mathrm{d}\Omega = \iint_{\Omega^e}\nu\left(\sum_{j=1}^{3}\frac{\partial N_j^e}{\partial z}A_{\phi j}^e\right)\frac{\partial N_i^e}{\partial z}\mathrm{d}\Omega \tag{2-57}$$

第二项变为

$$\frac{1}{2}\frac{\partial}{\partial A_{\phi i}^e}\iint_{\Omega^e}\nu\left(\frac{\partial A_\phi^e}{\partial\rho}+\frac{A_\phi^e}{\rho}\right)^2\mathrm{d}\Omega=\iint_{\Omega^e}\nu\Big[\left(\sum_{j=1}^{3}\frac{\partial N_i^e}{\partial\rho}\frac{\partial N_j^e}{\partial\rho}A_{\phi j}^e\right)+\left(\sum_{j=1}^{3}\frac{1}{\rho}\frac{\partial N_i^e}{\partial\rho}N_j^eA_{\phi j}^e\right)+\left(\sum_{j=1}^{3}\frac{1}{\rho}N_i^e\frac{\partial N_j^e}{\partial\rho}A_{\phi j}^e\right)+\left(\sum_{j=1}^{3}\frac{1}{\rho^2}N_i^eN_j^eA_{\phi j}^e\right)\Big]\mathrm{d}\Omega \tag{2-58}$$

第三项变为

$$\frac{1}{2}\frac{\partial}{\partial A_{\phi i}^e}\iint_{\Omega^e}\mathrm{j}\omega\sigma\ (A_\phi^e)^2\mathrm{d}\Omega=\sum_{j=1}^{3}\left(\iint_{\Omega^e}\mathrm{j}\omega\sigma N_i^eN_j^e\mathrm{d}\Omega\right)A_{\phi j}^e \tag{2-59}$$

第四项变为

$$\frac{1}{2}\frac{\partial}{\partial A_{\phi i}^e}\iint_{\Omega^e}(-2J_{\mathrm{s}\phi}A_\phi^e)\mathrm{d}\Omega=-\iint_{\Omega^e}J_{\mathrm{s}\phi}N_i^e\mathrm{d}\Omega \tag{2-60}$$

将式（2-57）~式（2-60）代入式（2-56）可得

$$\sum_{j=1}^{3}\left[\iint_{\Omega^e}\left(\nu\frac{\partial N_i^e}{\partial z}\frac{\partial N_j^e}{\partial z}+\nu\frac{\partial N_i^e}{\partial\rho}\frac{\partial N_j^e}{\partial\rho}+\frac{\nu}{\rho}\frac{\partial N_i^e}{\partial\rho}N_j^e+\frac{\nu}{\rho}N_i^e\frac{\partial N_j^e}{\partial\rho}+\frac{\nu}{\rho^2}N_i^eN_j^e+\mathrm{j}\omega\sigma N_i^eN_j^e\right)\mathrm{d}\Omega\right]A_{\phi j}^e=\iint_{\Omega^e}N_i^eJ_{\mathrm{s}\phi}\mathrm{d}\Omega\qquad(i=1,2,3) \tag{2-61}$$

方程式（2-61）可写成矩阵形式为

$$\boldsymbol{S}^e\boldsymbol{u}^e=\boldsymbol{f}^e \tag{2-62}$$

或

$$(\boldsymbol{S}_{\mathrm{R}}^e+\mathrm{j}\,\boldsymbol{S}_{\mathrm{I}}^e)\boldsymbol{u}^e=\boldsymbol{f}^e \tag{2-63}$$

式中，矩阵 $\boldsymbol{S}^e$ 为复数刚度矩阵或系统矩阵，其实部和虚部分别用 $\boldsymbol{S}_{\mathrm{R}}^e$ 和 $\boldsymbol{S}_{\mathrm{I}}^e$ 表示；$\boldsymbol{u}^e=[A_{\phi1}^e\quad A_{\phi2}^e\quad A_{\phi3}^e]^{\mathrm{T}}$为待解未知量向量；$\boldsymbol{f}^e$ 为含有激励源的右端向量。

$\boldsymbol{S}_{\mathrm{R}}^e$、$\boldsymbol{S}_{\mathrm{I}}^e$及$\boldsymbol{f}^e$ 的元素分别为

$$S_{\mathrm{R}(ij)}^e=\iint_{\Omega^e}\left(\nu\frac{\partial N_i^e}{\partial z}\frac{\partial N_j^e}{\partial z}+\nu\frac{\partial N_i^e}{\partial\rho}\frac{\partial N_j^e}{\partial\rho}+\frac{\nu}{\rho}\frac{\partial N_i^e}{\partial\rho}N_j^e+\frac{\nu}{\rho}N_i^e\frac{\partial N_j^e}{\partial\rho}+\frac{\nu}{\rho^2}N_i^eN_j^e\right)\mathrm{d}\Omega \tag{2-64}$$

$$S_{\mathrm{I}(ij)}^e=\iint_{\Omega^e}\mathrm{j}\omega\sigma N_i^eN_j^e\mathrm{d}\Omega\qquad(i,j=1,2,3) \tag{2-65}$$

$$f_{(i)}^e=\iint_{\Omega^e}N_i^eJ_{\mathrm{s}\phi}\mathrm{d}\Omega\qquad(i=1,2,3) \tag{2-66}$$

进一步由三角形单元的形函数，即式（2-52）得其偏导数为

$$\frac{\partial N_j^e}{\partial\rho}=\frac{b_j^e}{2\Delta^e} \tag{2-67}$$

$$\frac{\partial N_j^e}{\partial z}=\frac{c_j^e}{2\Delta^e} \tag{2-68}$$

将式（2-52）、式（2-67）和式（2-68）代入式（2-64），可得

$$S_{\mathrm{R}(ij)}^e=\iint_{\Omega^e}\left[\frac{\nu c_i^ec_j^e}{4(\Delta^e)^2}+\frac{\nu b_i^eb_j^e}{4(\Delta^e)^2}+\frac{\nu b_i^e}{2\rho\Delta^e}N_j^e+\frac{\nu b_j^e}{2\rho\Delta^e}N_i^e+\frac{\nu}{\rho^2}N_i^eN_j^e\right]\mathrm{d}\Omega \tag{2-69}$$

进一步推导可得

$$S_{\mathrm{R}(ij)}^e=\frac{\nu\rho_{\mathrm{c}}^e}{4\Delta^e}\left[\left(b_i^e+\frac{2\Delta^e}{3\rho_{\mathrm{c}}^e}\right)\left(b_j^e+\frac{2\Delta^e}{3\rho_{\mathrm{c}}^e}\right)+c_i^ec_j^e\right] \tag{2-70}$$

式中，ρ_c^e 为单元 e 中心的 ρ 坐标。将式（2-52）代入式（2-65）和式（2-66）可得

$$S_{\mathrm{I}(ij)}^{e}=\frac{\omega\sigma\Delta^{e}\rho_{\mathrm{c}}^{e}}{12}(1+\delta_{ij}) \tag{2-71}$$

$$f_{(i)}^{e}=\frac{1}{3}J_{\mathrm{s}\phi}\Delta^{e}\rho_{\mathrm{c}}^{e} \tag{2-72}$$

在式（2-63）基础上施加狄利克雷边界条件并求解方程组，即可得到各个节点上的 A_{ϕ} 值。进一步处理可以求出磁感应强度和线圈阻抗等物理量，以及磁力线分布和涡流密度分布等。

2.3　三维涡流检测正问题数值模拟方法

涡流检测信号数值模拟的典型方法有基于 $\boldsymbol{A}_{\mathrm{r}}$（退化磁向量位）方法的棱边有限元方法和基于 $\boldsymbol{A}$-$\boldsymbol{\phi}$ 公式的节点有限元-边界元（FEM-BEM）混合法。常规的全域有限元方法需要对整个计算区域包括空气区域进行有限元剖分，而由于涡流检测激励线圈可能有非常复杂的几何形状，且需要进行扫描检测，即探头和试样的相对位置会发生变化，故而常规的全域有限元方法对涡流检测信号的计算不是很有效。有限元-边界元混合法对导体部分采用有限元离散，而空气区域的影响则通过边界元考虑，空气区域不需进行有限元剖分，宜于进行复杂探头和复杂扫描路径的涡流场计算。而 $\boldsymbol{A}_{\mathrm{r}}$ 方法则通过在空气区域采用退化磁向量位，将空气区域电流源的影响界面耦合进导体区域，无须直接进行剖分计算，同样对涡流检测信号计算非常有效。另外，基于格林函数的体积分法，也仅需以导体部分为计算区域，具有较高计算效率。但有限元-边界元混合法中边界元部分的系数矩阵是满阵，虽计算区域局限于导体，仍需要较大的计算机资源，对大型问题较难适用，同时不适合于磁性介质的涡流检测信号计算。$\boldsymbol{A}_{\mathrm{r}}$ 方法则需要对空气区域进行单元剖分，剖分过程比较复杂，但 $\boldsymbol{A}_{\mathrm{r}}$ 方法适用于线性磁性体的涡流检测问题，利用有限元系数矩阵的稀疏特性结合 ICCG 迭代求解方法可以实现较大规模问题的涡流计算。体积分法由于利用格林函数，是一种半解析方法，虽计算效率较高但不适用于较为复杂的检测对象和探头结构。以下分别介绍这三种三维涡流场问题求解方法的原理、离散过程和算例。

2.3.1　基于 $\boldsymbol{A}$-$\boldsymbol{\phi}$ 方程的有限元-边界元混合法

考虑到界面条件，即式（2-25）仅当两侧材料具有相同磁导率时成立，而有限元-边界元混合法需利用该式对有限元和边界元方程进行结合，因此有限元-边界元混合法需要界面两侧材料具有相同的磁导率。考虑到涡流检测时导体外侧材料为空气，因而有限元-边界元混合法仅适用于非磁性导体材料的涡流检测问题，为此本小节设定非磁性导体磁导率为空气磁导率 μ_0。

1. 导体区域的有限元离散

由于导体区域没有线圈移动扫描，可使用有限元进行离散。首先以式（2-16）的 x 成分相关方程为例说明伽辽金有限元离散的过程，即

$$\frac{1}{\mu_0}\nabla^2 A_x=\sigma\left(\frac{\partial A_x}{\partial t}+\frac{\partial}{\partial t}\frac{\partial \Phi}{\partial x}\right) \tag{2-73}$$

式（2-73）两端乘以变分 $\delta\boldsymbol{A}_x$ 并对导体区域进行体积分，左端变为

$$\int_{\Omega}\delta\boldsymbol{A}_x\frac{1}{\mu}\ \nabla^2\boldsymbol{A}_x\mathrm{d}\Omega=\frac{1}{\mu_0}\int_{\Gamma}\delta\boldsymbol{A}_x\frac{\partial\boldsymbol{A}_x}{\partial n}\mathrm{d}\Gamma-\frac{1}{\mu_0}\int_{\Omega}\boldsymbol{\nabla}(\delta\boldsymbol{A}_x)\cdot\boldsymbol{\nabla}\boldsymbol{A}_x\mathrm{d}\Omega \tag{2-74}$$

基于形函数 $\boldsymbol{N}$ 对 A_x 进行离散，即设定 $A_x=\boldsymbol{N}\boldsymbol{A}_x$，两项可分别写为

$$\frac{1}{\mu_0}\int_{\Gamma}\delta\boldsymbol{A}_x\frac{\partial\boldsymbol{A}_x}{\partial n}\mathrm{d}\Gamma=\delta\boldsymbol{A}_x{}^{\mathrm{T}}\frac{1}{\mu_0}\int_{\Gamma}\boldsymbol{N}^{\mathrm{T}}\boldsymbol{N}\mathrm{d}\Gamma\frac{\partial\boldsymbol{A}_x}{\partial n} \tag{2-75}$$

$$\frac{1}{\mu_0}\int_{\Omega}\boldsymbol{\nabla}(\delta\boldsymbol{A}_x)\cdot\boldsymbol{\nabla}A_x\mathrm{d}\Omega=\delta\boldsymbol{A}_x{}^{\mathrm{T}}\frac{1}{\mu_0}\int_{\Omega}\left[\frac{\partial\boldsymbol{N}^{\mathrm{T}}}{\partial x}\frac{\partial\boldsymbol{N}}{\partial x}+\frac{\partial\boldsymbol{N}^{\mathrm{T}}}{\partial y}\frac{\partial\boldsymbol{N}}{\partial y}+\frac{\partial\boldsymbol{N}^{\mathrm{T}}}{\partial z}\frac{\partial\boldsymbol{N}}{\partial z}\right]\mathrm{d}\Omega\boldsymbol{A}_x \tag{2-76}$$

式（2-73）的右端两项乘以变分 $\delta\boldsymbol{A}_x$ 并对全域进行积分后分别变为

$$\sigma\int_{\Omega}\left(\delta\boldsymbol{A}_x\frac{\partial\boldsymbol{A}_x}{\partial t}\right)\mathrm{d}\Omega=\sigma\ \delta\boldsymbol{A}_x{}^{\mathrm{T}}\int_{\Omega}\boldsymbol{N}^{\mathrm{T}}\boldsymbol{N}\mathrm{d}\Omega\frac{\partial\boldsymbol{A}_x}{\partial t} \tag{2-77}$$

$$\sigma\int_{\Omega}\left(\delta\boldsymbol{A}_x\frac{\partial}{\partial t}\frac{\partial\boldsymbol{\Phi}}{\partial x}\right)\mathrm{d}\Omega=\sigma\ \delta\boldsymbol{A}_x{}^{\mathrm{T}}\int_{\Omega}\boldsymbol{N}^{\mathrm{T}}\frac{\partial\boldsymbol{N}}{\partial x}\mathrm{d}\Omega\frac{\partial\boldsymbol{\Phi}}{\partial t} \tag{2-78}$$

对 y 及 z 分量对应方程做同样推导，可得其相应的弱形式方程。将式（2-75）~式(2-78)归纳为矩阵形式，并考虑变分 $\delta\boldsymbol{A}_x$ 的任意性可得

$$\begin{pmatrix}\boldsymbol{N}_1&\boldsymbol{0}&\boldsymbol{0}&\boldsymbol{0}\\\boldsymbol{0}&\boldsymbol{N}_1&\boldsymbol{0}&\boldsymbol{0}\\\boldsymbol{0}&\boldsymbol{0}&\boldsymbol{N}_1&\boldsymbol{0}\\\boldsymbol{0}&\boldsymbol{0}&\boldsymbol{0}&\boldsymbol{0}\end{pmatrix}\begin{pmatrix}\boldsymbol{A}_x\\\boldsymbol{A}_y\\\boldsymbol{A}_z\\\boldsymbol{\Phi}\end{pmatrix}+\begin{pmatrix}\boldsymbol{N}_2&\boldsymbol{0}&\boldsymbol{0}&\boldsymbol{N}_a\\\boldsymbol{0}&\boldsymbol{N}_2&\boldsymbol{0}&\boldsymbol{N}_b\\\boldsymbol{0}&\boldsymbol{0}&\boldsymbol{N}_2&\boldsymbol{N}_c\\\boldsymbol{0}&\boldsymbol{0}&\boldsymbol{0}&\boldsymbol{0}\end{pmatrix}\begin{pmatrix}\partial\boldsymbol{A}_x/\partial t\\\partial\boldsymbol{A}_y/\partial t\\\partial\boldsymbol{A}_z/\partial t\\\partial\boldsymbol{\Phi}/\partial t\end{pmatrix}=\begin{pmatrix}\boldsymbol{f}_x\\\boldsymbol{f}_y\\\boldsymbol{f}_z\\0\end{pmatrix} \tag{2-79}$$

其中：

$$\boldsymbol{N}_1=\frac{1}{\mu_0}\int_{\Omega}\left(\frac{\partial\boldsymbol{N}^{\mathrm{T}}}{\partial x}\frac{\partial\boldsymbol{N}}{\partial x}+\frac{\partial\boldsymbol{N}^{\mathrm{T}}}{\partial y}\frac{\partial\boldsymbol{N}}{\partial y}+\frac{\partial\boldsymbol{N}^{\mathrm{T}}}{\partial z}\frac{\partial\boldsymbol{N}}{\partial z}\right)\mathrm{d}\Omega \tag{2-80}$$

$$\boldsymbol{N}_2=\sigma\int_{\Omega}\boldsymbol{N}^{\mathrm{T}}\boldsymbol{N}\mathrm{d}\Omega \tag{2-81}$$

$$\boldsymbol{N}_{\mathrm{a}}=\sigma\int_{\Omega}\boldsymbol{N}^{\mathrm{T}}\frac{\partial\boldsymbol{N}}{\partial x}\mathrm{d}\Omega \tag{2-82}$$

$$\boldsymbol{N}_{\mathrm{b}}=\sigma\int_{\Omega}\boldsymbol{N}^{\mathrm{T}}\frac{\partial\boldsymbol{N}}{\partial y}\mathrm{d}\Omega \tag{2-83}$$

$$\boldsymbol{N}_{\mathrm{c}}=\sigma\int_{\Omega}\boldsymbol{N}^{\mathrm{T}}\frac{\partial\boldsymbol{N}}{\partial z}\mathrm{d}\Omega \tag{2-84}$$

另外，式（2-79）右端项为和导体表面积分相关项，将利用边界条件进行处理。其形式为

$$\boldsymbol{f}_x=\frac{1}{\mu_0}\int_{\Gamma}\boldsymbol{N}^{\mathrm{T}}\boldsymbol{N}\mathrm{d}\Gamma\frac{\partial\boldsymbol{A}_x}{\partial n} \tag{2-85}$$

$$\boldsymbol{f}_y=\frac{1}{\mu_0}\int_{\Gamma}\boldsymbol{N}^{\mathrm{T}}\boldsymbol{N}\mathrm{d}\Gamma\frac{\partial\boldsymbol{A}_y}{\partial n} \tag{2-86}$$

$$\boldsymbol{f}_z=\frac{1}{\mu_0}\int_{\Gamma}\boldsymbol{N}^{\mathrm{T}}\boldsymbol{N}\mathrm{d}\Gamma\frac{\partial\boldsymbol{A}_z}{\partial n} \tag{2-87}$$

如将式（2-79）中的左端系数矩阵分别写为 $\boldsymbol{P}$、$\boldsymbol{Q}$，并记为

$$(f_x \quad f_y \quad f_z)^{\mathrm{T}} = \boldsymbol{f} = \boldsymbol{M}\frac{\partial \boldsymbol{A}_{\mathrm{d}}}{\partial n} = \boldsymbol{M}\begin{pmatrix}\frac{\partial A_x}{\partial n} & \frac{\partial A_y}{\partial n} & \frac{\partial A_z}{\partial n}\end{pmatrix}^{\mathrm{T}} \tag{2-88}$$

其中：

$$\boldsymbol{M} = \begin{pmatrix} \boldsymbol{M}_1 & \mathbf{0} & \mathbf{0} \\ \mathbf{0} & \boldsymbol{M}_1 & \mathbf{0} \\ \mathbf{0} & \mathbf{0} & \boldsymbol{M}_1 \end{pmatrix} \tag{2-89}$$

且：

$$\boldsymbol{M}_1 = \frac{1}{\mu_0}\int_{\Gamma} \boldsymbol{N}^{\mathrm{T}}\boldsymbol{N}\mathrm{d}\boldsymbol{\Gamma} \tag{2-90}$$

可将式（2-79）改写为

$$\boldsymbol{P}\begin{pmatrix}\boldsymbol{A}_{\mathrm{d}} \\ \boldsymbol{\Phi}\end{pmatrix} + \boldsymbol{Q}\begin{pmatrix}\partial \boldsymbol{A}_{\mathrm{d}}/\partial t \\ \partial \boldsymbol{\Phi}/\partial t\end{pmatrix} = \begin{pmatrix}\boldsymbol{f} \\ \mathbf{0}\end{pmatrix} \tag{2-91}$$

式中，$\boldsymbol{P}$、$\boldsymbol{Q}$ 分别为式（2-79）左端的系数矩阵。

同样对式（2-17）乘以 $\delta\Phi$ 进行同样离散化过程，可得

$$\int_{\Omega} \delta\Phi \; \boldsymbol{\nabla}\cdot\sigma\left(\frac{\partial \boldsymbol{A}}{\partial t} + \boldsymbol{\nabla}\frac{\partial \Phi}{\partial t}\right)\mathrm{d}\Omega = \int_{\Gamma} \delta\Phi\sigma\left(\frac{\partial \boldsymbol{A}}{\partial t} + \boldsymbol{\nabla}\frac{\partial \Phi}{\partial t}\right)\cdot \mathrm{d}\boldsymbol{\Gamma} - \int_{\Omega} \boldsymbol{\nabla}(\delta\Phi)\cdot\sigma\left(\frac{\partial \boldsymbol{A}}{\partial t} + \boldsymbol{\nabla}\frac{\partial \Phi}{\partial t}\right)\mathrm{d}\Omega \tag{2-92}$$

由于导体表面的法向电场强度不存在，所以式（2-92）中的面积分为零。于是式(2-17)的离散结果变为

$$\delta\boldsymbol{\Phi}\int_{\Omega}\left(\frac{\partial \boldsymbol{N}^{\mathrm{T}}}{\partial x}\boldsymbol{N}\frac{\partial \boldsymbol{A}_x}{\partial t} + \frac{\partial \boldsymbol{N}^{\mathrm{T}}}{\partial y}\boldsymbol{N}\frac{\partial \boldsymbol{A}_y}{\partial t} + \frac{\partial \boldsymbol{N}^{\mathrm{T}}}{\partial z}\boldsymbol{N}\frac{\partial \boldsymbol{A}_z}{\partial t}\right)\mathrm{d}\Omega + \delta\boldsymbol{\Phi}\int_{\Omega}\boldsymbol{\nabla}N^{\mathrm{T}}\cdot\boldsymbol{\nabla}N\mathrm{d}\Omega\frac{\partial \boldsymbol{\Phi}}{\partial t} = 0 \tag{2-93}$$

写成矩阵形式即为

$$\begin{pmatrix} \mathbf{0} & \mathbf{0} & \mathbf{0} & \mathbf{0} \\ \mathbf{0} & \mathbf{0} & \mathbf{0} & \mathbf{0} \\ \mathbf{0} & \mathbf{0} & \mathbf{0} & \mathbf{0} \\ \boldsymbol{N}_{\mathrm{a}}^{\mathrm{T}} & \boldsymbol{N}_{\mathrm{b}}^{\mathrm{T}} & \boldsymbol{N}_{\mathrm{c}}^{\mathrm{T}} & \boldsymbol{N}_1' \end{pmatrix}\begin{pmatrix}\partial \boldsymbol{A}_x/\partial t \\ \partial \boldsymbol{A}_y/\partial t \\ \partial \boldsymbol{A}_z/\partial t \\ \partial \boldsymbol{\Phi}/\partial t\end{pmatrix} = \begin{pmatrix}\mathbf{0} \\ \mathbf{0} \\ \mathbf{0} \\ \mathbf{0}\end{pmatrix} \tag{2-94}$$

其中：

$$\boldsymbol{N}_1' = \sigma\mu\boldsymbol{N}_1 \tag{2-95}$$

记 $\boldsymbol{R}$ 为式（2-94）左端的系数矩阵，则式（2-94）可写为

$$\boldsymbol{R}\begin{pmatrix}\partial \boldsymbol{A}_{\mathrm{d}}/\partial t \\ \partial \boldsymbol{\Phi}/\partial t\end{pmatrix} = \begin{pmatrix}\mathbf{0} \\ \mathbf{0}\end{pmatrix} \tag{2-96}$$

归纳式（2-79）和式（2-94）可得

$$\begin{pmatrix} \boldsymbol{N}_1 & \boldsymbol{0} & \boldsymbol{0} & \boldsymbol{0} \\ \boldsymbol{0} & \boldsymbol{N}_1 & \boldsymbol{0} & \boldsymbol{0} \\ \boldsymbol{0} & \boldsymbol{0} & \boldsymbol{N}_1 & \boldsymbol{0} \\ \boldsymbol{0} & \boldsymbol{0} & \boldsymbol{0} & \boldsymbol{0} \end{pmatrix}\begin{pmatrix} \boldsymbol{A}_x \\ \boldsymbol{A}_y \\ \boldsymbol{A}_z \\ \boldsymbol{\Phi} \end{pmatrix} + \begin{pmatrix} \boldsymbol{N}_2 & \boldsymbol{0} & \boldsymbol{0} & \boldsymbol{N}_{\mathrm{a}} \\ \boldsymbol{0} & \boldsymbol{N}_2 & \boldsymbol{0} & \boldsymbol{N}_{\mathrm{b}} \\ \boldsymbol{0} & \boldsymbol{0} & \boldsymbol{N}_2 & \boldsymbol{N}_{\mathrm{c}} \\ \boldsymbol{N}_{\mathrm{a}}^{\mathrm{T}} & \boldsymbol{N}_{\mathrm{b}}^{\mathrm{T}} & \boldsymbol{N}_{\mathrm{c}}^{\mathrm{T}} & \boldsymbol{N}'_1 \end{pmatrix}\begin{pmatrix} \partial \boldsymbol{A}_x/\partial t \\ \partial \boldsymbol{A}_y/\partial t \\ \partial \boldsymbol{A}_z/\partial t \\ \partial \boldsymbol{\Phi}/\partial t \end{pmatrix} = \begin{pmatrix} \boldsymbol{f}_x \\ \boldsymbol{f}_y \\ \boldsymbol{f}_z \\ 0 \end{pmatrix} \tag{2-97}$$

利用前边定义的系数矩阵 $\boldsymbol{P}$、$\boldsymbol{Q}$、$\boldsymbol{R}$ 进行归纳，可改写为

$$\boldsymbol{P}\begin{pmatrix} \boldsymbol{A}_{\mathrm{d}} \\ \boldsymbol{\Phi} \end{pmatrix} + (\boldsymbol{Q}+\boldsymbol{R})\begin{pmatrix} \partial \boldsymbol{A}_{\mathrm{d}}/\partial t \\ \partial \boldsymbol{\Phi}/\partial t \end{pmatrix} = \begin{pmatrix} \boldsymbol{f} \\ \boldsymbol{0} \end{pmatrix} \tag{2-98}$$

由于通常涡流检测问题是时谐交流问题，复数近似成立。这时式（2-98）可转换为

$$(\boldsymbol{P}+\mathrm{j}\omega\boldsymbol{Q}+\mathrm{j}\omega\boldsymbol{R})\begin{pmatrix} \boldsymbol{A} \\ \boldsymbol{\Phi} \end{pmatrix} = \begin{pmatrix} \boldsymbol{f} \\ \boldsymbol{0} \end{pmatrix} \tag{2-99}$$

式（2-99）即为时谐涡流问题在导体区域有限元离散后的最后形式。

2. 空气区域的边界元离散

为了避免线圈扫描移动时需要对计算区域重新进行有限元网格划分，对线圈所在空气区域利用边界元方法进行离散，以将线圈作用耦合入导体区域。以下说明对空气区域用边界元进行离散的过程。对式（2-18）以基本解 $u^* = 1/(4\pi R)$（其中 $R = |\boldsymbol{r}-\boldsymbol{r}'|$ 为在导体表面的场点和空气区域的源点间的距离）相乘并在所有空气区域进行积分，其 x 成分可写为

$$\int_{\Omega} \mu^*(\nabla^2 A_x \mathrm{d}V + \mu_0 J_{0x})\mathrm{d}\Omega = 0 \tag{2-100}$$

式（2-100）第一项变形可得

$$\int_{\Omega} \frac{1}{4\pi R} \boldsymbol{\nabla}\cdot \boldsymbol{\nabla} A_x \mathrm{d}\Omega$$

$$= \frac{1}{4\pi}\int_{\Gamma} \frac{1}{R}\frac{\partial A_x}{\partial n}\mathrm{d}\Gamma - \frac{1}{4\pi}\int_{\Gamma} A_x \boldsymbol{\nabla}\frac{1}{R}\cdot \mathrm{d}\boldsymbol{\Gamma} + \frac{1}{4\pi}\int_{\Omega} A_x \boldsymbol{\nabla}\cdot \boldsymbol{\nabla}\frac{1}{R}\mathrm{d}\Omega \tag{2-101}$$

考虑到空气区域的无限远边界上的电磁场为零，式（2-101）的面积分仅限于导体表面。同时由于 $\nabla^2(1/R) = \delta(\boldsymbol{r}-\boldsymbol{r}')$ 为 δ 函数，其数值仅当源点与场点重合时非零，且其积分值为积分区域对场点所张立体角。式（2-100）对导体板平面的每一个离散点（场点）均需满足。当所选场点位于导体板平面时上述立体角大小为 2π，当场点在导体板的棱边时立体角为 π，而当场点位于导体板的角点时立体角为 π/2。基于式（2-101），弱形式的式（2-100）可写为

$$\frac{1}{\mu_0}C(p)A_x + \frac{1}{4\pi\mu_0}\int_{\Gamma} \frac{1}{R}\frac{\partial A_x}{\partial n}\mathrm{d}\Gamma - \frac{1}{4\pi\mu_0}\int_{\Gamma} A_x \boldsymbol{\nabla}\frac{1}{R}\cdot \mathrm{d}\boldsymbol{\Gamma} = \int_{\Omega} \frac{J_{0x}}{4\pi R}\mathrm{d}\Omega \tag{2-102}$$

式（2-102）对导体表面各点都成立，但 $C(p)$ 根据点位置几何特征取不同数值，即常规面点为 1/2、棱边点为 1/4、角点为 1/8。

基于导体区域有限元离散单元在导体表面的节点对导体表面利用二维边界元形函数进行离散，即取 $A_x(\boldsymbol{r}') = \boldsymbol{N}(\boldsymbol{r}')\boldsymbol{A}_x$，代入式（2-102）可积分得出对选定边界点需满足的方程为

$$\frac{1}{\mu_0}C(p)A_{xi} - \frac{1}{4\pi\mu_0}\int_{\Gamma} \boldsymbol{N} \boldsymbol{\nabla}\frac{1}{R}\cdot \mathrm{d}\boldsymbol{\Gamma}\boldsymbol{A}_x + \frac{1}{4\pi\mu_0}\int_{\Gamma} \boldsymbol{N}\frac{1}{R}\mathrm{d}\Gamma \frac{\partial \boldsymbol{A}_x}{\partial n}$$

$$= \int_{\Omega} \frac{J_{0x}}{4\pi R} \mathrm{d}\Omega = F_{0x}^{i} \tag{2-103}$$

式中，F_{0x}^{i} 为自由空间中的线圈激励电流在所取边界点处的磁位函数值 A_{0x}。

使每一个边界元节点作为源点满足上述方程，即可得出和表面节点数相同的关于向量位 x 分量的边界元方程组。若记式（2-103）中和向量位相关的系数矩阵为 $\boldsymbol{H}_x$，和其法向梯度相关的系数矩阵为 $\boldsymbol{G}_x$，则可得 $\boldsymbol{A}_x$ 相关边界元方程为

$$\boldsymbol{H}_x \boldsymbol{A}_x + \boldsymbol{G}_x \frac{\partial \boldsymbol{A}_x}{\partial n} = \boldsymbol{F}_{0x} \tag{2-104}$$

将 x、y、z 成分得到的离散方程归纳并写为矩阵形式可得

$$\begin{pmatrix} \boldsymbol{H}_x & \boldsymbol{0} & \boldsymbol{0} \\ \boldsymbol{0} & \boldsymbol{H}_y & \boldsymbol{0} \\ \boldsymbol{0} & \boldsymbol{0} & \boldsymbol{H}_z \end{pmatrix} \begin{pmatrix} \boldsymbol{A}_x \\ \boldsymbol{A}_y \\ \boldsymbol{A}_z \end{pmatrix} + \begin{pmatrix} \boldsymbol{G}_x & \boldsymbol{0} & \boldsymbol{0} \\ \boldsymbol{0} & \boldsymbol{G}_y & \boldsymbol{0} \\ \boldsymbol{0} & \boldsymbol{0} & \boldsymbol{G}_z \end{pmatrix} \begin{pmatrix} \partial \boldsymbol{A}_x / \partial \boldsymbol{n} \\ \partial \boldsymbol{A}_y / \partial \boldsymbol{n} \\ \partial \boldsymbol{A}_z / \partial \boldsymbol{n} \end{pmatrix} = \begin{pmatrix} \boldsymbol{F}_{0x} \\ \boldsymbol{F}_{0y} \\ \boldsymbol{F}_{0z} \end{pmatrix} \tag{2-105}$$

或写为：

$$\boldsymbol{H} \boldsymbol{A}_{\mathrm{d}} + \boldsymbol{G} \frac{\partial \boldsymbol{A}_{\mathrm{d}}}{\partial n} = \boldsymbol{F}_0 \tag{2-106}$$

对式（2-106）两端乘以 $\boldsymbol{G}^{-1}$ 可得

$$\boldsymbol{G}^{-1} \boldsymbol{H} \boldsymbol{A}_{\mathrm{d}} + \frac{\partial \boldsymbol{A}_{\mathrm{d}}}{\partial n} = \boldsymbol{G}^{-1} \boldsymbol{F}_0 \tag{2-107}$$

进一步乘以分布矩阵 $\boldsymbol{M}$ 可得

$$\boldsymbol{M} \boldsymbol{G}^{-1} \boldsymbol{H} \boldsymbol{A}_{\mathrm{d}} + \boldsymbol{M} \frac{\partial \boldsymbol{A}_{\mathrm{d}}}{\partial n} = \boldsymbol{M} \boldsymbol{G}^{-1} \boldsymbol{F}_0 \tag{2-108}$$

通过对称化处理和归纳，最后可得

$$\boldsymbol{K} \boldsymbol{A}_{\mathrm{d}} = -\boldsymbol{M} \frac{\partial \boldsymbol{A}_{\mathrm{d}}}{\partial n} + \boldsymbol{M} \boldsymbol{G}^{-1} \boldsymbol{F}_0 \tag{2-109}$$

其中：

$$\boldsymbol{K} = \frac{1}{2} (\boldsymbol{K}_{\mathrm{B}} + \boldsymbol{K}_{\mathrm{B}}^{\mathrm{T}}) \tag{2-110}$$

$$\boldsymbol{K}_{\mathrm{B}} = \boldsymbol{M} \boldsymbol{G}^{-1} \boldsymbol{H} \tag{2-111}$$

式（2-109）即为对空气区域边界元离散后的最后形式。其中，激励线圈的信息反映在其中的 $\boldsymbol{F}_0$ 项。

将有限元离散结果，即式（2-99），和边界元离散结果，即式（2-109），以及边界条件式（2-25）（向量位梯度法向分量连续）进行综合，最终可得低频涡流场问题的 FEM-BEM 方程为

$$(\boldsymbol{P} + \mathrm{j}\omega \boldsymbol{Q} + \mathrm{j}\omega \boldsymbol{R} + \boldsymbol{K}) \begin{pmatrix} \boldsymbol{A}_{\mathrm{d}} \\ \boldsymbol{\Phi} \end{pmatrix} = \begin{pmatrix} \boldsymbol{M} \boldsymbol{G}^{-1} \boldsymbol{F}_0 \\ 0 \end{pmatrix} \tag{2-112}$$

通过利用常规代数方程组求解方法，即可从式（2-112）获得向量位和标量位，并进而计算涡流和检出线圈的检出信号。信号计算具体方法后述。

2.3.2　基于退化磁向量位和棱边有限元的 A_r 方法

1. 基于棱边元的有限元离散方法

如前所述，涡流场问题的控制方程可用式（2-13）的 $\boldsymbol{A}$-ϕ 方程表示。该式中尚未导入规范条件，不能保证解的唯一性。2.1 节的 $\boldsymbol{A}$-ϕ 公式中采用库仑规范进行了规范化处理，可保证解的唯一性。涡流场问题有限元求解中，除前述节点有限元法外还存在棱边有限元方法。棱边有限元的未知量是定义于各单元棱边的标量，较节点单元其未知数个数大大减少，如 8 节点六面体单元的未知数是 32 个，而六面体棱边单元的未知数仅有 12 个，这可以大大减少计算量。采用棱边有限元对涡流问题进行求解的另一好处是无须采用库仑规范，直接用 $\phi=0$ 作为规范条件即可保证解的唯一性。这时，$\boldsymbol{A}$-ϕ 法退化为 $\boldsymbol{A}$ 法，其控制方程为

$$\nabla\times\frac{1}{\mu}\nabla\times\boldsymbol{A}+\sigma\frac{\partial\boldsymbol{A}}{\partial t}=\boldsymbol{J}_{\mathrm{s}} \tag{2-113}$$

由于棱边有限元法采用的是向量形函数 $\boldsymbol{N}$，采用伽辽金有限元方法，对式（2-113）点乘形函数向量并在全域积分，可得式（2-113）的弱形式为

$$\begin{aligned}&\int_\Omega\nabla\times\boldsymbol{N}\cdot\frac{1}{\mu}\nabla\times\boldsymbol{A}\mathrm{d}V+\frac{\partial}{\partial t}\int_\Omega\boldsymbol{N}\cdot\sigma\boldsymbol{A}\mathrm{d}V\\&-\int_\Gamma\left(\boldsymbol{N}\times\frac{1}{\mu}\nabla\times\boldsymbol{A}\right)\cdot\boldsymbol{n}\mathrm{d}s-\int_\Omega\boldsymbol{N}\cdot\boldsymbol{J}_{\mathrm{s}}\mathrm{d}V=0\end{aligned} \tag{2-114}$$

基于棱边有限元的向量形函数，任意点的向量位可用所在单元的棱边量表示为

$$\boldsymbol{A}^{\mathrm{e}}=\sum_{i=1}^{k}A_i^e\boldsymbol{N}_i^e \tag{2-115}$$

于是式（2-114）可表示为各单元积分之和，即

$$\begin{aligned}&\sum_{e\in E}A^{e'}\int_{\Omega_e}\nabla\times\boldsymbol{N}^e\cdot\frac{1}{\mu}\nabla\times\boldsymbol{N}^{e'}\mathrm{d}V+\sum_{e\in E_{\mathrm{c}}}\frac{\partial A^{e'}}{\partial t}\int_{\Omega_e}\boldsymbol{N}^e\cdot\sigma\boldsymbol{N}^{e'}\mathrm{d}V\\&-\sum_{e\in E_{\mathrm{s}}}\int_{\Omega_e}\boldsymbol{N}^e\cdot\boldsymbol{J}_{\mathrm{s}}\mathrm{d}V=0\end{aligned} \tag{2-116}$$

式中，E、E_{c}、E_{s}分别为全棱边、和导体相关棱边、和源电流相关棱边的集合。式（2-114）的第三项由于各单元相互抵消和无穷远边界条件为零，所以在式（2-116）中不出现。将式（2-116）写为矩阵形式，最后可得利用棱边元和 $\boldsymbol{A}$ 法控制方程的有限元离散方程为

$$\boldsymbol{HA}+\boldsymbol{C}\frac{\partial\boldsymbol{A}}{\partial t}=\boldsymbol{F}I \tag{2-117}$$

式中，$\boldsymbol{H}$、$\boldsymbol{C}$ 为式（2-116）第一和第二项的系数矩阵；$\boldsymbol{F}$ 为与激励电流相关的第三项对应的右端向量。

求解式（2-117）同样可得向量位的分布。但这时对激励电流区域也需进行有限元网格剖分以计算 $\boldsymbol{F}$，如前所述，对涡流检测信号计算问题不是很有效。

2. 基于棱边元和 A_r 法的有限元离散方法

为了不直接处理激励电流，以下说明对空气区域和导体区域利用不同位函数的退化磁向量位 $\boldsymbol{A}_{\mathrm{r}}$ 方法。当激励电流源在自由空间时，其控制方程为

$$\nabla\times\frac{1}{\mu_0}\nabla\times\boldsymbol{A}_{\mathrm{s}}=\boldsymbol{J}_{\mathrm{s}} \tag{2-118}$$

不难发现，$\boldsymbol{A}_s$可以基于毕奥-萨伐定律简单求出，即

$$\boldsymbol{A}_s(\boldsymbol{r}) = \frac{\mu_0}{4\pi}\int_{\Omega_s} \frac{\boldsymbol{J}_s(\boldsymbol{r}')}{|\boldsymbol{r}-\boldsymbol{r}'|}\mathrm{d}V' \tag{2-119}$$

从式（2-113）中减去式（2-118），并记$\boldsymbol{A}_r=\boldsymbol{A}-\boldsymbol{A}_s$，可得$\boldsymbol{A}_r$控制方程为

$$\nabla\times\frac{1}{\mu}\nabla\times\boldsymbol{A}_r+\sigma\frac{\partial \boldsymbol{A}_r}{\partial t}=0 \tag{2-120}$$

式（2-120）与式（2-113）的不同之处在于没有激励电流项，对其求解时不需对电流源部分进行离散化。但是除去激励电流源区域，其他区域上 $\boldsymbol{J}_s=0$ 无须利用上述处理，且直接求出 $\boldsymbol{A}$ 对后续处理更为方便。基于这一背景，$\boldsymbol{A}_r$ 法提出了将解析区域分为包括导体在内的内部区域 Ω_t 和包括激励电流源的外部区域 Ω_r，在内部区域采用 $\boldsymbol{A}$ 法的式（2-113），而在外部区域采用 $\boldsymbol{A}_r$ 法的式（2-120），这样可更为有效地求解涡流检测问题。其具体过程介绍如下。

按图 2-2 所示，将计算区域分割为内部区域 Ω_t、外部区域 $\Omega_r+\Omega_{tr}$、其边界为 Γ_{tr}，并记 Ω_{tr}为 Ω_r、Ω_t 间的过渡区域。对内部区域 Ω_t、外部区域 $\Omega_r+\Omega_{tr}$分别用向量位和退化向量位进行表述，这时的控制方程为

$$\nabla\times\frac{1}{\mu}\nabla\times\boldsymbol{A}+\sigma\frac{\partial \boldsymbol{A}}{\partial t}=0\ (\text{区域 }\Omega) \tag{2-121}$$

$$\nabla\times\frac{1}{\mu_0}\nabla\times\boldsymbol{A}_r=0\ (\text{区域 }\Omega_r+\Omega_{tr}) \tag{2-122}$$

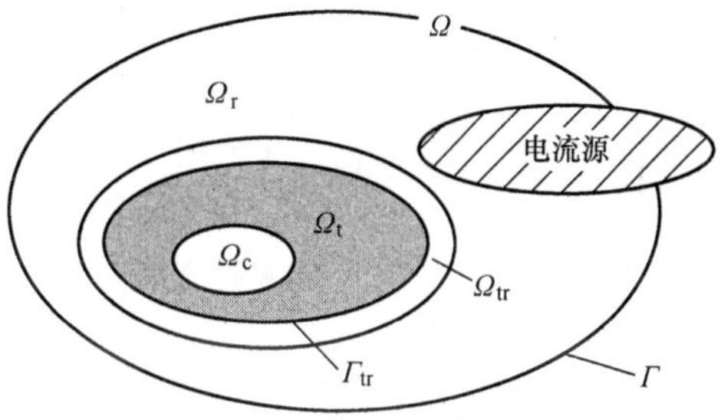

图 2-2　$\boldsymbol{A}_r$方法的计算区域分割

虽然在任意边界磁向量位的切线方向分量应该连续，但式（2-122）明显不能满足。为此需要通过 Γ_{tr}上的连续条件把 Ω_t 和 Ω_{tr}连接起来，即

$$\boldsymbol{n}\times\boldsymbol{A}=\boldsymbol{n}\times(\boldsymbol{A}_r+\boldsymbol{A}_s) \tag{2-123}$$

$$\boldsymbol{n}\times\frac{1}{\mu}\nabla\times\boldsymbol{A}=\boldsymbol{n}\times\left(\frac{1}{\mu_0}\nabla\times\boldsymbol{A}_r+\boldsymbol{H}_s\right) \tag{2-124}$$

式中，$\boldsymbol{n}$ 为 Γ_{tr}上的单位法向量；$\boldsymbol{A}_s$和 $\boldsymbol{H}_s$分别为仅与电流源相关的磁向量位和磁场强度。但是，电流源存在于 Ω 的外侧。$\boldsymbol{A}_s$和 $\boldsymbol{H}_s$可以用毕奥-萨伐定律来求出。其中，$\boldsymbol{H}_s$ 为

$$\boldsymbol{H}_s(\boldsymbol{r}) = \frac{1}{4\pi}\int_{\Omega_s}\boldsymbol{J}_s(\boldsymbol{r}')\times\nabla'\frac{1}{|\boldsymbol{r}-\boldsymbol{r}'|}\mathrm{d}V' \tag{2-125}$$

这里 Ω_s为电流源区域。各区域的磁向量位利用线积分量 $\boldsymbol{A}$、$\boldsymbol{A}_s$和向量形函数来展开为

$$\boldsymbol{A} = \sum_{e\in E_t} A^e\boldsymbol{N}^e\ (\text{区域 }\Omega_t) \tag{2-126}$$

$$\boldsymbol{A}_r = \sum_{e\in E_r} A^e\boldsymbol{N}^e\quad (\text{区域 }\Omega_r) \tag{2-127}$$

$$\boldsymbol{A}_r = \sum_{e\in E_r} A^e\boldsymbol{N}^e - \sum_{e\in E_{tr}} A_s^e\boldsymbol{N}^e\ (\text{区域 }\Omega_{tr}) \tag{2-128}$$

式中，E_t、E_r及 E_{tr}分别为 Ω_t、$\Omega_r+\Omega_{tr}$及 Γ_{tr}中包含的棱边集合，且 E_{tr}和 E_t及 E_r共有；E 为全部棱边的集合。于是式（2-121）和式（2-122）的弱形式表达式为

$$\int_{\Omega_t} \nabla\times \boldsymbol{N}\cdot\frac{1}{\mu}\nabla\times \boldsymbol{A}\mathrm{d}V+\int_{\Omega_r+\Omega_{tr}} \nabla\times \boldsymbol{N}\cdot\frac{1}{\mu_0}\nabla\times \boldsymbol{A}_r\mathrm{d}V + \frac{\partial}{\partial t}\int_{\Omega_c}\boldsymbol{N}\cdot\sigma\boldsymbol{A}\mathrm{d}V-\int_{\Gamma_{tr}}(\boldsymbol{N}\times\boldsymbol{H}_s)\cdot\boldsymbol{n}\mathrm{d}s=0 \tag{2-129}$$

式（2-129）中忽略了无穷远边界上的面积分。将式（2-126）~式（2-128）代入式（2-129）可以得到

$$\sum_{e\in E}A^{e'}\int_{\Omega}\nabla\times \boldsymbol{N}^e\cdot\frac{1}{\mu}\nabla\times \boldsymbol{N}^{e'}\mathrm{d}V+\frac{\partial}{\partial t}\sum_{e\in E_c}A^{e'}\int_{\Omega_e}\boldsymbol{N}^e\cdot\sigma\boldsymbol{N}^{e'}\mathrm{d}V - \sum_{e\in E_{tr}}A_s^{e'}\int_{\Omega_{tr}}\nabla\times \boldsymbol{N}^e\cdot\frac{1}{\mu_0}\nabla\times \boldsymbol{N}^{e'}\mathrm{d}V-\int_{\Gamma_{tr}}(\boldsymbol{N}^e\times\boldsymbol{H}_s)\cdot\boldsymbol{n}\mathrm{d}s=0 \tag{2-130}$$

注意这里有

$$\boldsymbol{A}=\begin{cases}\boldsymbol{A}(\text{区域 }\Omega_t+\Gamma_{tr})\\ \boldsymbol{A}_r(\text{区域 }\Omega_r+\Omega_{tr})\end{cases} \tag{2-131}$$

将式（2-131）归纳为矩阵形式，并考虑通常的涡流检测是时谐交流问题，时间偏微分采用复数近似，则可得 $\boldsymbol{A}_r$ 方法离散控制方程为

$$\boldsymbol{H}+\mathrm{j}\omega\boldsymbol{C}\boldsymbol{A}=\boldsymbol{F}I \tag{2-132}$$

式中，$\boldsymbol{F}$ 与式（2-130）的左端第三及第四项相当，为单位电流时的向量，即

$$\boldsymbol{F}=\sum_{e\in E_{tr}}\boldsymbol{a}_s^{e'}\int_{\Omega_{tr}}\nabla\times \boldsymbol{N}^e\cdot\frac{1}{\mu_0}\nabla\times \boldsymbol{N}^{e'}\mathrm{d}V+\int_{\Gamma_{tr}}(\boldsymbol{N}^e\times\boldsymbol{h}_s)\cdot\boldsymbol{n}\mathrm{d}s \tag{2-133}$$

式中，$\boldsymbol{a}_s$ 及 $\boldsymbol{h}_s$ 分别为单位源电流对应的在棱边上的磁向量位积分及磁场强度。

式（2-132）具有和式（2-117）同样的形式，也可以采用 ICCG 方法进行求解，并利用后述方法计算检测信号。

2.3.3　涡流检测体积分计算方法

虽然涡流检测信号计算一般只适用于缺陷区域，但是在使用 $\boldsymbol{A}$-ϕ 法和有限元-边界元混合法进行求解时需要对整个导体区域进行离散和分析。一般导体区域相对于裂纹区域大得多，这就意味着大部分的计算意义不大。为避免不必要的计算量，有研究者提出了一种只需要对缺陷所在的局部区域进行计算分析的方法，该方法基于并矢格林函数和积分方程，一般称为体积分方法。体积分方法最初被提出用于地球物理磁场分析，后来 W. S. Dunbar 将其引入涡流无损检测分析中。本小节基于 L. D. Sabbagh 和 H. A. Sabbagh 给出的公式对体积分方法进行描述，并与有限元方法进行对比。

1. 控制方程

对于低频激励以及非铁磁性材料的涡流问题，导体中不存在缺陷和存在缺陷情况下相应的麦克斯韦方程组分别如下：

导体中不存在缺陷时为

$$\nabla\times\boldsymbol{E}^u=-\mathrm{j}\omega\mu_0\boldsymbol{H}^u \tag{2-134}$$

$$\nabla\times\boldsymbol{H}^u=\sigma_0\boldsymbol{E}^u+\boldsymbol{J}_0 \tag{2-135}$$

式中，$\boldsymbol{E}^u$、$\boldsymbol{H}^u$、σ_0 和 $\boldsymbol{J}_0$ 分别为无缺陷电场强度、无缺陷磁场强度、无缺陷电导率和激励电流强度。

导体中存在缺陷时为

$$\nabla \times \boldsymbol{E} = -\mathrm{j}\omega\mu_0 \boldsymbol{H} \tag{2-136}$$

$$\nabla \times \boldsymbol{H} = \sigma_{\mathrm{f}} \boldsymbol{E} + \boldsymbol{J}_0 \tag{2-137}$$

式中，$\boldsymbol{E}$、$\boldsymbol{H}$ 分别为有缺陷电场强度和磁场强度；σ_{f}为有缺陷时的电导率分布函数。

将以上两组方程分别相减，可得扰动场控制方程为

$$\nabla \times (\boldsymbol{E}^{\mathrm{u}} - \boldsymbol{E}) = -\mathrm{j}\omega\mu_0 (\boldsymbol{H}^{\mathrm{u}} - \boldsymbol{H}) \tag{2-138}$$

$$\nabla \times (\boldsymbol{H}^{\mathrm{u}} - \boldsymbol{H}) = \sigma_0 (\boldsymbol{E}^{\mathrm{u}} - \boldsymbol{E}) + (\sigma_0 - \sigma_{\mathrm{f}}) \boldsymbol{E} \tag{2-139}$$

不难推导出扰动场 $\boldsymbol{E}^{\mathrm{u}} - \boldsymbol{E} = \boldsymbol{E}^{\mathrm{f}}$ 相应的电磁场波动方程为

$$\nabla \times \nabla \times \boldsymbol{E}^{\mathrm{f}} + \mathrm{j}\omega\mu_0\sigma_0 \boldsymbol{E}^{\mathrm{f}} = -\mathrm{j}\omega\mu_0 (\sigma_0 - \sigma_{\mathrm{f}}) \boldsymbol{E} \tag{2-140}$$

将式（2-140）的最后一项视为电流源项，则扰动场的解可以表示为

$$\boldsymbol{E}(\boldsymbol{r}) = \boldsymbol{E}^{\mathrm{u}}(\boldsymbol{r}) - \mathrm{j}\omega\mu_0 \iiint_{flaw} \overline{\boldsymbol{G}}(\boldsymbol{r} \mid \boldsymbol{r}') \cdot \boldsymbol{E}(\boldsymbol{r}')(\sigma_0 - \sigma_{\mathrm{f}}(\boldsymbol{r}')\mathrm{d}\boldsymbol{r}' \tag{2-141}$$

式中，$\overline{\boldsymbol{G}}$（$\boldsymbol{r} \mid \boldsymbol{r}'$）为无缺陷系统的并矢格林函数张量。积分区域为缺陷区域且在缺陷区域有 $\sigma_0 - \sigma_{\mathrm{f}}$（$\boldsymbol{r}'$）$\neq 0$，对于腐蚀等体缺陷和疲劳裂纹 $\sigma_0 - \sigma_{\mathrm{f}}$（$\boldsymbol{r}'$）$= \sigma_0$。

方程（2-141）意味着有缺陷导体中的电场就是无缺陷情况下激励线圈引起的感应电场和电偶极子引起的感应电场的叠加。对于无限薄的理想裂纹，由于在裂纹表面电场的法向分量为零，只存在垂直于裂纹平面的电偶极子，因此可以进一步将控制方程简化为标量形式。

2. 体积分方法的数值实现

想要获得方程（2-141）的解析解几乎不可能，因此需要采用数值方法求解。数值方法需要在整个函数空间利用一组独立的基函数对电场进行离散。通常，我们用矩法来改善离散系统方程系数矩阵的条件数。对宽度为零的理想裂纹来说，方程（2-141）中的体积分退化为面积分，因此可以直接应用边界元方法的插值函数。一般说来对场量进行插值可利用二维或三维箱函数。箱函数假设每个单元内的涡流分布是均匀的。用位于单元中心的电偶极子（大小等于单元内的总电流值）来等效涡流分布的影响，即假设单元内的并矢格林函数是不变的。当然也可以利用高斯积分将并矢格林函数的变化考虑进去，但是这将大大降低计算效率。

利用箱函数对电场 $\boldsymbol{E}$ 进行离散，即

$$\boldsymbol{E}(\boldsymbol{r}) \approx \sum_{l,m,n} e_{l,m,n} P_l\left(\frac{x}{\delta_x}\right) P_m\left(\frac{y}{\delta_y}\right) P_n\left(\frac{z}{\delta_z}\right) \tag{2-142}$$

式中，求和对所有的立方体单元进行，δ_x、δ_y、δ_z 分别为单元在 x，y，z 方向的长度。

此外

$$P_j(u) = \begin{cases} 1 & (-0.5 \leqslant u - j < 0.5) \\ 0 & (\text{其他}) \end{cases} \tag{2-143}$$

将式（2-142）代入方程（2-141）并仅使在每个单元的中心点 $\boldsymbol{r}_{lmn}$上满足控制方程，那么分段连续电场的系统方程可以表示为

$$(\boldsymbol{I} + \boldsymbol{G})\boldsymbol{e} = \boldsymbol{e}^{\mathrm{u}} \tag{2-144}$$

式中，矩阵 $\boldsymbol{G}$ 的元素由下式给出：

$$G_{lmn,LMN}^{k_1k_2} = \mathrm{j}\omega\mu_0 \boldsymbol{n}_{k_1} \cdot \iiint_{Cell_{LMN}} \overline{\boldsymbol{G}} - (\boldsymbol{r}_{lmn} \mid \boldsymbol{r}')(\sigma_0 - \sigma_{\mathrm{f}}(\boldsymbol{r}'))\mathrm{d}\boldsymbol{r}' \cdot \boldsymbol{n}_{k_2}$$

$$(k_1、k_2 = 1,2,3 \quad l、m、n; L、M、N = 1,2\cdots,\text{总单元数}) \tag{2-145}$$

式中，$\boldsymbol{n}_{k_1}$和$\boldsymbol{n}_{k_2}$为沿 x、y、z 方向的单位坐标向量。

方程式（2-144）要求在每个单元的中心点处完全满足方程式（2-131）。这种强制性条件可能使得系统方程的条件数较差。而矩法只要求在加权平均意义下满足方程（2-131），因此矩法常用来改善系统方程的条件数。如果我们将箱函数作为基函数且选择基函数自身作为权重，矩法将退化成伽辽金方法，这时系统方程可以表示为

$$e_{lmn}^{k_1} = e_{lmn}^{\mathrm{u}k_1} - \sum_{LMN}\sum_{k_2=1}^{3}\left[\frac{\mathrm{j}\omega\mu_0}{V_{lmn}}\boldsymbol{n}_{k_1}\cdot\int_{\Omega_{lmn}}\int_{\Omega_{LMN}}\overline{\boldsymbol{G}}(\boldsymbol{r}\mid\boldsymbol{r}')(\sigma_0-\sigma_{\mathrm{f}}(\boldsymbol{r}'))\mathrm{d}\boldsymbol{r}'\right]\cdot\boldsymbol{n}_{k_2}e_{LMN}^{k_2} \tag{2-146}$$

$$(k_1,k_2 = 1,2,3 \quad l,m,n;L,M,N = 1,2\cdots,\text{总单元数})$$

式中，V_{lmn}为第 l，m，n 个单元的体积。方程（2-146）对所有的单元都是成立的，因此其矩阵形式的表达式与式（2-144）是相同的。

与基于微分形式控制方程的有限元方法相比，体积分方法既有优势又有不足。体积分方法最大的优势在于它能够极大地简化系统方程，从而能够在很大程度上降低求解工作量。体积分方法的另一个优点在于源磁场的格林函数是相互独立的。因此，一旦相应的无缺陷场数据确定之后，体积分方法对使用不同探头的情况进行计算是非常高效的。在使用同样的模型根据涡流检测信号进行反问题分析时，可以直接应用体积分方法，因为它能够更精确地处理裂纹边缘处的边界条件。但是格林函数法也存在局限性，使其解决实际问题具有挑战性。首先，除非是在导体无限大或存在几何对称性等可以简化为一维问题的简单情况下，否则并矢格林函数的导数是很复杂的，对于诸如检测核电站蒸汽发生器换热管的扩管过渡区等实际问题，直接求解几乎不可能。另一个弊端也与格林函数的应用有关。隐含在那些方程中的体积分叠加要求它们都是线性的，虽然这对换热管的检测来说还不算是很严重的问题，但是这使得体积分方法不适于铁磁材料涡流检测问题。

而有限元方法需要庞大的计算机资源来求解大量的系统方程，这也限制了它在反问题分析过程中的应用。此外，当裂纹形状比较复杂时，有限元方法在划分网格时需要非常小心，以适应裂纹的形状，所以有限元方法很难求解裂纹形状比较复杂的问题。然而，有限元方法的适应范围比较广泛。通过比较有限元方法和体积分法的特点，我们可以发现前者的弊端正是后者的优势。所以在正问题分析中，我们很自然就会想到通过两种方法的结合来提高计算速度和精度。

2.3.4 涡流检测信号计算公式

1. 基于毕奥-萨伐定律的方法

通过前述小节给出的方法可以计算得到涡流场，利用这些数据计算探头检出信号的最直接办法就是基于毕奥-萨伐定律进行。这时需要知道整个导体内的涡流场。利用这种方法，由裂纹引起的信号变化可以通过有裂纹时的信号减去无裂纹信号求得。网格的划分情况可能对扫描信号的影响很大，因此需要对有缺陷场和无缺陷场在相同有限元网格下进行计算，差分运算也可有效降低网格的影响。

对于互感式探头，根据法拉第电磁感应定律，由于磁通量的变化在检出线圈中引起的感生电动势变化为

$$\Delta V = \sum_{i=1}^{N} \mathrm{j}\omega \int_{S_i} \boldsymbol{B}_{\mathrm{e}}^{\mathrm{f}} \cdot \mathrm{d}\boldsymbol{s} \tag{2-147}$$

式中，$\boldsymbol{B}_{\mathrm{e}}^{\mathrm{f}}$ 为在检出线圈处由于缺陷带来的涡流变化产生的磁感应强度变化；N 为检出线圈的匝数；S_i 为检出线圈第 i 匝导线围成的平面。

将式 $\boldsymbol{B}_{\mathrm{e}}^{\mathrm{f}} = \nabla \times \boldsymbol{A}_{\mathrm{e}}^{\mathrm{f}}$ 代入方程式（2-147）并运用毕奥-萨伐定律，可得

$$\Delta V = \sum_{i=1}^{N} \mathrm{j}\omega \oint_{\Gamma_i} \boldsymbol{A}_{\mathrm{e}}^{\mathrm{f}} \cdot \mathrm{d}\boldsymbol{l} = \sum_{i=1}^{N} \mathrm{j}\omega \frac{\mu_0}{4\pi} \oint_{\Gamma_i} \left(\int_{V_{\mathrm{cond}}} \frac{\boldsymbol{J}_{\mathrm{e}}^{\mathrm{f}}}{|\boldsymbol{r} - \boldsymbol{r}'|} \mathrm{d}v' \right) \cdot \mathrm{d}\boldsymbol{l} \tag{2-148}$$

对于总激励电流大小为 I_0 的自感式线圈，将方程式（2-148）除以线圈中的电流值，可以导出线圈的阻抗值变化为

$$\Delta Z = \frac{N}{I_0} \sum_{i=1}^{N} \mathrm{j}\omega \oint_{\Gamma_i} \boldsymbol{A}_{\mathrm{e}}^{\mathrm{f}} \cdot \mathrm{d}\boldsymbol{l} \tag{2-149}$$

对于磁性介质，不仅涡流会在检出线圈中感生电压，材料中的磁化同样会在线圈处产生磁场，进而感应电压。这时的一个简便做法就是利用等效磁流。当认为材料均匀且将材料中磁化的效果等效为体磁流 $\nabla \times \boldsymbol{M}$ 和面磁流 $\boldsymbol{M} \times \boldsymbol{n}$ 时，检出线圈上场点的磁向量位可表达为

$$\begin{aligned} \boldsymbol{A}_{\mathrm{e}}^{\mathrm{f}}(\boldsymbol{r}) = & \frac{\mu_0}{4\pi} \int_{V_{\mathrm{cond}}} \frac{\mathrm{j}\omega\sigma \boldsymbol{A}_{\mathrm{e}}^{\mathrm{f}}}{|\boldsymbol{r} - \boldsymbol{r}'|} \mathrm{d}v' + \frac{1}{4\pi} \int_{V_{\mathrm{cond}}} \left(1 - \frac{1}{\mu_{\mathrm{r}}}\right) \frac{\nabla \times \nabla \times \boldsymbol{A}_{\mathrm{e}}^{\mathrm{f}}}{|\boldsymbol{r} - \boldsymbol{r}'|} \mathrm{d}v' \\ & + \frac{1}{4\pi} \oint_{\Gamma_{\mathrm{cond}}} \left(1 - \frac{1}{\mu_{\mathrm{r}}}\right) \frac{\nabla \times \boldsymbol{A}_{\mathrm{e}}^{\mathrm{f}} \times \boldsymbol{n}}{|\boldsymbol{r} - \boldsymbol{r}'|} \mathrm{d}s' \end{aligned} \tag{2-150}$$

注意式（2-150）中对于磁性介质采用 $\boldsymbol{A}$ 法或 $\boldsymbol{A}_{\mathrm{r}}$ 法，存在 $\boldsymbol{J}_{\mathrm{e}} = \sigma \partial \boldsymbol{A} / \partial t = \mathrm{j}\omega\sigma \boldsymbol{A}$。

2. 基于互易定律的方法

由于上述基于毕奥-萨伐定律的方法涉及全导体区域体积分，因此相对耗时。此外该法需要全导体区域的涡流场，所以不适用于体积分方法。一种采用互易定律的方法可解决上述问题。基于互易定律方法能够高效地计算检出信号，但是需要兼知缺陷区域的无缺陷场和有缺陷场，即如利用互易关系进行信号计算，每个扫描点均需进行两次正问题求解。

基于互易定理，互感式探头检出线圈中的由于缺陷导致的电压变化可表达为

$$\begin{aligned} \Delta V &= -\frac{1}{I_{\mathrm{p}}} \int_{\Omega_{\mathrm{coil}}} \boldsymbol{J}_{\mathrm{sp}} \cdot \boldsymbol{E}^{\mathrm{f}} \mathrm{d}V \\ &= \frac{1}{I_{\mathrm{p}}} \int_{\Omega_{\mathrm{f}}} [\sigma^{\mathrm{u}} \boldsymbol{E}_{\mathrm{p}}^{\mathrm{u}} \cdot \boldsymbol{E} + \mathrm{j}\omega(\mu^{\mathrm{u}} - \mu_0) \boldsymbol{H}_{\mathrm{p}}^{\mathrm{u}} \cdot \boldsymbol{H}] \mathrm{d}V \end{aligned} \tag{2-151}$$

式中，$\boldsymbol{J}_{\mathrm{sp}}$ 为检出线圈中的虚拟激励电流密度（总电流 I_{p}）；$\boldsymbol{E}^{\mathrm{f}}$ 为激励线圈电流激励时存在由于缺陷导致的扰动电场；$\boldsymbol{E}_{\mathrm{p}}^{\mathrm{u}}$ 和 $\boldsymbol{H}_{\mathrm{p}}^{\mathrm{u}}$ 分别为检出线圈电流作为激励源时的无缺陷场量；$\boldsymbol{E}$ 和 $\boldsymbol{H}$ 为激励线圈电流激励时有缺陷场量；积分区域 Ω_{f} 为缺陷区域；σ^{u} 和 μ^{u} 分别为无缺陷材料的电导率和磁导率。注意式（2-151）中缺陷区域电导率设定为零，磁导率设定为空气磁导率。对于应力腐蚀裂纹裂纹区域电导率非零时，式（2-151）中的 σ^{u} 需改为（$\sigma^{\mathrm{u}} - \sigma^{\mathrm{f}}$），其中，$\sigma^{\mathrm{f}}$ 为缺陷区域电导率。由式（2-151）可见这时检测信号和材料中的涡流和磁化均相关。将以上场量改写为向量位函数可有

$$\Delta V = -\frac{\omega^2 \sigma^{\mathrm{u}}}{I_{\mathrm{p}}} \int_{\Omega_{\mathrm{f}}} \boldsymbol{A}_{\mathrm{p}}^{\mathrm{u}} \cdot \boldsymbol{A} \mathrm{d}V + \frac{\mathrm{j}\omega}{I_{\mathrm{p}}} \int_{\Omega_{\mathrm{f}}} \left(\frac{1}{\mu_0} - \frac{1}{\mu^{\mathrm{u}}} \right) (\nabla \times \boldsymbol{A}_{\mathrm{p}}^{\mathrm{u}}) \cdot (\nabla \times \boldsymbol{A}) \mathrm{d}V \tag{2-152}$$

式中，ω 为激励电流角频率；$\boldsymbol{A}_{\mathrm{p}}^{\mathrm{u}}$ 和 $\boldsymbol{A}$ 分别为检出线圈电流作为激励源时的无缺陷向量位和激励线圈电流激励时有缺陷向量位。

式（2-151）可基于互易定理推导得出。实际上根据前述涡流场控制方程，缺陷扰动电场和磁场强度的控制方程可写为

$$
\begin{aligned}
\nabla\times\boldsymbol{H}^{\mathrm{f}} &= \sigma^{\mathrm{f}}\boldsymbol{E}^{\mathrm{f}} - (\sigma^{\mathrm{f}} - \sigma^{\mathrm{u}})\boldsymbol{E}^{\mathrm{u}} = \sigma^{\mathrm{f}}\boldsymbol{E}^{\mathrm{f}} + \boldsymbol{J}_{\mathrm{e}} \\
\nabla\times\boldsymbol{E}^{\mathrm{f}} &= -\mathrm{j}\omega\mu^{\mathrm{f}}\boldsymbol{H}^{\mathrm{f}} - \mathrm{j}\omega(\mu^{\mathrm{f}} - \mu^{\mathrm{u}})\boldsymbol{H}^{\mathrm{u}}
\end{aligned}
\tag{2-153}
$$

式中，$\boldsymbol{H}^{\mathrm{f}}=\boldsymbol{H}-\boldsymbol{H}^{\mathrm{u}}$ 与 $\boldsymbol{E}^{\mathrm{f}}=\boldsymbol{E}-\boldsymbol{E}^{\mathrm{u}}$ 分别为由于缺陷导致的电磁场的扰动量。考虑到含缺陷时电磁场控制方程为

$$
\begin{aligned}
\nabla\times\boldsymbol{H} &= \sigma^{\mathrm{f}}\boldsymbol{E} + \boldsymbol{J}_{\mathrm{s}} \\
\nabla\times\boldsymbol{E} &= -\mathrm{j}\omega\mu^{\mathrm{f}}\boldsymbol{H}
\end{aligned}
\tag{2-154}
$$

则式（2-155）左端的向量和可以表示成右端的形式，即

$$
\nabla\cdot(\boldsymbol{E}^{\mathrm{f}}\times\boldsymbol{H}-\boldsymbol{E}\times\boldsymbol{H}^{\mathrm{f}}) = \boldsymbol{J}_{\mathrm{s}}\cdot\boldsymbol{E}^{\mathrm{f}} - \boldsymbol{J}_{\mathrm{e}}\cdot\boldsymbol{E} + \mathrm{j}\omega(\mu^{\mathrm{f}}-\mu^{\mathrm{u}})\boldsymbol{H}^{\mathrm{u}}\cdot\boldsymbol{H} \tag{2-155}
$$

对式（2-155）在积分区域 Ω 全域积分可得

$$
\begin{aligned}
&\int_{\Gamma}(\boldsymbol{E}^{\mathrm{f}}\times\boldsymbol{H}-\boldsymbol{E}\times\boldsymbol{H}^{\mathrm{f}})\cdot\mathrm{d}\boldsymbol{s} \\
&= \int_{\Omega}[\boldsymbol{J}_{\mathrm{s}}\cdot\boldsymbol{E}^{\mathrm{f}} - \boldsymbol{J}_{\mathrm{e}}\cdot\boldsymbol{E} + \mathrm{j}\omega(\mu^{\mathrm{f}}-\mu^{\mathrm{u}})\boldsymbol{H}^{\mathrm{u}}\cdot\boldsymbol{H}]\mathrm{d}V
\end{aligned}
\tag{2-156}
$$

式中，Γ 为积分区域 Ω 的边界。当区域足够大时，Γ 可认为是无穷远边界，即左端为零。于是，从式（2-156）可得

$$
\int_{\Omega_{\mathrm{coil}}}\boldsymbol{J}_{\mathrm{s}}\cdot\boldsymbol{E}^{\mathrm{f}}\mathrm{d}V = \int_{\Omega}[\sigma^{\mathrm{u}}\boldsymbol{E}^{\mathrm{u}}\cdot\boldsymbol{E} + \mathrm{j}\omega(\mu^{\mathrm{u}}-\mu_0)\boldsymbol{H}^{\mathrm{u}}\cdot\boldsymbol{H}]\mathrm{d}V \tag{2-157}
$$

式（2-157）左端即为激励线圈的功率信号变化，除以激励线圈电流即可得出线圈的电压变化。对于互感型探头，只需要将 $\boldsymbol{J}_{\mathrm{s}}$ 改为检出线圈中的虚拟电流，将右端积分中的无缺陷场量改为检出线圈电流导致的无缺陷场量，即可计算检出线圈电压变化，即如式(2-151)所示。

当检测对象材料为非磁性介质时，互感式探头检出线圈的电压变化变为

$$
\Delta V = \frac{1}{I_{\mathrm{p}}}\int_{\Omega_{\mathrm{coil}}}\boldsymbol{E}_{\mathrm{e}}^{\mathrm{f}}\cdot\boldsymbol{J}_{\mathrm{p}}\mathrm{d}v = \frac{1}{I_{\mathrm{p}}}\int_{\Omega_{\mathrm{flaw}}}\boldsymbol{E}_{\mathrm{p}}^{\mathrm{u}}\cdot(\boldsymbol{E}_{\mathrm{e}}^{\mathrm{f}}+\boldsymbol{E}_{\mathrm{e}}^{\mathrm{u}})[\sigma_0-\sigma(\boldsymbol{r})]\mathrm{d}v \tag{2-158}
$$

式中，ΔV 为检出线圈内的电动势由裂纹引起的变化量；$[\sigma-\sigma(\boldsymbol{r})](\boldsymbol{E}_{\mathrm{e}}^{\mathrm{f}}+\boldsymbol{E}_{\mathrm{e}}^{\mathrm{u}})$ 为由激励线圈在缺陷区域产生的电流源。

对于自感式线圈，由于激励和检出是同一个线圈，阻抗变化值 ΔZ 可表示为

$$
\Delta Z = \frac{1}{I^2}\int_{\Omega_{\mathrm{coil}}}\boldsymbol{E}_{\mathrm{e}}^{\mathrm{f}}\cdot\boldsymbol{J}_{\mathrm{e}}\mathrm{d}v = \frac{1}{I^2}\int_{\Omega_{\mathrm{flaw}}}\boldsymbol{E}_{\mathrm{e}}^{\mathrm{u}}\cdot(\boldsymbol{E}_{\mathrm{e}}^{\mathrm{f}}+\boldsymbol{E}_{\mathrm{e}}^{\mathrm{u}})[\sigma_0-\sigma(\boldsymbol{r})]\mathrm{d}v \tag{2-159}
$$

如果采用有限元法或有限元-边界元混合法进行计算，方程式（2-158）或方程式(2-159)可以便捷地利用单元系数矩阵进行积分计算。因此，与毕奥-萨伐定律方法相比，基于互易定律的方法对涡流检测信号的计算非常快捷且精确。

3. 退化向量位法相应的涡流检测信号计算

对于 $\boldsymbol{A}_{\mathrm{r}}$ 方法，计算对象导体内各点的涡电流密度 $\boldsymbol{J}_{\mathrm{e}}$ 和由激励线圈电流在自由空间产生的电场强度 $\boldsymbol{E}_{\mathrm{s}}$ 分别为

$$\boldsymbol{J}_{\mathrm{e}} = -\mathrm{j}\omega\sigma\boldsymbol{A}_{\mathrm{r}} \tag{2-160}$$

$$\boldsymbol{E}_{\mathrm{s}} = \frac{1}{\sigma}\nabla\times\frac{1}{\mu_0}\nabla\times\boldsymbol{A}_{\mathrm{s}} \tag{2-161}$$

和前述相同，从线圈能量出发得到的激励线圈由于涡流导致的感应电压 V 为

$$V = -\frac{1}{I_{\mathrm{s}}}\int_{V_{\mathrm{cond}}}\boldsymbol{J}_{\mathrm{e}}\cdot\boldsymbol{E}_{\mathrm{s}}\mathrm{d}v \tag{2-162}$$

将式（2-160）和式（2-161）代入，并考虑到 $\boldsymbol{A}_{\mathrm{r}} = \boldsymbol{A} - \boldsymbol{A}_{\mathrm{s}}$，可得

$$V = \frac{\mathrm{j}\omega}{I_{\mathrm{s}}}\left(\int_{V_{\mathrm{cond}}}\boldsymbol{A}\cdot\nabla\times\frac{1}{\mu_0}\nabla\times\boldsymbol{A}_{\mathrm{s}}\mathrm{d}v - \int_{V_{\mathrm{cond}}}\boldsymbol{A}_{\mathrm{s}}\cdot\nabla\times\frac{1}{\mu_0}\nabla\times\boldsymbol{A}_{\mathrm{s}}\mathrm{d}v\right) \tag{2-163}$$

利用格林公式和有限元离散，式（2-163）可变换为

$$\begin{aligned} V = {} & \frac{\mathrm{j}\omega}{I_{\mathrm{s}}}\left[\frac{1}{\mu_0}\int_{V_{\mathrm{cond}}}(\nabla\times\boldsymbol{N})\cdot(\nabla\times\boldsymbol{N})\mathrm{d}v\boldsymbol{A}_{\mathrm{s}} + \int_{S_{\mathrm{cond}}}(\boldsymbol{N}\times\boldsymbol{H}_{\mathrm{s}})\cdot\boldsymbol{n}\mathrm{d}s\right]^{\mathrm{T}}\boldsymbol{A} \\ & - \frac{\mathrm{j}\omega}{I_{\mathrm{s}}}\left[\frac{1}{\mu_0}\int_{V_{\mathrm{cond}}}(\nabla\times\boldsymbol{N})\cdot(\nabla\times\boldsymbol{N})\mathrm{d}v\boldsymbol{A}_{\mathrm{s}} + \int_{S_{\mathrm{cond}}}(\boldsymbol{N}\times\boldsymbol{H}_{\mathrm{s}})\cdot\boldsymbol{n}\mathrm{d}s\right]^{\mathrm{T}}\boldsymbol{A}_{\mathrm{s}} \end{aligned} \tag{2-164}$$

式（2-164）中第二项仅和自由空间场 $\boldsymbol{A}_{\mathrm{s}}$、$\boldsymbol{H}_{\mathrm{s}}$ 有关，当考虑缺陷信号时可以忽略。

式（2-164）的第一项和 $\boldsymbol{A}_{\mathrm{r}}$ 方法的式（2-133）具有完全相同的形式。实际上，对于 $\boldsymbol{A}_{\mathrm{r}}$ 方法，虽然激励线圈和检出线圈没有进行有限元分割，但其检测磁通信号可用式（2-165）进行计算：

$$\Phi = \int_{V_{\mathrm{cond}}}\boldsymbol{A}_{\mathrm{r}}\cdot\boldsymbol{J}_{\mathrm{s}}\mathrm{d}v = I\boldsymbol{F}^{\mathrm{T}}\boldsymbol{A} - LI \tag{2-165}$$

式中，$\boldsymbol{F}$ 为式（2-164）第一项的系数向量；I 为总激励电流；L 对应式（2-164）的第二项，考虑单位源电流的响应位函数为 $\boldsymbol{a}_{\mathrm{s}}$ 和磁场强度 $\boldsymbol{h}_{\mathrm{s}}$ 时其表达式为

$$L = \boldsymbol{a}_{\mathrm{s}}^{\mathrm{T}}\left[\int_{V_{\mathrm{cond}}}(\nabla\times\boldsymbol{N})\cdot\left(\frac{1}{\mu_0}\nabla\times\boldsymbol{N}\right)\mathrm{d}v\boldsymbol{a}_{\mathrm{s}} + \int_{S_{\mathrm{cond}}}(\boldsymbol{N}\times\boldsymbol{h}_{\mathrm{s}})\cdot\boldsymbol{n}\mathrm{d}s\right] \tag{2-166}$$

L 值与导体的电导率和形状无关，有无裂纹无变化。当考虑缺陷引起的信号变化时无须考虑。如激励频率为 ω，则基于电磁感应定律检出线圈的感应电压 V 为

$$V = -\mathrm{j}\omega\Phi = -\mathrm{j}\omega I(\boldsymbol{F}^{\mathrm{T}}\boldsymbol{A} - L) \tag{2-167}$$

或缺陷导致信号变化值为

$$\Delta V = -\mathrm{j}\omega\Delta\Phi = -\mathrm{j}\omega I\boldsymbol{F}^{\mathrm{T}}\boldsymbol{A}^{\mathrm{f}} \tag{2-168}$$

并可利用式（2-169）计算自感式线圈的阻抗，即

$$\Delta Z = \frac{\Delta V}{I} = -\mathrm{j}\omega\boldsymbol{F}^{\mathrm{T}}\boldsymbol{A}^{\mathrm{f}} \tag{2-169}$$

感应线圈的感应电压可用涡流在线圈处产生的向量位 $\boldsymbol{A}$ 通过积分来计算。

基于毕奥-萨伐定律的涡流检测信号计算公式通常仅限于非磁性材料。对于磁性材料，除了涡流还有材料中的磁化也会产生磁场。这时可以将磁化场等效为磁流，利用毕奥-萨伐定律计算所产生的磁向量位，然后利用式（2-144）计算信号。与此相比，式（2-164）对磁性材料也成立。式（2-164）是计算激励线圈自感应信号的公式，对于互感式探头的信号计算不能直接使用。为计算互感式探头的检出信号，需要将式（2-164）中的 $\boldsymbol{A}_{\mathrm{s}}$ 和 $\boldsymbol{H}_{\mathrm{s}}$ 改为检出线圈中有单位电流驱动时检测对象中的磁向量位和磁场强度 $\boldsymbol{A}_{\mathrm{sp}}$ 和 $\boldsymbol{H}_{\mathrm{sp}}$，即

$$V = \frac{j\omega}{I_p}\left[\frac{1}{\mu_0}\int_{V_{cond}}(\nabla\times \boldsymbol{N})\cdot(\nabla\times \boldsymbol{N})\,\mathrm{d}v\boldsymbol{A}_{sp} + \int_{S_{cond}}(\boldsymbol{N}\times \boldsymbol{H}_{sp})\cdot \boldsymbol{n}\,\mathrm{d}s\right]^{\mathrm{T}}\boldsymbol{A}$$
$$-\frac{j\omega}{I_p}\left[\frac{1}{\mu_0}\int_{V_{cond}}(\nabla\times \boldsymbol{N})\cdot(\nabla\times \boldsymbol{N})\,\mathrm{d}v\boldsymbol{A}_{sp} + \int_{S_{cond}}(\boldsymbol{N}\times \boldsymbol{H}_{sp})\cdot \boldsymbol{n}\,\mathrm{d}s\right]^{\mathrm{T}}\boldsymbol{A}_s \tag{2-170}$$

2.4 基于数据库的正问题高效求解方法

基于$\boldsymbol{A}$-ϕ方法，裂纹存在时的电磁场$\boldsymbol{E}$、$\boldsymbol{H}$与无裂纹时的电磁场$\boldsymbol{E}^{\mathrm{u}}$、$\boldsymbol{H}^{\mathrm{u}}$以及响应的向量位$\boldsymbol{A}$、$\boldsymbol{A}^{\mathrm{u}}$和标量位$\phi$、$\phi^{\mathrm{u}}$满足下列控制方程。

有裂纹时，在导体区域有

$$\frac{1}{\mu_0}\nabla^2\boldsymbol{A} - \sigma(\boldsymbol{r})(\dot{\boldsymbol{A}} + \nabla\phi) = 0 \tag{2-171}$$

$$\nabla\cdot\sigma(\boldsymbol{r})(\dot{\boldsymbol{A}} + \nabla\phi) = 0 \tag{2-172}$$

有裂纹时，在空气区域有

$$\frac{1}{\mu_0}\nabla^2\boldsymbol{A} = -\boldsymbol{J}_0 \tag{2-173}$$

无裂纹时，在导体区域有

$$\frac{1}{\mu_0}\nabla^2\boldsymbol{A}^{\mathrm{u}} - \sigma_0(\dot{\boldsymbol{A}}^{\mathrm{u}} + \nabla\phi^{\mathrm{u}}) = 0 \tag{2-174}$$

$$\nabla\cdot\sigma_0(\dot{\boldsymbol{A}}^{\mathrm{u}} + \nabla\phi^{\mathrm{u}}) = 0 \tag{2-175}$$

无裂纹时，在空气区域有

$$\frac{1}{\mu_0}\nabla^2\boldsymbol{A}^{\mathrm{u}} = -\boldsymbol{J}_0 \tag{2-176}$$

从式（2-171）~式（2-173）中分别减去式（2-174）~式（2-176）可得，在导体区域有

$$\frac{1}{\mu_0}\nabla^2\boldsymbol{A}^{\mathrm{f}} - \sigma_0(\dot{\boldsymbol{A}}^{\mathrm{f}} + \nabla\phi^{\mathrm{f}}) = [\sigma(\boldsymbol{r}) - \sigma_0](\dot{\boldsymbol{A}} + \nabla\phi) \tag{2-177}$$

$$\nabla\cdot\sigma_0(\dot{\boldsymbol{A}}^{\mathrm{f}} + \nabla\phi^{\mathrm{f}}) = \nabla\cdot[\sigma_0 - \sigma(\boldsymbol{r})](\dot{\boldsymbol{A}} + \nabla\phi) \tag{2-178}$$

在空气区域有

$$\frac{1}{\mu_0}\nabla^2\boldsymbol{A}^{\mathrm{f}} = 0 \tag{2-179}$$

这里$\boldsymbol{A}^{\mathrm{f}} = \boldsymbol{A} - \boldsymbol{A}^{\mathrm{u}}$与$\phi^{\mathrm{f}} = \phi - \phi^{\mathrm{u}}$为裂纹所致位函数的变化。上述方程可用2.3节所述FEM-BEM混合法进行离散。即式（2-177）和式（2-178）用有限元进行离散，式（2-179）用边界元进行离散。比较式（2-177）~式（2-179）和式（2-174）~式（2-176），除含$\sigma_0 - \sigma$（$\boldsymbol{r}$）的项以及激励电流项外形式完全相同。如将含$\sigma_0 - \sigma$（$\boldsymbol{r}$）项的离散结果置于右端，其他项置于左端，可得以下离散后的系统方程：

$$(\boldsymbol{P} + j\omega\boldsymbol{Q} + j\omega\boldsymbol{R} + \boldsymbol{K})\begin{pmatrix}\boldsymbol{A}^{\mathrm{f}}\\ \phi^{\mathrm{f}}\end{pmatrix} = [j\omega\boldsymbol{Q}' + j\omega\boldsymbol{R}']\begin{pmatrix}\boldsymbol{A}\\ \phi\end{pmatrix} \tag{2-180}$$

式中，$\boldsymbol{P}$、$\boldsymbol{Q}$、$\boldsymbol{R}$、$\boldsymbol{K}$的意义和FEM-BEM混合法小节相同，$\boldsymbol{Q}'$、$\boldsymbol{R}'$是与$\boldsymbol{Q}$、$\boldsymbol{R}$相对应的右端项系数矩阵。

生成系数矩阵 $\boldsymbol{Q}'$、$\boldsymbol{R}'$时只需在裂纹区域进行积分，因而 $\boldsymbol{Q}'$、$\boldsymbol{R}'$除对应裂纹单元节点的系数外全部为零。于是式（2-180）可改写为

$$\begin{pmatrix}\overline{\boldsymbol{K}}_{11} & \overline{\boldsymbol{K}}_{12}\\ \overline{\boldsymbol{K}}_{21} & \overline{\boldsymbol{K}}_{22}\end{pmatrix}\begin{pmatrix}\boldsymbol{q}_1^{\mathrm{f}}\\ \boldsymbol{q}_2^{\mathrm{f}}\end{pmatrix}=\begin{pmatrix}\tilde{\boldsymbol{K}}_{11} & \boldsymbol{0}\\ \boldsymbol{0} & \boldsymbol{0}\end{pmatrix}\begin{pmatrix}\boldsymbol{q}_1^{\mathrm{f}}+\boldsymbol{q}_1^{\mathrm{u}}\\ \boldsymbol{q}_2^{\mathrm{f}}+\boldsymbol{q}_2^{\mathrm{u}}\end{pmatrix} \tag{2-181}$$

式中，$\overline{\boldsymbol{K}}=\boldsymbol{P}+\mathrm{j}\omega\boldsymbol{Q}+\mathrm{j}\omega\boldsymbol{R}+\boldsymbol{K}$，$\widetilde{\boldsymbol{K}}=\mathrm{j}\omega\boldsymbol{Q}'+\mathrm{j}\omega\boldsymbol{R}'$，$\boldsymbol{q}^{\mathrm{f}}=(\boldsymbol{A}_{\mathrm{d}}^{\mathrm{f}}\quad \phi^{\mathrm{f}})^{\mathrm{T}}$，$\boldsymbol{q}^{\mathrm{u}}=(\boldsymbol{A}_{\mathrm{d}}^{\mathrm{u}}\quad \phi^{\mathrm{u}})^{\mathrm{T}}$。同时，$\boldsymbol{q}_1$ 是裂纹关联节点上的位函数 $\boldsymbol{A}$，ϕ 数值向量，$\boldsymbol{q}_2$ 为其他节点上的位函数 $\boldsymbol{A}$，ϕ 数值向量。

在式（2-181）两端乘以系数阵 $\overline{\boldsymbol{K}}$ 的逆矩阵 $\boldsymbol{H}$ 可得

$$\begin{pmatrix}\boldsymbol{q}_1^{\mathrm{f}}\\ \boldsymbol{q}_2^{\mathrm{f}}\end{pmatrix}=\begin{pmatrix}\boldsymbol{H}_{11} & \boldsymbol{H}_{12}\\ \boldsymbol{H}_{21} & \boldsymbol{H}_{22}\end{pmatrix}\begin{pmatrix}\widetilde{\boldsymbol{K}}_{11} & \boldsymbol{0}\\ \boldsymbol{0} & \boldsymbol{0}\end{pmatrix}\begin{pmatrix}\boldsymbol{q}_1^{\mathrm{f}}+\boldsymbol{q}_1^{\mathrm{u}}\\ \boldsymbol{q}_2^{\mathrm{f}}+\boldsymbol{q}_2^{\mathrm{u}}\end{pmatrix} \tag{2-182}$$

从式（2-182）可推导出与 $\boldsymbol{q}_1^{\mathrm{f}}$ 相关的方程为

$$\boldsymbol{q}_1^{\mathrm{f}}=\boldsymbol{H}_{11}\widetilde{\boldsymbol{K}}_{11}(\boldsymbol{q}_1^{\mathrm{f}}+\boldsymbol{q}_1^{\mathrm{u}}) \tag{2-183}$$

进一步变形可得

$$[\boldsymbol{I}-\boldsymbol{G}]\boldsymbol{q}_1^{\mathrm{f}}=\boldsymbol{G}\boldsymbol{q}_1^{\mathrm{u}} \tag{2-184}$$

式中，$\boldsymbol{G}=\boldsymbol{H}_{11}\widetilde{\boldsymbol{K}}_{11}$。

从式（2-184）可求出裂纹区域相关节点上的 $\boldsymbol{A}^{\mathrm{f}}$，$\phi^{\mathrm{f}}$，进一步可计算出涡流场的变化。式（2-184）中的未知数仅和裂纹节点相关，所以方程数很少，求解所需工作量很小。虽然式（2-184）中包含 $\boldsymbol{H}_{11}$ 和 $\boldsymbol{q}^{\mathrm{u}}$，但由于这些位函数值和裂纹无关，可在无缺陷条件下一次计算完成后作为数据库保存。对于具体裂纹信号计算时可基于这些数据库进行高效计算。

逆矩阵 $\boldsymbol{H}_{11}$ 的计算可采用求解 $4m$ 次单位源无缺陷场的方法，即

$$\overline{\boldsymbol{K}}\boldsymbol{q}=\boldsymbol{\delta}_{ij}\quad (i=1,2,\cdots,m;j=1,2,3,4) \tag{2-185}$$

式中，δ_{ij}为在第 j 节点和第 j 个位函数分量对应的待求向量元素赋值为“1”，其他元素为“0”的单位向量；m 为和缺陷区域相关的总节点数，通常 m 较总节点数 n 要小得多。式（2-184）中的 $\boldsymbol{q}^{\mathrm{u}}$ 则只需将激励线圈置于给定位置，计算出无缺陷条件下的场量即可。注意 $\boldsymbol{H}_{11}$ 涉及的节点只与裂纹节点相关，式（2-185）仅需对这些相关节点进行求解，比较直接求取 $\overline{\boldsymbol{K}}$ 的逆矩阵，这种做法可以节约很大计算量。图 2-3 所示为高效数值求解方法的计算模型。

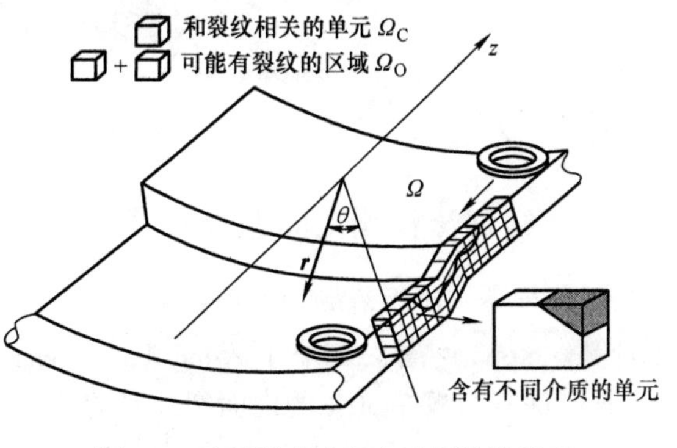

图 2-3　高效数值求解方法的计算模型

2.5 正问题求解方法验证算例

2.5.1 轴对称问题算例

本节轴对称问题算例是对核电站蒸汽发生器支撑板部位的涡流检测信号进行计算。由于 DF Bobbin 探头线圈和换热管、支撑板同轴，该问题是轴对称问题。

图 2-4 所示为基于 2.2 节给出的有限元公式开发的轴对称涡流检测信号计算软件 SGTSIM-2D 定义的支撑板结构尺寸界面。图中给出了探头、换热管、支撑板的尺寸，以及探头扫描的范围和步长。以上输入确定后，接着可进入激励与材料参数定义界面，输入激励线圈参数（包括频率、线圈匝数和电流强度）以及各种材料的电磁参数。SGTSIM-2D 软件可自动生成有限元网格，并在网格上通过改变单元的材料和节点信息定义任意形状的缺陷。图 2-5 给出了支撑板部换热管外壁存在截面为边长 0.3in（1in = 25.4mm）的正方形的环形凹槽缺陷时的 DF Bobbin 探头检测信号的计算结果和实际测量结果，图中的 d 是凹槽缺陷中心与支撑板中心的轴向距离。可以看出，计算结果和测量结果一致，验证了二维计算公式和相应程序的有效性。

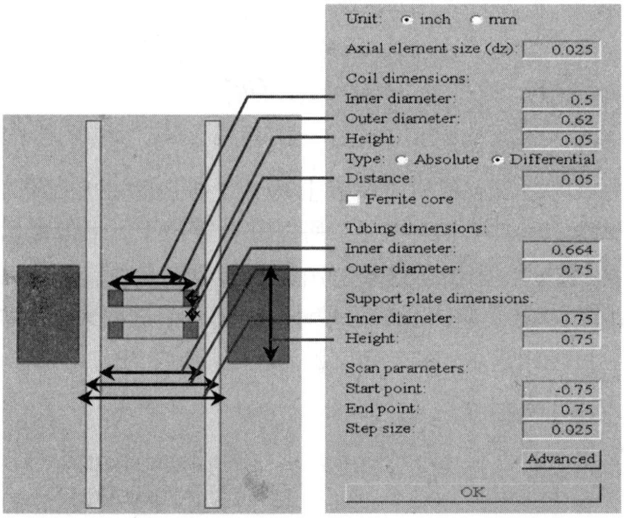

图 2-4 SGTSIM-2D 定义的支撑板结构尺寸界面

2.5.2 三维涡流检测正问题算例

为验证前述三维涡流场和涡流检测信号计算方法的有效性，对 JSAEM 标准问题 Step2 进行了计算。Step2 问题为在厚 1.25mm 的不锈钢（电导率 1MS/m）平板中央有 0.2mm 宽、10mm 长、深度为板厚 50% 的内面裂纹时的检测阻抗信号变化。检测探头为厚度为 0.8mm、外径为 ϕ3.2mm、内径为 ϕ1.2mm 的饼式线圈探头，其提离距离、总电流和激励频率分别为 0.5mm、1A 和 300kHz，线圈匝数为 140（图 2-6）。图 2-7 中给出了 $\boldsymbol{A}_r$ 方法和数据库快速算法的计算结果与实验结果的比较，其中图 2-7a 所示为实部和虚部信号扫描曲线，图 2-7b 所

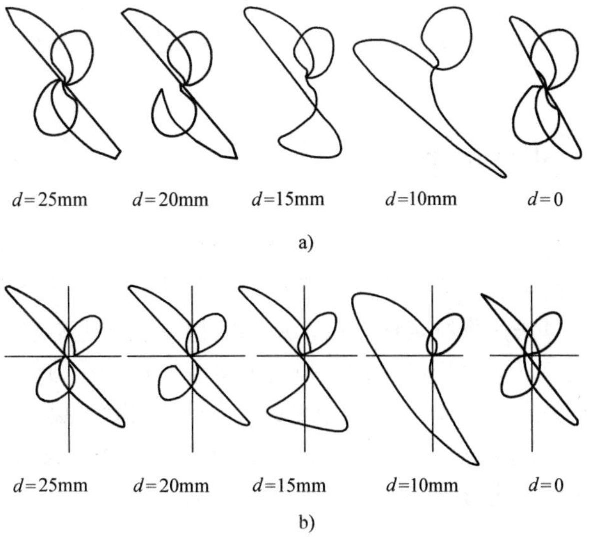

图 2-5　缺陷与支撑板不同相对位置的计算结果与实际测量结果的比较

a）计算结果　b）实际测量结果

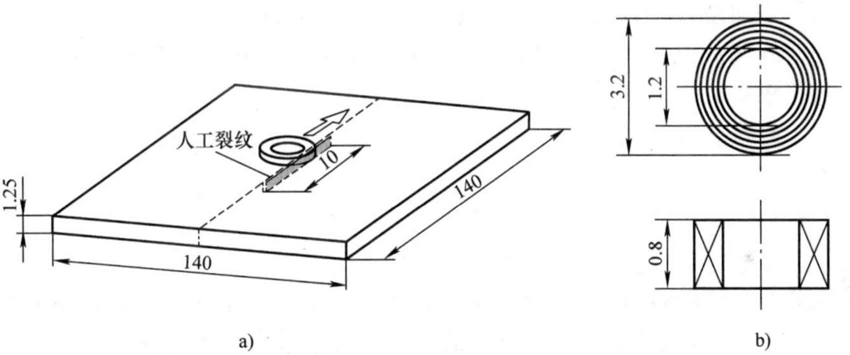

图 2-6　JSAEM 标准问题 Step2

a）平板、裂纹尺寸及探头位置　b）标准饼式探头结构及尺寸

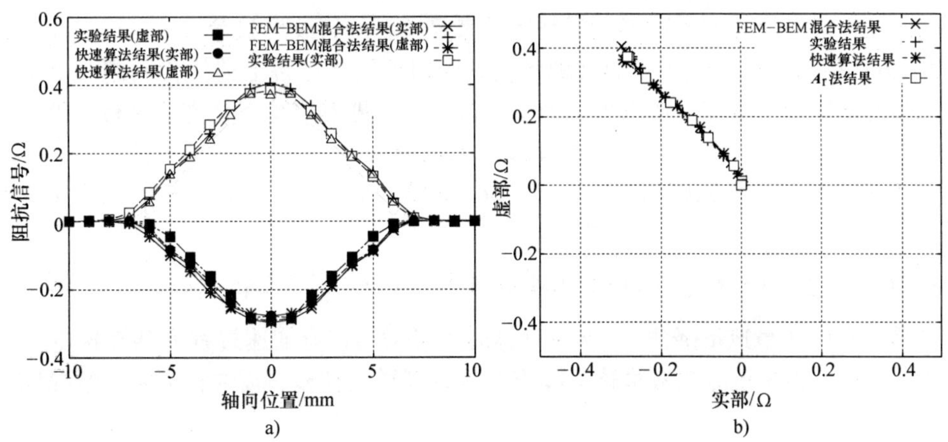

图 2-7　FEM-BEM 程序、A_r 法 FEM 程序及实验结果的比较

a）信号历程　b）相平面图

示为相平面图。可以发现，节点单元 FEM-BEM 混合法、棱边有限元 $\boldsymbol{A}_r$ 法和基于 FEM 方法的快速算法的结果均与实验结果很好地一致，说明方法和程序均具有足够计算精度。但快速算法的计算时间比 FEM-BEM 方法程序的计算时间少 1%，具有非常高的计算效率。

2.6 涡流检测反问题方法

为了从检测信号推定裂纹大小、位置等信息，需要求解反问题。通常的基于标定曲线的方法由于样本裂纹选定的限制常常不能给出足够的定量精度。本节介绍基于高效、高精度正问题数值模拟和反问题算法的裂纹定量方法。从涡流检测信号重构裂纹形状的反问题可用如神经网络等人工智能或启发式随机优化方法和基于涡流场物理模型的确定论重构方法进行求解。对于复杂裂纹如应力腐蚀裂纹，适当的建模和重构策略对于提高重构精度也很重要。以下分别介绍基于共轭梯度优化方法的裂纹形状重构方法、复杂裂纹随机组合反演重构方法，以及基于神经网络的裂纹重构方法，并给出相应的算例。

2.6.1 基于共轭梯度方法的裂纹形状重构

1. 裂纹重构的最速下降方法

假设裂纹为平面裂纹且裂纹面间没有接触，这时裂纹的重构可等效为推断裂纹边界曲线的问题。对于实际疲劳裂纹，这一假设能够成立。裂纹边界的具体求解可用基于优化算法的反问题方法进行求解。

裂纹重构问题可以表述为计算所得信号和实验信号的加权残差最小化的优化问题。这时优化目标函数可定义为

$$\varepsilon(\boldsymbol{c}) = \sum_{m=1}^{M} w_m \left| Z_m(\boldsymbol{c}) - Z_m^{\text{obs}} \right|^2 \tag{2-186}$$

式中，$\boldsymbol{c}$ 为裂纹边界离散参数向量；w_m 是加权系数。式（2-186）对所有测定数据进行求和。求取最优的裂纹参数 $\boldsymbol{c}$ 使式（2-186）最小即为缺陷重构优化问题。

裂纹形状参数 $\boldsymbol{c}$ 可根据具体裂纹特性采用不同取法。对于图 2-8 所示定宽度为 h 平面裂纹，可用其边界点坐标作为裂纹形状参数来定义裂纹形状大小。如果裂纹为其他较为单纯的形状，则可在离散点之间加上适当的限制条件来定义新的裂纹形状参数。最优裂纹形状 $\boldsymbol{c}$ 应使式（2-186）的残差达到最小。通常的优化算法均可用来求解上述优化问题。由于本问题的残差和梯度函数容易计算，可以采用如下迭代方法，即确定论优化方法进行求解：

$$\boldsymbol{c}_n = \boldsymbol{c}_{n-1} + a_n \delta \boldsymbol{c}_n \tag{2-187}$$

式中，a_n 为第 n 步裂纹参数修正量的大小；$\delta \boldsymbol{c}_n$ 为第 n 步的修正方向，一般取为使残差下降最快的方向。

从 $\delta\varepsilon(\boldsymbol{c}) = \sum_i (\partial \varepsilon / \partial c_i) \delta c_i$ 可看出通常当 $\delta c_i = \partial\varepsilon / \partial c_i$ 时残差 ε 变化最大，修正方向可取为这一梯度方向（最速下降法）。实际计算时也可采用带有加速过程的共轭梯度方法以提高计算效率。但共轭梯度方法较最速下降方法的计算稳定性差，需要根据实际情况确定使用何种算法。

2. 一般裂纹梯度函数的求取方法

对于梯度 $\partial\varepsilon/\partial c_i$ 和系数 a_n，可用下述过程进行计算。依据式（2-186），$\partial\varepsilon/\partial c_i$ 可写为

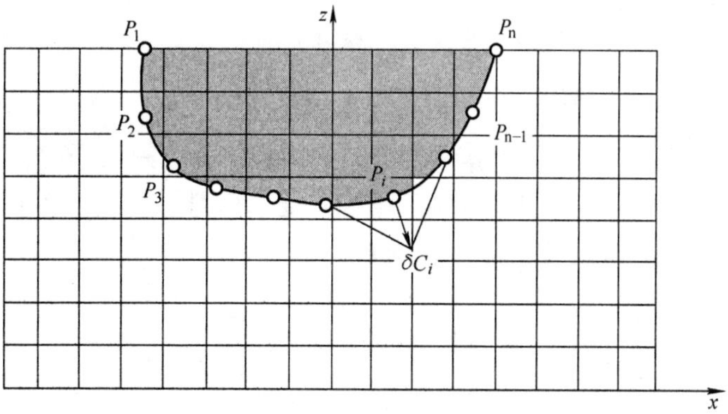

图 2-8　平面裂纹的参数定义

以下形式：

$$\frac{\partial \varepsilon}{\partial c_i} = 2\mathrm{Re}\left\{ \sum_m w_m \left[Z_m(\boldsymbol{c}) - Z_m^{\mathrm{obs}} \right]^* \frac{\partial Z_m(\boldsymbol{c})}{\partial c_i} \right\} \tag{2-188}$$

即目标函数的梯度计算可转换为检出信号对裂纹参数梯度的计算问题。通过理论推导可以发现，这些微分可用上步已计算出的电磁场信息通过数值积分进行计算。理论推导显示裂纹形状的微小变化所导致的信号变分可用式（2-189）表示：

$$\delta Z_m = -\sigma_0 \int \boldsymbol{E}^m(\boldsymbol{r}) \cdot \widetilde{\boldsymbol{E}}^m(\boldsymbol{r}) \delta v(\boldsymbol{r}) \mathrm{d}V \tag{2-189}$$

式中，$\boldsymbol{E}$ 为有裂纹时的电场；$\widetilde{\boldsymbol{E}}$ 为有裂纹场的伴随场；$v(\boldsymbol{r}) = [\sigma_0 - \sigma(\boldsymbol{r})]/\sigma_0$ 为裂纹几何特性函数，在裂纹区域为“1”而在其他区域为“0”，可以表征非导电裂纹的大小和形状。当裂纹为图 2-8 所示平面裂纹时，v（$\boldsymbol{r}$）可用裂纹边界曲线 $s(\boldsymbol{c},\boldsymbol{r}) = 0$ 表示。即

$$v(\boldsymbol{r}) = Hs(\boldsymbol{c},\boldsymbol{r}) \tag{2-190}$$

式中，$\boldsymbol{H}$ 为 Heaviside 的阶跃函数，即其一侧为“0”，另一侧为“1”，如 s（$\boldsymbol{c}$，$\boldsymbol{r}$）$=0$ 为封闭曲线，则其内部为“1”，外部为“0”。从式（2-190）中可得 v（$\boldsymbol{r}$）的变分与裂纹参数 $\boldsymbol{c}$ 的微小变化的关系为

$$\delta v(\boldsymbol{r}) = \sum_i \delta[s(\boldsymbol{c},\boldsymbol{r})] \frac{\partial s(\boldsymbol{c},\boldsymbol{r})}{\partial c_i} \delta c_i \tag{2-191}$$

式中，δ［$s(\boldsymbol{c},\boldsymbol{r})$］中的 δ 是 Dirac 的 delta 函数，即在裂纹边界非零且其体积分为“1”，其余位置均为零。将式（2-191）代入式（2-189）并考虑到 delta 函数的特性，式（2-189）的体积分可转换为裂纹面面积分式（2-192），即

$$\delta Z_m = -\sum_i \sigma_0 \int_S \boldsymbol{E}_{\mathrm{t}}^m(\boldsymbol{r}) \cdot \widetilde{\boldsymbol{E}}_{\mathrm{t}}^m(\boldsymbol{r}) \frac{\partial s(\boldsymbol{c},\boldsymbol{r})}{\partial c_i} \mathrm{d}s \mathrm{d}c_i \tag{2-192}$$

由于裂纹面电磁场只有切线分量（非导电裂纹情形），式（2-192）中的 $\boldsymbol{E}$（$\boldsymbol{r}$），$\widetilde{\boldsymbol{E}}$（$\boldsymbol{r}$）用其相应的切向分量 $\boldsymbol{E}_{\mathrm{t}}(\boldsymbol{r})$，$\widetilde{\boldsymbol{E}}_{\mathrm{t}}(\boldsymbol{r})$ 进行了替换。

注意，式（2-191）仅当边界点在裂纹参数微小变化后的变化方向与裂纹边界面垂直时适用，当不垂直时不能直接应用。例如，当我们考虑图 2-9 所示侧面边界为 $y = x - b$ 的平面裂纹（裂纹边界底面垂直于 $x-y$ 平面）时，相应裂纹边界面函数 s（$\boldsymbol{r}$，$\boldsymbol{c}$）变为 s

$(x, y, b) = y - x + b = 0$，这时，$\partial s(\boldsymbol{c}, \boldsymbol{r})/\partial c_i = \partial s(x, y, b)/\partial b = 1$，于是式（2-192）成为

$$\delta Z_m = -\sigma_0 \int_S \boldsymbol{E}_t^m(\boldsymbol{r}) \cdot \widetilde{\boldsymbol{E}}_t^m(\boldsymbol{r}) \mathrm{d}s \delta b \tag{2-193}$$

实际上对于图2-9所示由平面边界定义的裂纹区域，$\delta v(\boldsymbol{r})$ 仅在裂纹边界（实线）和图中给定裂纹参数微小变化后的裂纹边界（虚线）之间非零，即式（2-189）的体积分仅需在该非零区域进行即可。由于 δb 无限小，则 $\boldsymbol{r}$ 点处的体积分单元 $\mathrm{d}V$ 可用裂纹底面上的面积分单元 $\mathrm{d}s$ 来表示，即

$$\mathrm{d}V = (\delta \boldsymbol{r} \cdot \boldsymbol{n}) \mathrm{d}s \tag{2-194}$$

式中，$\boldsymbol{n}$ 为积分点 $\boldsymbol{r}$ 处的裂纹边界外单位法向量；$\delta \boldsymbol{r}$ 为积分点位置向量 $\boldsymbol{r}$ 当裂纹参数微小变化后的偏移向量，即 $\delta \boldsymbol{r} = \boldsymbol{r}(\boldsymbol{c} + \delta \boldsymbol{c}) - \boldsymbol{r}(\boldsymbol{c})$，$\boldsymbol{r}(\boldsymbol{c} + \delta \boldsymbol{c})$ 位于变化后边界虚线上，$\delta \boldsymbol{r} \cdot \boldsymbol{n}$ 表示偏移后的点 $\boldsymbol{r}(\boldsymbol{c} + \delta \boldsymbol{c})$ 到裂纹边界底面的距离。对于图2-9所示平面边界问题，这一距离是固定值 $\sqrt{2}\delta b/2$，这时式（2-189）的积分变为

$$\delta Z_m = -\sigma_0 \int_S \boldsymbol{E}_t^m(\boldsymbol{r}) \cdot \widetilde{\boldsymbol{E}}_t^m(\boldsymbol{r}) \mathrm{d}s \frac{\sqrt{2}}{2} \delta b \tag{2-195}$$

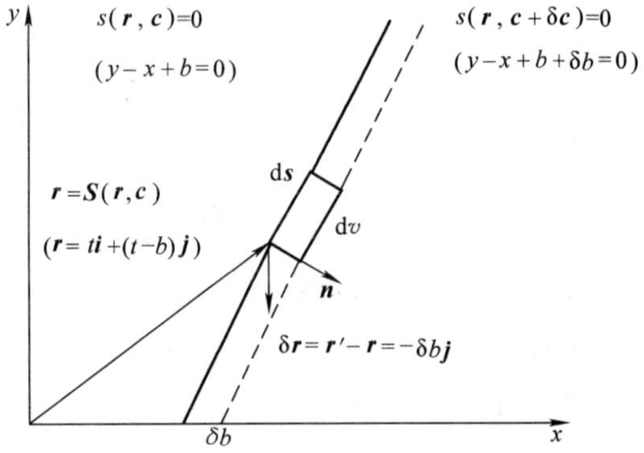

图2-9 平面裂纹的参数定义

与式（2-193）比较，发现出现了 $\sqrt{2}/2$ 倍的系数差别，这是由于边界点位置当裂纹参数微小变化后的扰动向量与裂纹边界面不垂直所致。为此，对一般情况，即式（2-192）需要修改。如图2-10所示，记由于第 i 个裂纹参量微小变化带来的边界点偏移 $\delta \boldsymbol{r}_i$ 的单位方向向量为 $\boldsymbol{k}_i$，则式（2-192）需修正为

$$\delta Z_m = -\sum_i \sigma_0 \int_S \boldsymbol{E}_t^m(\boldsymbol{r}) \cdot \widetilde{\boldsymbol{E}}_t^m(\boldsymbol{r}) \frac{\partial s(\boldsymbol{c}, \boldsymbol{r})}{\partial c_i} \boldsymbol{n} \cdot \boldsymbol{k}_i \mathrm{d}s \delta c_i \tag{2-196}$$

实际上，如裂纹界面用 $\boldsymbol{r} = \boldsymbol{S}(\boldsymbol{c}, \boldsymbol{t})$ 表达时，由于 $\delta \boldsymbol{r}_i = \partial \boldsymbol{S}(\boldsymbol{c}, \boldsymbol{t})/\partial c_i \delta c_i$，基于式（2-194）和式（2-189）可得

$$\delta Z_m = -\sigma_0 \sum_i \int_S \boldsymbol{E}_t^m(\boldsymbol{r}) \cdot \widetilde{\boldsymbol{E}}_t^m(\boldsymbol{r}) \frac{\partial \boldsymbol{S}(\boldsymbol{c}, \boldsymbol{t})}{\partial c_i} \cdot \boldsymbol{n} \mathrm{d}s \delta c_i \tag{2-197}$$

式中，$\boldsymbol{t}$ 为裂纹底面局部坐标单位向量；$\boldsymbol{n}$ 为裂纹底面的单位法向量。当材料均匀且裂纹面垂直于导体表面时，伴随场 $\widetilde{\boldsymbol{E}}$ 和电场 $\boldsymbol{E}$ 完全相同，另考虑到 $\delta Z_m = \sum \partial Z_m/\partial c_i \delta c_i$，这时 Z_m 梯度的第 i 个分量可表达为

$$\frac{\partial Z_m}{\partial c_i} = -\sigma_0 \int_S |\boldsymbol{E}_t^m(\boldsymbol{r})|^2 \frac{\partial \boldsymbol{S}(\boldsymbol{c}, \boldsymbol{t})}{\partial c_i} \cdot \boldsymbol{n} \mathrm{d}s \tag{2-198}$$

3. 平面裂纹梯度函数的求法

对于图2-8所示宽度为 h 的平面问题，裂纹底面平行于 y 轴，固定宽度裂纹几何形状大小仅取决于裂纹底面，即式（2-198）的面积分可仅限于裂纹的底面。这时，裂纹底面与 x-z 坐标面的交线可用其上离散点构成的折线来表示，即裂纹边界线方程可表示为

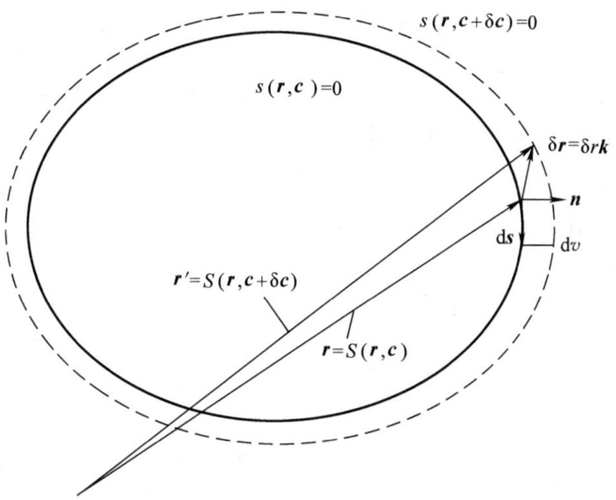

图 2-10　平面裂纹的参数定义

$$x(t)=s_1(p_1,\cdots,p_{n_c},t)=x_{p_i}+\frac{x_{p_{i+1}}-x_{p_i}}{t_{i+1}-t_i}(t-t_i)\quad t\in[t_i,t_{i+1}]=\Gamma_i \quad (i=1,2,\cdots,n_c-1) \tag{2-199}$$

$$z(t)=s_2(p_1,\cdots,p_{n_c},t)=z_{p_i}+\frac{z_{p_{i+1}}-z_{p_i}}{t_{i+1}-t_i}(t-t_i)\quad t\in[t_i,t_{i+1}]=\Gamma_i \quad (i=1,2,\cdots,n_c-1) \tag{2-200}$$

式中，$p_1,\cdots,p_{n_c}$为离散 $y=0$ 裂纹边界线的 n_c 个点；x_{p_i}，z_{p_i}为点 p_i 的 x，z 坐标；其中各点的 y 坐标为 $-h/2$，如裂纹为表面开口裂纹，则 $z_{p_1}=0$，$z_{p_n}=0$；t_i 为点从 p_1 到 p_i 各折线段的长度和，即曲线坐标。这时，裂纹边界面方程变为

$$\boldsymbol{r}(\boldsymbol{c},t)=\boldsymbol{S}(\boldsymbol{c},t)=s_1(\boldsymbol{c},t)\boldsymbol{i}+s_2(\boldsymbol{c},t)\boldsymbol{k} \tag{2-201}$$

式中，$\boldsymbol{i}$、$\boldsymbol{k}$ 分别为 x 及 z 单位坐标向量。对式（2-199）和式（2-200）分别以 x_{p_i}、z_{p_i}进行微分可得

$$\frac{\partial s_1(\boldsymbol{c},t)}{\partial x_{p_i}}=\begin{cases}(t_{i+1}-t)/(t_{i+1}-t_i) & t\in[t_i,t_{i+1}]\\(t-t_{i-1})/(t_i-t_{i-1}) & t\in[t_{i-1},t_i]\\0 & \text{其他}\end{cases} \tag{2-202}$$

$$\frac{\partial s_2(\boldsymbol{c},t)}{\partial z_{p_i}}=\begin{cases}(t_{i+1}-t)/(t_{i+1}-t_i) & t\in[t_i,t_{i+1}]\\(t-t_{i-1})/(t_i-t_{i-1}) & t\in[t_{i-1},t_i]\\0 & \text{其他}\end{cases}$$

$$(i=2,\cdots,n_c-1) \tag{2-203}$$

考虑到裂纹开口特征，$i=1$ 时式（2-202）只有［t_i，t_{i+1}］项，$i=n_c$时式（2-203）只有［t_{i-1}，t_i］项，由于$z_{p_1}=0$，$z_{p_n}=0$，为常数，式（2-202）对这两点 z 坐标的导数没有意义。利用式（2-202）和式（2-203），可得裂纹界面点 $\boldsymbol{r}$（t）的变分向量为

$$\delta \boldsymbol{r}(t) = \sum_i \frac{\partial \boldsymbol{S}(\boldsymbol{c},t)}{\partial c_j}\delta c_i = \sum_i \frac{\partial s_1(\boldsymbol{c},t)}{\partial x_{p_i}}\frac{\partial x_{p_i}}{\partial c_j}\delta c_i \boldsymbol{i} + \sum_i \frac{\partial s_2(\boldsymbol{c},t)}{\partial z_{p_i}}\frac{\partial z_{p_i}}{\partial c_j}\delta c_i \boldsymbol{k} \tag{2-204}$$

将式（2-204）代入式（2-201），设 $c_i = x_{p_i}$，$c_{n+i} = z_{p_i}$，并利用式（2-202）和式（2-203），以及以下各线段法向量 $\boldsymbol{n}$ 的表达式：

$$\boldsymbol{n} = (z_{p_{i+1}} - z_{p_{i-1}})/(t_{i+1} - t_{i-1})\boldsymbol{i} + (x_{p_{i+1}} - x_{p_i})/(t_{i+1} - t_i)\boldsymbol{k} \tag{2-205}$$

考虑到这时 $\mathrm{d}s = \mathrm{d}t\mathrm{d}y$，最终可得

$$\begin{aligned}\frac{\partial Z_m}{\partial x_{p_i}} &= \int_{-h/2}^{h/2}\int_{\Gamma_i}\sigma_0 E_{mt}^2 \frac{(t_{i+1} - t)(z_{p_i+1} - z_{p_{i-1}})}{(t_{i+1} - t_i)(t_{i+1} - t_{i-1})}\mathrm{d}t\mathrm{d}y \\ &+ \int_{-h/2}^{h/2}\int_{\Gamma_{i-1}}\sigma_0 E_{mt}^2 \frac{(t_i - t_{i-1})(z_{p_{i+1}} - z_{p_{i-1}})}{(t_i - t_{i+1})(t_{i+1} - t_{i-1})}\mathrm{d}t\mathrm{d}y\end{aligned} \quad (i = 1,2,\cdots,n_c) \tag{2-206}$$

$$\begin{aligned}\frac{\partial Z_m}{\partial z_{p_i}} &= \int_{-h/2}^{h/2}\int_{\Gamma_i}\sigma_0 E_{mt}^2 \frac{(t_{i+1} - t)(x_{p_{i+1}} - x_{p_{i-1}})}{(t_{i+1} - t_i)(t_{i+1} - t_{i-1})}\mathrm{d}t\mathrm{d}y \\ &+ \int_{-h/2}^{h/2}\int_{\Gamma_{i-1}}\sigma_0 E_{mt}^2 \frac{(t - t_{i-1})(x_{p_{i+1}} - x_{p_{i-1}})}{(t_i - t_{i-1})(t_{i+1} - t_{i-1})}\mathrm{d}t\mathrm{d}y\end{aligned} \quad (i = 2,\cdots,n_c - 1) \tag{2-207}$$

注意式（2-206）中当 $i=1$ 时需置第一项积分中的（$z_{p_i+1} - z_{p_i-1})/(t_{i+1} - t_{i-1}$）部分为（$z_{p_i+1} - z_{p_i})/(t_{i+1} - t_i$）并去除第二项积分，当 $i = n_c$ 时置第二项积分中的（$z_{p_i+1} - z_{p_i-1})/(t_{i+1} - t_i$）为（$z_{p_i} - z_{p_i-1})/(t_i - t_{i-1}$）且除去第一项积分。

由于通常平面裂纹宽度较小，在宽度方向场量可认为线性分布。这时式（2-206）和式（2-207）可用裂纹底面前侧曲线的电场强度 E_{mt1} 和后侧曲线上的电场强度 E_{mt2} 进行计算，即

$$\begin{aligned}\frac{\partial Z_m}{\partial x_{p_i}} &= \sigma_0 h\int_{\Gamma_i}\overline{E}_{mt}^2 \frac{(t_{i+1} - t)(z_{p_i+1} - z_{p_{i-1}})}{(t_{i+1} - t_i)(t_{i+1} - t_{i-1})}\mathrm{d}t \\ &+ \sigma_0 h\int_{\Gamma_{i-1}}\overline{E}_{mt}^2 \frac{(t_i - t_{i-1})(z_{p_{i+1}} - z_{p_{i-1}})}{(t_i - t_{i+1})(t_{i+1} - t_{i-1})}\mathrm{d}t\end{aligned} \tag{2-208}$$

$$\begin{aligned}\frac{\partial Z_m}{\partial z_{p_i}} &= \sigma_0 h\int_{\Gamma_i}\overline{E}_{mt}^2 \frac{(t_{i+1} - t)(x_{p_{i+1}} - x_{p_{i-1}})}{(t_{i+1} - t_i)(t_{i+1} - t_{i-1})}\mathrm{d}t \\ &+ \sigma_0 h\int_{\Gamma_{i-1}}\overline{E}_{mt}^2 \frac{(t - t_{i-1})(x_{p_{i+1}} - x_{p_{i-1}})}{(t_i - t_{i-1})(t_{i+1} - t_{i-1})}\mathrm{d}t\end{aligned} \tag{2-209}$$

式中，$\overline{E}_{mt}^2 = (E_{mt1} + E_{mt2})^2/2 + (E_{mt2} - E_{mt1})^2/12$。对于涡流检测问题，当激励线圈中心位于裂纹平面时，涡流问题常常对裂纹中面满足对称或反对称条件。当正对称时，$\overline{E}_{mt}^2 = E_{mt1}^2 = E_{mt2}^2$；当反对称时，$\overline{E}_{mt}^2 = E_{mt1}^2/3$。

如裂纹重构过程中裂纹边界曲线取为图 2-8 中所示折线，但设定修正必须沿裂纹界面法线方向进行时，其相应梯度从对坐标的梯度结果简单求出，即

$$\frac{\partial Z_m}{\partial n_{pi}} = \nabla Z_m \cdot \boldsymbol{n}_{pi} = \frac{\partial Z_m}{\partial x_{p_i}}n_{x_{p_i}} + \frac{\partial Z_m}{\partial z_{p_i}}n_{z_{p_i}} \tag{2-210}$$

式中，n_x、n_z 为法向量的 x、z 分量。如实际裂纹参数选取并非折线各点坐标，但裂纹参数和裂纹形状存在对应关系 $\boldsymbol{p}_{xz}{}^{\mathrm{T}} = (x_1 \cdots x_n \quad z_2 \cdots z_{n-1})^{\mathrm{T}} = \boldsymbol{Tc}$，则对裂纹参数的微分可用对折线点坐标微分求出，即

$$\left(\frac{\partial Z}{\partial c_1}\cdots\frac{\partial Z}{\partial c_m}\right)^{\mathrm{T}}=\left(\left(\sum_{j=1}^{n_c}\frac{\partial Z}{\partial x_j}\frac{\partial x_j}{\partial c_1}+\sum_{j=2}^{n_c-1}\frac{\partial Z}{\partial z_j}\frac{\partial z_j}{\partial c_1}\right)\cdots\left(\sum_{j=1}^{n_c}\frac{\partial Z}{\partial x_j}\frac{\partial x_j}{\partial c_m}+\sum_{j=2}^{n_c-1}\frac{\partial Z}{\partial z_j}\frac{\partial z_j}{\partial c_m}\right)\right)^{\mathrm{T}}$$

$$=\boldsymbol{T}_{m\times(2n_c-2)}^{\mathrm{T}}\left(\frac{\partial Z}{\partial x_1}\cdots\frac{\partial Z}{\partial x_{n_c}}\quad\frac{\partial Z}{\partial z_2}\cdots\frac{\partial Z}{\partial z_{n_c-1}}\right)^{\mathrm{T}} \tag{2-211}$$

对于矩形裂纹，裂纹参数一般选为裂纹长度 L、深度 D 和左端点 x 坐标 x_{L}，同时矩形裂纹可用 4 个角点所定义的折线表示，即 $n_c=4$、$m=3$。这时裂纹参数向量和各折线点坐标间存在如下关系：

$$\boldsymbol{p}_{xz}=\begin{pmatrix}x_1\\x_2\\x_3\\x_4\\z_2\\z_3\end{pmatrix}=\begin{pmatrix}0&0&1\\0&0&1\\1&0&1\\1&0&1\\0&-1&0\\0&-1&0\end{pmatrix}\begin{pmatrix}L\\D\\x_{\mathrm{L}}\end{pmatrix}=\boldsymbol{T}_{\mathrm{rect}}\boldsymbol{c} \tag{2-212}$$

即可得

$$\frac{\partial\boldsymbol{Z}}{\partial\boldsymbol{c}_i}=\begin{pmatrix}\partial\boldsymbol{Z}/\partial L\\\partial\boldsymbol{Z}/\partial D\\\partial\boldsymbol{Z}/\partial x_{\mathrm{L}}\end{pmatrix}=\begin{pmatrix}0&0&1\\0&0&1\\1&0&1\\1&0&1\\0&-1&0\\0&-1&0\end{pmatrix}^{\mathrm{T}}\begin{pmatrix}\partial\boldsymbol{Z}/\partial x_1\\\partial\boldsymbol{Z}/\partial x_2\\\partial\boldsymbol{Z}/\partial x_3\\\partial\boldsymbol{Z}/\partial x_4\\\partial\boldsymbol{Z}/\partial z_2\\\partial\boldsymbol{Z}/\partial z_3\end{pmatrix}=\boldsymbol{T}_{\mathrm{rect}}^{\mathrm{T}}\left(\frac{\partial\boldsymbol{Z}^{\mathrm{T}}}{\partial x_i}\ \frac{\partial\boldsymbol{Z}^{\mathrm{T}}}{\partial z_i}\right)^{\mathrm{T}} \tag{2-213}$$

同样，如果裂纹是半椭圆裂纹，则裂纹参数可表达为裂纹开口两端的 x_1, x_2 坐标和裂纹深度 d。为使折线接近椭圆，这时离散点数 n_c 应取为较大数值（图 2-8）。由于裂纹形状参数 $\boldsymbol{c}=(x_1\quad x_2\quad d)^{\mathrm{T}}$ 决定了椭圆的方程，各离散点坐标和裂纹形状向量的转换矩阵 $\boldsymbol{T}_{\mathrm{ellipse}}$ 可从中得出，进一步利用式（2-214）可以求出对裂纹形状参数 $\boldsymbol{c}$ 的梯度为

$$\frac{\partial\boldsymbol{Z}}{\partial c_i}=\boldsymbol{T}_{\mathrm{ellipse}}^{\mathrm{T}}\left(\frac{\partial\boldsymbol{Z}^{\mathrm{T}}}{\partial x_i}\ \frac{\partial\boldsymbol{Z}^{\mathrm{T}}}{\partial z_i}\right)^{\mathrm{T}} \tag{2-214}$$

4. 修正步长的确定方法

以下说明共轭梯度法求解时修正步长 a_n 的求解方法。将式（2-187）中的 $\delta\boldsymbol{c}_n$ 代以修正方向 $\{\partial\varepsilon/\partial c_i\}$ 可得

$$\boldsymbol{c}_n=\boldsymbol{c}_{n-1}+a_n\left\{\frac{\partial\varepsilon}{\partial c_i}\right\}_n \tag{2-215}$$

$\boldsymbol{c}_{n-1}$ 和 $\partial\varepsilon/\partial c_i$ 确定时，$\boldsymbol{c}_n$ 仅为 a_n 的函数。和确定修正方向相同，a_n 的选取也是基于使残差减小最快进行确定的。对式（2-215）以 a_n 进行微分可得

$$\frac{\partial c_i}{\partial a_n}=\frac{\partial\varepsilon}{\partial c_i} \tag{2-216}$$

并利用

$$\frac{\partial Z_m}{\partial a_n}=\sum_i\frac{\partial Z_m(\boldsymbol{c})}{\partial c_i}\frac{\partial c_i}{\partial a_n} \tag{2-217}$$

可得

$$\frac{\partial Z_m}{\partial a_n} = \sum_i \frac{\partial Z_m(\boldsymbol{c})}{\partial c_i} \frac{\partial \varepsilon}{\partial c_i} \tag{2-218}$$

对 Z_m （a_n） 进行泰勒展开并代入式 (2-186) 可得

$$\varepsilon(a_n) = \varepsilon(a_{n-1}) - 2a_n P + a_n^2 Q \tag{2-219}$$

$$P = \mathrm{Re}\left[\sum_m w_m (Z_m^{n-1} - Z_m^{\mathrm{obs}})^* \frac{\partial Z_m^{n-1}}{\partial a_n}\right] \tag{2-220}$$

$$Q = \sum_m w_m \left|\frac{\partial Z_m^{n-1}}{\partial a_n}\right|^2 \tag{2-221}$$

进一步利用$\partial\varepsilon/\partial a_n = 0$，最终可得

$$a_n = \frac{P}{Q} \tag{2-222}$$

为了进一步改善迭代计算的收敛特性，可导入下述共轭梯度方法的加速过程：

$$\boldsymbol{c}_n = \boldsymbol{c}_{n-1} + a_n \boldsymbol{f}_n \tag{2-223}$$

式中，$n=1$ 时，$\boldsymbol{f}_n$为残差的梯度方向，当 $n>1$ 时$\boldsymbol{f}_n$为与修正历程相关的向量，即

$$\boldsymbol{f}_n = \left\{\frac{\partial \varepsilon_{n-1}}{\partial c_i}\right\} + \frac{G_n}{G_{n-1}} \boldsymbol{f}_{n-1} \tag{2-224}$$

其中：

$$G_n = \sum_i \left(\frac{\partial \varepsilon_{n-1}}{\partial c_i}\right)^2 \tag{2-225}$$

5. 基于梯度方法的平面裂纹重构例

首先基于 JSAEM 标准问题 Step3 的实验检测数据，对蒸汽发生器管道内壁长 10mm、深度为壁厚40% 的裂纹进行了重构。这时换热管的直径为 ϕ21. 5mm，壁厚为 1. 27mm。所用探头为标准饼式探头，其内径为 ϕ1mm，外径为 ϕ3. 2mm，厚度为 0. 8mm，匝数为 140。检测总电流为 1A，提离为 0. 5mm，检测频率为 300kHz。探头在裂纹正上方沿裂纹长度方向扫描，检测区间为 -10 ~ 10mm，扫描间距为 0. 5mm。

首先取裂纹可能区间为 (-12mm，12mm)，在裂纹厚度方向分为 10 层、在长度方向分为 24 个裂纹单元，并给定裂纹宽度为 0. 2mm 以建立无缺陷数据库。重构过程中设定边界折线点数为 32，沿裂纹界面法线方向进行修正。图 2-11 所示为矩形裂纹形状大小重构结果，可以看出经过 15 步迭代，裂纹的长度、深度和形状都得到了很好的重构。

图 2-12 所示为重构裂纹信号与实验信号的比较，由图可见信号的幅值和相位均有很好的一致性，说明了重构方法和相应程序的有效性。同时，重构所需时间仅约 10min（普通工作站)，说明快速正问题求解器和共轭梯度方法对裂纹形状重构非常有效。为验证方法对复杂形状裂纹重构的有效性，对前述蒸汽发生器管道中的内面复杂形状裂纹进行了重构。首先基于 FEM-BEM 计算程序计算了图 2-13 阴影区域所示裂纹的检测信号。检测条件与前述相同。基于这一计算所得裂纹信号，采用图 2-13 所示初始裂纹形状进行了重构，经过 20 步迭代给出了很好的裂纹形状重构结果，如图 2-13 所示。图 2-14 给出了基于重构参数裂纹相应的裂纹计算信号和实际数据的比较，两者具有很好的一致性，进一步说明了方法的正确性。

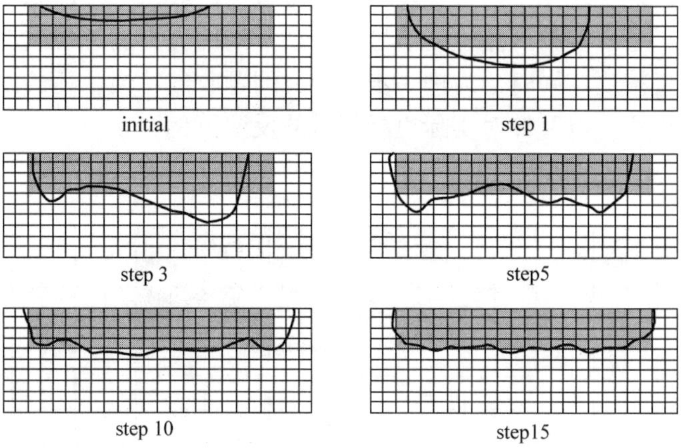

图 2-11　矩形裂纹形状大小重构结果（裂纹大小形状演化）

图 2-15 和图 2-16 给出了当检测信号含 50% 的白噪声时对矩形裂纹进行重构的结果。可以发现，即使存在较大背景噪声，本章给出的方法和相应的程序仍然可以达到很好的裂纹重构效果，重构裂纹的长度和深度均与实际值较好地吻合。

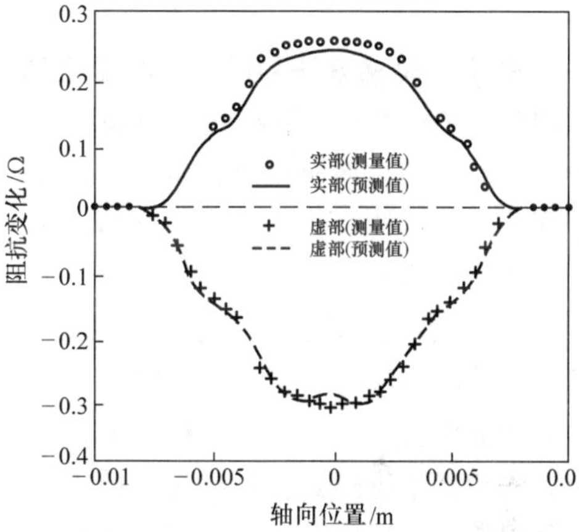

图 2-12　重构裂纹信号和实验信号的比较

2.6.2　复杂裂纹随机组合反演重构

前述基于共轭梯度方法的重构，对于复杂的实际裂纹的重构精度有时不足，特别是对应力腐蚀裂纹，由于其几何复杂性和裂纹区域的导电性，容易导致裂纹深度过小的评价。针对这些问题，本小节给出几种应力腐蚀裂纹精细模型和混合重构方法。首先，针对长应力腐蚀裂纹的特点给出一种裂纹分段重

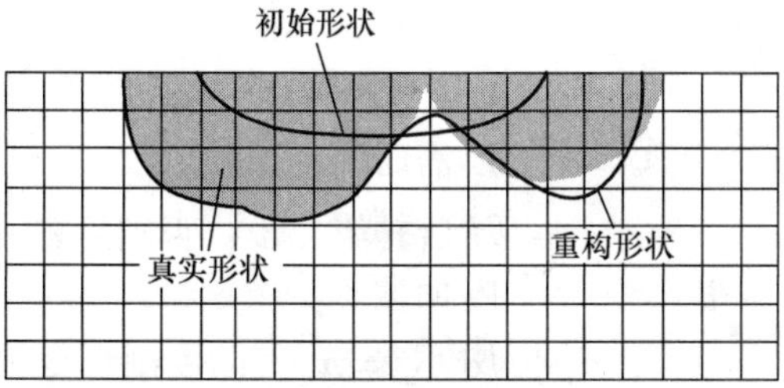

图 2-13　复杂裂纹重构结果 1（裂纹形状和大小）

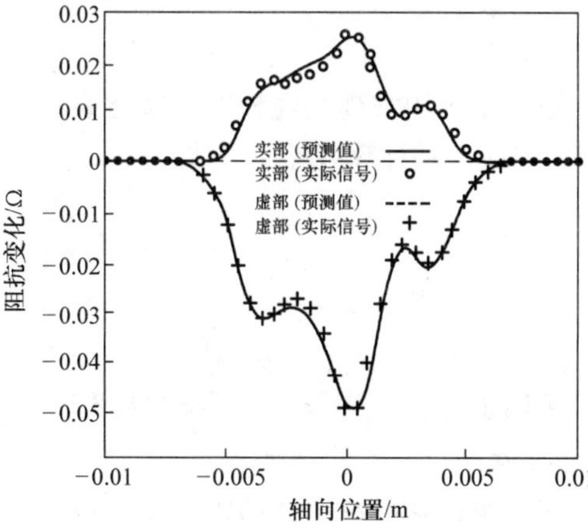

图 2-14　复杂裂纹重构结果 2（信号比较）

构的策略，可以较好地实现复杂形状长裂纹的定量重构。其次，考虑到深应力腐蚀裂纹的部分导电特性，提出了基于多频涡流检测信号和分层重构的应力腐蚀裂纹反演策略，提高了复杂的实际裂纹的定量精度。同时，为进一步改善反问题收敛特性，还给出了随机反演和确定论反演的组合重构算法，以及针对实际检测信号的反演算例。

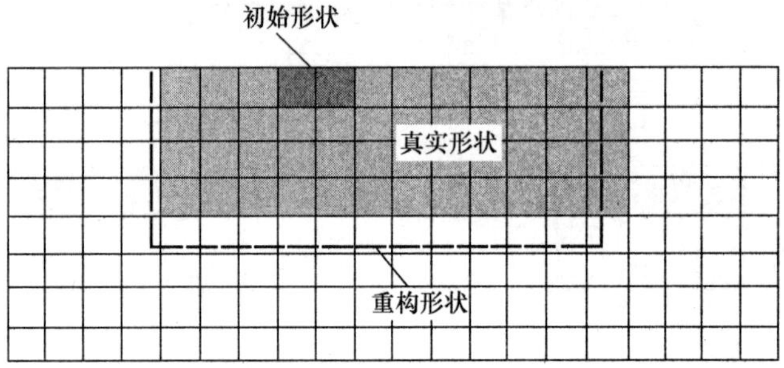

图 2-15 噪声对裂纹重构的影响 1（矩形裂纹重构形状比较）

1. 基于共轭梯度法和进退法的混合重构算法

因为复杂应力腐蚀裂纹的形状参数和电导率参数对裂纹涡流检测信号的影响很不相同，对其重构时使用相同的反演方法往往会导致收敛不良。针对这一问题，基于共轭梯度法和进退法相结合的确定论-随机混合重构方法可实现裂纹形状和电导率的分别重构，有望提高重构精度。这一混合算法的基本思路是：先给定初始电导率，利用常规共轭梯度法修正裂纹几何参数，其后利用进退法修正裂纹电导率，然后重复迭代直到收敛。具体步骤如下：

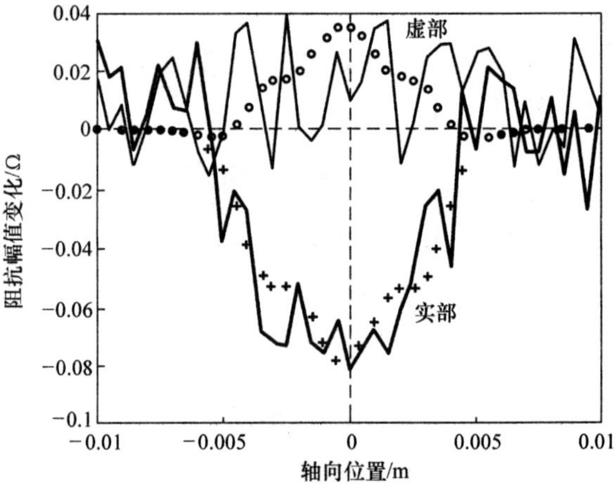

图 2-16 噪声对裂纹重构的影响 2
（矩形裂纹重构信号比较）

第一步：选定裂纹初始电导率 $\sigma_1=0$ 和初始步长 h_1（相对于母材电导率）。

第二步：用常规共轭梯度法优化裂纹形状参数 $\boldsymbol{c}$，并计算残差 ε_n，即

$$\varepsilon_n = \sum_{i=1}^{M}\left[z_i(\sigma,\boldsymbol{c}) - z_i^{\text{obs}}\right]^2 \tag{2-226}$$

第三步：若 $\varepsilon_n<\varepsilon_{n-1}$，步长 h 加倍，且令 $\sigma_{n+1}=\sigma_n+h$，然后转第二步；否则，若 $n\leqslant 2$，令 $h=-h/2$，$\sigma_{n+1}=\sigma_n+h$；若 $n>2$，转下一步。

第四步：若 $\varepsilon_{n-2}<\varepsilon_n$，令电导率范围 $S=[\sigma_{n-1},\ \sigma_n]$，$\sigma_{\text{temp}}=\sigma_{n-2}$；否则，令 $S=[\sigma_{n-2},\ \sigma_{n-1}]$，$\sigma_{\text{temp}}=\sigma_{\text{n}}$。

第五步：找出范围 S 的中点 σ_{c} 并计算 ε_{c}。

第六步：若 $\varepsilon_{n-1}>\varepsilon_{\text{c}}$，$S$ 保持不变；否则，若 $\sigma_{\text{temp}}<\sigma_{\text{c}}$，令 $S=[\sigma_{\text{temp}},\ \sigma_{\text{c}}]$，若 $\sigma_{\text{temp}}\geqslant\sigma_{\text{c}}$ 令 $S=[\sigma_{\text{c}},\ \sigma_{\text{temp}}]$。

第七步：令 S 的左边界为 σ_{n-1}，右边界为 σ_n，转第四步直到收敛。

2. 基于二维 ECT 信号和分段重构策略的长应力腐蚀裂纹重构

对于长裂纹的重构，有研究采用压缩重构的方式进行，即对裂纹信号的位置尺度压缩后进行裂纹重构，然后按相同压缩比将重构的裂纹几何放大还原。裂纹深度在长度方向变化不剧烈时，这种方法是可行的。但如果裂纹内部深度起伏较大，该法可能会导致较大的误差。基于二维扫描检测信号和裂纹分段重构的方法对解决这一问题较为有效。以下给出这一方法的基本原理和算法。

（1）长应力腐蚀裂纹的分段重构逆策略　所谓分段重构逆策略，即为如图 2-17 所示，将一个长裂纹沿长度方向划分为若干区段，然后分别进行重构的方法。通过分段重构，可以用基于较短裂纹可能区域的高效信号求解器实现长裂纹的重构。分段重构中，考虑到裂纹边界段和内部段的不同，内部段采用垂直于裂纹的扫描信号、2 个边界段采用平行于裂纹的扫描信号作为输入检测信号，对各段裂纹分别重构。上述裂纹分段重构过程中允许各内部区段互相重叠。重叠部位的重构结果取相关各段重构结果的平均值。对于长裂纹重构，重要的是确定裂纹两个表面端点的位置（裂纹长度）及内部段的最大深度。该算法由于可利用较小裂纹重构区域数据库进行裂纹分段重构，可有效获取上述参数，并且有效降低计算资源需求，提高重构效率。

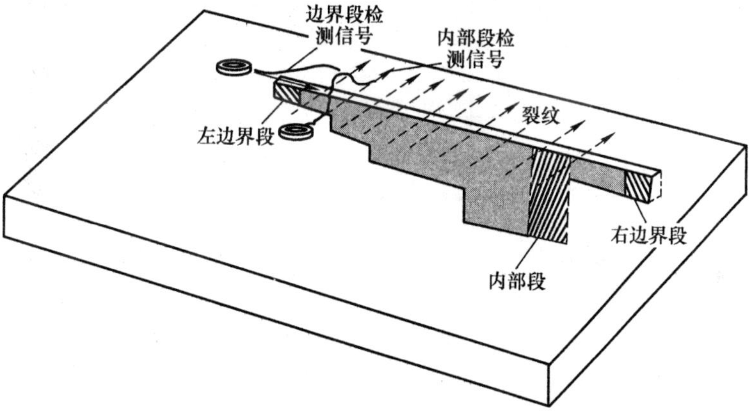

图 2-17　基于二维 ECT 信号的长裂纹分段重构策略

对于长裂纹各内部段的重构，可以利用过本段中点的垂直扫描信号作为重构所需信息。这时认为裂纹具有足够的长度（即可以不考虑裂纹端部的影响）。根据高效正问题求解器预先设定的裂纹可能长度，确定各内部段裂纹的长度，即对内部段仅重构该段裂纹的深度和电导率。通过逐段重构，即可获得裂纹内部的深度和电导率分布。

对于两个裂纹边界段，由于各有一个端点位置未知，无法采用和内部段重构同样的方法。为此，可采用与裂纹平行的扫描信号作为输入信息进行重构。对于其中的一个边界段（如左边界），利用和裂纹平行的扫描信号重构该裂纹段的深度、电导率和左端点位置，重构中认为此段的另一个端点已知（即认为是裂纹内部段的一点。由于裂纹足够长，右端点的位置对检测信号的影响可以忽略）。类似的方法可用来重构右端边界段的深度、电导率和右端点位置。在重构裂纹的形状和电导率时，可采用前述基于共轭梯度和进退法的混合重构算法以提高检测精度。

（2）长裂纹重构方法计算例　为说明上述长裂纹重构策略的有效性，以长 100mm、厚

5mm 的铬镍铁合金平板（电导率 1MS/m）为例进行裂纹重构。检测探头同样选为前述标准饼式探头，但选取激励频率为 10kHz。为高效计算各段重构所必需的检测信号，即进行正问题求解，选取了长 20mm、深 5mm、宽 0.2mm 的矩形区域为可能裂纹区域，并划分为 16×5 个裂纹单元。基于这一可能裂纹区域，设定裂纹垂直扫描线上的 11 个扫描点建立了无缺陷数据库，可以实现二维信号的高效计算。

针对上述模型，首先以 FEM-BEM 混合法程序计算所得二维 ECT 信号作为输入信息对裂纹进行重构。这时裂纹为长 100mm、深度呈阶梯形变化的长裂纹。在边界段用平行信号来重构边界点的位置、深度和电导率，在内部段则用垂直扫描信号来重构各段的深度和电导率。

首先分析端部段的重构效果。将沿裂纹长度方向左右各 10mm 长的检测信号作为重构输入来分别重构两个端点的位置、边界段深度和电导率。计算时，把裂纹信号开始出现的位置作为起始信号参照点，并依此确定重构端点的最后位置。如图 2-18 和图 2-19 所示，裂纹端点位置和端部裂纹深度均可较好求得。

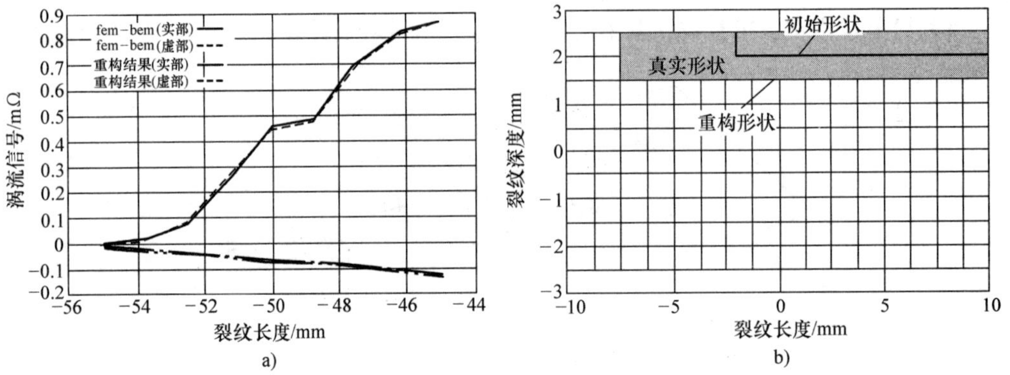

图 2-18　左边界重构结果

a）信号比较　b）形状比较

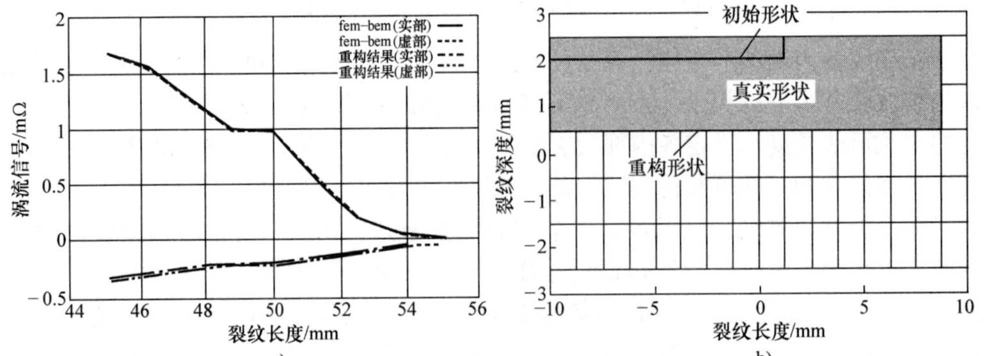

图 2-19　右边界重构结果

a）信号比较　b）形状比较

为重构内部段的信息，从二维扫描信号中抽取 30 个位置的垂直扫描信号对相应内部段的深度和电导率进行重构。过程中，内部裂纹段长度取为数据库设定的最大长度 20mm。重构所得 30 个内部裂纹段中点的深度和电导率以及两个边界段重构结果构成的整个裂纹信息如图 2-20 和图 2-21 所示。即使施加了 10% 的白噪声，仍可获得满意的裂纹大小、形状和电导率的重构结果，相应的裂纹信号也可以很好地一致。

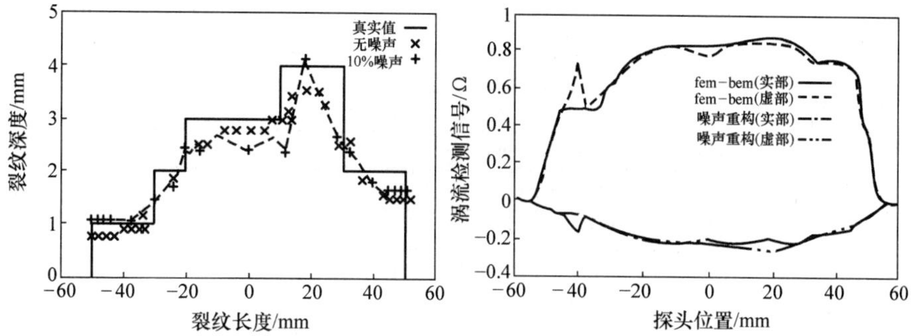

图 2-20　长应力腐蚀裂纹形状重构结果（相对电导率：10%）

3. 深 SCC 重构的多频激励和层分析策略

由于趋肤效应感应涡流强度随着离导体表面距离的增加而呈指数衰减，因此，高频激励能提高表面微裂纹的检测能力，但较难得出深层裂纹信息。长期以来，提高检测能力和增加透入深度之间一直是涡流检测必须权衡的问题点。多频激励和层分析策略就是利用这一特点增加深裂纹的重构精度。其主要思路是采用高频涡流检测信号重构表面和近表面裂纹信息，并在表层信息已知的条件下采用低频涡流检测信号重构较深部位的裂纹信息。由于多频涡流检测系统已广泛使用，多频激励和层分析策略的实施并无技术上的难题。

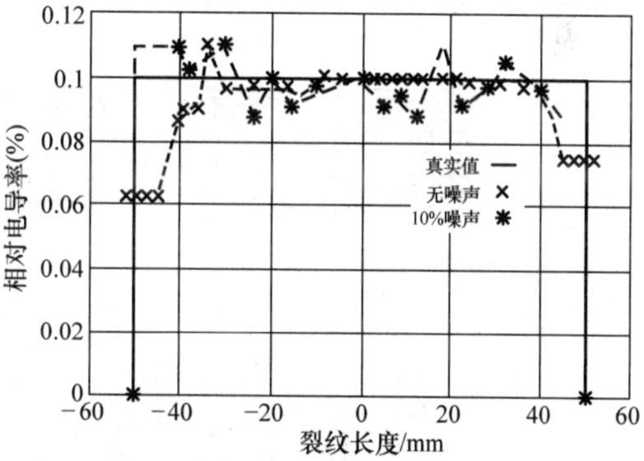

图 2-21　长应力腐蚀裂纹模型电导率重构结果（相对电导率：10%）

（1）多频激励和层分析策略　如果表层的裂纹信息已由高频激励信号重构得到，那么较深层的裂纹信息采用较低激励频率的信号来重构即可有效克服趋肤效应。例如，在第一层的裂纹信息（从表层到 0.5mm 深度）已经由 700kHz 的激励频率得到的条件下，第二层的裂纹信息（深度从 0.5mm 到 1mm）可由 180kHz 的激励频率来求解。由于可以通过数值分析的方法将深层裂纹信息抽取出来单独进行反演，因此多频激励和层分析策略可有效提高深裂纹的重构精度。

为了实现这一想法，需要首先将目标应力腐蚀裂纹区域（图 2-22）分成多个矩形裂纹段。每层的深度取为一个小于所取最高频率相应透入深度的定值。由于裂纹电导率和裂纹宽度共同影响裂纹信号，重构中采用固定裂纹宽度（0.2mm），而将等效电导率作为重构对象。在上层裂纹信息已求得的条件下，下层裂纹信息可由较低频率的信号求解。如果本层重构的裂纹深度大于本层厚度，则取所推断的裂纹长度和电导率作为本层的裂纹参数，并作为已知条件采用一个更低频率信号对下一层进行重构。如此反复，直到重构的裂纹深度小于该

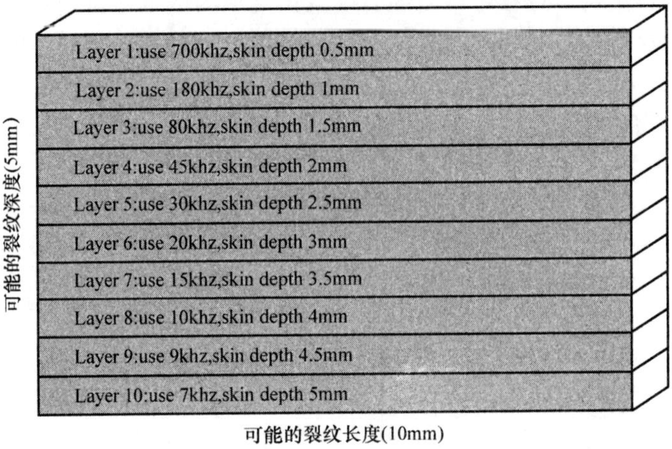

图 2-22　基于标准透入深度的裂纹区域分层策略

段厚度（图 2-23）。综合各层重构结果，最后即可获得裂纹的长度、深度和电导率分布信息。较单频重构方法，本策略有望提高深 SCC 的重构精度。

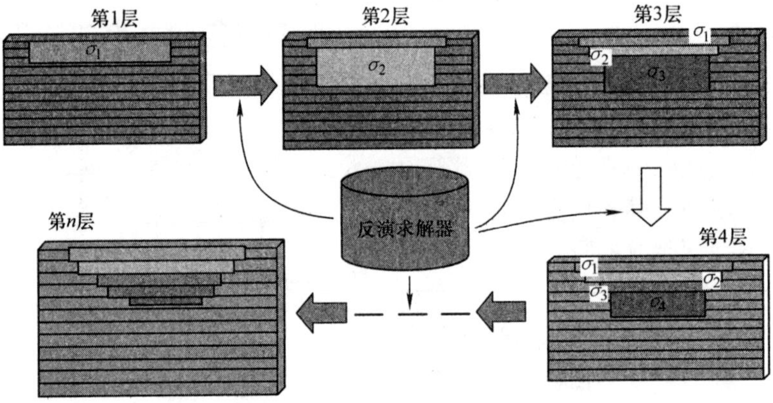

图 2-23　多频激励与层分析重构示意图

（2）导电性深裂纹多频重构算例　为说明多频策略的有效性，以 5mm 厚的 SUS316 板（电导率 1.4MS/m）的正面裂纹为例进行重构。检出线圈采用小型十字探头（单个矩形线圈内边长 4.5mm、外边长 5.5mm、厚 2.0mm），激励频率按照透入深度倍增分别取 700kHz、180kHz 等，如图 2-22 所示。快速算法所需无缺陷场数据库相应的可能裂纹区域为长 10mm、深 5mm、宽 0.2mm 的矩形区域，划分为 10×10 个裂纹单元。

重构对象裂纹为表 2-1 所示阶梯形裂纹，各层的长度和电导率分别为表中所示 a 和 b 值。按每段 0.5mm 划分为 10 段，其中真实裂纹深度为 4.5mm。根据多频策略，依据真实裂纹相应计算信号信息进行分层重构。具体步骤如下：

第一步：用 700kHz 激励频率信号基于共轭梯度法及进退法的混合策略重构第一层的裂纹形状参数和电导率。基于 700kHz 激励频率信号重构出的矩形裂纹深度为 1.61mm、长度为 9.325mm、电导率为 9.24%。图 2-24a 给出了此时观察信号和预测信号的对比。由于第一层的预测深度大于其单层厚度，所以第一层的裂纹区域长度和电导率分别取为上述重构值，即长为 9. 325mm，电导率为 9. 24%。

表 2-1　阶梯形裂纹各段参数及重构结果

层数	真值 a/mm	重构值 a/mm	真值 b(%)	重构值 b(%)
1	9. 3	9. 325	9	9. 24
2	9. 3	9. 232	9	9. 98
3	8. 6	8. 903	12	10. 6
4	8. 6	8. 656	12	11. 3
5	8. 2	8. 329	13	11. 6
6	8. 2	7. 996	13	12. 0
7	7. 8	7. 892	14	12. 7
8	7. 8	7. 637	14	14. 0
9	7. 8	7. 041	14	14. 2

第二步：采用 180kHz 的激励频率信号（减去已预测出的第一层裂纹参数所对应的部分）和混合策略来重构第二层的裂纹形状参数和电导率。这时的重构结果是深度为 1. 66mm、长度为 9. 232mm、电导率为 9. 98%。信号对比如图 2-24b 所示。同理，由于重构深度大于本层累计厚度，所以第二层也是裂纹区域，其长度取 9. 232mm、电导率取 9. 98%。重复上述过程直到重构深度小于当层累计厚度，最后重构裂纹的深度即为以上各层厚度之和加上本层预测深度，形状即由各层长度确定。对于本例，最后重构结果如图 2-25 和表 2-1 所示，重构裂纹深度为 4. 16mm，较常规方法重构深度 3. 58mm 更接近真实值，且裂纹长度也较为一致。

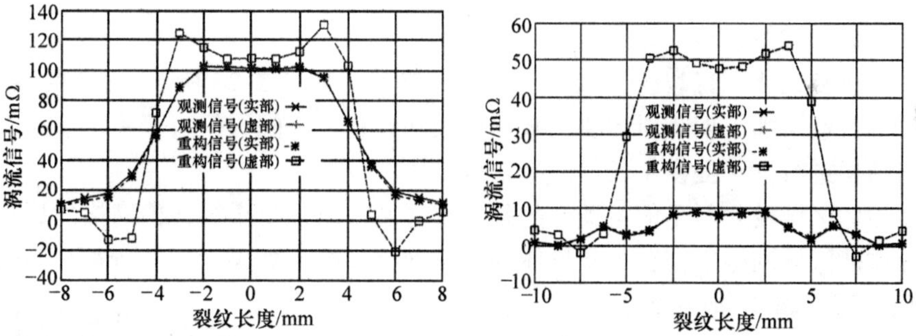

a)　　b)

图 2-24　多频激励重构信号对比

a）700kHz 激励频率重构信号　b）180kHz 激励频率重构信号

2. 6. 3　基于神经网络的裂纹重构

本小节给出采用神经网络方法对应力腐蚀裂纹进行定量重构的方法和结果。不同的应力腐蚀裂纹，其大小、位置、电导率会产生不同的涡流检测信号，即检测信号和裂纹参数具有对应关系，或称映射关系。神经网络作为一种随机优化方法，可以逼近一个多维输入输出映射函数，可以用来建立 SCC 涡流检测信号与裂纹形状参数间的映射关系，进而通过检测信号推定裂纹参数。以下就神经网络裂纹重构方法相关数据集建立、参数化方法、网络结构和训练方法以及算例进行介绍。

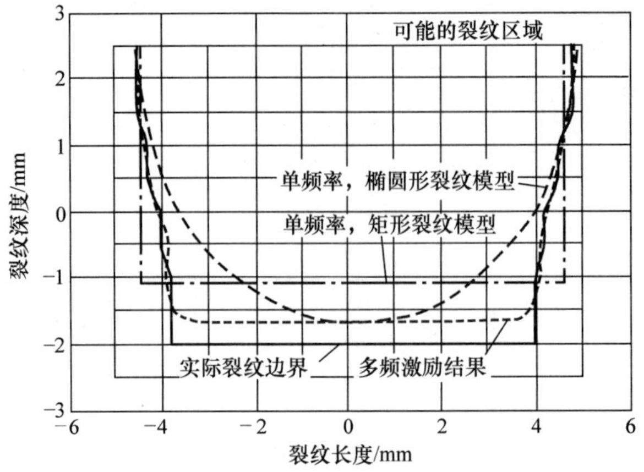

图 2-25　多频激励与层分析策略的重构结果对比

1. SCC 裂纹模型及其参数化

基于应力腐蚀裂纹实物观察以及数值模拟结果，采用定宽度半椭圆槽来近似应力腐蚀裂纹，并认为裂纹区域电导率一定，为 $\sigma = p\sigma_0$（$p = 0 \sim 0.2$）。裂纹模型的宽度取为 0.2mm，深度和长度方向的形状如图 2-26 所示。实际计算中，椭圆形裂纹近似成阴影区域表征的阶梯形状。随机生成大小、位置不同的 100 组裂纹（裂纹形状参数和电导率均在一定取值范围随机选取），利用 FEM-BEM 正问题程序计算获得相应的检测信号，与裂纹形状参数一起作为神经网络必需的学习、验证数据集。

为了将裂纹参数化，将裂纹区域分为 160 个单元，如图 2-26 所示。裂纹参数采用渐进式编码。后者虽然增加了训练所需要的数据点数和计算机空间，但对于确定裂纹大小，以及对神经网络结果进行修正提供了较好的稳定性。

由于在导体区域较大但是值得关心的是裂纹区域，所以整个导体内网格的划分是不均匀的，靠近导体的区域网格细密，远离导体的区域网格稀疏。如果对裂纹所在平面的整个导体区域参数化，那么将得到一个 10×27 的矩阵。在裂纹区域的网格划分是均匀的，无裂纹的区域对裂纹形状参数没有影响。因此只把裂纹区域的单元参数化，即 y 方向 [-10，10]（单位 mm）的区域进行均匀网格划分。对于 z 方向的一列单元，进行编码，每个单元用一个二进制位，裂纹设为 [1]，非裂纹设为 [-1]，然后将各列依次连接构成裂纹参数向量。裂纹的电导率取为 $\sigma = \alpha\sigma_0$，α 为随机抽取的 0～20% 间的任意实数。对百分比电导率 α 以 2% 的间隔进行参数化，最后可得 10×17 位的二进制裂纹参数向量。

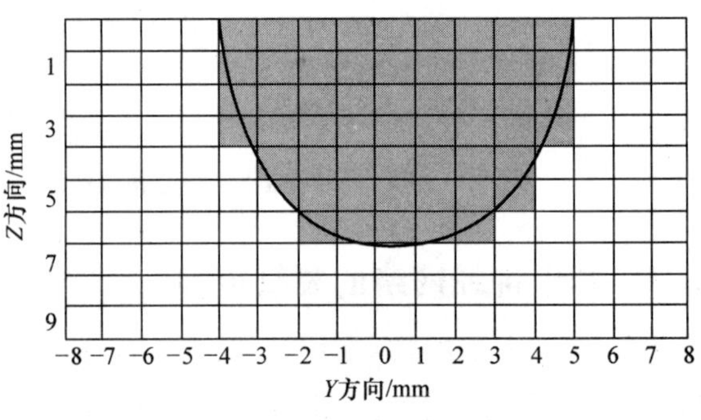

图 2-26　椭圆形裂纹模型

2. 应力腐蚀裂纹数据集的建立

应力腐蚀裂纹区域选定位于平板的中央，宽度为 $w=0.2\text{mm}$，深度范围为 [−9mm，9mm]。检测探头选取为饼状线圈，激励频率为 10kHz。计算所得部分裂纹信号如图 2-27 所示，可以看出电导率越高，信号幅值越小。图 2-27 中部分信号没有归零是因为扫描区域有限。图 2-28 所示为相应裂纹参数化应用的例子，其中 “l” 为裂纹长度范围，“d” 为裂纹深度，“c” 是相对电导率的百分比值。图 2-27 中部分信号不对称是由于裂纹中心位置不一定都在板的中央。

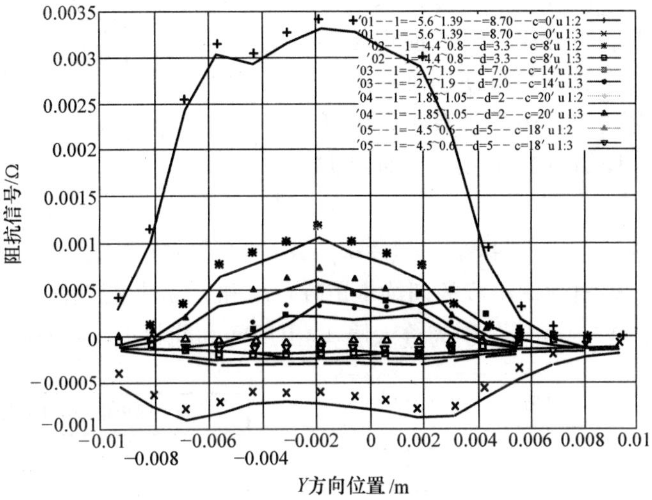

图 2-27　计算所得裂纹信号

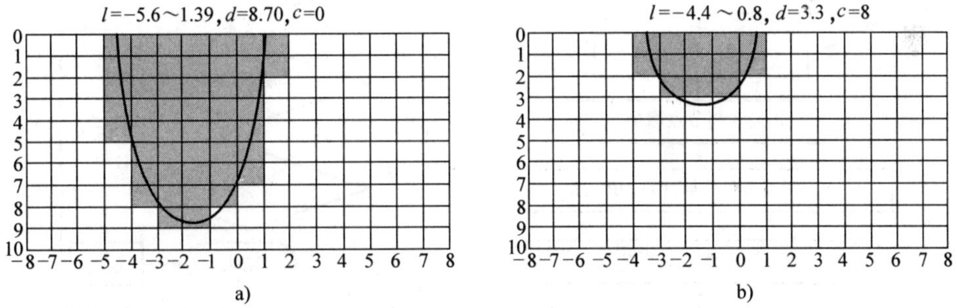

图 2-28　裂纹参数化应用例（单位：mm）

a）例 1　b）例 2

3. 神经网络训练原理及对应力腐蚀裂纹的重构

裂纹重构可采用一种快速监督学习、单隐含层的神经网络，通过增加神经网络的输入输出层的直接连接来确定输入输出之间的线性关系，实时学习使其能够快速确定网络中的权重。神经网络结构如图 2-29 所示。为了能够在较短时间内用较少的神经元构建网络，隐含层初始并不包含节点，每次迭代训练后计算误差，通过逐次增加节点并赋给其一个随机的权值。每当有新的隐含层神经元增加到网络中时，就要训练这些权值，从而使得相关性最大化。即使新单元输出和网络输出的余项误差信号之间的相关性最大。网络中其余的权值通过奇异值分解（SVD）求解，通过最小二乘反向学习（LSB）算法来调整网络节点的权值，如图2-29所示。这种方法符合映射关系递增的细致程度。映射开始由一个低维的超曲面建立输入输出的粗略关系，通过逐渐将超曲面的维度扩大来给予映射关系中的细节更多关注，迭代直至网络达到最优化。

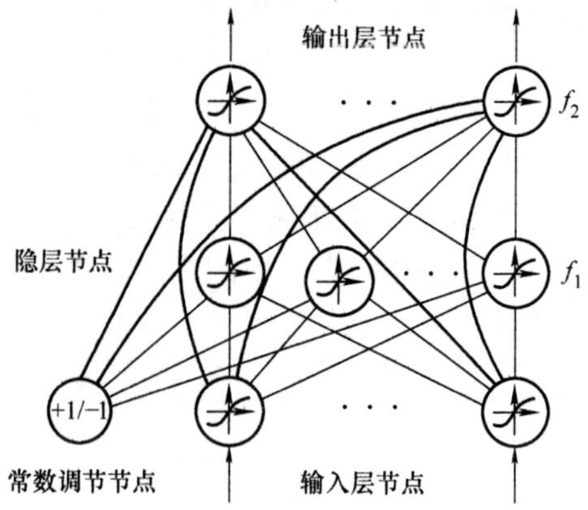

图2-29 神经网络结构

利用主成分分析（PCA）来降低输入数据的线性相关性，并提取主方向，可以使训练的过程在更短的时间内完成，并可使训练后的网络权值都是必要且有效的，而且没有多余的插值。神经网络训练过程如图2-30所示，训练方程为

$$AW_{io}+f_1(AW_{ih})W_{ho}=f_2^{-1}(B) \tag{2-227}$$

式中，$\boldsymbol{A}$ 和 $\boldsymbol{B}$ 为输入输出数据组成的训练集矩阵；f_1 和 f_2 为非线性激活函数；$\boldsymbol{W}_{ih}$ 为随机生成的固定系数矩阵；$\boldsymbol{W}_{io}$ 和 $\boldsymbol{W}_{ho}$ 分别为输入层-输出层间和隐含层-输出层间的权系数矩阵。

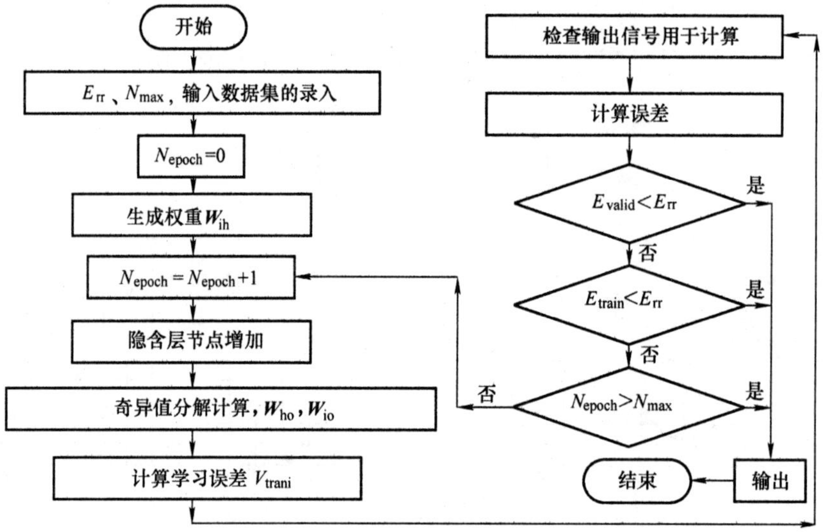

图2-30 神经网络训练过程

4. 应力腐蚀裂纹重构例

按照以上方法建立数据库后，将数据分为三组。在数据库中随机取80组用于训练，10组用于验证，10组用于测试。得到的代表性重构结果如图2-31所示。

由于裂纹的连续性，对于重构裂纹含有孤立无裂纹的点，可以进行纠正。将重构错误的单元数 N_r 和总单元数 N_0 之比作为神经网络对裂纹重构的正确率，得出正确率为98.1%。取各测试样本的电导率的相对误差所占权重之和作为错误率，电导率重构的正确率为81%。用神经网络得出的结果与原参数比较之后，深度和宽度的关键点大部分是正确的，在此模型下，可以为检测提供较可靠的参考。

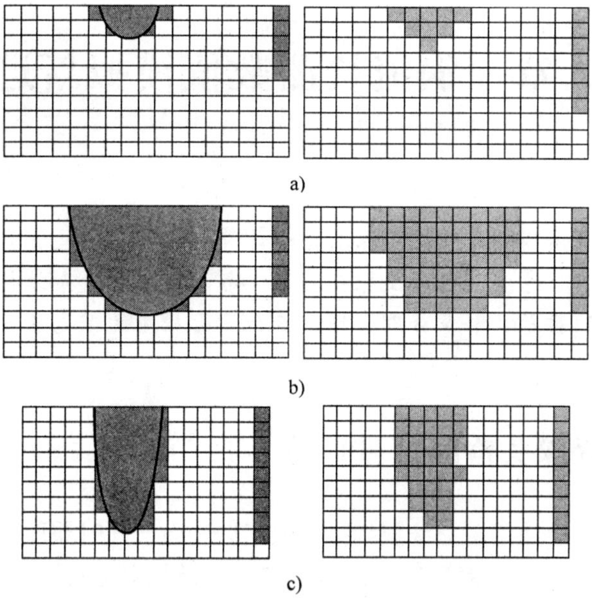

图 2-31　神经网络重构结果

a）算例 1，左图：实际裂纹，右图：重构结果　b）算例 2，左图：实际裂纹，右图：重构结果　c）算例 3，左图：实际裂纹，右图：重构结果

第3章　涡流检测数值模拟新进展

内容摘要

近来，涡流检测数值模拟在含磁心探头信号计算、复合材料检测模拟、无网格方法应用等方面取得了重要进展。这些问题涉及探头移动、各向异性和复杂结构模拟等，一直以来都是涡流检测数值模拟的难题。本章分别介绍这三个方面相应的理论基础、计算方法、求解思路和应用实例。

3.1　带磁心涡流探头检测信号计算

涡流检测通常是一个使用磁心线圈扫描导电工件表面，同时获取反映工件材料不连续性的线圈阻抗变化的过程。这一检测过程的精确和高效模拟对于探头和检测参数优化至关重要。目前使用最多的涡流检测模拟方法是有限元法。但是，传统有限元法在模拟磁心线圈扫描时十分烦琐和效率低下。研究表明，引入区域分解的思想可以提高涡流检测信号模拟效率。区域分解的基本思想就是把磁心和工件分置于不同的子域中，每个子域单独剖分网格，线圈则无须剖分网格。由于磁心磁化产生的磁场会影响工件中的感应电流，而工件中感应电流产生的磁场会影响磁心的磁化，因此须要以一定的方式将两个子域的解耦合，用迭代的方法进行求解。区域分解方法可以避免因探头位置改变而重新剖分网格，极大地提高计算效率，并避免计算得到的信号中因重新剖分网格产生的噪声。

3.1.1　传统三维涡流有限元模拟方法存在的问题

有限元法具有能够模拟复杂问题（包括复杂形状、材料非线性、材料各向异性和瞬时响应计算），得到稀疏和带限系统矩阵，易处理边界条件，易编写通用计算机程序等优点，是最重要的计算机模拟方法。但是，当几何形状比较复杂时，有限元网格剖分就会比较困难。如图3-1a所示，飞机蒙皮结构较为复杂，对其与探头和周围空气一起剖分有限元网格难度不小。如图3-1b所示，换热管本身结构简单，但是对其与扁平线圈和周围空气一起剖分有限元网格也有一定的困难。如果探头位置固定，那么对整个求解区域剖分网格通常还可以接受。如果所模拟的是空心线圈扫描检测的问题，由于线圈产生的磁场可以通过解析式计算得到，因此不必在改变线圈位置后重新剖分网。但如果所模拟的是磁心线圈扫描检测的问题，当线圈和磁心与工件的相对位置发生变化时，就有必要重新剖分有限元网格，这是非常烦琐的。

磁心具有聚集磁力线，从而提高信噪比、减小边缘效应的作用，因此涡流检测通常使用磁心线圈。由于磁心会改变磁场分布，因此不能简单地将空心线圈信号乘以一定的系数来作为磁心线圈的信号，而需要在模型中考虑磁心的存在。

在磁心线圈扫描检测模拟中，重新剖分网格还会带来其他问题。网格改变后，需要重新生成代数方程组，重新对系统矩阵进行预处理。矩阵预处理在代数方程组求解过程中是比较

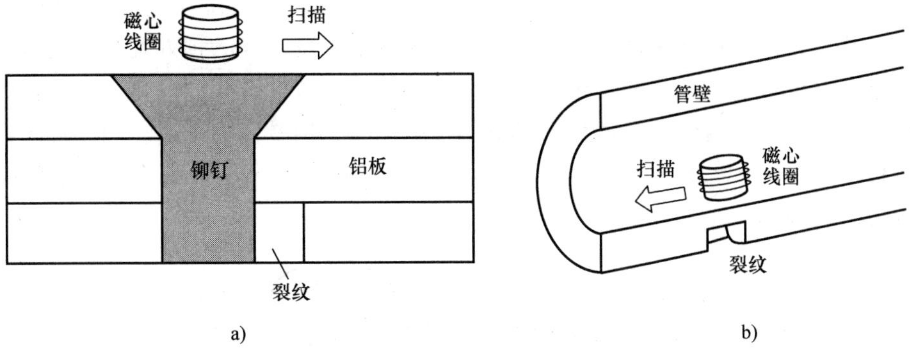

图 3-1　典型涡流检测问题
a）飞机蒙皮检测　b）热交换管检测

耗时的一个步骤，因此不断地生成和预处理系统矩阵使得整个求解过程效率低下。另外，每一个网格都对应着一定的计算误差，不同的网格带来的计算误差不同，表现在信号中就是噪声，此噪声甚至可能大于细小缺陷产生的涡流检测信号。

在低频电磁场数值分析中，使用库仑规范可以加快求解代数方程组的速度。但如果求解区域中存在导磁材料（如磁心），施加库仑规范会使导磁材料表面处磁场强度的切向分量不连续，界面条件得不到满足，使得计算结果错误。因此，用传统有限元法求解磁心线圈检测问题时不能施加库仑规范。但是，如果不施加库仑规范，相应的代数方程组只规定了向量的旋度，而没有规定其散度，方程组的解就不具备唯一性。结果是使得求解方程组困难，求解效率低下。

可以说，用一个求解区域去包含所有导电和导磁材料的传统有限元法仅在模拟固定探头检测和空心线圈扫描检测上取得了成功，在模拟磁心线圈扫描检测方面则存在网格剖分费时费力，计算效率低，计算得到的信号噪声大等问题。

3.1.2　区域分解方法基本思想

传统有限元法在模拟磁心线圈扫描检测上的困难在于它用一个求解区域包含全部的导电和导磁材料，并对整个求解区域剖分网格。解决该问题的一个办法是把相对运动的不同物体分离开来，置于不同的求解域（称为子域）中，并对各个子域独立剖分网格。

这种把求解区域分解成若干个重叠的或者不重叠的子域（图 3-2），将定义在整个求解区域上的复杂问题转变为定义在若干个子域上的相对简单的问题，并以一定方式将各个子域上的解耦合的方法称为区域分解方法。近年来，区域分解方法在微波散射分析领域日益得到重视。用区域分解方法求解微波散射问题时，将求解区域分解成若干个子域，每个子域的激励源包括天线辐射和其他子域中物体的散射。区域分解方法已被证明可以大幅度减少求解微波散射问题对计算资源的要求，提高计算速度。应用区域分解方法实现大型多尺度电磁散射问题的高效求解已成为一个热门研究领域。

在涡流分析中同样可以使用区域分解思想。在模拟磁心线圈扫描检测时，将求解区域分解成分别包含被检工件和磁心的两个子域，分别记为 D_1 和 D_2，如图 3-3 所示。为简单起见，这里用二维矩形来表示实际的三维求解域。在每个子域上独立剖分网格，线圈则不用剖分网格，这样既可以使网格剖分变得相对容易，更可以避免探头移动后重新进行网格剖分。同时，两个子域上的系统矩阵保持不变，各个子域对应的系统矩阵的预处理只需进行一次，因此计算效率大幅度提高。由于两个子域的网格不随探头位置的改变而变化，求解代数方程组的数值误差基本不变，这就使得计算得到的信号噪声小，信号变得平滑。当被检工件是不导磁的导电材料时，D_1中的计算可以使用库仑规范，求解速度快，使整个模拟过程的计算效率进一步得到提高。

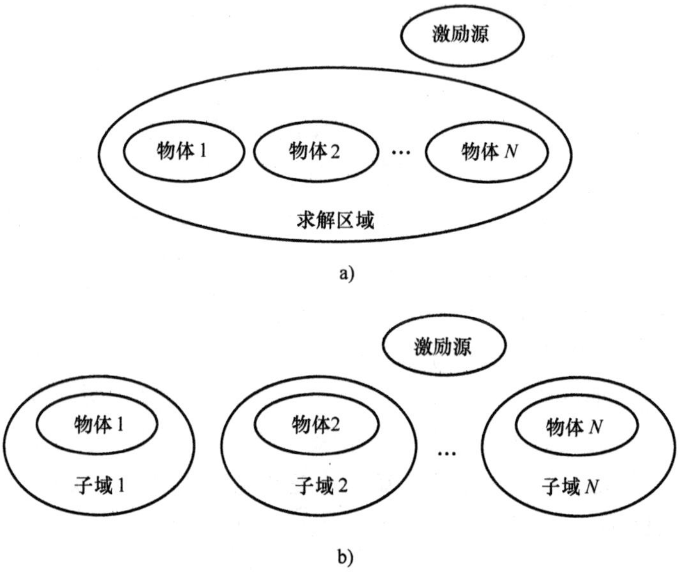

图 3-2 区域分解

a）分解前 b）分解后

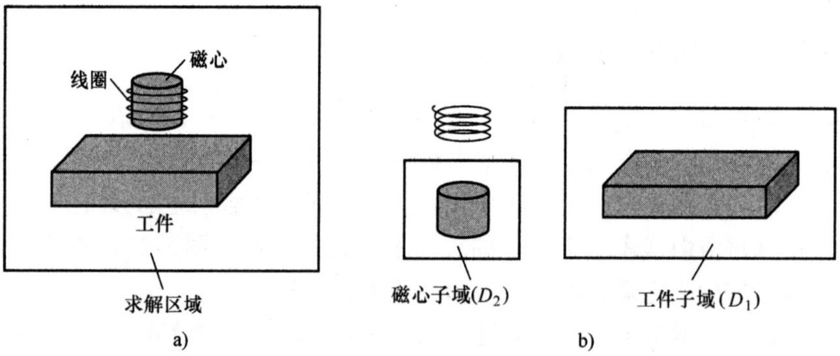

图 3-3 涡流检测模拟的区域分解

a）分解前 b）分解后

由于不同子域上的解是相互影响的，因此它们需要以一定的方式进行耦合。下面介绍两种耦合方法：一种是将某个子域上计算得到的磁向量位插值到另一个子域上，作为另一个子域的部分激励；另一种是通过解析式计算，得到某个子域中感应电流和（或）磁化电流在另一个子域引起的磁向量位，作为另一个子域的部分激励。

3.1.3 基于插值耦合的区域分解方法

1. $\boldsymbol{A}_r$，$\boldsymbol{A}_r-V$ 表述与空心线圈扫描检测的模拟

在介绍基于插值耦合的区域分解方法之前，有必要先简单介绍 $\boldsymbol{A}_r$，$\boldsymbol{A}_r-V$ 表述及其在空心线圈扫描检测模拟中的应用。

经典的 $\boldsymbol{A}$，$\boldsymbol{A}-V$ 表述在导电区域 Ω_1 和不导电区域 Ω_2 中的控制方程分别是

$$\nabla\times\nu\nabla\times\boldsymbol{A}+\mathrm{j}\omega\sigma\boldsymbol{A}+\sigma\nabla V=0\quad(\Omega_1)\tag{3-1}$$

$$\nabla\times\nu\nabla\times\boldsymbol{A}=\boldsymbol{J}_s\quad(\Omega_2)\tag{3-2}$$

磁向量位 $\boldsymbol{A}$ 可分解成两部分，即

$$\boldsymbol{A}=\boldsymbol{A}_s+\boldsymbol{A}_r\tag{3-3}$$

式中，$\boldsymbol{A}_s$ 为电流源引起的磁向量位；$\boldsymbol{A}_r$ 为感应电流或磁化电流引起的磁向量位（称为退化磁向量位）。将式（3-3）代入式（3-1）和式（3-2），并用 $\nabla\times\boldsymbol{H}_s$ 代替 $\boldsymbol{J}_s$，得到不施加规范条件时的 $\boldsymbol{A}_r$，$\boldsymbol{A}_r-V$ 表述的控制方程为

$$\nabla\times\nu\nabla\times\boldsymbol{A}_r+\mathrm{j}\omega\sigma\boldsymbol{A}_r+\sigma\nabla V=-\nabla\times\nu_r\boldsymbol{H}_s-\mathrm{j}\omega\sigma\boldsymbol{A}_s\quad(\Omega_1)\tag{3-4}$$

$$\nabla\times\nu\nabla\times\boldsymbol{A}_r=\nabla\times\boldsymbol{H}_s-\nabla\times\nu_r\boldsymbol{H}_s\quad(\Omega_2)\tag{3-5}$$

式中，ν_r为磁导率的倒数。

式（3-4）隐含了电流连续性方程。为使方程组具有唯一解，在控制方程中施加库仑规范，并强加因应用库仑规范而不再隐含的电流连续性方程，得到施加库仑规范后的 $\boldsymbol{A}_r$，$\boldsymbol{A}_r-V$表述的控制方程为

$$\nabla\times\nu\nabla\times\boldsymbol{A}_r-\nabla\nu\nabla\cdot\boldsymbol{A}_r+\mathrm{j}\omega\sigma\boldsymbol{A}_r+\sigma\nabla V=-\nabla\times\nu_r\boldsymbol{H}_s-\mathrm{j}\omega\sigma\boldsymbol{A}_s\quad(\Omega_1)\tag{3-6}$$

$$\nabla\cdot(\mathrm{j}\omega\sigma\boldsymbol{A}_r+\sigma\nabla V)=-\nabla\cdot\mathrm{j}\omega\sigma\boldsymbol{A}_s\quad(\Omega_1)\tag{3-7}$$

$$\nabla\times\nu\nabla\times\boldsymbol{A}_r-\nabla\nu\nabla\cdot\boldsymbol{A}_r=\nabla\times\boldsymbol{H}_s-\nabla\times\nu_r\boldsymbol{H}_s\quad(\Omega_2)\tag{3-8}$$

若求解区域中不存在导磁材料，应使用式（3-6）~式（3-8），这样代数方程组的求解速度快；否则，应使用式（3-4）和式（3-5）进行求解，以避免磁场强度的界面条件因需满足库仑规范受到破坏。

式（3-4）和式（3-5）及式（3-6）~式（3-8）的左端项仅与感应电流或磁化电流有关，与电流源无直接关系。右端项所含的激励电流引起的磁向量位和磁场强度可由解析式计算而得，因此无须对激励线圈剖分网格，在模拟空心线圈扫描检测时也就不用重复进行网格剖分。在线圈扫描过程中，代数方程组的系统矩阵保持不变，只需进行一次预处理，这在很大程度上可提高扫描检测计算效率。

2. 磁心线圈扫描检测的模拟及插值耦合方法

使用磁心线圈进行扫描检测时，不仅线圈本身在移动，磁心也跟着移动。用上述空心线圈扫描检测模拟方法模拟磁心线圈扫描检测时并不能避免重新剖分网格。为解决此问题，可引入区域分解的思想，将整个求解区域分解成包含被测工件和周围空气的子域 D_1 及包含磁心和周围空气的子域 D_2。每个子域单独剖分网格。由于某个子域中的感应电流和（或）磁化电流会对另一子域产生影响，可以用一定的方式将两个子域上的解进行耦合，并以迭代的方式完成计算。

对于某个子域，其激励源有二：一是线圈电流；二是另一个子域中的感应电流和（或）

磁化电流。相应地，式（3-3）~式（3-8）的 $\boldsymbol{A}_s$ 包含线圈电流产生的磁向量位 $\boldsymbol{A}_0$ 和另一个子域中的感应电流和（或）磁化电流在本子域产生的磁向量位。$\boldsymbol{H}_s$ 是 $\boldsymbol{A}_s$ 的旋度与空气的磁阻率 ν_0 的乘积。

基于上述分析，可以通过将某个子域中计算得到的退化磁向量位插值到另一个子域中与 $\boldsymbol{A}_0$ 共同作为另一个子域的激励来实现子域间的耦合。具体来说，就是先由解析式计算线圈电流在 D_1 中产生的磁向量位 $\boldsymbol{A}_{01}$ 和在 D_2 中产生的磁向量位 $\boldsymbol{A}_{02}$，然后进入迭代过程：①在 D_1 中计算得到 $\boldsymbol{A}_r$ 后，将 $\boldsymbol{A}_r$ 插值到 D_2 中；②在 D_2 中，以 $\boldsymbol{A}_{02}$ 与插值得到的 $\boldsymbol{A}_r$ 之和作为式（3-4）与式（3-5）中的 $\boldsymbol{A}_s$，重新求解方程组，得到 D_2 中新的 $\boldsymbol{A}_r$；③在 D_2 中计算得到 $\boldsymbol{A}_r$ 后，将 $\boldsymbol{A}_r$ 插值到 D_1 中；④在 D_1 中，以 $\boldsymbol{A}_{01}$ 与插值得到的 $\boldsymbol{A}_r$ 之和作为式（3-4）与式（3-5）（若 D_1 中有导磁材料）或式（3-6）~式（3-8）（若 D_1 中无导磁材料）中的 $\boldsymbol{A}_s$，重新求解方程组，得到 D_1 中新的 $\boldsymbol{A}_r$。这一过程持续进行，直至计算得到的线圈阻抗收敛。迭代过程如图 3-4 所示。

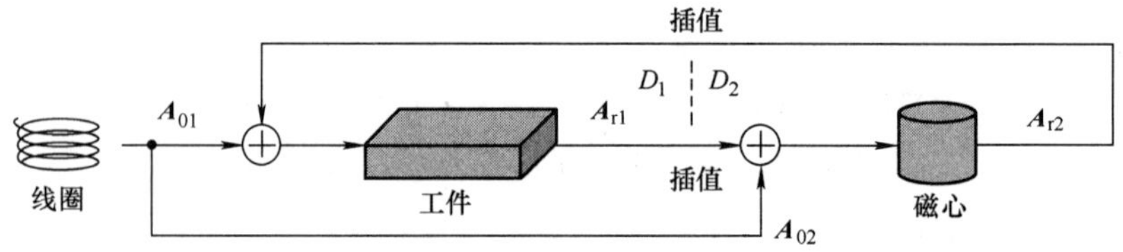

图 3-4 插值耦合迭代过程

基于插值耦合的区域分解有限元法的计算流程如图 3-5 所示。

由于将工件和磁心置于不同的子域并对两个子域独立剖分网格，网格剖分变得相对容易。更重要的是，该方法避免了在探头移动后重新剖分网格。两个子域上的代数方程组只需建立一次，系统矩阵的预处理也只需进行一次，这就在很大程度上提高了计算效率。由于网格保持不变，网格所对应的计算误差也就不变，这就消除了传统有限元模拟方法中因网格对应的误差的变化造成的计算所得信号中的噪声。

若被检工件是非磁性导体材料，则 D_1 中的计算可以使用库仑规范，求解速度快；D_2 中的求解虽不能使用库仑规范，但 D_2 区域小，磁心形状规则，网格简单，待解未知量少，所以 D_2 中不使用库仑规范对总的计算效率影响不是很大。

3. 算例

此区域分解方法已应用于核电站蒸汽发生器管道涡流检测的三维模拟。下面两个例子中，管壁材料为铬镍铁合金（Inconel600），管道内外径分别为 ϕ19.685mm 和 ϕ22.276mm。探头在内壁沿轴向和周向做二维扫描。管道和磁心被置于不同的子域中，并分别剖分网格。对管道进行网格剖分时不需要考虑磁心，因此网格剖分较简便，如图 3-6 所示。

第一个例子中，管外壁有一长为 12.725mm，宽为 0.152mm，深为 63% 管壁厚度的轴向裂纹。探头为 Zetec P115 带磁心扁平线圈，工作频率为 100kHz。图 3-7 所示为计算得到的信号图形与实验结果，两者相近。

第二个例子中，管外壁有一长为 12.700mm，宽为 0.127mm 的轴向贯穿裂纹。探头为 Zetec 带磁心十字正交矩形线圈探头，工作频率为 300kHz。图 3-8 所示为计算得到的信号图形与实验结果，两者相近。

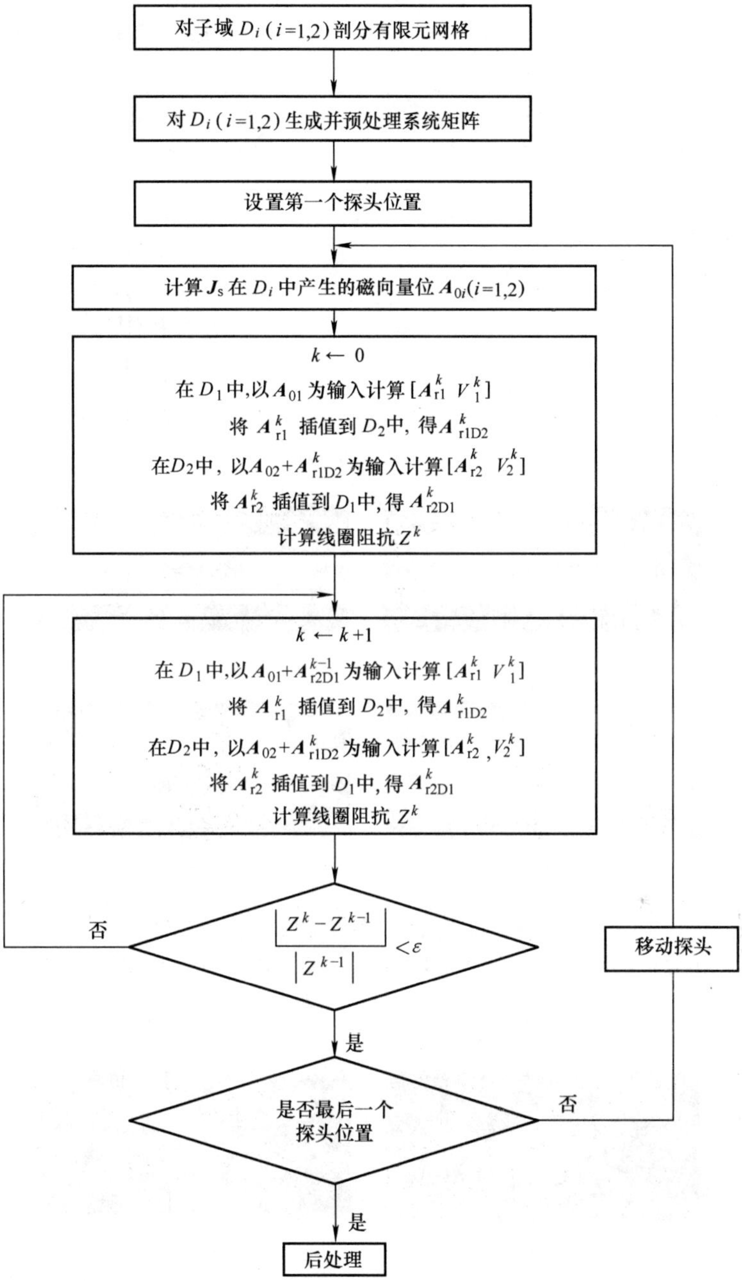

图 3-5　基于插值耦合的区域分解有限元法的计算流程

4. 存在的问题

基于插值耦合的区域分解有限元法虽然克服了传统有限元法在涡流检测模拟中遇到的诸多困难，但也带来了新的问题。首先，工件所在子域 D_1 必须完全包围磁心所在子域 D_2，这样才可能实现退化磁向量位在子域间的插值。因此，该方法无法使用区域截断技术来减小网格大小。而区域截断是进一步提高计算效率的重要途径。另外，探头扫描的步长必须等于

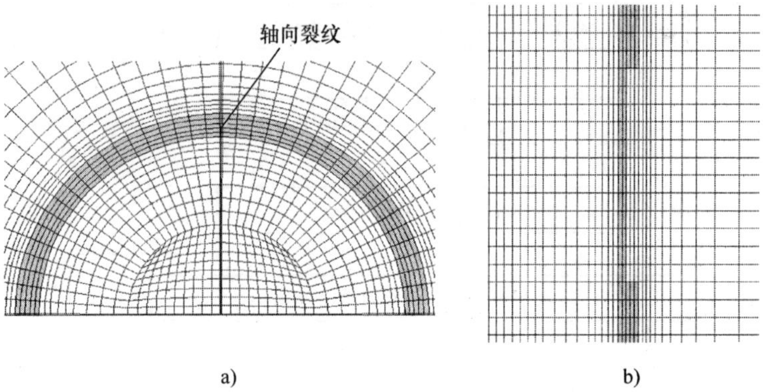

图 3-6 核电站蒸汽发生器管道扁平线圈检测模拟中管道子域的有限元网格

a）横截面 b）纵截面

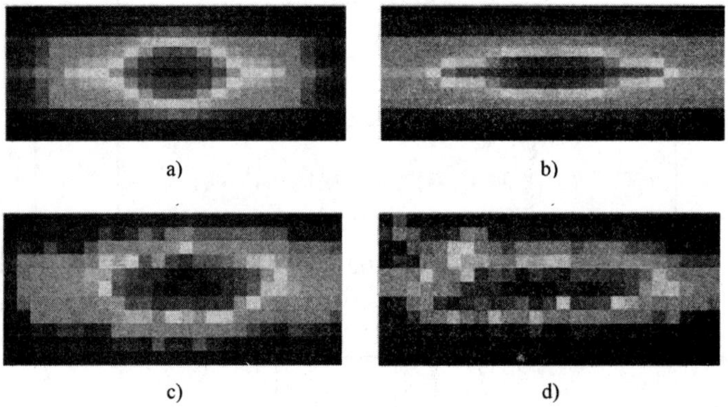

图 3-7 核电站蒸汽发生器管道扁平线圈检测信号

a）计算结果实部 b）计算结果虚部 c）实验信号实部 d）实验信号虚部

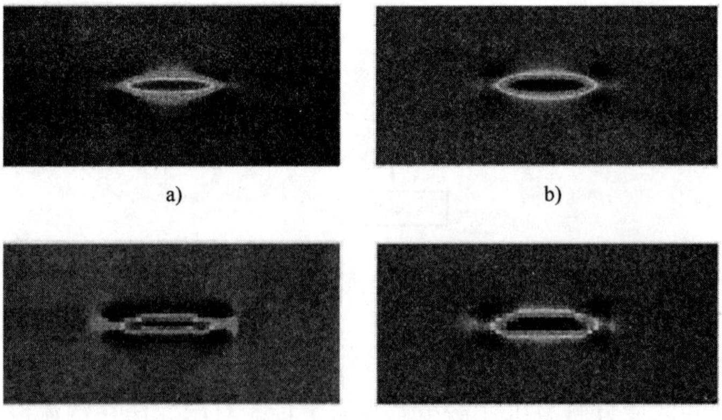

图 3-8 核电站蒸汽发生器管道正交矩形线圈检测信号

a）计算结果实部 b）计算结果虚部 c）实验信号实部 d）实验信号虚部

D_1子域网格在扫描方向上的单元尺寸或是其整数倍，否则子域间计算结果的插值产生的误差不恒定，表现在计算信号中就是噪声。该方法消除了网格变化带来的噪声，却在一定条件下产生了非恒定插值误差带来的噪声。

3.1.4　基于解析计算耦合的区域分解方法

下面介绍另一种用于涡流分析的区域分解方法。该方法与前述基于插值耦合的区域分解方法的不同之处在于子域间解的耦合方式。该方法通过解析式计算出 D_1 中的感应电流和（或）磁化电流在 D_2中产生的磁向量位，以及 D_2中的感应电流和（或）磁化电流在 D_1 中产生的磁向量位，从而实现子域间解的耦合。这样就可以避免子域间的插值运算，消除由此带来的问题。

1. 解析计算耦合方法

为便于解释解析计算耦合方法，假设被检工件是非磁性的（如铝合金），磁心是不导电的，即工件中只有感应电流，磁心中只有磁化电流。

在工件子域 D_1和磁心子域 D_2中分别计算得到 $\boldsymbol{A}_\mathrm{r}$ 和 V 后，便可求出 D_1和 D_2中的全磁向量位 $\boldsymbol{A}$。由此可计算出工件中的感应电流密度为

$$\boldsymbol{J} = -\mathrm{j}\omega\sigma\boldsymbol{A} - \sigma\nabla V \tag{3-9}$$

用磁心磁化强度的计算来代替磁化电流密度的计算。磁化强度 $\boldsymbol{M}$ 可表示为

$$\boldsymbol{M} = \frac{\mu_\mathrm{r}-1}{\mu}\nabla\times\boldsymbol{A} \tag{3-10}$$

式中，μ 和 μ_r分别为磁导率和相对磁导率。图 3-9 所示为导电平板中感应电流密度分布和磁心中磁化强度分布的例子。

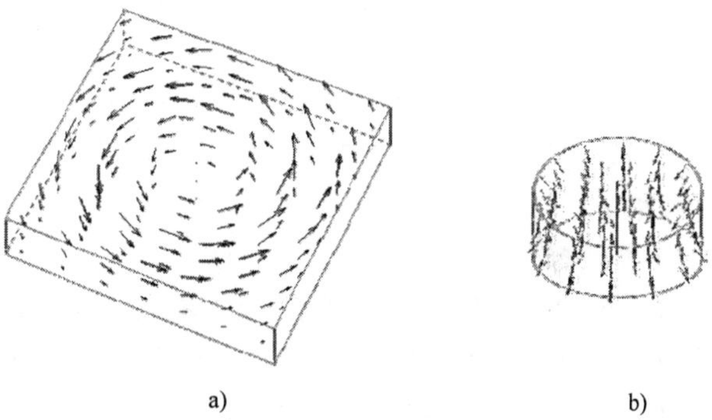

a)　　b)

图 3-9　感应电流密度和磁化强度分布

a）导电平板中的感应电流密度（主要区域）　b）磁心中的磁化强度

得到 $\boldsymbol{J}$ 与 $\boldsymbol{M}$ 之后，可用解析方法计算 D_1中的感应电流在 D_2 中任意点处引起的磁向量位 $\boldsymbol{A}_{21}$，以及 D_2中的磁化强度在 D_1 中任意点处引起的磁向量位 $\boldsymbol{A}_{12}$，即

$$\boldsymbol{A}_{21}(\boldsymbol{r}_2) = \frac{\mu_0}{4\pi}\int_{D_1}\frac{\boldsymbol{J}(\boldsymbol{r}_1)}{|\boldsymbol{r}_2-\boldsymbol{r}_1|}\mathrm{d}v_1 \tag{3-11}$$

$$\boldsymbol{A}_{12}(\boldsymbol{r}_1) = \frac{\mu_0}{4\pi}\int_{D_2}\frac{\boldsymbol{M}(\boldsymbol{r}_2)\times(\boldsymbol{r}_1-\boldsymbol{r}_2)}{|\boldsymbol{r}_1-\boldsymbol{r}_2|^3}\mathrm{d}v_2 \tag{3-12}$$

式中，$\boldsymbol{r}_1$和 $\boldsymbol{r}_2$分别为 D_1和 D_2中的位置向量。

在下一次迭代中，以 $\boldsymbol{A}_{21}$与 $\boldsymbol{A}_{02}$之和作为式（3-4）和式（3-5）中的 $\boldsymbol{A}_\mathrm{s}$ 求解 D_2中的 $\boldsymbol{A}_\mathrm{r}$ 与 V，以 $\boldsymbol{A}_{12}$与 $\boldsymbol{A}_{01}$之和作为式（3-6）~式（3-8）中的 $\boldsymbol{A}_\mathrm{s}$ 求解 D_1中的 $\boldsymbol{A}_\mathrm{r}$ 与 V。

新的耦合方法分三步：首先，计算工件中的 $\boldsymbol{J}$ 和磁心中的 $\boldsymbol{M}$；然后，用解析方法计算 D_1 中的 $\boldsymbol{J}$ 在 D_2 中产生的磁向量位，以及 D_2 中的 $\boldsymbol{M}$ 在 D_1 中产生的磁向量位；最后，在每个子域中以 $\boldsymbol{A}_0$ 与另一子域在本子域贡献的磁向量位之和作为输入，重新求解各个子域中的 $\boldsymbol{A}_r$ 和 V。

由于子域间解的耦合是通过解析式计算实现的，没有插值运算，因此该方法不要求一个子域被另一个子域包围。这样，两个子域都可以运用区域截断技术来减小网格规模，提高计算效率。而且，探头扫描的步长不必与 D_1 网格在扫描方向上的单元尺寸相等或是其整数倍，也可得到平滑信号。

2. 计算流程

图 3-10 所示为基于解析计算耦合的区域分解方法的计算流程。首先在各个子域上产生有限元网格，并生成代数方程组及预处理系统矩阵，这一步骤在整个计算过程中只需进行一次；然后对探头位置进行移动循环。

在每个探头位置，先通过解析方法分别计算 $\boldsymbol{J}_s$ 在 D_1 和 D_2 上产生的磁向量位 $\boldsymbol{A}_{01}$ 和 $\boldsymbol{A}_{02}$，作为 $\boldsymbol{A}_s$ 的初始值，在 D_1 上求解式（3-6）~式（3-8），在 D_2 上求解式（3-4）和式（3-5），分别得到两个子域上的 $\boldsymbol{A}_r$ 和 V 的初始值，进而计算线圈阻抗 Z；然后用一迭代过程来更新 $\boldsymbol{A}_r$ 和 V。在某一迭代步骤中，先根据上一步迭代得到的各个子域中的 $\boldsymbol{A}_r$ 和 V 计算 D_1 中的感应电流密度 $\boldsymbol{J}$ 和 D_2 中的磁化强度 $\boldsymbol{M}$；然后，以 $\boldsymbol{J}$ 和 $\boldsymbol{M}$ 作为新的激励源，计算 D_1 中的 $\boldsymbol{J}$ 在 D_2 中产生的磁向量位 $\boldsymbol{A}_{21}$ 及 D_2 中的 $\boldsymbol{M}$ 在 D_1 中产生的磁向量位 $\boldsymbol{A}_{12}$。接着，令 $\boldsymbol{A}_s$ 等于 $\boldsymbol{A}_{12}$ 与 $\boldsymbol{A}_{01}$ 之和，在 D_1 中求解式（3-6）~式（3-8）得到新的 $\boldsymbol{A}_r$ 和 V；令 $\boldsymbol{A}_s$ 等于 $\boldsymbol{A}_{21}$ 与 $\boldsymbol{A}_{02}$ 之和，在 D_2 中求解式（3-4）和式（3-5）得到新的 $\boldsymbol{A}_r$ 和 V。重新计算线圈阻抗 Z 并与上一次迭代得到的阻抗值比较。如果误差大于预设的阈值，则继续迭代；否则，最后得到的 Z 就作为计算结果。

3. 算例

(1) 固定探头检测的数值模拟　第一个模拟的问题是磁心线圈固定放置在无限大铝板上方（图 3-11）求线圈阻抗。铝板的电导率为 25.77MS/m，相对磁导率为 1。板厚为 4mm，板中有一直径为 ϕ8mm 的通孔。线圈匝数为 150，工作频率为 10kHz。线圈内径、外径、高度和提离分别为 ϕ4mm、ϕ6mm、4mm 和 0.8mm。磁心直径、高度和距工件表面距离分别为 4mm、4mm 和 0.8mm，电导率为 0，相对磁导率为 70。探头与孔同轴。

用传统 $\boldsymbol{A}$，$\boldsymbol{A}-V$ 表述方法、基于插值耦合的区域分解方法和基于解析计算耦合的区域分解方法求解该问题。全部计算采用半网格，以节省计算机内存和计算时间。传统 $\boldsymbol{A}$，$\boldsymbol{A}-V$ 表述方法中对探头、工件和周围空气一起剖分网格；而两种区域分解方法将探头和工件分置于不同子域，对各个子域独立剖分网格，如图 3-12 所示。后者网格剖分变得容易一些。基于插值耦合的区域分解方法涉及子域间解的插值运算，因此不能使用区域截断技术。基于解析计算耦合的区域分解方法中则不存在子域间解的插值运算，因此可以使用区域截断技术来减小网格规模，提高计算效率。这里采用映射无限单元来进行区域截断。

三种有限元法和实验得到的线圈阻抗列于表 3-1，其中，计算结果中加入了实际测得的线圈直流电阻 4.0Ω。全部计算结果均与实验值接近。

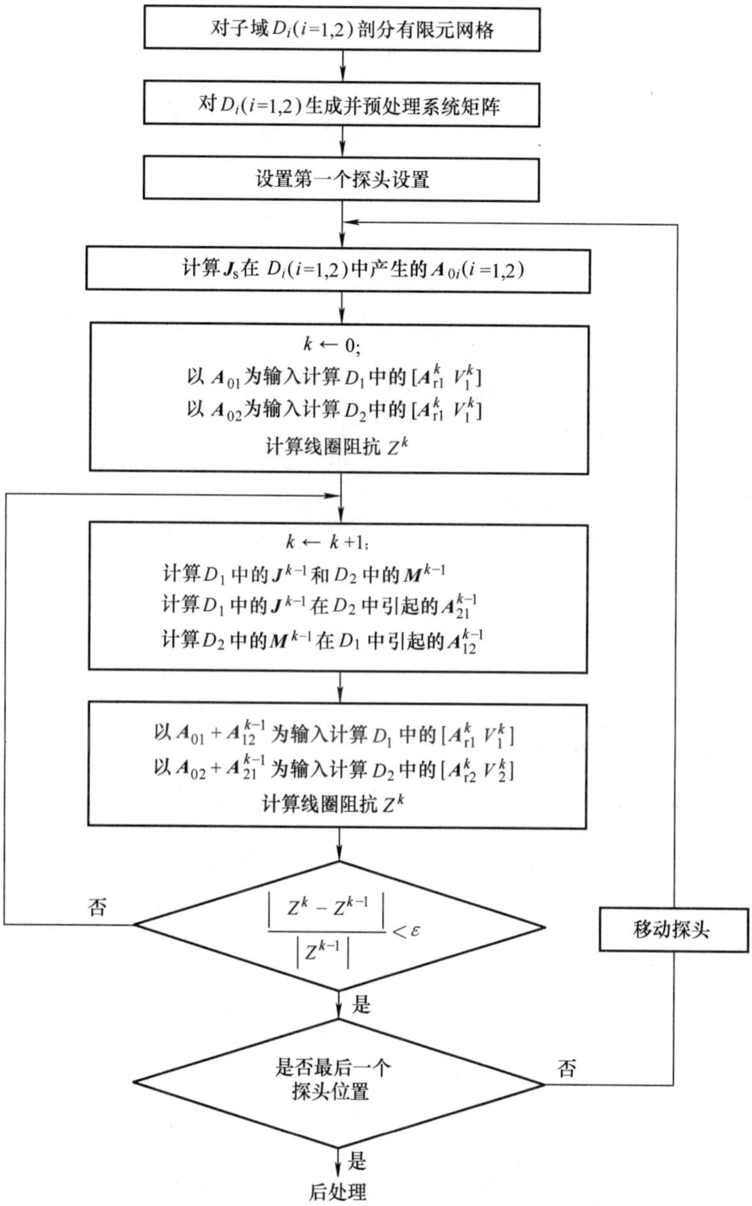

图 3-10　基于解析计算耦合的区域分解方法的计算流程

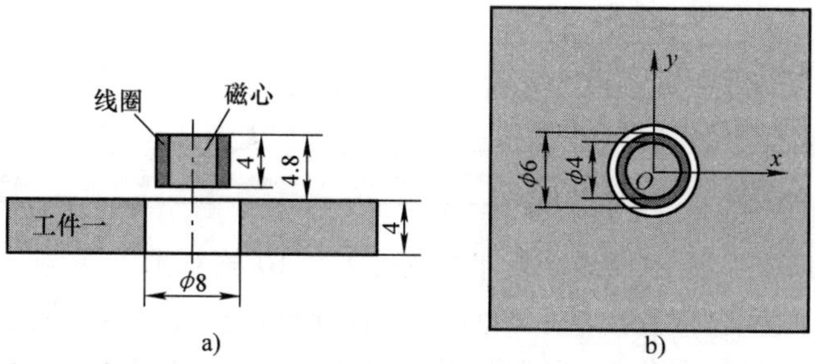

图 3-11　固定探头检测问题

a）纵截面　b）俯视图

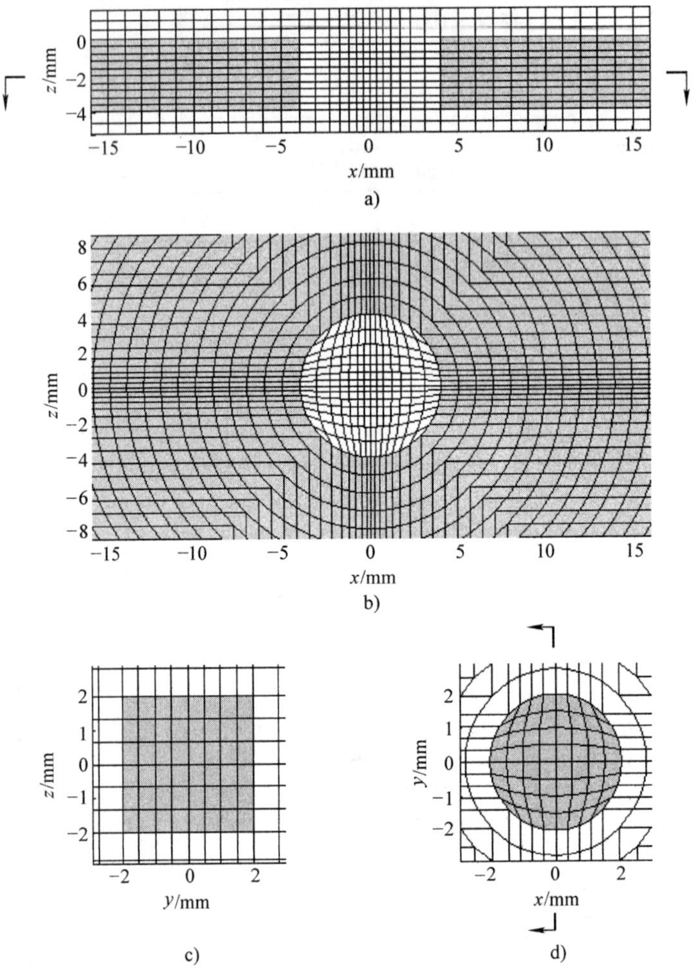

图 3-12 用区域分解方法求解涡流检测问题的有限元网格（局部放大）

a）D_1网格的纵截面 b）D_1网格的横截面

c）D_2网格的纵截面 d）D_2网格的横截面

表 3-1 固定探头检测问题的计算结果和实验结果

方 法	线圈阻抗/Ω
传统 $\boldsymbol{A}$,$\boldsymbol{A}-V$ 表述方法	4.63 + j19.05
基于插值耦合的区域分解方法	4.62 + j18.68
基于解析计算耦合的区域分解方法	4.60 + j19.20
实验	4.57 + j18.53

计算平台是联想服务器 RQ940。该计算机有 4 个 10 核 CPU（主频 2.2GHz）和 64GB 内存。在本例中，程序没有并行化，只用到一个核。用传统 $\boldsymbol{A}$，$\boldsymbol{A}-V$ 表述求解时，待解未知量个数为 578983；用基于插值耦合的区域分解方法求解时，D_1 和 D_2 上的待解未知量个数分别是 427747 和 65656；用基于解析计算耦合的区域分解方法求解时，由于使用了无限单元，

D_1和D_2上的待解未知量个数分别减少至 203185 和 20400。基于插值耦合的区域分解方法在经过 4 次迭代后，线圈阻抗的相对变化量减小至 10^{-3}以下；基于解析计算耦合的区域分解方法则用了 6 次迭代使计算结果达到相同精度。三个程序的运行时间分别是 842s、1278s 和 1020s。

尽管基于解析计算耦合的区域分解方法需要更多的迭代次数来达到同样的精度要求，但它因为使用了无限单元，计算速度还是快于基于插值耦合的区域分解方法。在三种数值模拟方法中，$\boldsymbol{A}$，$\boldsymbol{A}-V$ 表述方法是最快的。但是，这只有在模拟固定探头检测时才成立。

（2）扫描检测的数值模拟　第二个模拟问题中，使用与前一个问题相同的探头，在相同检测条件下扫描检测用相同材料加工而成的两个工件。工件一即图 3-11 所示的工件。工件二与工件一相似，唯一不同的是工件二在孔边上表面有一长为 4mm，宽为 0.5mm，高为 2mm 的缺陷，如图 3-13 所示。探头从 $x=-19$mm 扫描至 $x=19$mm，期间保持 y 坐标为 0 及提离为 0.8mm 不变。

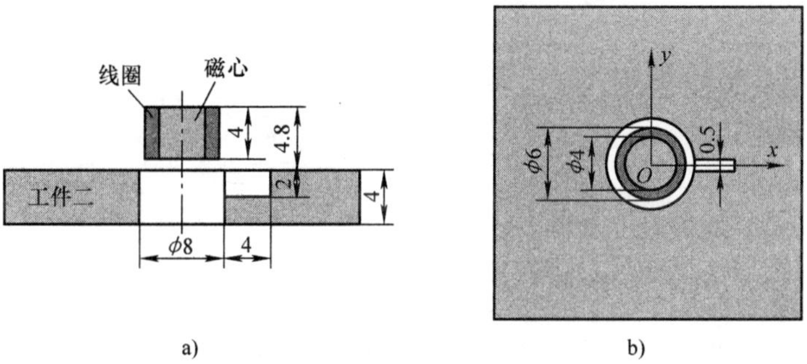

图 3-13　含上表面缺陷工件的检测问题
a）纵截面　b）俯视图

如前所述，用传统 $\boldsymbol{A}$，$\boldsymbol{A}-V$ 表述方法模拟磁心线圈扫描检测时需要多次重新剖分网格，多次建立和预处理系统矩阵，计算量巨大。因此，这里只用不需要重新剖分网格的两种区域分解方法进行模拟。

模拟结果如图 3-14 所示。图例中的 DDMⅠ和 DDMⅡ分别代表基于插值耦合的区域分解方法和基于解析计算耦合的区域分解方法。检测样品一时，线圈从左扫描到中心点过程中，其阻抗在复阻抗平面中沿一路径从值 Z_1 移动至值 Z_2；线圈从中心点继续往右扫描过程中，由于对称性，阻抗沿相同路径回归到 Z_1，如图 3-14a 所示。检测样品二时，由于缺陷的存在，中心点左侧与右侧对应的线圈阻抗轨迹不重合，如图 3-14c 所示。

本例中工件子域有限元网格的大部分区域内，扫描方向上的单元尺寸约为 1mm。当探头扫描步长也为 1mm 时，不同探头位置对应的子域间插值的误差变化小，因此基于插值耦合的区域分解方法得到的信号中噪声不明显，如图 3-14a、c 所示。当探头扫描步长为 0.5mm 时，不同探头位置对应的子域间插值的误差变化甚大，导致该方法得到的信号中噪声很大，如图 3-14b、d 所示。相反，基于解析计算耦合的区域分解方法无论扫描步长多大，得到的信号都是平滑的。也就是说，用后一种方法进行模拟时，扫描步长原则上可以任意小，可以避免漏掉信号细节。

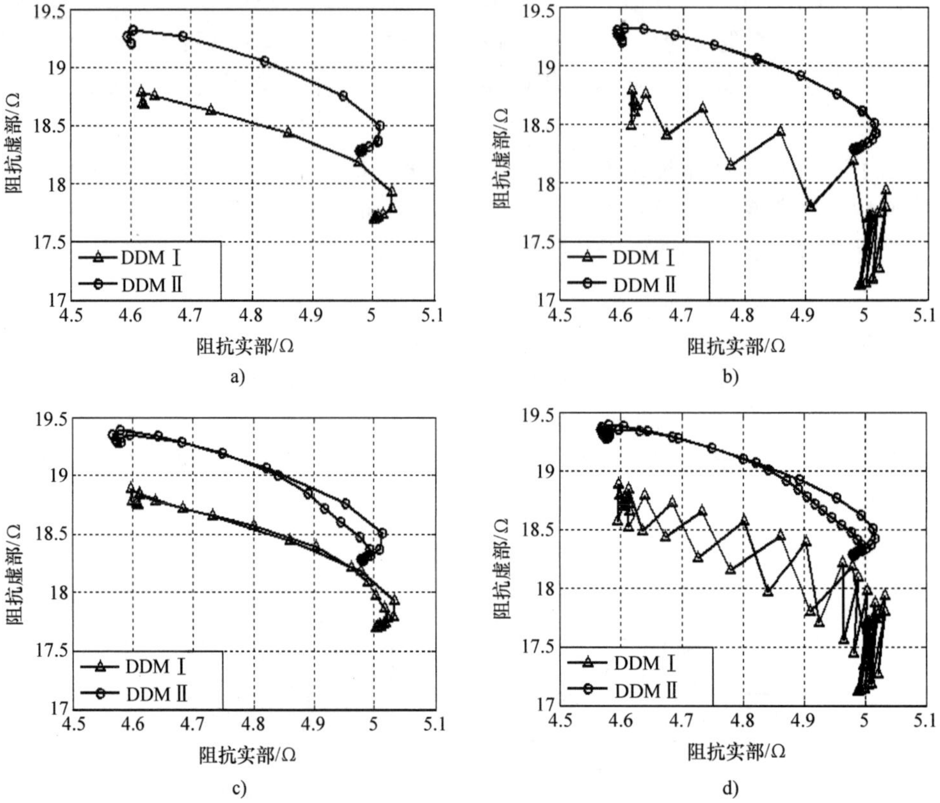

图 3-14 用区域分解方法得到的磁心线圈扫描检测信号

a）样品一的检测信号（步长 1mm） b）样品一的检测信号（步长 0.5mm）

c）样品二的检测信号（步长 1mm） d）样品二的检测信号（步长 0.5mm）

两个程序均被并行化，每个探头位置上的计算使用一个 CPU 核，并在上面提到的计算机上运行。当扫描步长为 1mm 时，基于插值耦合的区域分解方法和基于解析计算耦合的区域分解方法分别耗时 4212s 和 3541s。如果要求减小扫描步长以获取信号细节，那么在使用基于插值耦合的区域分解方法求解时就有必要提高 D_1 网格的密度，使其在扫描方向上的单元尺寸与扫描步长匹配，以避免在信号中产生大的噪声。这就会大幅增加计算时间。例如，为了在扫描步长为 0.5mm 时仍得到平滑信号，D_1 网格感兴趣区域内的大部分单元在扫描方向上的尺寸要设置为 0.5mm。相应地，计算时间激增至 16153s。基于解析计算耦合的区域分解方法则不要求提高网格密度，因此其计算时间仅因步长减半而增加约一倍。这就突显了基于解析计算耦合的区域分解方法的优越性。

（3）扫描检测数值模拟的实验验证 实验中用电控位移平台 ZH300-DZ 来精确调整探头位置并保持提离不变，用高精度 LCR 测试仪 LCR－8000G 来监测线圈阻抗。

图 3-15 所示为扫描步长为 1mm 时扫描检测工件一和工件二得到的信号。模拟得到的信号与实验结果形状相近，数值误差小于 4%，证明了区域分解方法的正确性。

图 3-16 所示为扫描步长为 1mm 时，下表面缺陷检测得到的信号。被检工件与工件二相似，唯一区别是缺陷不在上表面而在下表面。考虑趋肤效应，激励频率降为 3kHz，其他检

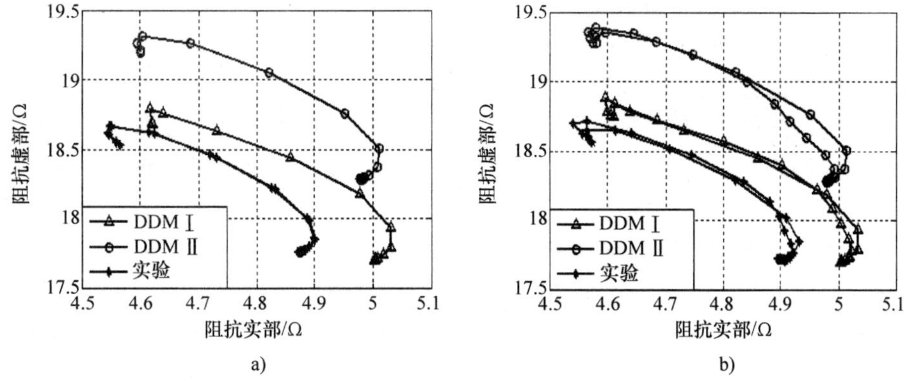

图 3-15　扫描检测工件一和工件二得到的信号
a）工件一的检测信号　b）工件二的检测信号

测条件不变。模拟得到的信号与实验结果的数值误差小于5%。由于频率降低后信号变小，在探头靠近中心时，基于插值耦合的区域分解方法得到的信号中，由于不恒定插值误差带来的噪声变得较为明显。基于解析计算耦合的区域分解方法得到的信号则仍然平滑。

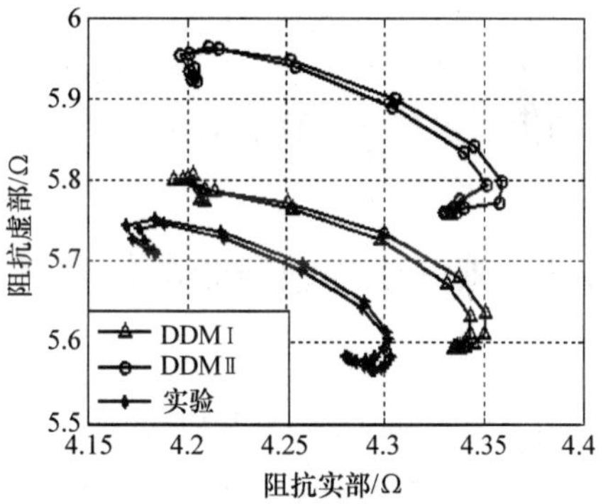

图 3-16　扫描检测下表面缺陷得到的信号

4. 存在的问题

基于解析计算耦合的区域分解方法与基于插值耦合的区域分解方法一样，在模拟磁心线圈扫描检测时无须重新剖分网格，从而避免了与重新剖分网格相关的诸多问题。与基于插值耦合的区域分解方法相比，基于解析计算耦合的区域分解方法省去了子域间解的插值运算，因此可以运用区域截断技术来提高求解效率，同时不要求工件子域在扫描方向上的单元尺寸与扫描步长相等，可以在不提高网格密度的情况下得到信号细节。总的来说，基于解析计算耦合的区域分解方法效率更高。

基于解析计算耦合的区域分解方法也存在一些问题。从前述算例来看，其子域间解的迭代计算的收敛速度不如基于插值耦合的区域分解方法。另外，用解析式计算某个子域中的感应电流或磁化强度在另一个子域中产生的磁向量位是一个耗时较长的过程。

3.2　各向异性复合材料的涡流检测数值模拟方法

碳纤维增强树脂基复合材料（CFRP）是20世纪80年代后期发展起来的一类结构材料。与传统金属材料相比，CFRP具有密度低、耐化学腐蚀、减振、降噪等一系列优异性能，其高比强度和高比模量两大特性特别受到关注，因而在国民经济和国防建设的各个领域，尤其是在航空航天领域，得到了广泛应用。

CFRP在制备和使用过程中由于各种原因会产生不同类型的缺陷。与金属材料不同，

CFRP 在断裂或损坏之前几乎没有征兆，具有突然性，并往往对结构造成致命威胁，甚至造成重大安全事故，因此对 CFRP 的无损检测格外重要。

目前研究较多的 CFRP 无损检测方法有超声检测、X 射线检测和红外热成像检测等。这些研究取得了一定进展，成果已应用于实际检测。但是，这些检测方法都有各自的缺点。超声检测要求被检测表面有一定的光滑度，检测过程中一般需要使用耦合剂，对小、薄和复杂零件检测困难，而 CFRP 内部界面众多，回波噪声大。X 射线检测成本高，需要防护措施，检测效率低，不易发现与射线垂直的裂纹，检测分层缺陷困难。红外热成像检测要求被检工件传热性能好，表面发射率高，对缺陷的定性、定位与定量比较困难。

CFRP 具有一定的导电能力，理论上可以用涡流检测技术进行检测。涡流检测较其他检测技术在许多方面有一定的优势，如检测前对零件表面的清理要求较低，检测时不必接触工件，不需要耦合剂，可在极端环境下进行，单面检测，易实现自动化，很多时候可在不分解被检对象的前提下在外场进行原位检测。所以，CFRP 涡流检测的研究具有重要意义。

由于 CFRP 呈现显著的电各向异性，即不同方向上的电导率差异巨大，因此其感应电流分布规律及涡流检测信号必然与各向同性材料的涡流分布规律及信号有明显不同。这就要求对 CFRP 涡流检测进行数值模拟，分析涡流分布规律及缺陷对涡流的影响，以指导涡流检测研究。

3.2.1 碳纤维增强树脂基复合材料涡流检测及其数值模拟研究概况

CFRP 涡流检测研究是近年来才开始的，国内外的相关文献还较少。

2003 年，C. Carr 等人利用基于高温超导量子干涉仪（HTS SQUID）磁力计的涡流检测系统，扫描 CFRP 样品表面，得到磁场分布，检测出了隐藏的损伤。从磁场相位图可以看出，磁场的相位取决于样品的结构完整性，并且相位导数最小值随着撞击能量的增加而变大。2007 年，C. Bonavolontà 等人利用相似的涡流检测系统，通过分析磁通量变化图像，确定了 CFRP 内损伤的位置，并且得到了损伤的大小及形状。

2005 年，R. Grimberg 等人利用涡流微聚焦传感器对 CFRP 样品表面进行扫描，利用全息信号处理方法处理测量信号的相位信息，得到较为清晰的聚焦图像，重构出碳纤维的分布情况，从而可以很清楚地看出损伤区域。

2009 年，W. Yin 等人设计了三种不同的线圈传感器，分别用于测量 CFRP 的体电导率，描绘纤维的方向特性和对单向 CFRP 样品、正交双向 CFRP 样品及受冲击损伤的 CFRP 样品进行检测并成像。

2013 年，K. Koyama 等人设计了一种矩形的交叉涡流检测探头，检测到 CFRP 样品的内部缺陷。研究发现，通过调整激励线圈与纤维之间的角度，可以减小噪声，提高信噪比。但是，双向 CFRP 的检测信号中噪声仍比较大。

2014 年，B. Salski 等人通过测量两个平行放置在 CFRP 样品表面的平面螺旋线圈的互感来检测材料中的缺陷。

亦有少数学者研究了 CFRP 涡流检测的数值模拟。

2009 年，H. Menana 等人提出一个 CFRP 涡流检测的三维计算模型。该模型基于 $\boldsymbol{T}-\phi$ 表述（$\boldsymbol{T}$ 和 ϕ 分别代表电向量位和磁标量位），利用有限差分法计算 CFRP 中的涡流密度。

作者研究了材料内部的涡流分布规律及缺陷对涡流的影响，通过模拟得到了优化的探头参数和检测条件，为实验研究起到了很好的指导作用。2011 年，他们提出基于 $\boldsymbol{A}$-$\boldsymbol{T}$ 表述的积分微分模型，计算出 CFRP 涡流检测中线圈阻抗的变化；还提出用于模拟 CFRP 薄板结构检测的简化准二维模型，提高了薄板结构检测模拟的计算效率。

2010 年，G. Megali 等人设计了一个铁氧体磁心探头，用于检测 CFRP 中的缺陷，并使用基于 $\boldsymbol{A}$-ϕ 表述的有限元法进行模拟。

总之，CFRP 涡流检测及其数值模拟的研究较少，还有大量工作要做。我们把基于 $\boldsymbol{A}_r$，$\boldsymbol{A}_r$-V 表述的三维有限元模型加以扩展，使之可以用于电各向异性材料涡流检测的分析。

3.2.2　电各向异性材料涡流分析的 $\boldsymbol{A}_r$，$\boldsymbol{A}_r$-V 表述

1. CFRP 的电各向异性

CFRP 是以碳纤维作为增强相与树脂基体复合而成的。单根碳纤维直径一般只有 $\phi7 \sim 8\mu m$，在 CFRP 的制造过程中碳纤维是成束使用的。根据使用特点，用于航空领域的碳纤维复合材料一般采用 1000 ~ 12000 根碳纤维为一束的中小型丝束，按合理的比例将碳纤维均匀溶于基体中，形成单向碳纤维复合材料，厚度为 0.05 ~ 0.2mm。当 CFRP 作为结构材料时，一般将多层单向碳纤维复合材料压制成多向板使用。飞机结构中常用的 CFRP 一般由 15 层左右的单向碳纤维复合材料压制而成。

碳纤维本身具有一定的导电性。将碳纤维固化到绝缘的树脂基体中，复合成的 CFRP 在沿着碳纤维的方向就具有一定的电导率，称为纵向电导率，用 σ_L表示。由于固化过程中纤维之间互相接触，所以在垂直于纤维的方向也存在电导率，称为横向电导率，用 σ_T表示，其值较小。一般认为，纵向电导率会随着材料中碳纤维所占体积分数的增加而线性变大，而横向电导率的变化则较复杂。典型的 CFRP 的碳纤维体积分数为 60% ~70%，一般认为此时的纵向电导率为 $5 \times 10^3 \sim 5 \times 10^4$S/m，横向电导率为 10 ~ 100S/m。同时，在层压结构中，相邻铺层之间也会存在电导率，称为层间电导率，用符号 σ_{cp}表示。该电导率的大小与铺层间的压合程度有关，一般认为是横向电导率的一半左右。从以上分析可以看出，CFRP 具有很强的电各向异性，对应电导率可表达为张量。

用纤维与参考坐标系的 x 轴的夹角 θ 来表示纤维方向。碳纤维复合材料的电各向异性就体现在电导率与 θ 的关系。利用坐标系旋转矩阵 $\boldsymbol{R}$，CFRP 的电导率张量可表示为

$$\overline{\overline{\boldsymbol{\sigma}}} = \boldsymbol{R}^{-1}\overline{\overline{\boldsymbol{\sigma}}}'\boldsymbol{R} \tag{3-13}$$

其中：

$$\boldsymbol{R} = \begin{pmatrix} \cos\theta & \sin\theta & 0 \\ -\sin\theta & \cos\theta & 0 \\ 0 & 0 & 1 \end{pmatrix} \tag{3-14}$$

$$\overline{\overline{\boldsymbol{\sigma}}}' = \begin{pmatrix} \sigma_L & 0 & 0 \\ 0 & \sigma_T & 0 \\ 0 & 0 & \sigma_{cp} \end{pmatrix} \tag{3-15}$$

由此得

$$\overline{\overline{\boldsymbol{\sigma}}} = \begin{pmatrix} \sigma_L\cos^2\theta + \sigma_T\sin^2\theta & \dfrac{\sigma_L - \sigma_T}{2}\sin(2\theta) & 0 \\ \dfrac{\sigma_L - \sigma_T}{2}\sin(2\theta) & \sigma_L\sin^2\theta + \sigma_T\cos^2\theta & 0 \\ 0 & 0 & \sigma_{cp} \end{pmatrix} \tag{3-16}$$

2. 考虑电各向异性的 A_r，A_r-V 表述

考虑 CFRP 的电各向异性，描述涡流场的方程为（导电区域与非导电区域及其界面和边界如图 2 – 1 所示）

$$\nabla\times\boldsymbol{H} = \boldsymbol{J}_e \quad (\Omega_1) \tag{3-17}$$

$$\nabla\times\boldsymbol{H} = \boldsymbol{J}_s \quad (\Omega_2) \tag{3-18}$$

$$\nabla\times\boldsymbol{E} = -\frac{\partial \boldsymbol{B}}{\partial t} \quad (\Omega) \tag{3-19}$$

$$\nabla\cdot\boldsymbol{B} = 0 \quad (\Omega) \tag{3-20}$$

$$\boldsymbol{J}_e = \overline{\overline{\boldsymbol{\sigma}}}\boldsymbol{E} \tag{3-21}$$

$$\boldsymbol{B} = \mu\boldsymbol{H} \tag{3-22}$$

在 CFRP 涡流检测中，尽管激励频率可能很高，达到几兆赫兹，甚至几十兆赫兹，但由于材料的电导率很低，位移电流密度仍远小于传导电流密度。因此，式（3-17）和式（3-18）中忽略了位移电流密度。

Γ_{12}上的界面条件以及 Γ_B和 Γ_H上的边界条件为

$$\boldsymbol{e}_n\times(\boldsymbol{H}_1 - \boldsymbol{H}_2) = 0 \quad (\Gamma_{12}) \tag{3-23}$$

$$\boldsymbol{e}_n\cdot(\boldsymbol{B}_1 - \boldsymbol{B}_2) = 0 \quad (\Gamma_{12}) \tag{3-24}$$

$$\boldsymbol{e}_n\cdot\boldsymbol{J}_e = 0 \quad (\Gamma_{12}) \tag{3-25}$$

$$\boldsymbol{e}_n\cdot\boldsymbol{B} = 0 \quad (\Gamma_B) \tag{3-26}$$

$$\boldsymbol{e}_n\times\boldsymbol{H} = 0 \quad (\Gamma_H) \tag{3-27}$$

$\boldsymbol{B}$ 和 $\boldsymbol{E}$ 可以用磁向量位 $\boldsymbol{A}$ 和电标量位 V 来表示，即

$$\boldsymbol{B} = \nabla\times\boldsymbol{A} \tag{3-28}$$

$$\boldsymbol{E} = -\frac{\partial\boldsymbol{A}}{\partial t} - \nabla V \tag{3-29}$$

将式（3-28）和式（3-29）及本构关系式（3-21）和式（3-22）代入式（3-17）和式（3-18），得到考虑电各向异性的 $\boldsymbol{A}$，$\boldsymbol{A}$-V 表述的控制方程为

$$\nabla\times\nu\nabla\times\boldsymbol{A} + \overline{\overline{\boldsymbol{\sigma}}}\frac{\partial\boldsymbol{A}}{\partial t} + \overline{\overline{\boldsymbol{\sigma}}}\nabla V = 0 \quad (\Omega_1) \tag{3-30}$$

$$\nabla\times\nu\nabla\times\boldsymbol{A} = \boldsymbol{J}_s \quad (\Omega_2) \tag{3-31}$$

与电各向同性的 $\boldsymbol{A}_r$，$\boldsymbol{A}_r - V$ 表述的推导类似，将磁向量位 $\boldsymbol{A}$ 分解为 $\boldsymbol{A}_s$ 与 $\boldsymbol{A}_r$ 之和，得到考虑电各向异性的 $\boldsymbol{A}_r$，$\boldsymbol{A}_r - V$ 表述的控制方程为

$$\nabla\times\nu\nabla\times\boldsymbol{A}_r + \overline{\overline{\boldsymbol{\sigma}}}\frac{\partial\boldsymbol{A}_r}{\partial t} + \overline{\overline{\boldsymbol{\sigma}}}\nabla V = -\nabla\times\nu_r\boldsymbol{H}_s - \overline{\overline{\boldsymbol{\sigma}}}\frac{\partial\boldsymbol{A}_s}{\partial t} \quad (\Omega_1) \tag{3-32}$$

$$\nabla\times\nu\nabla\times\boldsymbol{A}_r = \nabla\times\boldsymbol{H}_s - \nabla\times\nu_r\boldsymbol{H}_s \quad (\Omega_2) \tag{3-33}$$

当求解域中不存在磁性材料时，可应用库仑规范使 $\boldsymbol{A}_r$ 具有唯一解，从而提高求解效率。

施加库仑规范后，式（3-32）和式（3-33）中不再隐含电流连续性方程，需要通过增加方程来加以保证。在时谐场情况下，应用了库仑规范的 $\boldsymbol{A}_{\mathrm{r}}$，$\boldsymbol{A}_{\mathrm{r}}-V$ 表述的控制方程为

$$\nabla\times\nu\nabla\times\boldsymbol{A}_{\mathrm{r}}-\nabla\nu\nabla\cdot\boldsymbol{A}_{\mathrm{r}}+\mathrm{j}\omega\overline{\overline{\boldsymbol{\sigma}}}\boldsymbol{A}_{\mathrm{r}}+\overline{\overline{\boldsymbol{\sigma}}}\nabla V=-\nabla\times\nu_{\mathrm{r}}\boldsymbol{H}_{\mathrm{s}}-\mathrm{j}\omega\overline{\overline{\boldsymbol{\sigma}}}\boldsymbol{A}_{\mathrm{s}}\quad(\Omega_1)\tag{3-34}$$

$$\nabla\cdot(-\mathrm{j}\omega\overline{\overline{\boldsymbol{\sigma}}}\boldsymbol{A}_{\mathrm{r}}-\overline{\overline{\boldsymbol{\sigma}}}\nabla V)=\nabla\cdot\mathrm{j}\omega\overline{\overline{\boldsymbol{\sigma}}}\boldsymbol{A}_{\mathrm{s}}\quad(\Omega_1)\tag{3-35}$$

$$\nabla\times\nu\nabla\times\boldsymbol{A}_{\mathrm{r}}-\nabla\nu\nabla\cdot\boldsymbol{A}_{\mathrm{r}}=\nabla\times\boldsymbol{H}_{\mathrm{s}}-\nabla\times\nu_{\mathrm{r}}\boldsymbol{H}_{\mathrm{s}}\quad(\Omega_2)\tag{3-36}$$

可以证明，界面条件和边界条件可以表示为

$$\boldsymbol{A}_{\mathrm{r1}}=\boldsymbol{A}_{\mathrm{r2}}\quad(\Gamma_{12})\tag{3-37}$$

$$\boldsymbol{e}_{\mathrm{n1}}\times\nu_1\nabla\times\boldsymbol{A}_{\mathrm{r1}}+\boldsymbol{e}_{\mathrm{n2}}\times\nu_2\nabla\times\boldsymbol{A}_{\mathrm{r2}}=0\quad(\Gamma_{12})\tag{3-38}$$

$$\nu_1\nabla\cdot\boldsymbol{A}_{\mathrm{r1}}=\nu_2\nabla\cdot\boldsymbol{A}_{\mathrm{r2}}\quad(\Gamma_{12})\tag{3-39}$$

$$\boldsymbol{e}_{\mathrm{n}}\cdot(-\mathrm{j}\omega\overline{\overline{\boldsymbol{\sigma}}}\boldsymbol{A}_{\mathrm{r}}-\mathrm{j}\omega\overline{\overline{\boldsymbol{\sigma}}}\boldsymbol{A}_{\mathrm{s}}-\overline{\overline{\boldsymbol{\sigma}}}\nabla V)=0\quad(\Gamma_{12})\tag{3-40}$$

$$\boldsymbol{e}_{\mathrm{n}}\times\boldsymbol{A}_{\mathrm{r}}=0\quad(\Gamma_{\mathrm{B}})\tag{3-41}$$

$$\nu\nabla\cdot\boldsymbol{A}_{\mathrm{r}}=0\quad(\Gamma_{\mathrm{B}})\tag{3-42}$$

$$\boldsymbol{e}_{\mathrm{n}}\times\nu\nabla\times\boldsymbol{A}_{\mathrm{r}}=0\quad(\Gamma_{\mathrm{H}})\tag{3-43}$$

$$\boldsymbol{e}_{\mathrm{n}}\cdot\boldsymbol{A}_{\mathrm{r}}=0\quad(\Gamma_{\mathrm{H}})\tag{3-44}$$

使用伽辽金法，得到与式（3-34）~式（3-44）对应的弱形式方程为

$$\int_{\Omega}[\nu(\nabla\times\boldsymbol{N}_i)\cdot(\nabla\times\boldsymbol{A}_{\mathrm{r}})+\nu(\nabla\cdot\boldsymbol{N}_i)(\nabla\cdot\boldsymbol{A}_{\mathrm{r}})+\mathrm{j}\omega\boldsymbol{N}_i\cdot\overline{\overline{\sigma}}(\boldsymbol{A}_{\mathrm{r}}+\nabla v)]\mathrm{d}\Omega$$

$$=(1-\nu_{\mathrm{r}})\int_{\Omega}\boldsymbol{H}_{\mathrm{s}}\cdot(\nabla\times\boldsymbol{N}_i)\mathrm{d}\Omega-\mathrm{j}\omega\int_{\Omega_1}\boldsymbol{N}_i\cdot(\overline{\overline{\sigma}}\boldsymbol{A}_{\mathrm{s}})\mathrm{d}\Omega\tag{3-45}$$

$$\mathrm{j}\omega\int_{\Omega_1}\nabla N_i\cdot\overline{\overline{\boldsymbol{\sigma}}}(\boldsymbol{A}_{\mathrm{r}}+\nabla v)\mathrm{d}\Omega=-\mathrm{j}\omega\int_{\Omega_1}\nabla N_i\cdot(\overline{\overline{\boldsymbol{\sigma}}}\boldsymbol{A}_{\mathrm{s}})\mathrm{d}\Omega\tag{3-46}$$

为了保证系统矩阵的对称性，这里用 $\mathrm{j}\omega v$ 代替式（3-34）和式（3-35）中的 V。

式（3-45）和式（3-46）中只有右端项与激励电流有关，且 $\boldsymbol{A}_{\mathrm{s}}$ 与 $\boldsymbol{H}_{\mathrm{s}}$ 可由解析式计算而得，因此不需要对线圈剖分网格。这与电各向同性的 $\boldsymbol{A}_{\mathrm{r}}$，$\boldsymbol{A}_{\mathrm{r}}-V$ 表述一样。

3. 模型验证

用上述考虑电各向异性的 $\boldsymbol{A}_{\mathrm{r}}$，$\boldsymbol{A}_{\mathrm{r}}-V$ 表述求解图 3-17 所示的空心线圈检测问题，求出因 CFRP 中的涡流引起的线圈阻抗变化，与理论解比较，验证数值模型的正确性。

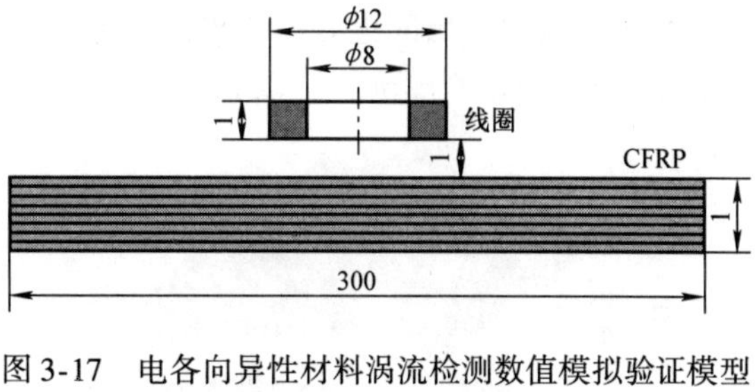

图 3-17　电各向异性材料涡流检测数值模拟验证模型

线圈匝数为 100 匝，通有强度为 1A、频率为 1MHz 的交流电，其尺寸及提离标于图 3-17 中。检测样品长为 300mm，宽为 200mm，由 8 层各厚 125μm 的单向铺层压合而成。所有铺层的纤维均沿 x 方向，即 $\theta=0$。三个方向的电导率为 $(\sigma_{\mathrm{L}},\sigma_{\mathrm{T}},\sigma_{\mathrm{cp}})=(10000,100,100)$ S/m。

涡流引起的线圈阻抗变化 ΔZ 随频率的关系如图 3-18 所示。由图可见，数值解与解析解在 1~10MHz 频率范围内都基本一致。将频率固定为 10MHz，改变提离，得到 ΔZ 随提离的变化曲线，如图 3-19 所示。数值解与解析解在 0~1mm 提离范围内也吻合得很好。

图 3-20 所示为频率为 10MHz、提离为 1mm 时 ΔZ 随 CFRP 的纵向电导率和横向电导率

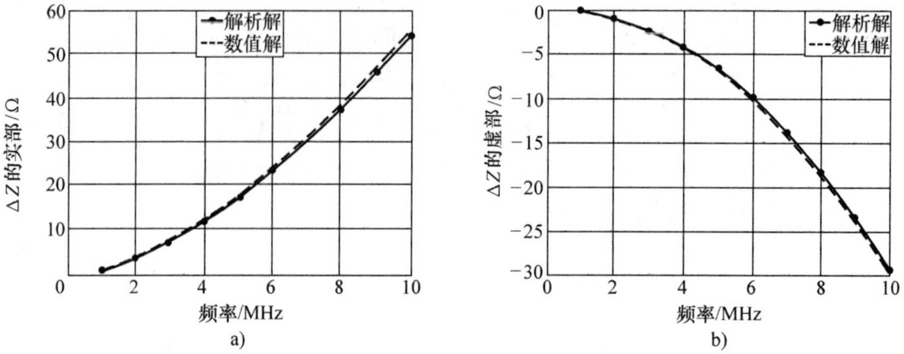

图 3-18 ΔZ 随频率的变化曲线

a）实部 b）虚部

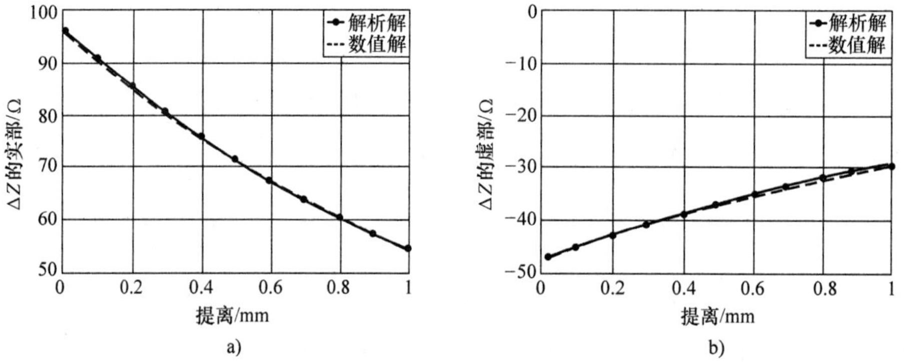

图 3-19 ΔZ 随提离的变化曲线

a）实部 b）虚部

变化的情况。这里令层间电导率与横向电导率保持相等。图中，上面的曲面代表ΔZ 的实部，下面的曲面代表ΔZ 的虚部。可以看出，解析解与数值解的变化规律基本一致。

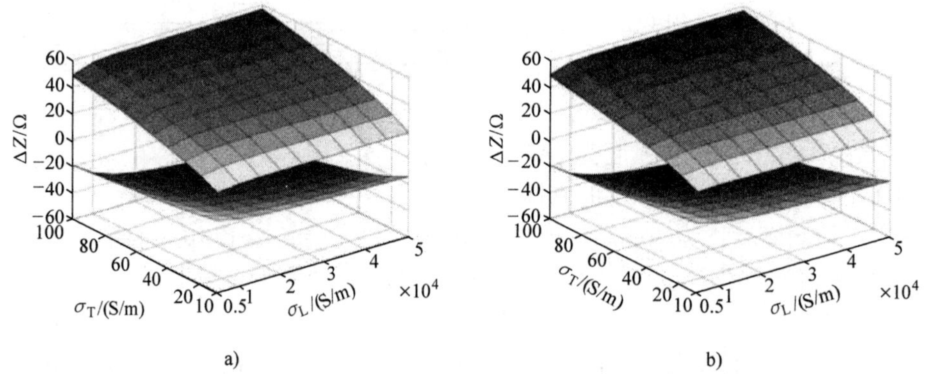

图 3-20 ΔZ 与电导率的关系

a）解析解 b）数值解

由以上结果可以认定，该模型及计算机程序是正确的。下面用该模型分析 CFRP 的电各向异性对涡流分布的影响。

3.2.3　电各向异性对平面内涡流分布的影响

CFRP 呈明显的电各向异性，纵向电导率和横向电导率之间相差至少两个数量级。为了更好地研究电各向异性对涡流分布的影响，我们从电各向同性材料出发，逐渐增加材料的电各向异性程度，观察涡流分布的变化。具体做法是，保持材料纵向电导率 σ_L = 10000S/m 不变，取横向电导率 σ_T分别为10000S/m、5000S/m、1000S/m 和 100S/m，层间电导率 σ_{cp}与 σ_T保持相等，对比这些情况下平面内的涡流分布情况。

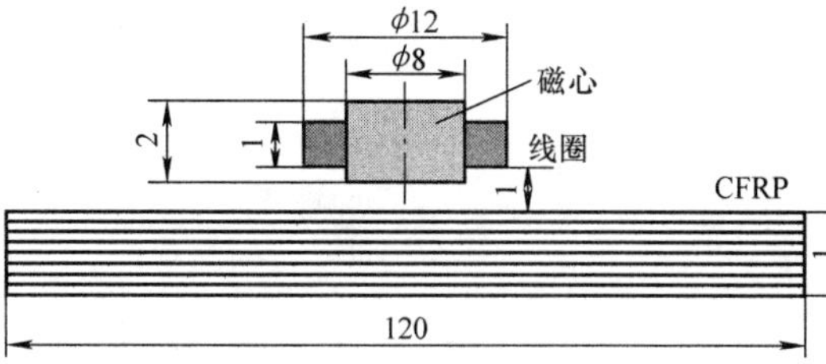

图 3-21　研究电各向异性对平面内涡流分布影响的模型

所模拟的问题如图 3-21 所示。被检样品由 8 层相同纤维方向（$\theta=0$）的碳纤维复合材料压合而成，每层厚为 0.125mm，长、宽各为 120mm。线圈和磁心的尺寸及提离标于图 3-21 中。磁心的电导率为 0，相对磁导率为 70。线圈匝数为 50，载有频率为 10MHz、强度为 0.4A 的激励电流。

采用区域分解方法，将 CFRP 与磁心分置于不同的子域并分别划分网格。线圈对磁场的贡献由解析式计算而得。由于涡流主要沿纤维方向流动，在纤维方向上的衰减速度很慢，在长、宽各仅有 120mm 的 CFRP 的边界处的数值仍然较大，不能忽略，所以不能直接令 CFRP 侧面上的退化磁向量位为 0。为施加狄利克雷边界条件，在样品板的侧面四周加上一层空气，空气外边界距样品板的侧面足够远。这样，涡流在空气外边界处产生的磁场和相应的位函数可以忽略不计，就可以在空气的外边界施加狄利克雷边界条件。

图 3-22 和图 3-23 所示分别是不同横向电导率情况下 CFRP 最上面铺层内涡流密度的实部和虚部。两图表明，随着横向电导率的减小，涡流在垂直纤维方向上的分量变小，而主要沿着纤维方向流动。涡流在纤维方向的衰减速度很慢，在垂直纤维方向的边界处涡流仍然较大，在边界处改变流动方向，形成两个分支，使得中心电流旋涡两侧产生两个对称的电流旋涡。对涡流密度进行归一化处理，就可以清晰地看出中心电流旋涡两侧存在的这两个对称电流旋涡，如图 3-24 所示。

3.2.4　纤维方向对平面内涡流分布的影响

CFRP 内的纤维排布方式多种多样，其排布方向对材料的性能产生决定性影响。在涡流检测中，不同的纤维方向会得到不同的涡流分布。研究纤维方向对平面内涡流分布影响的模型如图 3-25 所示。样品板由 8 层、4 个不同纤维方向的铺层压合而成。样品板和探头的其他参数与 3.2.3 节中的相同。CFRP 的电导率设定为（σ_L，σ_T，σ_{cp}）=（10000，100，100）S/m。

图 3-26 和图 3-27 所示分别为样品板的上面四个铺层中的涡流密度的实部和虚部。显然，涡流的主要流动方向随着纤维方向的不同而改变。对比图 3-26a 与图 3-22d 以及图 3-27a 与图 3-23d 发现，在电导率相同且纤维方向相同（$\theta=0$）的情况下，铺层中的涡流分布却有明显差别。造成这一现象的原因是相邻铺层的纤维相互接触，影响涡流路径，从而影响涡流分布。

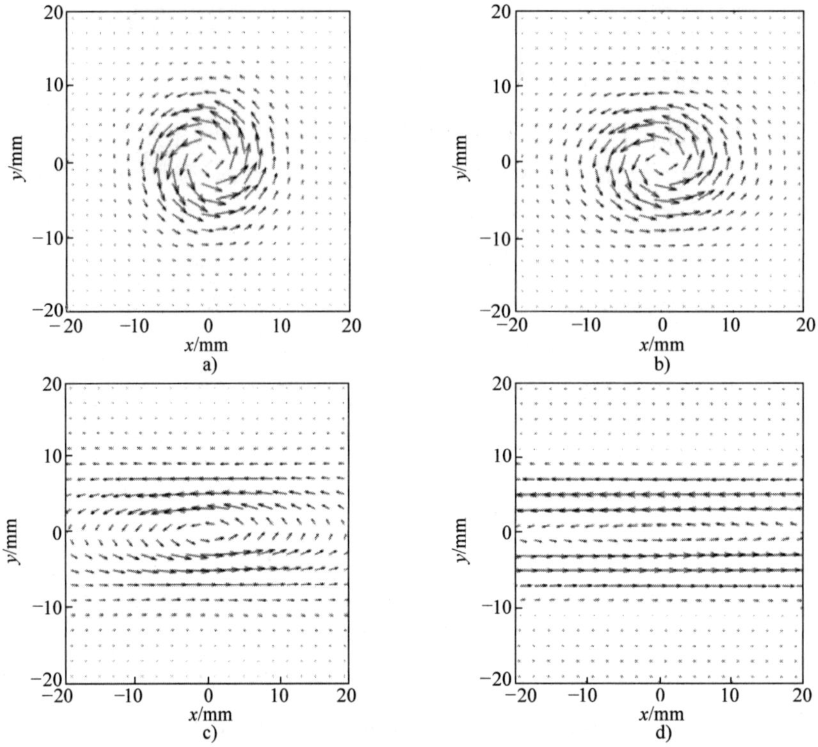

图 3-22　CFRP 最上面铺层内涡流密度实部（$\sigma_L=10000\mathrm{S/m}$）

a）$\sigma_T=10000\mathrm{S/m}$　b）$\sigma_T=5000\mathrm{S/m}$　c）$\sigma_T=1000\mathrm{S/m}$　d）$\sigma_T=100\mathrm{S/m}$

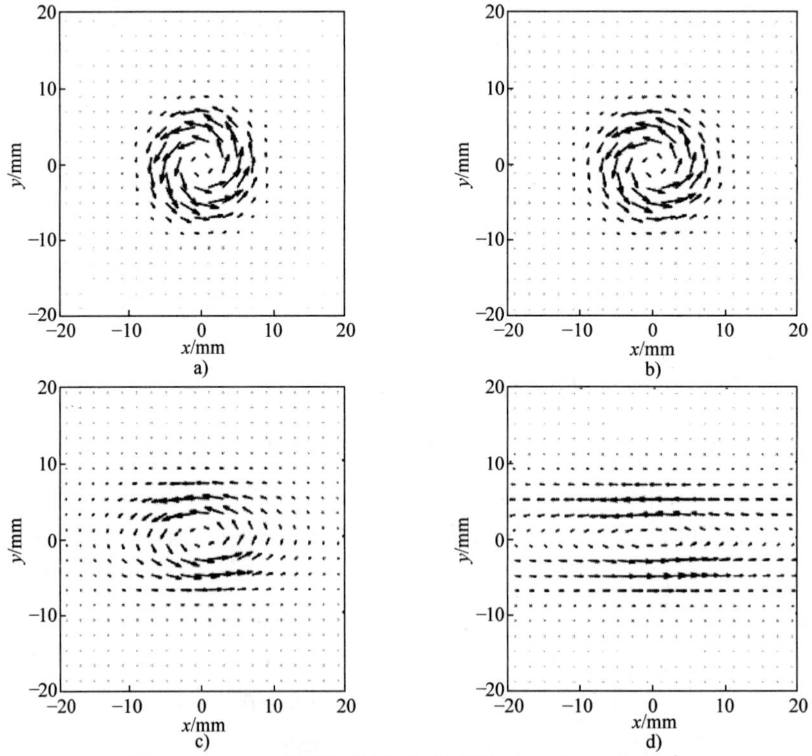

图 3-23　CFRP 横截面涡流密度虚部（$\sigma_L=10000\mathrm{S/m}$）

a）$\sigma_T=10000\mathrm{S/m}$　b）$\sigma_T=5000\mathrm{S/m}$　c）$\sigma_T=1000\mathrm{S/m}$　d）$\sigma_T=100\mathrm{S/m}$

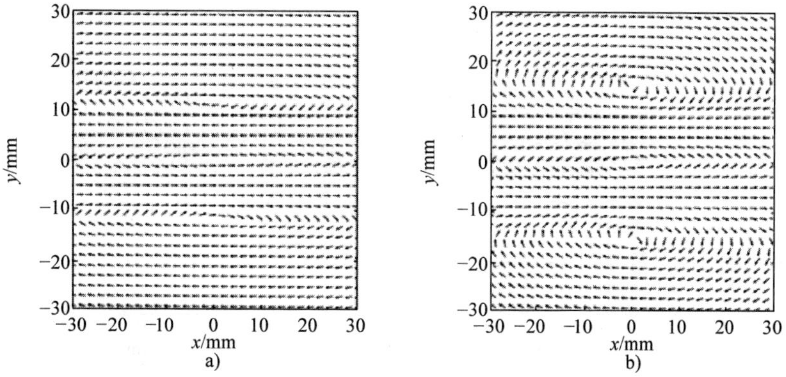

图 3-24　$\sigma_L = 10000S/m$，$\sigma_T = 100S/m$ 时横截面内的归一化涡流密度

a）实部　b）虚部

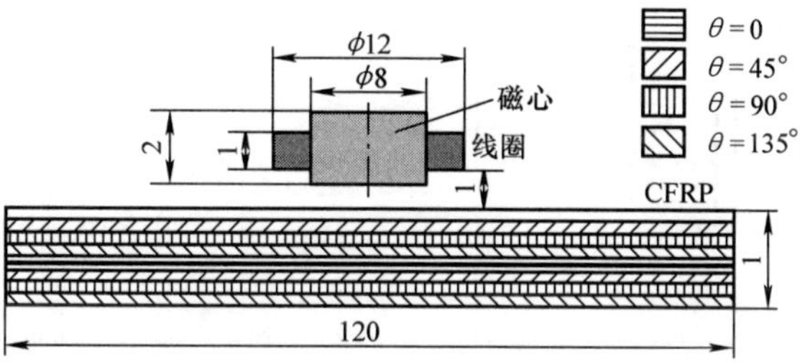

图 3-25　研究纤维方向对平面内涡流分布影响的模型

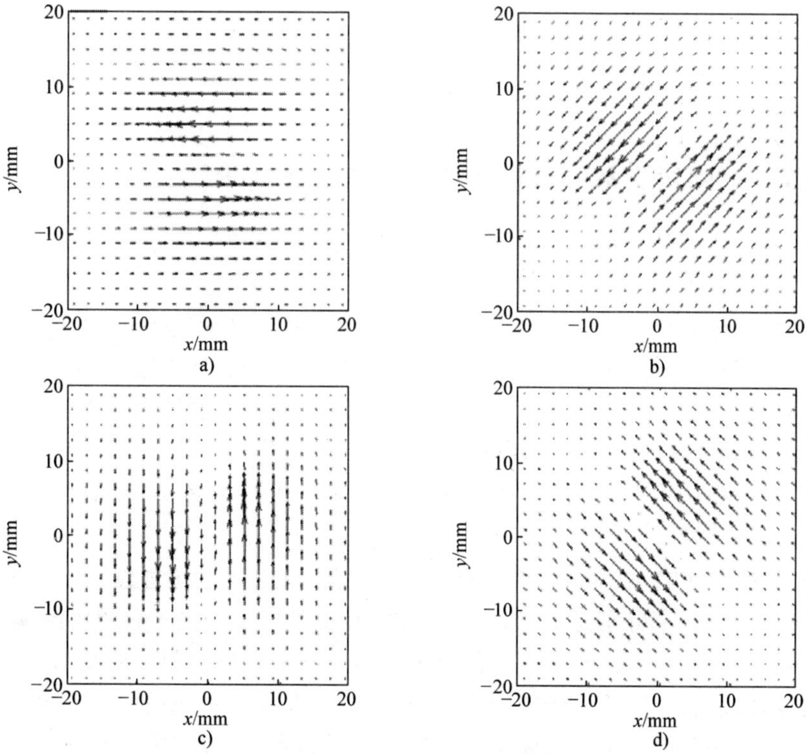

图 3-26　不同纤维方向铺层中的涡流密度实部

a）第一层（最上层），$\theta=0°$　b）第二层，$\theta=45°$　c）第三层，$\theta=90°$　d）第四层，$\theta=135°$

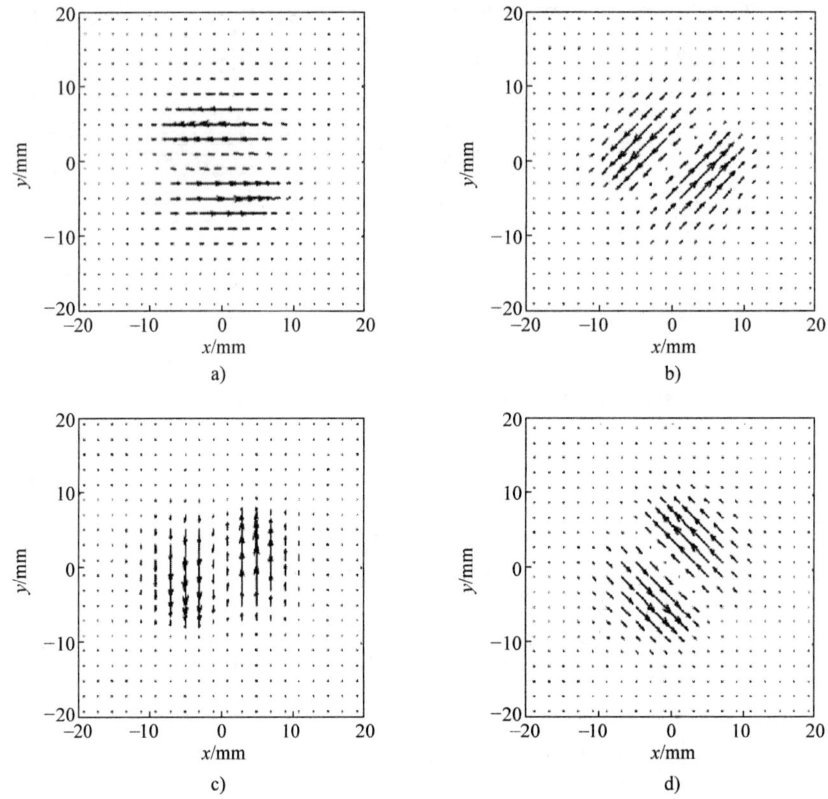

图 3-27　不同纤维方向铺层中的涡流密度虚部

a）第一层（最上层），$\theta=0°$　b）第二层，$\theta=45°$

c）第三层，$\theta=90°$　d）第四层，$\theta=135°$

3.2.5　碳纤维增强树脂基复合材料中的涡流衰减规律

对趋肤效应的研究是指导涡流检测的重要理论基础。我们用有限元法来研究此问题。

分析模型与图 3-21 所示的模型基本相同，为了更好地观察涡流在垂直方向上的衰减情况，避免受到样品板底面对涡流的反射作用的影响，将样品板的厚度增加到 10mm。CFRP 的电导率设定为（σ_L，σ_T，σ_{cp}）=（10000，100，100）S/m，所有铺层的纤维均沿 x 方向。

CFRP 纵截面（$x-z$ 平面）内的涡流分布如图 3-28 所示。从图中可以看出，涡流在样品板中呈现明显的衰减，即出现趋肤效应。为了更具体地分析涡流的衰减规律并获得趋肤深度，我们画出样品板内沿垂直于表面的某一直线的归一化涡流密度。该直线通过最上面铺层中涡流密度最大的位置。

图 3-29 所示为 CFRP 中垂直表面方向上的涡流衰减曲线，同时也给出了相同线圈激励下和平面场激励下电导率分别是 100S/m 和 10000S/m 的电各向同性材料中的涡流衰减曲线。从图中可以看出，各向异性材料中涡流的衰减速度比各向同性材料中的衰减速度快。

从图 3-29 查找出涡流密度衰减到最大值的 $1/e$ 处距上表面的距离，即趋肤深度。图 3-30所示为涡流趋肤深度随频率的变化曲线。在各个频率上，各向异性材料中的趋肤深度都明显小于各向同性材料中的趋肤深度。

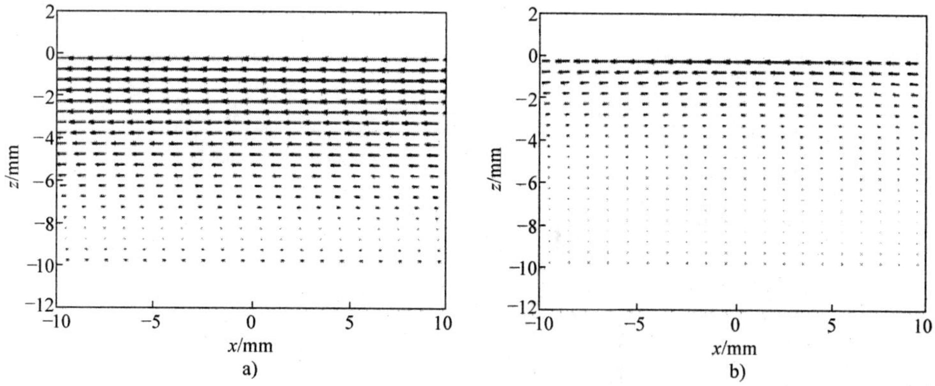

图 3-28　CFRP 纵截面内的涡流分布

a）实部　b）虚部

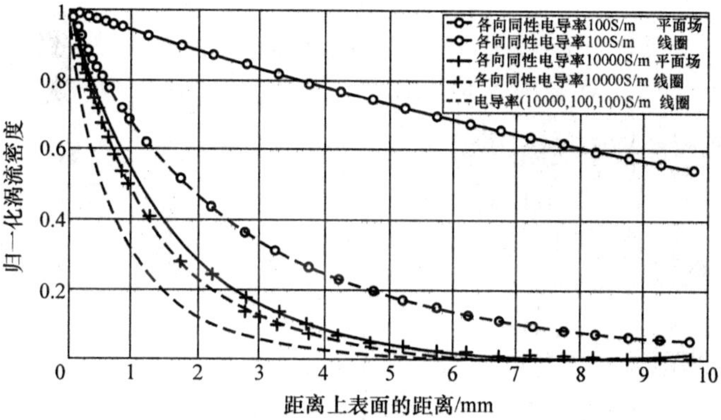

图 3-29　垂直表面方向上的涡流衰减曲线

3.2.6　纤维断裂涡流检测模拟

碳纤维属于脆性材料，其断裂伸长量很小，容易断裂，且断裂具有突然性，会造成严重后果。一般来说，纤维断裂和基体开裂是相关的。基体开裂导致结构局部应力重新分布，使纤维集中应力变大，发生断裂。在复合材料结构的使用过程中，当受到外力撞击时，经常会出现纤维断裂的情况，这将极大降低材料的强度，甚至失效。这里介绍纤维断裂涡流检测的数值模拟方法。

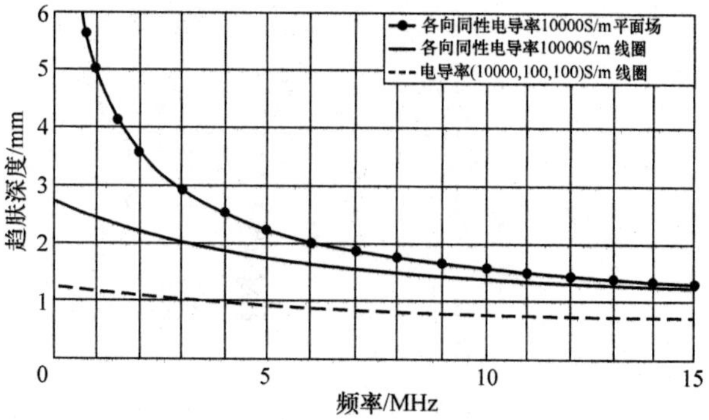

图 3-30　涡流趋肤深度随频率的变化曲线

图 3-31 所示的模型中，样品板长为 120mm，宽为 80mm，厚为 1mm，由 8 层为 0.125mm 厚的铺层压合而成，其下表面有一条长为 20mm、宽为 0.5mm、深为 0.5mm 的细长缺陷，用以模拟纤维断裂。纤维方向与 x 轴夹角为 0。裂纹垂直于纤维方向。CFRP 的电导率设为（σ_L，σ_T，σ_{cp}）=(10000，100，100) S/m。探头参数同 3.2.3 节。探头在样品板

上表面从中心左侧 30mm 处沿纤维方向扫描至右侧 30mm 处，步长为 1mm，期间保持 1mm 的提离不变。模拟时采用半网格模型，以减小未知量个数，提高计算效率。

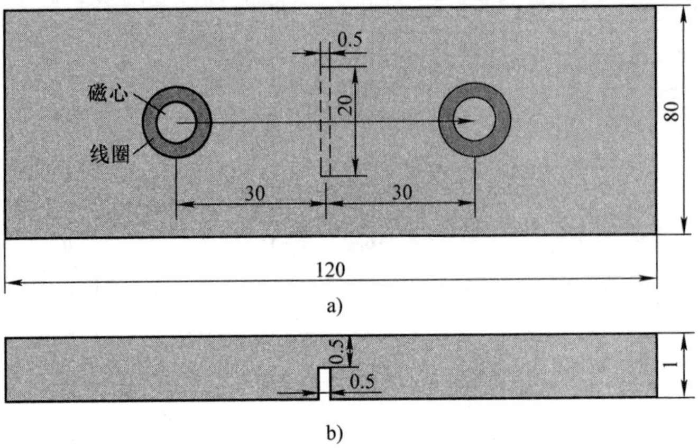

图 3-31 模拟纤维断裂涡流检测的模型

a）俯视图 b）主视图（未画出探头及铺层界面）

图 3-32 所示为线圈处于缺陷正上方时样品板中的涡流密度。从图中可以看出，在有纤维断裂的四个铺层中，沿纤维方向的涡流在纤维断裂处被隔断，绕向无缺陷的四个铺层，继续沿纤维方向流动，在绕过缺陷后流回有缺陷的四个铺层。由于横向电导率很低，涡流在缺陷处沿缺陷长度方向的流动不明显。

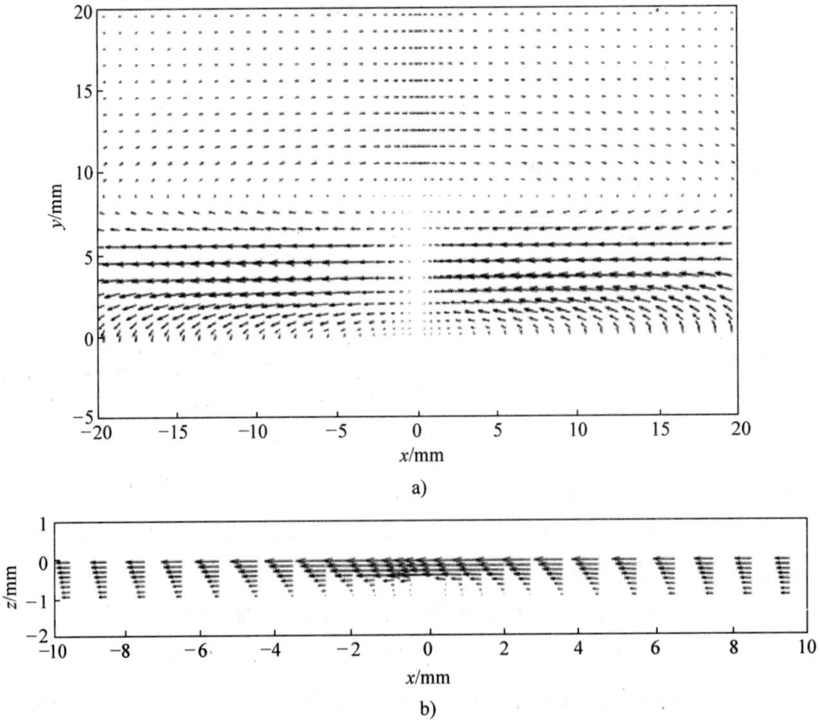

图 3-32 带裂纹样品板中的涡流密度

a）通过缺陷的横截面 b）通过缺陷的纵截面

图 3-33 所示为扫描得到的线圈感应电压幅值信号。当线圈靠近中部的缺陷时，信号会出现一个波峰，这说明涡流检测技术可以检测 CFRP 内的纤维断裂缺陷。

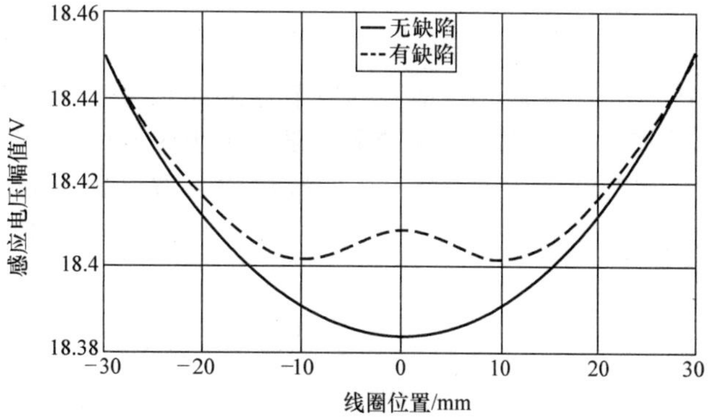

图 3-33　扫描得到的线圈感应电压幅值信号

无缺陷时的扫描信号并不是一条平行于横轴的直线，同时有缺陷时的信号在远离缺陷时并没有趋于恒定。造成这一现象的原因在于 CFRP 的电各向异性。CFRP 中，涡流主要沿着纤维方向流动，且在纤维方向上衰减很慢，在样品板的边缘处仍有较大的数值。换言之，CFRP 涡流检测的边缘效应远较各向同性材料涡流检测的边缘效应显著。探头位置不同时，边缘效应的影响不一样，材料中的涡流分布有所差别，导致线圈的感应电压不一致。另外，有缺陷时的信号与无缺陷时的信号在远离缺陷处仍有一定差异，也是因为涡流在纤维方向上的衰减很慢，在距缺陷较远的位置，涡流分布仍受到缺陷的影响。

3.3　无网格伽辽金法涡流检测数值模拟

无网格伽辽金法（Element Free Galerkin Method，EFGM）是一种以加权余量法的伽辽金形式为基础的无网格数值计算方法。该方法不依赖网格划分，可以克服有限元法的不足。本节介绍应用无网格伽辽金法求解涡流问题的基本原理及应用实例。

3.3.1　移动最小二乘法构造近似解

无网格数值计算方法常用移动最小二乘（Moving Least Square，MLS）法构造近似解，即将近似解 u^{h} 表达为如下形式：

$$u^{\mathrm{h}}(\boldsymbol{x}) = \sum_{i=1}^{m} \boldsymbol{p}_i(\boldsymbol{x})\boldsymbol{a}_i(\boldsymbol{x}) = \boldsymbol{p}^T(\boldsymbol{x})\boldsymbol{a}(\boldsymbol{x}) \tag{3-47}$$

式中，$\boldsymbol{x}$ 为求解域内待求近似解的点的位置向量；$\boldsymbol{p}_i(\boldsymbol{x})$ 为多项式基函数，取自完备多项式；$\boldsymbol{a}_i(\boldsymbol{x})$ 为待定系数；m 为多项式基函数的项数；$\boldsymbol{p}(\boldsymbol{x})$ 为由完备多项式基函数 $\boldsymbol{p}_i(\boldsymbol{x})$ 构成的向量，如对二维线性近似有 $\boldsymbol{p}(\boldsymbol{x}) = (1\quad x\quad y)^{\mathrm{T}}$，对二维二次近似有 $\boldsymbol{p}(\boldsymbol{x}) = [1\quad x\quad y\quad x^2\quad xy\quad y^2]^{\mathrm{T}}$。

为得到 $\boldsymbol{a}(\boldsymbol{x})$，定义局部近似函数：

$$u^{\mathrm{h}}(\boldsymbol{x},\bar{\boldsymbol{x}}) = \sum_{i=1}^{m} \boldsymbol{p}_i(\bar{\boldsymbol{x}})\boldsymbol{a}_i(\boldsymbol{x}) = \boldsymbol{p}(\bar{\boldsymbol{x}})\boldsymbol{a}(\boldsymbol{x}) \tag{3-48}$$

式中，$\bar{\boldsymbol{x}}$ 为定义基函数的点的位置向量。假设求解域离散为一系列节点，总数为 n，在每个节点 I 处有节点参数 u_I，节点参数 u_I 不一定等于待求场函数在节点上的值。取局部近似函数与节点参数之差的加权离散的模为

$$J = \sum_{I=1}^{n} w_I(\boldsymbol{x}) \left[u^{\mathrm{h}}(\boldsymbol{x},\boldsymbol{x}_I) - u_I \right]^2 = \sum_{I=1}^{n} w_I(\boldsymbol{x}) \left[\boldsymbol{p}(\boldsymbol{x}_I)\boldsymbol{a}(\boldsymbol{x}) - u_I \right]^2 \tag{3-49}$$

式中，$w_I(\boldsymbol{x}) = w\ (\boldsymbol{x} - \boldsymbol{x}_I)$ 为以节点位置$\boldsymbol{x}_I$为中心，具有紧支域的权函数。权函数具有紧支域，说明该权函数只在节点附近的一个小区域内大于0，而在此小区域外等于0。在某节点周围，权函数 $w_I(\boldsymbol{x})$ 大于0的区域称为节点的影响域。常用的权函数包括指数型权函数（也称高斯型权函数）、三次样条权函数和四次样条权函数。采用归一化距离表示的三次样条权函数如下：

$$w(\bar{s}) = \begin{cases} \dfrac{2}{3} - 4\bar{s}^2 + 3\bar{s}^3 & \left(\bar{s} \leqslant \dfrac{1}{2}\right) \\ \dfrac{4}{3} - 4\bar{s} + 4\bar{s}^2 - \dfrac{4}{3}\bar{s}^3 & \left(\dfrac{1}{2} < \bar{s} \leqslant 1\right) \end{cases} \tag{3-50}$$

式中，$\bar{s} = s/s_{\max}$为两点间归一化距离；$s = \| \boldsymbol{x}_1 - \boldsymbol{x}_2 \|$ 为空间两点之间的距离；$s_{\max}$为紧支域尺度。由于w_I（$\boldsymbol{x}$）在紧支域内恒大于0，式（3-49）中，J是一个正定二次型，可取到极小值。由J取极值条件 $\partial J/\partial \boldsymbol{a} = 0$ 可得待定系数 $\boldsymbol{a}(\boldsymbol{x})$ 为

$$\boldsymbol{a}(\boldsymbol{x}) = \boldsymbol{C}^{-1}(\boldsymbol{x})\boldsymbol{D}(\boldsymbol{x})\boldsymbol{u} \tag{3-51}$$

$$\boldsymbol{C}(\boldsymbol{x}) = \boldsymbol{P}^{\mathrm{T}}\boldsymbol{W}(\boldsymbol{x})\boldsymbol{P} \tag{3-52}$$

$$\boldsymbol{D}(\boldsymbol{x}) = \boldsymbol{P}^{\mathrm{T}}\boldsymbol{W}(\boldsymbol{x}) \tag{3-53}$$

式中，$\boldsymbol{u} = [u_1 \quad u_2 \quad \cdots \quad u_n]^{\mathrm{T}}$ 为节点参数构成的向量；$\boldsymbol{P} = [p_i(\boldsymbol{x}_I)]_{n \times m}$；$\boldsymbol{W} = \mathrm{diag}[w(\boldsymbol{x} - \boldsymbol{x}_1) \ \cdots \ w(\boldsymbol{x} - \boldsymbol{x}_n)]$ 是一个对角矩阵；$\boldsymbol{C}$（$\boldsymbol{x}$）为可逆矩阵，可通过合理选择节点影响域的尺度来加以保证。将式（3-51）代入式（3-47），得

$$u^{\mathrm{h}}(\boldsymbol{x}) = \boldsymbol{p}^{\mathrm{T}}(\boldsymbol{x})\boldsymbol{C}^{-1}(\boldsymbol{x})\boldsymbol{D}(\boldsymbol{x})\boldsymbol{u} \tag{3-54}$$

令

$$\varPhi_I(\boldsymbol{x}) = \sum_{i=1}^{m} \boldsymbol{p}_i(\boldsymbol{x}) \left[\boldsymbol{C}^{-1}(\boldsymbol{x})\boldsymbol{D}(\boldsymbol{x}) \right]_{iI} \tag{3-55}$$

则近似解可以表示为

$$u^{\mathrm{h}}(\boldsymbol{x}) = \sum_{I=1}^{n} \varPhi_I(\boldsymbol{x}) u_I \tag{3-56}$$

式（3-56）是以 $\varPhi_I(\boldsymbol{x})$ 作为插值函数的近似解的表达式，$\varPhi_I(\boldsymbol{x})$ 称为形函数。MLS 法构造的形函数 $\varPhi_I(\boldsymbol{x})$ 不满足克罗内克尔性质，即 $\varPhi_I(\boldsymbol{x}_J) \neq \delta_{IJ}$，这给强制边界条件的施加带来一定的困难。另外，形函数满足以下性质：

$$\sum_{I=1}^{n} \varPhi_I(\boldsymbol{x}) = 1 \tag{3-57}$$

$$\sum_{I=1}^{n} \frac{\partial \varPhi_I(\boldsymbol{x})}{\partial x_q} = 0 \tag{3-58}$$

式中，$x_{\mathrm{q}} = x$、y、z（以下若无说明，x_{q}均表示依次取x，y，z）。上述性质可以用来验证所构造的形函数的正确性。

3.3.2 涡流场的无网格伽辽金法求解基本原理

1. 正弦稳态涡流场无网格伽辽金法求解格式

本书前文中已经介绍了采用磁向量位及电标量位$\boldsymbol{A}$，$\boldsymbol{A}$-V表述的正弦稳态涡流场的微分

方程及定解条件。采用 MLS 方法构造的磁向量位及电标量位的近似解形式为

$$\begin{cases} \boldsymbol{A} = \sum\limits_{I=1}^{n} (\boldsymbol{\Phi}_{Ix}A_{Ix} + \boldsymbol{\Phi}_{Iy}A_{Iy} + \boldsymbol{\Phi}_{Iz}A_{Iz}) & (3\text{-}59\text{a}) \\ V = \mathrm{j}\omega\Lambda = \mathrm{j}\omega\sum\limits_{I=1}^{n}\Phi_I\Lambda_I & (3\text{-}59\text{b}) \end{cases}$$

式中 $\boldsymbol{\Phi}_{Ix_q} = \boldsymbol{e}_{x_q}\Phi_I$；$\Phi_I$ 为形函数；A_{Ix}、A_{Iy}、A_{Iz}、Λ_I 为节点参数。

可知涡流区中每个节点上有 4 个待求的节点参数。对电标量位取式（3-59b）中的变换是为了最终得到的离散方程系数矩阵为对称矩阵。

在加权余量法的伽辽金形式中取试探函数为形函数 $\boldsymbol{\Phi}_{Ix_q}$ 及 $\boldsymbol{\Phi}_I$，可得

$$\begin{cases} \int_\Omega \boldsymbol{\Phi}_{Ix_q}\cdot[\nabla\times(v\nabla\times\boldsymbol{A}) - \nabla(v\nabla\cdot\boldsymbol{A}) + \mathrm{j}\omega\sigma(\boldsymbol{A}+\nabla\Lambda) - \boldsymbol{J}_\mathrm{s}]\mathrm{d}\Omega = 0 & (3\text{-}60\text{a}) \\ \int_{\Omega_1} \Phi_I \mathrm{j}\omega\sigma[\nabla\cdot(\boldsymbol{A}+\nabla\Lambda)]\mathrm{d}\Omega = 0 & (3\text{-}60\text{b}) \end{cases}$$

式（3-60）的加权余量积分的弱形式为

$$\begin{cases} \int_\Omega[(\nabla\times\boldsymbol{\Phi}_{Ix_q})\cdot(v\nabla\times\boldsymbol{A})]\mathrm{d}\Omega + \int_\Omega(\nabla\cdot\boldsymbol{\Phi}_{Ix_q})(v\nabla\cdot\boldsymbol{A})\mathrm{d}\Omega & \\ + \mathrm{j}\omega\sigma\int_\Omega\boldsymbol{\Phi}_{Ix_q}\cdot(\boldsymbol{A}+\nabla\Lambda)\mathrm{d}\Omega - \int_\Omega\boldsymbol{\Phi}_{Ix_q}\cdot\boldsymbol{J}_\mathrm{s}\mathrm{d}\Omega = 0 & (3\text{-}61\text{a}) \\ \mathrm{j}\omega\sigma\int_{\Omega_1}\nabla\Phi_I\cdot(\boldsymbol{A}+\nabla\Lambda)\mathrm{d}\Omega = 0 & (3\text{-}61\text{b}) \end{cases}$$

结合式（3-59）所示的近似解，并根据旋度与梯度定义，式（3-61a）中各项积分中的被积函数分别为

$$\begin{cases} (\nabla\times\boldsymbol{\Phi}_{Ix})\cdot(\nabla\times\boldsymbol{A}) \\ = \sum\limits_{J=1}^{n}\left[\dfrac{\partial\Phi_I}{\partial z}\left(\dfrac{\partial\Phi_J}{\partial z}A_{Jx} - \dfrac{\partial\Phi_J}{\partial x}A_{Jz}\right) + \dfrac{\partial\Phi_I}{\partial y}\left(\dfrac{\partial\Phi_J}{\partial y}A_{Jx} - \dfrac{\partial\Phi_J}{\partial x}A_{Jy}\right)\right] \\ (\nabla\times\boldsymbol{\Phi}_{Iy})\cdot(\nabla\times\boldsymbol{A}) \\ = \sum\limits_{J=1}^{n}\left[\dfrac{\partial\Phi_I}{\partial z}\left(\dfrac{\partial\Phi_J}{\partial z}A_{Jy} - \dfrac{\partial\Phi_J}{\partial y}A_{Jz}\right) + \dfrac{\partial\Phi_I}{\partial x}\left(\dfrac{\partial\Phi_J}{\partial x}A_{Jy} - \dfrac{\partial\Phi_J}{\partial y}A_{Jx}\right)\right] \\ (\nabla\times\boldsymbol{\Phi}_{Iz})\cdot(\nabla\times\boldsymbol{A}) \\ = \sum\limits_{J=1}^{n}\left[\dfrac{\partial\Phi_I}{\partial y}\left(\dfrac{\partial\Phi_J}{\partial y}A_{Jz} - \dfrac{\partial\Phi_J}{\partial z}A_{Jy}\right) + \dfrac{\partial\Phi_I}{\partial x}\left(\dfrac{\partial\Phi_J}{\partial x}A_{Jz} - \dfrac{\partial\Phi_J}{\partial z}A_{Jx}\right)\right] \end{cases} \quad (3\text{-}62)$$

$$(\nabla\cdot\boldsymbol{\Phi}_{Ix_q})(\nabla\cdot\boldsymbol{A}) = \sum_{J=1}^{n}\frac{\partial\Phi_I}{\partial x_q}\left(\frac{\partial\Phi_J}{\partial x}A_{Jx} + \frac{\partial\Phi_J}{\partial y}A_{Jy} + \frac{\partial\Phi_J}{\partial z}A_{Jz}\right) \quad (3\text{-}63)$$

$$\boldsymbol{\Phi}_{Ix_q}\cdot(\boldsymbol{A}+\nabla\Lambda) = \sum_{J=1}^{n}\Phi_I\left(A_{Jx_q} + \frac{\partial\Lambda_J}{\partial x_q}\right) \quad (3\text{-}64)$$

$$\boldsymbol{\Phi}_{Ix_q}\cdot\boldsymbol{J}_\mathrm{s} = \Phi_I J_{\mathrm{s}x_q} \quad (3\text{-}65)$$

将近似解，即式（3-59）代入式（3-61b）中可得后者的被积函数为

$$\nabla\Phi_I\cdot(\boldsymbol{A}+\nabla\Lambda)=\sum_{J=1}^{n}\sum_{x_q=x,y,z}\frac{\partial\Phi_I}{\partial x_q}\Phi_J A_{Jx_q}+\sum_{J=1}^{n}(\nabla\Phi_I\cdot\nabla\Phi_J)\Lambda_J \tag{3-66}$$

将式（3-62）~式（3-65）代入式（3-61a），将式（3-66）代入（3-61b），可得正弦涡流场 EFG 离散求解方程，其紧凑形式为

$$\begin{cases}\sum\limits_{J=1}^{n}(K_{IxJx}A_{Jx}+K_{IxJy}A_{Jy}+K_{IxJz}A_{Jz}+K_{IxJV}\Lambda_J)=f_{Ix}\\ \sum\limits_{J=1}^{n}(K_{IyJx}A_{Jx}+K_{IyJy}A_{Jy}+K_{IyJz}A_{Jz}+K_{IyJV}\Lambda_J)=f_{Iy}\\ \sum\limits_{J=1}^{n}(K_{IzJx}A_{Jx}+K_{IzJy}A_{Jy}+K_{IzJz}A_{Jz}+K_{IzJV}\Lambda_J)=f_{Iz}\\ \sum\limits_{J=1}^{n}(K_{IVJx}A_{Jx}+K_{IVJy}A_{Jy}+K_{IVJz}A_{Jz}+K_{IVJV}\Lambda_J)=0\end{cases} \tag{3-67}$$

将所有节点对应的上述方程写成矩阵形式为

$$\begin{pmatrix}\boldsymbol{K}_{11} & \boldsymbol{K}_{12} & \boldsymbol{L} & \boldsymbol{K}_{1n}\\ \boldsymbol{K}_{21} & \boldsymbol{K}_{22} & \boldsymbol{L} & \boldsymbol{K}_{2n}\\ \boldsymbol{M} & \boldsymbol{M} & \boldsymbol{O} & \boldsymbol{M}\\ \boldsymbol{K}_{n1} & \boldsymbol{K}_{n2} & \boldsymbol{L} & \boldsymbol{K}_{nn}\end{pmatrix}\begin{bmatrix}\boldsymbol{A}_{V1}\\ \boldsymbol{A}_{V2}\\ \boldsymbol{M}\\ \boldsymbol{A}_{Vn}\end{bmatrix}=\begin{bmatrix}\boldsymbol{f}_1\\ \boldsymbol{f}_2\\ \boldsymbol{M}\\ \boldsymbol{f}_n\end{bmatrix}\quad\text{或}\quad \boldsymbol{K}\boldsymbol{A}_V=\boldsymbol{F} \tag{3-68}$$

其中：

$$\boldsymbol{A}_V=\begin{pmatrix}\boldsymbol{A}_{V1}\\ \boldsymbol{A}_{V2}\\ \boldsymbol{M}\\ \boldsymbol{A}_{Vn}\end{pmatrix},\ \boldsymbol{K}=\begin{pmatrix}\boldsymbol{K}_{11} & \boldsymbol{K}_{12} & \boldsymbol{L} & \boldsymbol{K}_{1n}\\ \boldsymbol{K}_{21} & \boldsymbol{K}_{22} & \boldsymbol{L} & \boldsymbol{K}_{2n}\\ \boldsymbol{M} & \boldsymbol{M} & \boldsymbol{O} & \boldsymbol{M}\\ \boldsymbol{K}_{n1} & \boldsymbol{K}_{n2} & \boldsymbol{L} & \boldsymbol{K}_{nn}\end{pmatrix},\ \boldsymbol{F}=\begin{pmatrix}\boldsymbol{f}_1\\ \boldsymbol{f}_2\\ \boldsymbol{M}\\ \boldsymbol{f}_n\end{pmatrix} \tag{3-69}$$

$$\boldsymbol{A}_{VJ}=\begin{pmatrix}A_{Jx}\\ A_{Jy}\\ A_{Jz}\\ \Lambda_J\end{pmatrix},\ \boldsymbol{K}_{IJ}=\begin{pmatrix}K_{IxJx} & K_{IxJy} & K_{IxJz} & K_{IxJV}\\ K_{IyJx} & K_{IyJy} & K_{IyJz} & K_{IyJV}\\ K_{IzJx} & K_{IzJy} & K_{IzJz} & K_{IzJV}\\ K_{IVJx} & K_{IVJy} & K_{IVJz} & K_{IVJV}\end{pmatrix},\ \boldsymbol{f}_I=\begin{pmatrix}f_{Ix}\\ f_{Iy}\\ f_{Iz}\\ 0\end{pmatrix} \tag{3-70}$$

式中，$\boldsymbol{K}_{IJ}$为节点刚度矩阵；$\boldsymbol{K}$ 为全局刚度矩阵，由节点刚度矩阵$\boldsymbol{K}_{IJ}$组装而成。

每个节点刚度矩阵$\boldsymbol{K}_{IJ}$包含 16 个分量，可以证明$\boldsymbol{K}_{IJ}$各分量满足如下关系：

$$\begin{cases}K_{IxJx}=K_{IyJy}=K_{IzJz}\\ K_{IxJy}=-K_{IyJx},K_{IxJz}=-K_{IzJx},K_{IzJy}=-K_{IyJz}\\ K_{IxJV}=K_{IVJx},\ K_{IyJV}=K_{IVJy},\ K_{IzJV}=K_{IVJz}\end{cases} \tag{3-71}$$

$\boldsymbol{K}_{IJ}$及$\boldsymbol{f}_I$ 各分量定义如下：

$$
\begin{cases}
K_{IxJx} = \int_{\Omega}[\nu(\nabla\Phi_I \cdot \nabla\Phi_J + \mathrm{j}\omega\sigma\Phi_I\Phi_J)]\mathrm{d}\Omega \\
K_{I\nu J\nu} = \mathrm{j}\omega\sigma\int_{\Omega_1}(\nabla\Phi_I \cdot \nabla\Phi_J)\mathrm{d}\Omega \\
K_{IxJy} = \int_{\Omega}\nu\left(\dfrac{\partial\Phi_I}{\partial x}\dfrac{\partial\Phi_J}{\partial y} - \dfrac{\partial\Phi_I}{\partial y}\dfrac{\partial\Phi_J}{\partial x}\right)\mathrm{d}\Omega \\
K_{IxJz} = \int_{\Omega}\nu\left(\dfrac{\partial\Phi_I}{\partial x}\dfrac{\partial\Phi_J}{\partial z} - \dfrac{\partial\Phi_I}{\partial z}\dfrac{\partial\Phi_J}{\partial x}\right)\mathrm{d}\Omega \\
K_{IyJz} = \int_{\Omega}\nu\left(\dfrac{\partial\Phi_I}{\partial y}\dfrac{\partial\Phi_J}{\partial z} - \dfrac{\partial\Phi_I}{\partial z}\dfrac{\partial\Phi_J}{\partial y}\right)\mathrm{d}\Omega \\
K_{Ix_\mathrm{q}JV} = \mathrm{j}\omega\sigma\int_{\Omega}\Phi_I\dfrac{\partial\Phi_J}{\partial x_\mathrm{q}}\mathrm{d}\Omega \\
f_{Ix_\mathrm{q}} = \int_{\Omega}\Phi_I J_{\mathrm{s}x_\mathrm{q}}\mathrm{d}\Omega
\end{cases}
\tag{3-72}
$$

由式（3-72）的定义式，结合式（3-71）所示的$\boldsymbol{K}_{IJ}$各分量满足的对称关系可以确定$\boldsymbol{K}_{IJ}$各分量。可以证明，式（3-68）中的全局刚度矩阵$\boldsymbol{K}$是一个对称矩阵，由于节点具有有限的影响域，$\boldsymbol{K}$也是个稀疏矩阵。同时$\boldsymbol{K}$是一个奇异矩阵，因此无法由式（3-68）直接求解，需要引入边界条件消除$\boldsymbol{K}$的奇异性。

2. 脉冲涡流场 EFG 法求解格式

脉冲涡流场问题的微分方程及其定解条件如前文所介绍，采用 MLS 法构造近似解的形式为

$$
\begin{cases}
\boldsymbol{A} = \sum_{I=1}^{n}(\boldsymbol{\Phi}_{Ix}A_{Ix} + \boldsymbol{\Phi}_{Iy}A_{Iy} + \boldsymbol{\Phi}_{Iz}A_{Iz}) & (3\text{-}73\mathrm{a}) \\
V = \dfrac{\partial\Lambda}{\partial t} = \sum_{I=1}^{n}\Phi_I\dfrac{\partial\Lambda_I}{\partial t} & (3\text{-}73\mathrm{b})
\end{cases}
$$

式中取式（3-73b）的变换是为了将离散方程表示为规则的矩阵向量形式。脉冲涡流问题的加权余量伽辽金法的“弱”形式为

$$
\begin{cases}
\int_{\Omega}[(\nabla\times\boldsymbol{\Phi}_{Ix_\mathrm{q}})\cdot(\nu\ \nabla\times\boldsymbol{A})]\mathrm{d}\Omega + \int_{\Omega}(\nabla\cdot\boldsymbol{\Phi}_{Ix_\mathrm{q}})(\nu\nabla\cdot\boldsymbol{A})\mathrm{d}\Omega \\
\quad + \int_{\Omega}\boldsymbol{\Phi}_{Ix_\mathrm{q}}\cdot\dfrac{\partial}{\partial t}(\boldsymbol{A} + \nabla\Lambda)\mathrm{d}\Omega - \int_{\Omega}\boldsymbol{\Phi}_{Ix_\mathrm{q}}\cdot\boldsymbol{J}_\mathrm{s}\mathrm{d}\Omega = 0 & (3\text{-}74\mathrm{a}) \\
\int_{\Omega_1}\nabla\Phi_I\cdot\dfrac{\partial}{\partial t}(\boldsymbol{A} + \nabla\Lambda)\mathrm{d}\Omega = 0 & (3\text{-}74\mathrm{b})
\end{cases}
$$

将近似解，即式（3-73）代入式（3-74a），并在式（3-74a）中依次取$\boldsymbol{\Phi}_{Ix_\mathrm{q}} = \boldsymbol{e}_{x_\mathrm{q}}\Phi_I$，借鉴式（3-62）~式（3-65），可得脉冲涡流场的 EFG 求解方程，其紧凑形式为

$$
\boldsymbol{G}^{*}\boldsymbol{A}_V + \boldsymbol{G}^{**}\frac{\mathrm{d}\boldsymbol{A}_V}{\mathrm{d}t} = \boldsymbol{F} \tag{3-75}
$$

其中：

$$
\boldsymbol{G}^{*} = \begin{pmatrix}
\boldsymbol{G}_{11}^{*} & \boldsymbol{G}_{12}^{*} & \boldsymbol{L} & \boldsymbol{G}_{1n}^{*} \\
\boldsymbol{G}_{21}^{*} & \boldsymbol{G}_{22}^{*} & \boldsymbol{L} & \boldsymbol{G}_{2n}^{*} \\
\boldsymbol{M} & \boldsymbol{M} & \boldsymbol{O} & \boldsymbol{M} \\
\boldsymbol{G}_{n1}^{*} & \boldsymbol{G}_{n2}^{*} & \boldsymbol{L} & \boldsymbol{G}_{nn}^{*}
\end{pmatrix},\quad
\boldsymbol{G}^{**} = \begin{pmatrix}
\boldsymbol{G}_{11}^{**} & \boldsymbol{G}_{12}^{**} & \boldsymbol{L} & \boldsymbol{G}_{1n}^{**} \\
\boldsymbol{G}_{21}^{**} & \boldsymbol{G}_{22}^{**} & \boldsymbol{L} & \boldsymbol{G}_{2n}^{**} \\
\boldsymbol{M} & \boldsymbol{M} & \boldsymbol{O} & \boldsymbol{M} \\
\boldsymbol{G}_{n1}^{**} & \boldsymbol{G}_{n2}^{**} & \boldsymbol{L} & \boldsymbol{G}_{nn}^{**}
\end{pmatrix},
$$

$$\boldsymbol{A}_V=\begin{pmatrix}\boldsymbol{A}_{V1}\\ \boldsymbol{A}_{V2}\\ \boldsymbol{M}\\ \boldsymbol{A}_{Vn}\end{pmatrix},\quad \boldsymbol{F}=\begin{pmatrix}\boldsymbol{f}_1\\ \boldsymbol{f}_2\\ \boldsymbol{M}\\ \boldsymbol{f}_n\end{pmatrix} \tag{3-76}$$

$$\boldsymbol{G}_{IJ}^{*}=\begin{pmatrix}G_{IxJx}^{*} & G_{IxJy}^{*} & G_{IxJz}^{*} & 0\\ G_{IyJx}^{*} & G_{IyJy}^{*} & G_{IyJz}^{*} & 0\\ G_{IzJx}^{*} & G_{IzJy}^{*} & G_{IzJz}^{*} & 0\\ 0 & 0 & 0 & 0\end{pmatrix},\quad \boldsymbol{G}_{IJ}^{**}=\begin{pmatrix}G_{IxJx}^{**} & 0 & 0 & G_{IxJV}^{**}\\ 0 & G_{IyJy}^{**} & 0 & G_{IyJV}^{**}\\ 0 & 0 & G_{IzJz}^{**} & G_{IzJV}^{**}\\ G_{IVJx}^{**} & G_{IVJy}^{**} & G_{IVJz}^{**} & G_{IVJV}^{**}\end{pmatrix},$$

$$\boldsymbol{A}_{VJ}=\begin{pmatrix}A_{Jx}\\ A_{Jy}\\ A_{Jz}\\ \Lambda_J\end{pmatrix}\quad \boldsymbol{f}_I=\begin{pmatrix}f_{Ix}\\ f_{Iy}\\ f_{Iz}\\ 0\end{pmatrix} \tag{3-77}$$

$\boldsymbol{G}^{*}$ 是与空间变化相关联的刚度矩阵；$\boldsymbol{G}^{**}$ 是与时域变化相关联的刚度矩阵；$\boldsymbol{G}_{IJ}^{*}$ 及 $\boldsymbol{G}_{IJ}^{**}$ 为节点刚度矩阵，可以证明$\boldsymbol{G}_{IJ}^{*}$及$\boldsymbol{G}_{IJ}^{**}$的分量满足如下关系：

$$\begin{cases}G_{IxJx}^{*}=G_{IyJy}^{*}=G_{IzJz}^{*}\\ G_{IxJy}^{*}=-G_{IyJx}^{*}\\ G_{IxJz}^{*}=-G_{IzJx}^{*}\\ G_{IyJz}^{*}=-G_{IzJy}^{*}\end{cases}\quad \begin{cases}G_{IxJx}^{**}=G_{IyJy}^{**}=G_{IzJz}^{**}\\ G_{IxJV}^{**}=G_{IVJx}^{**}\\ G_{IyJV}^{**}=G_{IVJy}^{**}\\ G_{IzJV}^{**}=G_{IVJz}^{**}\end{cases} \tag{3-78}$$

$\boldsymbol{G}_{IJ}^{*}$、$\boldsymbol{G}_{IJ}^{**}$ 及$\boldsymbol{f}_I$ 分量的定义式如下：

$$\begin{cases}G_{IxJx}^{*}=\int_{\Omega}(\nu\nabla\Phi_I)\cdot(\nabla\Phi_J)\mathrm{d}\Omega\\ G_{IxJy}^{*}=\int_{\Omega}\nu\left(\dfrac{\partial\Phi_I}{\partial x}\dfrac{\partial\Phi_J}{\partial y}-\dfrac{\partial\Phi_I}{\partial y}\dfrac{\partial\Phi_J}{\partial x}\right)\mathrm{d}\Omega\\ G_{IxJz}^{*}=\int_{\Omega}\nu\left(\dfrac{\partial\Phi_I}{\partial x}\dfrac{\partial\Phi_J}{\partial z}-\dfrac{\partial\Phi_I}{\partial z}\dfrac{\partial\Phi_J}{\partial x}\right)\mathrm{d}\Omega\\ G_{IyJz}^{*}=\int_{\Omega}\nu\left(\dfrac{\partial\Phi_I}{\partial y}\dfrac{\partial\Phi_J}{\partial z}-\dfrac{\partial\Phi_I}{\partial z}\dfrac{\partial\Phi_J}{\partial y}\right)\mathrm{d}\Omega\end{cases} \tag{3-79a}$$

$$\begin{cases}G_{IxJx}^{**}=G_{IyJy}^{**}=G_{IzJz}^{**}=\sigma\int_{\Omega}\Phi_I\Phi_J\mathrm{d}\Omega\\ G_{Ix_\mathrm{q}JV}^{**}=\sigma\int_{\Omega}\Phi_I\dfrac{\partial\Phi_J}{\partial x_\mathrm{q}}\mathrm{d}\Omega\\ G_{IVJx_\mathrm{q}}^{**}=\sigma\int_{\Omega}\dfrac{\partial\Phi_I}{\partial x_\mathrm{q}}\Phi_J\mathrm{d}\Omega\end{cases} \tag{3-79b}$$

$$f_{Ix_\mathrm{q}}=\int_{\Omega}\Phi_I J_{\mathrm{s}x_\mathrm{q}}\mathrm{d}\Omega \tag{3-79c}$$

未在式（3-79）中列出的$\boldsymbol{G}_{IJ}^{*}$及 $\boldsymbol{G}_{IJ}^{**}$分量的表达式，可根据式（3-78）所示的对称关系得到。与正弦稳态涡流问题相似，可以证明$\boldsymbol{G}^{*}$和$\boldsymbol{G}^{**}$是对称稀疏矩阵，同时也是奇异矩阵，同样需要引入强制边界条件来消除$\boldsymbol{G}^*$和$\boldsymbol{G}^{**}$的奇异性。

3. 不同介质界面处理

涡流场数值计算的求解域内一般包含多种介质，这些介质具有不同的电导率或磁导率。介质电磁性能变化引起界面处涡流场不连续，这要求近似解或其偏导数在界面处不连续，即要求形函数或其偏导数不连续。MLS 法是在全域内构造形函数，并且所构造的形函数具有较高光滑性和连续性。为了满足界面条件，必须在紧支权函数及其偏导数中引入不连续性，这常用“可视化原则”实现。

如图 3-34 所示，设某点$\boldsymbol{x}_j$的紧支域形状为矩形，如果没有不连续性，则该点的紧支域为整个矩形区域；如果此矩形区域内存在某种不连续性，则紧支域就缩小为区域 1。形象地说，没有不连续性时，一个人站在$\boldsymbol{x}_j$点可以看见整个紧支域；若存在不连续性，由点$\boldsymbol{x}_j$发出视线似乎被区域 2 遮挡住了，原来紧支域内有一部分区域“看不见”了。

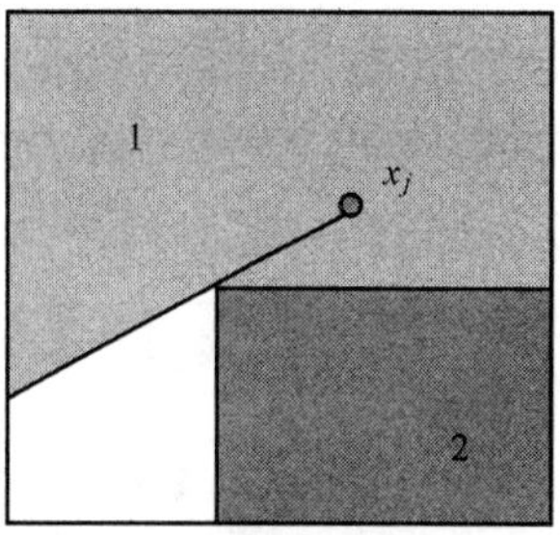

图 3-34　临近材料不连续边界节点的影响域

4. 强制边界条件处理

式（3-68）所示的正弦稳态涡流场的求解方程及式（3-75）所示的脉冲涡流场求解方程由于系数矩阵的奇异性无法获得确定解，需要加入强制边界条件。如 3.3.1 节所介绍，利用 MLS 法构造的形函数不满足克罗内克尔性质，因此不能直接令边界上的节点参数为待求场函数值，而需要采用其他方法引入强制边界条件，常用方法有拉格朗日乘子法及罚函数法。

例如正弦稳态涡流场问题，在本书前述定解条件中，强制边界条件为

$$\begin{cases}\boldsymbol{n}\times\boldsymbol{A}=0 & (\Gamma_{\mathrm{B}})\\ \boldsymbol{n}\cdot\boldsymbol{A}=0 & (\Gamma_{\mathrm{H}})\end{cases}\tag{3-80}$$

式中，Γ_{B}和Γ_{H}是边界的两个部分，满足$\Gamma_{\mathrm{B}}\cup\Gamma_{\mathrm{H}}=\Gamma$，$\Gamma_{\mathrm{B}}\cap\Gamma_{\mathrm{H}}=0$。采用拉格朗日乘子法，需要在边界$\Gamma_{\mathrm{B}}$上定义向量拉格朗日乘子$\boldsymbol{\lambda}_{\mathrm{B}}$，在边界$\Gamma_{\mathrm{H}}$上定义标量拉格朗日乘子$\lambda_{\mathrm{H}}$。这两个拉格朗日乘子也需进行离散化，即

$$\begin{cases}\boldsymbol{\lambda}_{\mathrm{B}}=\sum\limits_{M=1}^{n_{\mathrm{B}}}(\boldsymbol{N}_{Mx_{\mathrm{q}}}^{\mathrm{B}}a_{Mx}+\boldsymbol{N}_{My_{\mathrm{q}}}^{\mathrm{B}}a_{My}+\boldsymbol{N}_{Mz_{\mathrm{q}}}^{\mathrm{B}}a_{Mz}) & (3\text{-}81\mathrm{a})\\ \lambda_{\mathrm{H}}=\sum\limits_{L=1}^{n_{\mathrm{H}}}N_L^{\mathrm{H}}b_L & (3\text{-}81\mathrm{b})\end{cases}$$

式中，$\boldsymbol{N}_{Mx_{\mathrm{q}}}^{\mathrm{B}}=\boldsymbol{e}_{x_{\mathrm{q}}}N_{Mx_{\mathrm{q}}}^{\mathrm{B}}$，$N_{Mx_{\mathrm{q}}}^{\mathrm{B}}$为在边界$\Gamma_{\mathrm{B}}$上构造拉格朗日乘子$\boldsymbol{\lambda}_{\mathrm{B}}$的基函数或插值函数；$n_{\mathrm{B}}$为其项数；$N_L^{\mathrm{H}}$为在边界$\Gamma_{\mathrm{H}}$上构造拉格朗日乘子$\lambda_{\mathrm{H}}$的基函数或插值函数，$n_{\mathrm{H}}$为其项数。式（3-61）所示的加权余量弱形式变换为

$$\begin{cases}\delta\Pi+\int_{\Gamma_{\mathrm{B}}}\boldsymbol{\lambda}_{\mathrm{B}}\cdot(\boldsymbol{n}\times\boldsymbol{\Phi}_{Ix_{\mathrm{q}}})\mathrm{d}\Gamma+\int_{\Gamma_{\mathrm{H}}}\lambda_{\mathrm{H}}(\boldsymbol{n}\cdot\boldsymbol{\Phi}_{Ix_{\mathrm{q}}})\mathrm{d}\Gamma=0 & (3\text{-}82\mathrm{a})\\ \mathrm{j}\omega\sigma\int_{\Omega_1}\nabla\Phi_I\cdot(\boldsymbol{A}+\nabla\Lambda)\mathrm{d}\Omega=0 & (3\text{-}82\mathrm{b})\\ \int_{\Gamma_{\mathrm{B}}}\boldsymbol{N}_{Mk}^{\mathrm{B}}\cdot(\boldsymbol{n}\times\boldsymbol{A})\mathrm{d}\Gamma=0 & (3\text{-}82\mathrm{c})\\ \int_{\Gamma_{\mathrm{H}}}N_L^{\mathrm{H}}(\boldsymbol{n}\cdot\boldsymbol{A})\mathrm{d}\Gamma=0 & (3\text{-}82\mathrm{d})\end{cases}$$

其中

$$\delta\Pi = \int_{\Omega}[(\boldsymbol{\nabla}\times\boldsymbol{\Phi}_{Ix_q})\cdot(\nu\boldsymbol{\nabla}\times\boldsymbol{A})]\mathrm{d}\Omega + \int_{\Omega}(\boldsymbol{\nabla}\cdot\boldsymbol{\Phi}_{Ix_q})(\nu\boldsymbol{\nabla}\cdot\boldsymbol{A})\mathrm{d}\Omega + \int_{\Omega}\boldsymbol{\Phi}_{Ix_q}\cdot(\mathrm{j}\omega\sigma\boldsymbol{A} + \mathrm{j}\omega\sigma\boldsymbol{\nabla}\Lambda)\mathrm{d}\Omega - \int_{\Omega}\boldsymbol{\Phi}_{Ix_q}\cdot\boldsymbol{J}_{\mathrm{s}}\mathrm{d}\Omega \tag{3-83}$$

这样求解方程的形式将变为

$$\begin{bmatrix} \boldsymbol{K} & \boldsymbol{GH} \\ (\boldsymbol{GH})^{\mathrm{T}} & 0 \end{bmatrix}\begin{bmatrix} \boldsymbol{A}_V \\ \boldsymbol{ab} \end{bmatrix} = \begin{bmatrix} \boldsymbol{F} \\ 0 \end{bmatrix} \tag{3-84}$$

式中，$\boldsymbol{K}$、$\boldsymbol{A}_V$ 和 $\boldsymbol{F}$ 与式（3-68）中的意义相同；$\boldsymbol{GH}$ 为引入拉格朗日乘子对应的扩展部分；$\boldsymbol{ab}$ 为拉格朗日乘子近似函数中的待定系数组成的向量。

对式（3-80）所示的边界条件，如果采用罚函数法，则式（3-61）的加权余量变换为

$$\begin{cases} \delta\Pi + \alpha_1\int_{\Gamma_{\mathrm{B}}}(\boldsymbol{n}\times\boldsymbol{\Phi}_{Ix_q})\cdot(\boldsymbol{n}\times\boldsymbol{A})\mathrm{d}\Gamma + \alpha_2\int_{\Gamma_{\mathrm{H}}}(\boldsymbol{n}\cdot\boldsymbol{\Phi}_{Ix_q})(\boldsymbol{n}\cdot\boldsymbol{A})\mathrm{d}\Gamma = 0 \\ \mathrm{j}\omega\sigma\int_{\Omega_1}\boldsymbol{\nabla}\boldsymbol{\Phi}_I\cdot(\boldsymbol{A} + \boldsymbol{\nabla}\Lambda)\mathrm{d}\Omega = 0 \end{cases} \tag{3-85}$$

式中，$\delta\Pi$ 同式（3-83）；α_1 和 α_2 为罚函数。这样求解方程的形式为

$$(\boldsymbol{K} + \alpha_1\boldsymbol{K}\boldsymbol{P}_1 + \alpha_2\boldsymbol{K}\boldsymbol{P}_2)\boldsymbol{A}_V = \boldsymbol{F} \tag{3-86}$$

式中，$\boldsymbol{K}$、$\boldsymbol{A}_V$ 和 $\boldsymbol{F}$ 与式（3-68）中的意义相同；而 $\boldsymbol{K}\boldsymbol{P}_1$ 和 $\boldsymbol{K}\boldsymbol{P}_2$ 为由罚函数项引入的矩阵，与 $\boldsymbol{K}$ 具有相同的维数。对于脉冲涡流问题，也可以参照以上介绍，采用拉格朗日乘子法或罚函数法引入强制边界条件。

上述两种施加强制边界条件的方法各有优缺点。拉格朗日乘子法可以精确施加强制边界条件，不过最终得到的求解方程的系数矩阵为非带状和非正定的，大大降低了求解离散方程的效率。采用罚函数法引入强制边界条件，可保持刚度矩阵的对称性和带状性，但罚函数法只是对强制边界条件的近似。一般来说罚函数越大，近似越好，但如果罚函数过大，可能使方程呈病态而无法求解。

5. 正弦稳态涡流场及脉冲涡流场 EFG 法计算流程

正弦稳态涡流场 EFG 法计算流程为：

1）输入已知参数，包括求解域及各部分介质的几何参数、材料参数等。

2）将求解域离散化，即根据求解域形状、问题求解需要设置节点数目及位置，设定节点影响域。

3）设定背景积分网格，在积分网格的每个单元内生成积分点及权系数。

4）对每个积分单元，计算积分点处的形函数及其偏导数的值。

5）计算式（3-70）中系数矩阵 $\boldsymbol{K}$ 和向量 $\boldsymbol{F}$ 的各分量。

6）引入强制边界条件。

7）求解线性方程组。

8）保存、输出与显示结果。

脉冲涡流 EFG 计算流程与正弦稳态涡流计算流程相似。脉冲涡流 EFG 求解属于瞬态问题求解，在时域内需取离散格式，将脉冲持续时间划分为若干时间步，步长为Δt。若初始时刻 $t_0 = 0$，则任意时刻的时间为 $t = k\Delta t$（k 为时间步数）。采用显示欧拉格式进行迭代求解，则式（3-75）求解方程可变换为

$$\left[G^* + \frac{1}{\Delta t}G^{**}\right]A_V^{k+1} = \frac{1}{\Delta t}G^{**}A_V^k + F^k \tag{3-87}$$

式中，G^*、G^{**} 同式（3-76）；A_V^{k+1} 为第 $k+1$ 时间步的待求节点参数向量；A_V^k 为第 k 时间步的节点参数向量。为了模拟更加精确，时间步一般取值较小，但代价是降低计算效率，对存储空间要求更多。另外对于瞬态问题除边界条件外，还需给定初始条件。可以取 $G^{**}=0$，将静态问题的解作为初始条件。脉冲涡流场 EFG 求解流程为：

1）输入已知参数，包括求解域及各部分介质的几何参数、材料参数等。

2）将求解域离散化，即根据求解域形状、问题求解需要设置节点数目及位置，设定节点影响域。

3）设定背景积分网格，在积分网格每个单元内生成积分点及积分权系数。

4）设定时间步长和步数。

5）对每个积分单元，计算积分点处的形函数及其偏导数的值。

6）计算式（3-76）中系数矩阵 G^* 和 G^{**} 及向量 F 的各分量。

7）取 $G^{**}=0$，引入强制边界条件求解静态问题 $G^*A_V^0=F^0$ 获得初始条件。

8）对于每一时间步，引入强制边界条件，求解代数方程组。

9）保存结果，分析数据。

6. 积分方案

计算 EFG 法刚度矩阵及节点载荷向量的各分量时需要计算式（3-72）及式（3-79）所示的各个积分。由于 EFG 法是在求解域全域内构造近似解，因此积分域为整个求解域。EFG 法通常采用背景积分网格辅助积分计算。

背景积分网格求积分是利用一个规则的栅格覆盖求解域，将所求定积分转换为各个栅格内积分之和，而在每个栅格内采用数值积分方法，如高斯积分计算。具体做法是：对某个积分单元内的每个积分点，首先判断其是否位于求解域内，如果位于求解域内则计算被积函数在积分点处的函数值，并按积分权系数叠加；遍历所有积分单元就可以计算出全求解域内的积分结果。

3.3.3　无网格伽辽金法求解电磁场问题应用实例

1. 二维泊松方程的求解

作为验证 EFG 法的标准算例，考虑以下二维泊松方程的求解：

$$\nabla^2 u(x,y) = 8\pi^2\sin(2\pi x)\sin(2\pi y),(x,y)\in[-0.5,0.5]\times[0.5,0.5] \tag{3-88}$$

式中，$u(x,y)$ 为待求场函数，在所有边界上有 $u(x,y)=0$。该问题的理论解为

$$u(x,y) = \sin(2\pi x)\sin(2\pi y) \tag{3-89}$$

求解域为矩形域，可采用均布节点离散，背景积分网格可采用均匀四边形网格，如将求解域离散为 10×10 节点，采用 10×10 的背景积分网格，如图 3-35 所示。

节点紧支域为圆形域，半径可取为相邻节点间距的一定倍数：

$$s_{\max} = \max(\Delta x,\Delta y)c \tag{3-90}$$

式中，c 为比例常数；Δx、Δy 为相邻节点的间距。这里取 $c=2.5$，每个积分单元内采用 4×4 积分点配置，解得场函数 $u(x,y)$ 如图 3-36a 所示。为与理论解对比，$y=0.2$ 处的 EFG 数值解与理论解如图 3-36b 所示。

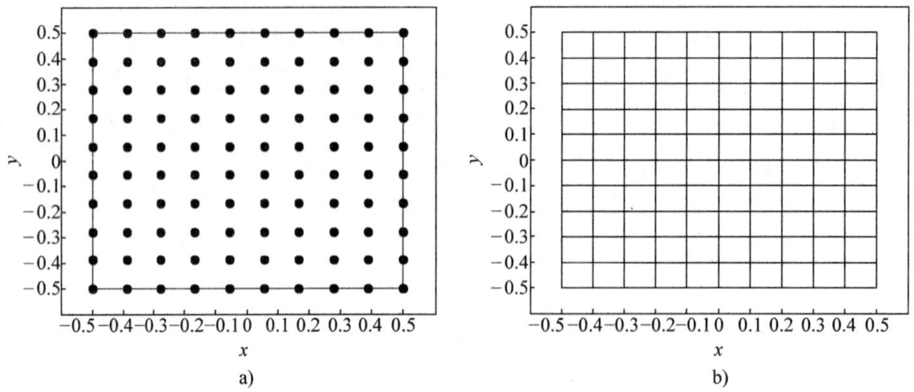

图 3-35 二维泊松方程问题的矩形求解域离散点与背景积分网格

a）均布离散节点 b）均匀四边形背景积分网格

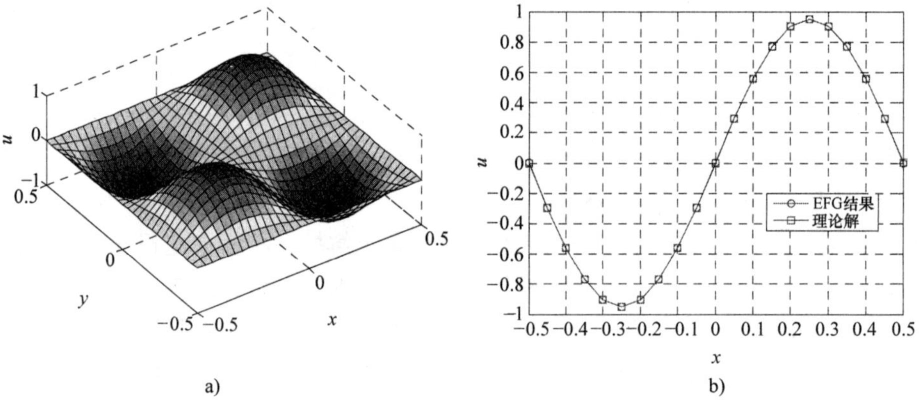

图 3-36 二维泊松方程问题的解

a）EFG 数值解 b）$y=0.2$ 处的 EFG 结果与理论解的对比

图 3-36 表明，利用 EFG 法可以得到比较理想的结果，数值结果与理论解吻合得较好，这证明了 EFG 法求解偏微分方程的有效性。不过 EFG 法的计算实践表明，节点数目、积分单元数、紧支域半径等参数对计算结果均有影响。

2. 二维稳态涡流场计算：含裂纹导体空间涡流场分析

假设无限大导电空间中有一沿 y 方向长为 1mm 的贯穿薄裂纹，在空间中沿 x 方向施加随时间简谐变化的电场，求导电空间中的涡流分布。该问题可以视为二维问题，求解域可简化为一个矩形区域。用 EFG 法求解该问题时仍可采用均匀节点离散，如图 3-37a 所示；如果采用有限元法求解，在裂纹附近区域需要更多的单元和节点，如图 3-37b 所示。

用 EFG 法计算得到的感应电流分布如图 3-38a 所示。EFG 法计算结果与 FEM 法计算结果的差值如图 3-38b 所示。如果无裂纹存在，感应电流均匀分布。由图 3-38a 可见，由于裂纹的存在，感应电流需绕过裂纹，即裂纹对感应电流场产生了扰动。EFG 法计算结果可以反映材料内部缺陷引起的感应电流变化，从而表明 EFG 法可用于涡流检测研究。利用 EFG 法得到的最大涡流密度与利用 FEM 法得到的最大涡流密度的相对差值是 12.8%，在图 3-37 所示的节点和网格密度下误差是比较小的，这证明了 EFG 法的正确性。

EFG 法也可用于求解脉冲涡流问题和涡流检测反问题。

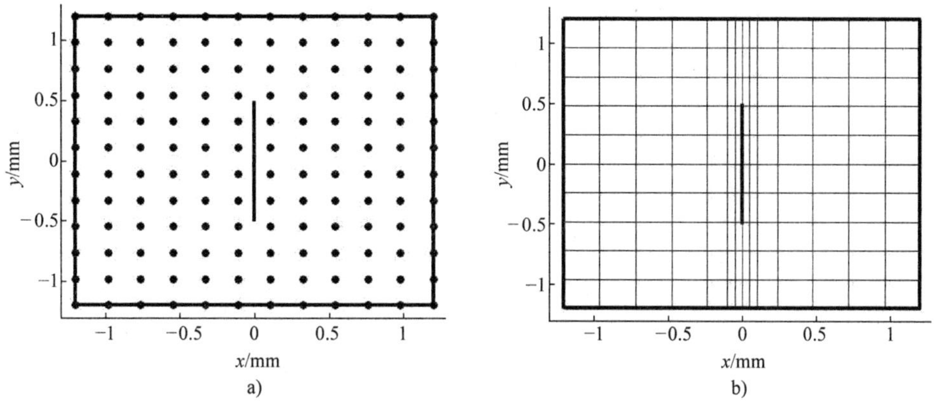

图 3-37　含裂纹导电空间二维求解域的离散化

a）EFG 节点分布　b）有限元网格

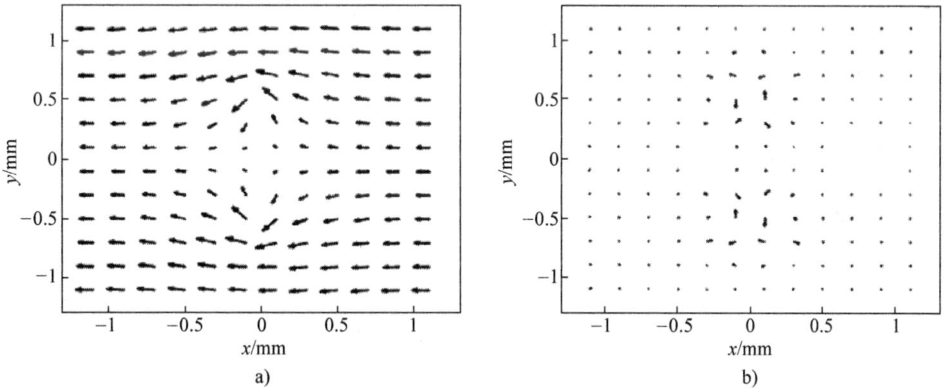

图 3-38　含裂纹导电空间涡流分布

a）EFG 法计算结果　b）EFG 法结果与 FEM 法结果之差

3.3.4　无网格伽辽金法存在的问题

EFG 法本质上并不依赖于网格信息，这是 EFG 法等无网格方法的最大优点。如果求解域内包含介质分界面、缺陷等，EFG 法通过“可视化原则”等方法在形函数内引入不连续性，而不是通过局部网格加密的方法进行处理。在电磁学逆问题、拓扑优化等问题中，求解域的几何边界发生变动时，EFG 法也无须重新布置离散节点，大大节约了计算成本。

EFG 法本身也存在一些缺陷。首先，背景积分网格的使用使 EFG 法不能称为真正的无网格方法，并且当求解域几何边界形状较复杂时，如果采用均匀四边形或六面体积分网格，往往会造成较大误差。一些改进方法往往会增加积分网格划分的工作量。其次，由于 EFG 法是在全域上构造近似解，因此在积分运算时，对每个积分点需要在全域内搜索使该积分点处于影响域内的节点，或对每个节点都需搜索在其影响域内的积分点，这就降低了 EFG 法的计算效率。最后，EFG 法对强制边界条件的处理比较复杂，难以标准化。

除了以上缺陷外，目前还没有开发出成熟的、可用于实际问题的 EFG 商用软件包，这也制约了 EFG 法在涡流检测研究中的应用。不过 EFG 法作为一种正在发展中的数值方法，因其本身的优点，在涡流检测研究中仍有很好的发展前景。

第 4 章　脉冲涡流检测信号数值模拟方法

内容摘要

本章重点讲述脉冲涡流检测信号的数值模拟方法和基于脉冲涡流检测信号的缺陷定量重构方法相关的理论、方法及典型应用。主要内容包括脉冲涡流检测信号数值计算方法、脉冲涡流检测信号计算的高效化、基于共轭梯度方法的脉冲涡流检测反问题、神经网络-共轭梯度复合脉冲涡流检测信号反演方法。

4.1　脉冲涡流检测信号数值计算方法

4.1.1　基于傅里叶级数的脉冲涡流检测信号计算方法

脉冲涡流检测方法是近年来发展起来的一种电磁无损检测技术，相对于传统涡流检测方法具有频率范围广、检测深度大等优点，在深层缺陷和多层结构缺陷的定量检测方面具有优势。在脉冲涡流检测技术中，主要使用方波脉冲电流作为激励源。通过离散傅里叶变换，方波脉冲信号可视为一系列具有不同谐波频率和振幅的正弦波的总和。基于脉冲涡流问题的线性特性，方波脉冲涡流的响应信号也应由一系列不同频率（与激励信号频率相同）的正弦波组成。基于这一原理，脉冲涡流的响应信号可以通过先计算多个单频正弦激励电流的响应信号，然后将其叠加进行求解。这一方法的基础是傅里叶级数的展开和叠加，因此称之为傅里叶级数方法。

1. 单个频率正弦激励涡流响应信号的计算方法

对于单个频率正弦激励电流的响应信号的数值模拟，可采用第 2 章所述的传统数值模拟方法，如基于棱边有限元的退化磁向量位法（$\boldsymbol{A}_r$ 法）。其主要控制方程在 2.3 节已详细介绍。

采用伽辽金有限元离散法对 $\boldsymbol{A}_r$ 控制方程及边界条件进行离散，可得式（4-1），其中 $I(t)$ 为激励电流源关于时间的函数，$\boldsymbol{K}$、$\boldsymbol{C}$ 及 $\boldsymbol{M}$ 为有限元方程各系数矩阵及向量。

$$\boldsymbol{KA} + \boldsymbol{C}\frac{\partial \boldsymbol{A}}{\partial \boldsymbol{t}} = \boldsymbol{M}I(t) \tag{4-1}$$

当激励电流为单一频率正弦波时，对式（4-1）可以通过复数近似法得到式（4-2）。即令 $\partial \boldsymbol{A}/\partial t = \mathrm{j}\omega \boldsymbol{A}$，其中 ω 为激励信号的角频率，j 为虚数单位。

$$\boldsymbol{KA} + \mathrm{j}\omega \boldsymbol{CA} = \boldsymbol{M}I(t) \tag{4-2}$$

基于方程式（4-2）可开发传统单频涡流检测信号的 $\boldsymbol{A}_r$ 法计算程序。

2. 傅里叶级数法脉冲涡流信号计算原理

式（4-1）中电流函数 $I(t)$ 是一个和时间相关的连续函数，通过离散傅里叶变换可以表示为

$$I(t) = \sum_{n=1}^{N} F_n e^{\mathrm{j}\omega_n t} \tag{4-3}$$

式中，ω_n 为第 n 阶正弦谐波激励的角频率；F_n 为相应的幅值系数。

式（4-1）是线性微分方程，将$\boldsymbol{A}(t)$进行傅里叶离散，即

$$\boldsymbol{A}(t) = \sum_{n=1}^{N} \boldsymbol{A}_n e^{j\omega_n t} \tag{4-4}$$

并代入式（4-1），可得

$$\sum_{n=1}^{N} (\boldsymbol{K} + j\omega_n \boldsymbol{C}) \boldsymbol{A}_n e^{j\omega_n t} = \sum_{n=1}^{N} \boldsymbol{M} F_n e^{j\omega_n t} \tag{4-5}$$

式（4-5）等价于：

$$(\boldsymbol{K} + j\omega_n \boldsymbol{C})\boldsymbol{A}_n = \boldsymbol{M} F_n \quad n = 1, 2, \cdots, N \tag{4-6}$$

方程组（4-6）中每个方程和式（4-2）都有相同的形式。因此，每个单位谐波电流源对应的磁位响应$\boldsymbol{A}_{n0}$都可以通过上述方法求得。当每个$\boldsymbol{A}_{n0}$都得到后，式（4-1）的响应信号可通过对每个谐波的响应信号求和得到，即

$$\boldsymbol{A}(t) = \sum_{n=1}^{N} F_n \boldsymbol{A}_{n0} e^{j\omega_n t} \tag{4-7}$$

式（4-7）表明，响应磁向量位信号$\boldsymbol{A}$由与激励脉冲电流相同谐波频率的成分组成。响应信号可以由每个激励正弦波电流响应信号通过对应合适的加权系数求和确定。

由于磁感应强度$\boldsymbol{B}_1$为磁向量位$\boldsymbol{A}$的旋度，可得

$$\boldsymbol{B}_1(t) = \sum_{n=1}^{N} F_n (\nabla \times \boldsymbol{A}_{n0}) e^{j\omega_n t} = \sum_{n=1}^{N} F_n \boldsymbol{B}_{1n0} e^{j\omega_n t} \tag{4-8}$$

式中，$\boldsymbol{B}_{1n0}$为单频单位电流源激励时的磁感应强度响应信号。

从式（4-8）可以看出，磁感应强度$\boldsymbol{B}_1$可以看作是每一个单频正弦激励信号的响应信号通过相应权系数的求和所得到的。

此外，激励线圈在导体中产生的感应涡流密度$\boldsymbol{J}$也可以通过每个单频正弦激励产生的涡流叠加而得，即

$$\boldsymbol{J}(t) = -\sigma \frac{\partial \boldsymbol{A}(t)}{\partial t} = \sum_{n=1}^{N} F_n (-j\omega_n \sigma \boldsymbol{A}_{n0}) e^{j\omega_n t} \tag{4-9}$$

式（4-9）可以写成以下形式：

$$\boldsymbol{J}(t) = \sum_{n=1}^{N} F_n \boldsymbol{J}_{n0} e^{j\omega_n t} \tag{4-10}$$

式中，$\boldsymbol{J}_{n0}$为单频单位电流源激励时的响应涡流信号。

可以利用毕奥-萨伐定律计算由涡流密度$\boldsymbol{J}$产生的间接磁感应强度$\boldsymbol{B}$（由导体内的涡流产生），即

$$\boldsymbol{B}(t) = \frac{\mu}{4\pi} \int_{V_d} \boldsymbol{J}(t) \times \nabla \frac{1}{R} dV' \tag{4-11}$$

式中，V_d为导体区域；$\boldsymbol{J}$（t）为导体内的涡流密度；R为$\boldsymbol{J}$（t）上的源点到$\boldsymbol{B}$（t）场点的距离。根据式（4-10）和式（4-11）可得

$$\begin{aligned}\boldsymbol{B}(t) &= \frac{\mu}{4\pi} \int_{V_d} \sum_{n=1}^{N} F_n \boldsymbol{J}_{n0} e^{j\omega_n t} \times \nabla \frac{1}{R} dV' \\ &= \sum_{n=1}^{N} F_n \left(\frac{\mu}{4\pi} \int_{V_d} \boldsymbol{J}_{n0} \times \nabla \frac{1}{R} dV' \right) e^{j\omega_n t}\end{aligned} \tag{4-12}$$

由于 $\boldsymbol{B}_{n0}=\dfrac{\mu}{4\pi}\displaystyle\int_{V_d}\boldsymbol{J}_{n0}\times\nabla\frac{1}{R}\mathrm{d}V'$，式（4-12）表明，在导体中由涡流密度 $\boldsymbol{J}$ 计算间接磁感应强度 $\boldsymbol{B}$ 的过程也可以看作一系列正弦激励的响应信号通过相应权系数的叠加。

因此可见，脉冲涡流问题的响应域（包括磁向量位 $\boldsymbol{A}$、磁感应强度 $\boldsymbol{B}_1$、涡流密度 $\boldsymbol{J}$ 和间接磁感应强度 $\boldsymbol{B}$）所有信号都可以通过一系列单频正弦激励信号的响应信号的加权叠加计算得到。这一做法的前提是在脉冲涡流频率范围内这些涡流问题是线性的。

3. 傅里叶级数法的实现

基于前面所述，本小节说明如何将傅里叶级数法应用于脉冲涡流问题。

利用离散傅里叶变换，一个重复的方波脉冲可以表示成许多不同谐波频率正弦波的加权相加。式（4-13）为重复的单位理想方波脉冲的傅里叶级数展开式：

$$i(t)=\frac{d}{T}+\sum_{n=1}^{N}(A_n\sin\omega_n t+B_n\cos\omega_n t)\tag{4-13}$$

式中，$\omega_n=2\pi n/T$ 为第 n 阶谐波的角频率；A_n 和 B_n 均为系数，满足 $A_n=(1-\cos\omega_n d)/(n\pi)$、$B_n=\sin\omega_n d/(n\pi)$；$T$ 为脉冲周期；d 为一个周期中的脉冲宽度；t 为时间；N 为谐波总数。

在式（4-13）中，d/T 为不感应间接磁场的恒定电流部分。考虑到一个单频正弦激励信号对应的检出信号为 $Re_n\sin\omega_n t+Im_n\cos\omega_n t$，当激励信号为 $\cos\omega_n t$ 时，检出信号应该为 $-Im_n\sin\omega_n t+Re_n\cos\omega_n t$。因此根据前面所述，可以确定脉冲激励对应的响应信号为

$$B(t)=\sum_{n=1}^{N}[(A_n Re_n-B_n Im_n)\sin\omega_n t+(A_n Im_n+B_n Re_n)\cos\omega_n t]\tag{4-14}$$

式中，Re_n 和 Im_n 分别为第 n 阶谐波正弦激励下涡流响应信号的实部和虚部。

对于脉冲涡流信号，傅里叶级数法计算步骤如下：首先，采用 $\boldsymbol{A}_r$ 法确定一个单频正弦激励的响应信号；然后，通过式（4-14）将不同频率正弦谐波的响应信号加权相加得到脉冲激励的响应信号。

4. 傅里叶级数法中谐波分量数量的确定

由式（4-13）可知，一个脉冲信号应包括无穷多个谐波分量，各谐波系数随谐波频率变大而减小。对于脉冲信号计算，需要选择谐波分量个数来保证其所需精度。下面，通过对不锈钢减薄缺陷的脉冲涡流信号计算讨论谐波个数问题。

考虑两块不同厚度（分别为 10mm 和 2mm）的 AISI316 奥氏体不锈钢板（长、宽各为 100mm）的脉冲涡流检测问题，10mm 厚的板作为参照，2mm 厚的板用来模拟壁厚减薄。试样和探头的结构如图 4-1 所示。提离为 0.5mm，脉冲涡流激励线圈参数为：内径为 ϕ30mm、外径为 ϕ40mm、高度为 15mm，线径为 ϕ1mm，匝数为 60。通入激励线圈的激励电流为重复的理想方波脉冲。方波脉冲的直流部分大小为 7.8A，周期为 0.01s，占空比为 50%。图 4-2 所示为激励电流的一个周期。采用傅里叶级数法计算激励线圈底部中心位置垂直方向的磁感应强度，并通过差分信号（10mm 厚的板与 2mm 厚的板信号的差分）来评价管壁减薄。

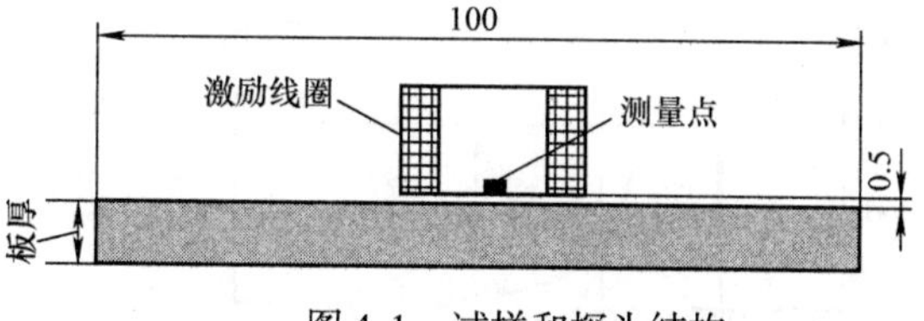

图 4-1　试样和探头结构

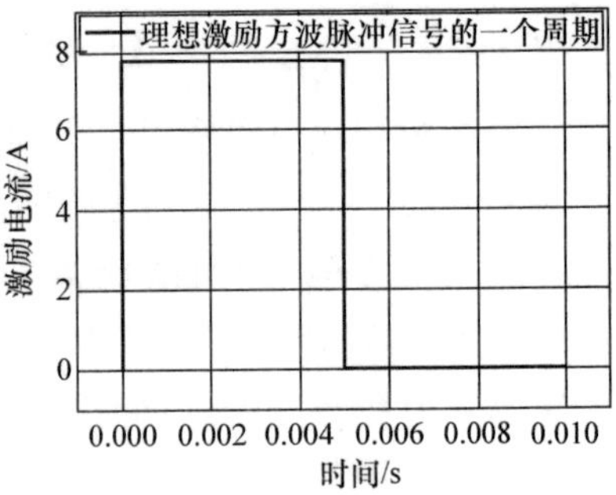

图 4-2　一个周期的重复理想激励方波脉冲信号

图 4-3 所示为通过不同数量谐波分量的叠加得到的响应信号。图 4-3a 所示为谐波分量为前 30、前 50、前 100 个时的叠加数值计算结果。从图 4-3a 可以看出，当谐波分量的数量变化时，所得响应信号也发生明显变化。这些结果说明求和所需的谐波分量的数量还不够。图 4-3b、c 表明，即使求和的谐波数量增加至 300，当求和谐波数量改变时，其结果仍存在少许变化。从图 4-3d 可以看出，当求和谐波分量的数量为 450、600 或者 1000 时，所得计算结果基本一致。这表明最佳谐波分量数量为 450，原因将在后续内容中详细分析。

对于谐波分量数量的选择，需要设定一个基准误差来判断最优谐波数量，因为数量太多不会显著改变精度却大大增加计算量。实际上，磁场测量中会有噪声（误差），如本实验所用霍尔传感器的噪声范围为 40mV，测量范围为 2.2V，即相应磁场测量最小相对误差约为 1.82%。因此，对于脉冲涡流数值模拟来说，存在 1.0% 的误差（约为实验误差的一半）是可以接受的。

此外，插值法过程中也会存在数值误差。因此，可以设定 0.5% 的基准误差用来选择频率分量总数。

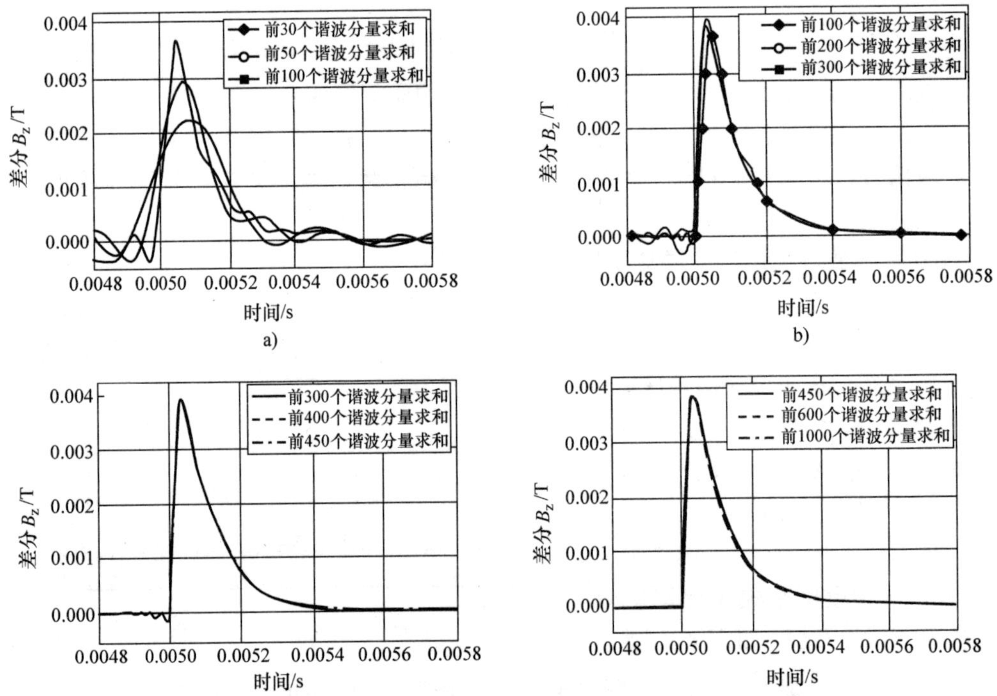

图 4-3　不同数量的谐波分量求和的数值结果

a）谐波数：30，50，100　b）谐波数：100，200，300　c）谐波数：300，400，450　d）谐波数：450，600，1000

式（4-15）给出总误差定义：

$$谐波数误差(k) = \sum_{n=n_1}^{n_2} \frac{\left|\dfrac{B_{1-k}(n) - B_{1-(k+50)}(n)}{B_{1-(k+50)}(n)}\right|}{n_2 - n_1 + 1} \times 100\% \tag{4-15}$$

式中，$B_{1-k}(n)$ 为基于前 k 阶谐波分量的计算信号；$B_{1-(k+50)}(n)$ 为基于前 $k+50$ 阶谐波分量的计算信号；谐波数误差 (k) 为前 k 阶谐波分量的计算信号误差；n_1 和 n_2 分别为在 0.005 ~0.01s 时间范围内，计算信号瞬态值大于峰值的 10% 的信号点数的最小值和最大值，以避免计算信号瞬态值接近 0 时的巨大相对误差。

利用式（4-15），可以计算出谐波分量总数不同时的误差，其结果如图 4-4 所示。当谐波分量数量增加时，相应的误差减小。当谐波分量的总数为 450 时，其对应的误差小于 0.5%，说明谐波分量总数选择为 450 是合适的。

5. 频响信号插值策略

在傅里叶级数法计算过程中，最关键的是计算不同谐波激励的响应信号，即频响信号或前文提到的 Re_n 和 Im_n。用傅里叶级数法模拟实际信号，计算所有谐波分量的响应信号耗时太久。图 4-5 所示为响应信号的实部和虚部随激励谐波频率增大时的变化规律（从 100Hz 到 45000Hz，步长 100Hz），即频响曲线。图 4-5 中，谐波频率增大时相应的响应信号以平滑规律变化。由于频响曲线变化平缓，不需要通过 $\boldsymbol{A}_r$ 法来计算所有谐波的响应信号。利用 $\boldsymbol{A}_r$ 法计算部分频率的响应信号，通过合适的插值法计算其他频率的响应信号并不会带来明显误差。具体插值计算可以采用分段线性插值方法。

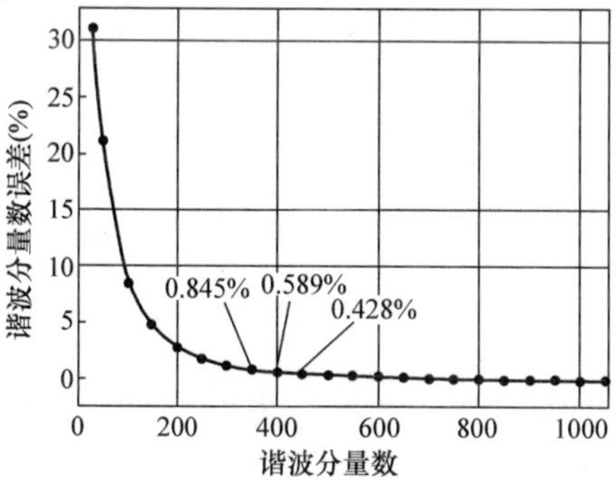

图 4-4　谐波分量数量不同时的计算误差

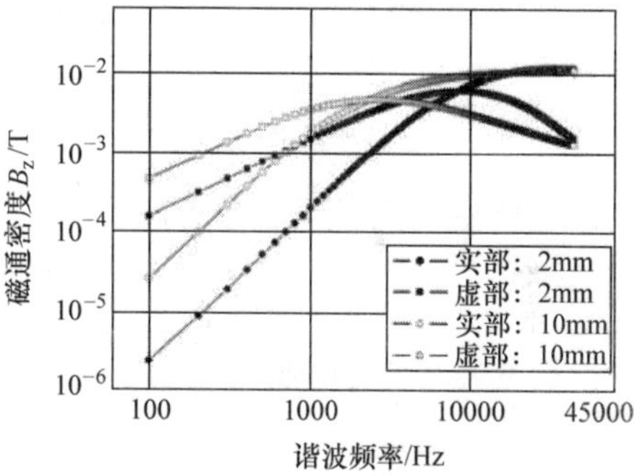

图 4-5　响应信号的实部和虚部随激励谐波频率增大时的变化规律

为了控制脉冲涡流信号的计算误差，用于插值计算的初始谐波分量的数量尤为重要。初始谐波分量数量的选择可以参照上节提出的 0.5% 误差准则。即采用式（4-16）来计算插值误差：

$$插值误差(f) = \left|\frac{B_{\text{original}}(f) - B_{\text{interpolation}}(f)}{B_{\text{original}}(f)}\right| \times 100\% \tag{4-16}$$

式中，插值误差 (f) 为谐波频率为 f 时的插值误差；$B_{\text{original}}(f)$ 和 $B_{\text{interpolation}}(f)$ 分别为利用涡流程序的原始计算值和利用插值法得到的数值。如各频率的插值误差均小于 0.5%，则这时采用的初始谐波分量的数量是恰当的。

图 4-6 给出了选择 30 个谐波分量用于插值法时的插值误差。基于均匀分布的 30 个谐波，通过分段线性插值可以确定其余的 420 个谐波对应的谐波响应。这时插值误差小于 0.5%，说明 30 个初始谐波分量是足够的。图 4-7 所示为使用插值法和不使用插值法所得脉冲涡流信号的对比结果。可以发现，利用分段线性插值法计算的脉冲涡流响应信号仍具有较

高精度，但计算量减少为原来计算量的 1/10 以下。

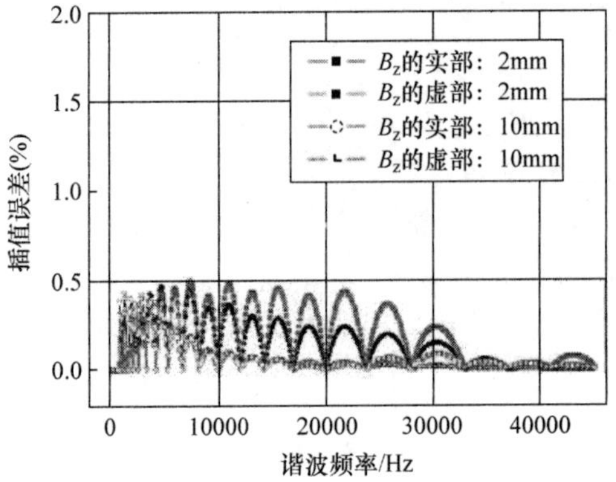

图 4-6　插值法引入的误差

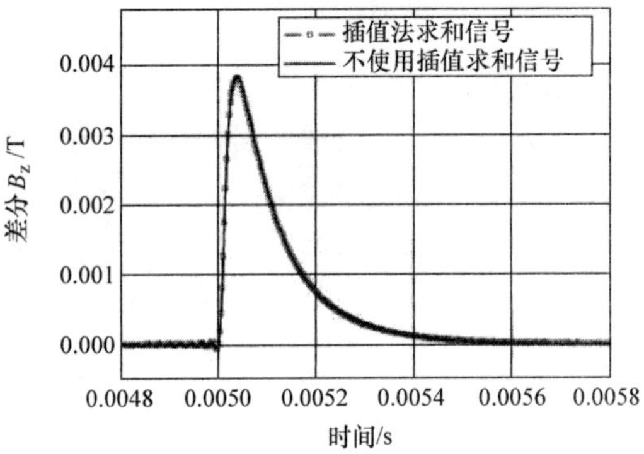

图 4-7　使用插值法和不使用插值法的脉冲涡流信号的结果对比

4.1.2　脉冲涡流信号时域积分法

脉冲涡流信号的计算还可以采用直接时域积分方法。即基于第 2 章给出的 $\boldsymbol{A}_r$ 方法棱边元有限元程序，采用定步长 Crank-Nicholson 直接积分法对式（2-117）进行直接逐步积分求解。脉冲涡流信号时域积分法的基本原理如下。

在涡流检测中，$\boldsymbol{A}_r$ 法的基本方程表达为

$$\boldsymbol{KA}+\boldsymbol{C}\frac{\partial \boldsymbol{A}}{\partial t}=\boldsymbol{MI}(t) \tag{4-17}$$

对于瞬态问题，与时间相关的微分 $\partial \boldsymbol{A}/\partial t$，可以利用时间步长为 Δt 的差分法代替，即

$$\frac{\partial \boldsymbol{A}}{\partial t}\approx\frac{\boldsymbol{A}^k-\boldsymbol{A}^{k-1}}{\Delta t} \tag{4-18}$$

式中，k 为第 k 步时间步长。为了提高时域积分法的稳定性，引入系数稳定因子 θ（$0\leqslant\theta\leqslant 1$）来表征磁向量位 $\boldsymbol{A}$，即

$$\boldsymbol{A}=\theta\boldsymbol{A}^{k-1}+(1-\theta)\boldsymbol{A}^k \tag{4-19}$$

将式（4-18）和式（4-19）代入式（4-17），可得磁向量位线性方程组为

$$[\boldsymbol{K}(1-\theta)\Delta t+\boldsymbol{C}]\boldsymbol{A}^k=\Delta t\boldsymbol{MI}(t_0+k\Delta t)+[\boldsymbol{C}-\boldsymbol{K}\theta\Delta t]\boldsymbol{A}^{k-1} \tag{4-20}$$

式中，t_0 为初始时间；Δt 为时间步长；$\boldsymbol{A}^k=\boldsymbol{A}|_{t=t_0+k\Delta t}$。

基于上述方程开发了 $\boldsymbol{A}_r$ 直接积分方法脉冲涡流信号计算程序。程序中给定点磁场信号的计算基于毕奥-萨伐定律进行，即通过毕奥-萨伐定律计算导体内涡流产生的磁场。程序的有效性通过基于复数近似法 $\boldsymbol{A}_r$ 程序和上述瞬态问题程序同时计算传统单频涡流问题（JSAEM 标准问题 Step1）的响应信号进行验证。瞬态问题程序计算了三个正弦周期，每个周期选取 48 个积分步。为确定积分稳定因子，将 θ 分别设置为不同数值（如 0，0.2，0.4，0.5，0.6，0.8，1.0）进行计算。$\theta=0.6\sim1.0$ 积分发散，但 θ 取前四个数值时，结果均收敛。采用前四个稳定因子的计算时间分别为 436s、441s、440s、439s。可以发现，当稳定因子 $\theta=0$ 时，收敛速度最快。对比前四个稳定因子与复数近似法程序的计算结果，可以发现当稳定因子为 0 时误差最小，对应的实部误差为 0.233%，虚部误差为 0.127%。这些结果

表明这两种方法的数值模拟结果有很好的一致性，验证了改进的脉冲涡流信号时域积分法程序的有效性，且稳定因子取为 0 时最优。

4.1.3　验证与应用

为验证傅里叶级数脉冲涡流信号计算方法，开发了相应的模拟程序，并利用两种数值模拟方法分别对不同厚度板的全局减薄脉冲涡流检测信号进行计算，比较相应的计算精度和计算效率，同时与实验结果进行对比。结果表明，插值傅里叶级数法与直接时域积分法相比，可以降低计算时间。

1. 两种计算方法的结果比较

将同一个模型利用上述两种数值模拟方法中进行计算。脉冲激励电流的参数与上节相同。在本小节中，建立了四个不同厚度的 AISI316 奥氏体不锈钢板模型，其厚度分别为 2mm、4mm、7mm、10mm。与之前的做法类似，将 10mm 钢板信号作为参考脉冲涡流信号，将其他三组钢板信号与 10mm 钢板信号的差分作为脉冲涡流缺陷信号。

在傅里叶级数法中，选择前 450 个谐波分量求和，并且选择其中 30 个谐波分量进行插值。在时域积分法中，积分稳定因子 $\theta=0$，且一个周期内进行 5000 步积分。激励电流为幅值 7.8A、周期 0.01s、占空比 50% 的重复理想方波。

图 4-8 所示为傅里叶级数法和时域积分法的差分响应信号数值结果比较。可以看出两种方法的结果重合性很高，验证了两种方法及其程序的有效性。

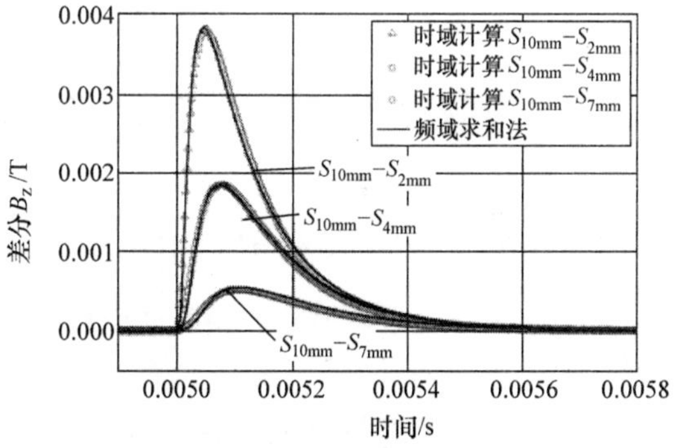

图 4-8　频域法和时域积分法数值模拟结果对比

为比较两种数值模拟方法的计算效率，采用相同的计算环境（DellOptiPlex755：IntelCore2DuoE6850，3GHz，Memory2GB，OSUbuntu8.04.3，IntelFortranCompiler11.0）分别进行计算。每个单频涡流问题的计算时间约为 3s。针对前述问题，傅里叶级数法采用 $\boldsymbol{A}_r$ 程序计算其中 30 个谐波分量的响应信号，其余的 420 个谐波分量响应信号通过插值法获得，所需总计算时间约为 2min。时域积分法需要足够小的时间步长来确保其积分精度，一个周期取 5000 个积分步时的计算时间约为 4h。以上计算时间显示，傅里叶级数法所需要的计算时间比时域积分法少很多。由于傅里叶级数法可以通过快速算法等（传统单频涡流问题所开发的数值模拟方法）进一步提高计算效率，因此插值傅里叶级数法在计算效率上具有较大的优势。

2. 实验验证

以下给出基于实验验证傅里叶级数法脉冲涡流数值模拟程序有效性的结果。

脉冲涡流实验系统由信号发生器（WF1945，NF）、功率放大器（BP4610，NF）、数据采集卡和计算机组成。在脉冲涡流实验中，通过信号发生器生成方波脉冲，并通过功率放大器进行信号放大，放大后的输出电流信号可以被控制调节。由于实验仪器的时间响应延迟会造成实际的激励方波脉冲的偏差，实验中的实际激励脉冲信号如图 4-9 所示。实验中，方波脉冲电流直流段的大小为 7.8A，周期为 0.01s，占空比为 50%。激励线圈由放大后的脉冲电流驱动，其具体参数如前所述。将置于激励线圈底部中心的霍尔传感器作为检出探头，霍尔传感器测量出的垂直方向上的磁感应强度作为响应信号。为了降低噪声，将 100 个周期的响应信号平均后作为最终瞬态输出信号。

采用快速傅里叶变换提取实验中方波激励电流的系数 A_n 和 B_n，可以更准确地将实验结果和基于傅里叶级数法的数值模拟结果进行对比。图 4-10 所示为基于傅里叶级数法的差分响应信号与实验差分信号的结果对比（10mm 钢板信号作为参考信号）。可以看出，实验结果和数值模拟结果具有很高的一致性。

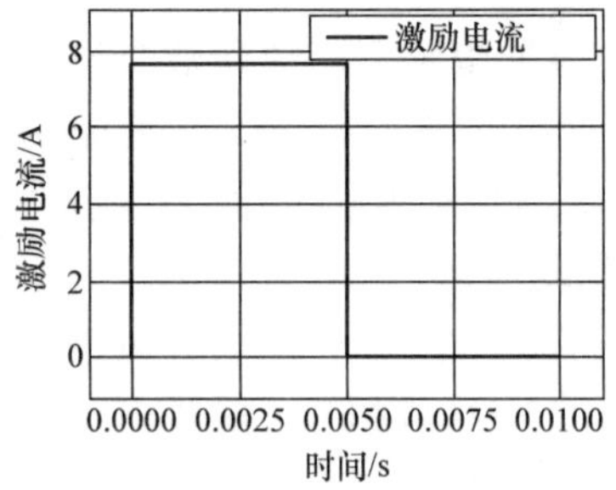

图 4-9　实验中采用的实际方波脉冲激励信号

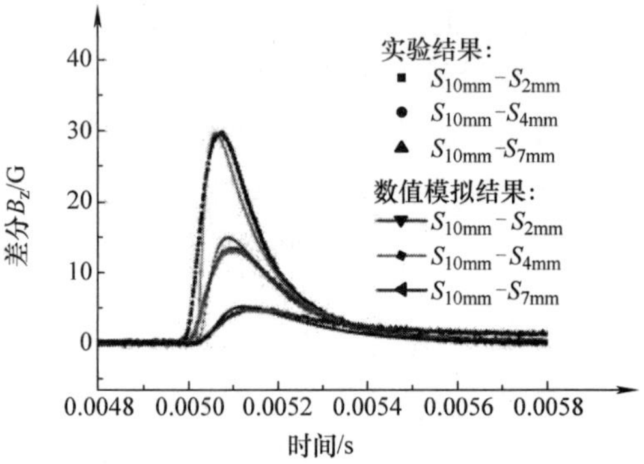

图 4-10　实验差分信号与傅里叶级数法的差分信号结果对比

注：$1G = 10^{-4}T$。

4.2　脉冲涡流信号的高效数值模拟方法

4.2.1　脉冲涡流信号高效数值求解的重要性

上节给出了基于傅里叶变换与插值相结合的方法计算脉冲涡流信号的正问题求解方法。然而，所需时间仍然较多，特别是对于反问题分析和探头优化问题。对于脉冲涡流反问题和探头优化设计，其正问题计算需要巨大的计算资源。例如，对于上节模型的扫描信号计算，需要大约 40min，并且这仅是对于一维扫描信号情形。可以想象出求解二维扫描结果将需要更为庞大的计算时间，这对反问题分析和探头优化设计无法接受的。

鉴于以上因素，迫切需要开发快速数值算法，进一步提高脉冲涡流检测信号的计算效率。本节介绍基于数据库方法和傅里叶级数法的脉冲涡流检测信号计算方法。首先介绍可适用于三维局部减薄缺陷（体缺陷）检测信号快速计算的基于数据库方法的常规涡流检测信号快速计算方法，说明二维移动对称体缺陷数据库生成方案及其对减少无缺陷场数据库建立时间的有效性。其次，介绍基于傅里叶级数法和单一频率正弦激励快速模拟方法的局部减薄缺陷脉冲涡流检测信号的快速数值模拟方法。通过比较快速求解器计算结果、上节方法计算结果和实验结果，证明本节的快速求解方法可以高精度求取脉冲涡流检测信号，并且比常规方法快 100 倍以上。

4.2.2　体缺陷涡流检测快速求解算法

1. 减薄体缺陷的快速正问题算法理论

Chen 等已开发了面缺陷（如裂纹等）常规涡流检测快速求解方法。由于腐蚀减薄是三维体积型缺陷的几何模型，无法直接应用常规快速求解器进行腐蚀减薄涡流检测信号的计算。裂纹和腐蚀减薄问题之间的主要差别在于激励/检出线圈和单位电流源激励引起的无缺陷场数据库非常不同，需要进行特殊处理。

以下说明常规涡流检测快速算法的基本理论。无缺陷时常规涡流问题的控制方程经伽辽金有限元离散后可写为

$$\boldsymbol{K}\boldsymbol{A}^0 + \mathrm{j}\omega\boldsymbol{C}\boldsymbol{A}^0 = \boldsymbol{M}\boldsymbol{I} \tag{4-21}$$

式中，$\boldsymbol{K}$、$\boldsymbol{C}$、$\boldsymbol{M}$ 分别为有限元方程的整体系数矩阵和向量；$\boldsymbol{A}^0$ 为试样中无缺陷时的磁向量位分布；$\boldsymbol{I}$ 为正弦激励电流；j 为虚数单位。

如果只考虑非铁磁性材料试样，对象导体磁导率与自由空间一样。因此，如果试样有缺陷，其磁导率的分布没有变化，而电导率分布将在缺陷区域发生变化，这意味着带缺陷试样的控制方程中系数矩阵 $\boldsymbol{K}$ 不变，而 $\boldsymbol{C}$ 发生了变化。

根据以上分析，带有缺陷的常规涡流检测问题的控制方程通过伽辽金有限元离散后可相应的写为

$$\boldsymbol{K}\boldsymbol{A} + \mathrm{j}\omega\boldsymbol{C}^*\boldsymbol{A} = \boldsymbol{M}\boldsymbol{I} \tag{4-22}$$

式中，$\boldsymbol{A}$ 为当试样中存在缺陷时磁向量位的分布；$\boldsymbol{C}^*$ 为与电导率相关的总体系数矩阵（有缺陷导体的电导率分布函数）。

将带缺陷和不带缺陷的控制方程相减，即用式（4-22）减去式（4-21），可得如下线性方程组：

$$(\boldsymbol{K}\boldsymbol{A} + \mathrm{j}\omega\boldsymbol{C}^*\boldsymbol{A}) - (\boldsymbol{K}\boldsymbol{A}^0 + \mathrm{j}\omega\boldsymbol{C}\boldsymbol{A}^0) = 0 \tag{4-23}$$

由式（4-23）可得方程

$$\boldsymbol{K}\boldsymbol{A} + \mathrm{j}\omega\boldsymbol{C}^*\boldsymbol{A} - \boldsymbol{K}\boldsymbol{A}^0 - \mathrm{j}\omega\boldsymbol{C}\boldsymbol{A}^0 + \mathrm{j}\omega\boldsymbol{C}\boldsymbol{A} - \mathrm{j}\omega\boldsymbol{C}\boldsymbol{A} = 0 \tag{4-24}$$

$$\boldsymbol{K}(\boldsymbol{A} - \boldsymbol{A}^0) + \mathrm{j}\omega\boldsymbol{C}(\boldsymbol{A} - \boldsymbol{A}^0) = \mathrm{j}\omega(\boldsymbol{C} - \boldsymbol{C}^*)\boldsymbol{A} \tag{4-25}$$

记 $\boldsymbol{A}^{\mathrm{f}} = \boldsymbol{A} - \boldsymbol{A}^0$ 代表缺陷存在对磁向量位的扰动，则式（4-25）可写为

$$(\boldsymbol{K} + \mathrm{j}\omega\boldsymbol{C})\boldsymbol{A}^{\mathrm{f}} = \mathrm{j}\omega(\boldsymbol{C} - \boldsymbol{C}^*)(\boldsymbol{A}^{\mathrm{f}} + \boldsymbol{A}^0) \tag{4-26}$$

由于 $\boldsymbol{C}$ 和 $\boldsymbol{C}^*$ 分别为与无缺陷电导率 $\boldsymbol{\sigma}^0$ 和有缺陷电导率 $\boldsymbol{\sigma}$ 有关，因此 $\boldsymbol{C} - \boldsymbol{C}^*$ 在缺陷外为零。记 $\overline{\boldsymbol{K}} = \boldsymbol{K} + \mathrm{j}\omega\boldsymbol{C}$，$\hat{\boldsymbol{K}} = \mathrm{j}\omega$（$\boldsymbol{C} - \boldsymbol{C}^*$），并分割研究区域为缺陷区域和其他区域，从式（4-26）中可得

$$\begin{pmatrix} \overline{\boldsymbol{K}}_{11} & \overline{\boldsymbol{K}}_{12} \\ \overline{\boldsymbol{K}}_{21} & \overline{\boldsymbol{K}}_{22} \end{pmatrix}\begin{pmatrix} \boldsymbol{A}_1^{\mathrm{f}} \\ \boldsymbol{A}_2^{\mathrm{f}} \end{pmatrix} = \begin{pmatrix} \hat{\boldsymbol{K}}_{11} & \boldsymbol{0} \\ \boldsymbol{0} & \boldsymbol{0} \end{pmatrix}\begin{pmatrix} \boldsymbol{A}_1^{\mathrm{f}} + \boldsymbol{A}_1^0 \\ \boldsymbol{A}_2^{\mathrm{f}} + \boldsymbol{A}_2^0 \end{pmatrix} \tag{4-27}$$

式中，下标 1 和 2 分别表示缺陷区域和其他区域，如图 4-11 所示。

如记 $\overline{\boldsymbol{K}}$ 的逆矩阵为 $\boldsymbol{H}$，则可得

$$\begin{pmatrix} \boldsymbol{A}_1^{\mathrm{f}} \\ \boldsymbol{A}_2^{\mathrm{f}} \end{pmatrix} = \begin{pmatrix} \boldsymbol{H}_{11} & \boldsymbol{H}_{12} \\ \boldsymbol{H}_{21} & \boldsymbol{H}_{22} \end{pmatrix}\begin{pmatrix} \hat{\boldsymbol{K}}_{11} & \boldsymbol{0} \\ \boldsymbol{0} & \boldsymbol{0} \end{pmatrix}\begin{pmatrix} \boldsymbol{A}_1^{\mathrm{f}} + \boldsymbol{A}_1^0 \\ \boldsymbol{A}_2^{\mathrm{f}} + \boldsymbol{A}_2^0 \end{pmatrix} \tag{4-28}$$

由式（4-28）中可得求解扰动场 $\boldsymbol{A}_1^{\mathrm{f}}$ 的线性方程组为

$$(\boldsymbol{I} - \boldsymbol{H}_{11}\hat{\boldsymbol{K}}_{11})\boldsymbol{A}_1^{\mathrm{f}} = \boldsymbol{H}_{11}\hat{\boldsymbol{K}}_{11}\boldsymbol{A}_1^0 \tag{4-29}$$

由于部分逆矩阵 $\boldsymbol{H}_{11}$ 和无缺陷磁向量位 $\boldsymbol{A}_1^0$ 不受缺陷影响，因此可以提前计算并存储在数据库中。式（4-29）中的未知数只与缺陷部位节点相关，且与缺陷相关的节点数大大少于整个系统的节点数，利用方程式（4-29）求解 $\boldsymbol{A}^{\mathrm{f}}$ 的计算量明显少于直接求解方程式（4-27）。

2. 基于二维移动对称性的数据库建立方法

上述算法的一个很重要的问题是线圈（磁向量位 $\boldsymbol{A}^u$）和单位源产生的无缺陷场数据库（逆矩阵 $\boldsymbol{H}$ 的第 i 列是由单位源在相应节点上产生的无缺陷场电位）的建立。该数据库需要提前使用合适的网格划分进行计算并存储到数据库中，为此需要大量的计算资源来建立全有限元模型数据库。由于线圈在不同扫描位置和不同节点处的单位源需要计算和存储，计算资源问题在三维缺陷的二维扫描信号计算中非常突出。

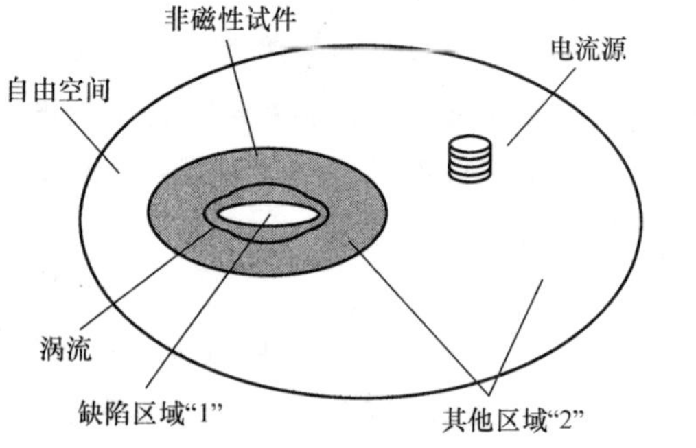

图 4-11　快速正问题算法计算模型原理

值得注意的是，当被检测对象形状单纯（如板、管）且几何尺寸较大时，外部源处在不同位置时的无缺陷场分布基本相同，只相对于检测对象有一定的空间平移。如果某一给定位置激励源的无缺陷场已知，其他位置激励源的无缺陷场可以通过将给定位置源激发场分布进行平移来获得。对于体缺陷，可采用二维移动对称性算法来建立无缺陷场数据库，以节约计算资源。

移动对称性原理如图 4-12 所示，位于（$x-a$, $y-b$, z）处的源产生的（x', y', z'）处的磁向量位 $\boldsymbol{A}$ 可以通过位于（x, y, z）处的源由下面方程计算获得：

$$\boldsymbol{A}(x',y',z';x-a,y-b,z)=\boldsymbol{A}(x'+a,y'+b,z';x,y,z) \tag{4-30}$$

式中，x，y 坐标分别为沿板试样的宽度和长度方向或管状试样的圆周方向和轴向；z 坐标为沿厚度方向。当源在宽度和长度方向分别平移 n_1 和 n_2 后，在（i, j, k）节点处的场量可按式（4-31）由激励源平移前的场量算出：

$$\boldsymbol{A}(i,j,k;l-n_1,m-n_2,n)=\boldsymbol{A}(i+n_1,j+n_2,k;l,m,n) \tag{4-31}$$

基于方程（4-30）和方程（4-31），在任何位置的源产生的无缺陷场都可由板/管中心处的源所产生的无缺陷场通过移动对称计算获得。例如，图 4-12 所示激励线圈在位置 S_1（$x-a$, $y-b$, z）处时在边界点 P_1（x', y', z'）处激发的场，可以利用相同大小激励源在中心点 O（x, y, z）处时在点 P_2（$x'+a$, $y'+b$, z'）处产生的场近似获得。

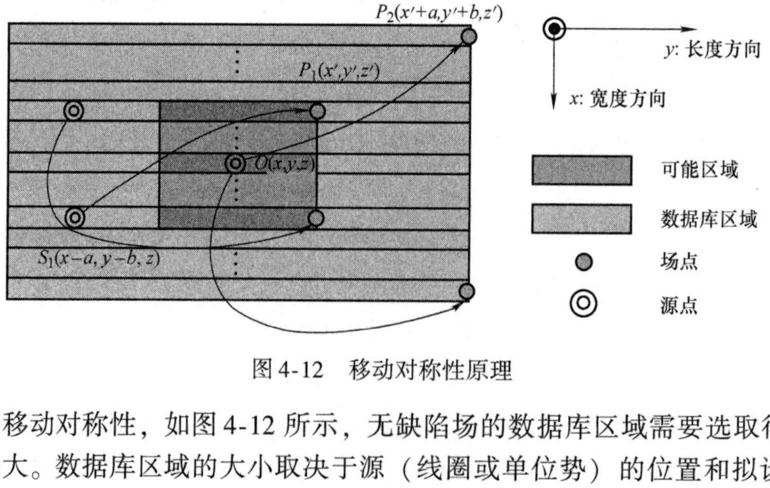

图 4-12　移动对称性原理

为了使用移动对称性，如图 4-12 所示，无缺陷场的数据库区域需要选取得比拟设定缺陷可疑区域稍大。数据库区域的大小取决于源（线圈或单位势）的位置和拟设定可疑区域的位置和大小。当线圈的扫描区域和单位势源的分布范围不同时，对于 $\boldsymbol{A}^0$ 和 $\boldsymbol{H}$，需要建立的数据库区域也会不同。

（1）激励/检出线圈感应无缺陷场 $\boldsymbol{A}^0$ 数据库的建立　由激励线圈或检出线圈产生的无缺陷场可以通过求解全域有限元模型得到。根据移动对称原理，只需计算线圈在检测对象中心时的无缺陷场，但为利用移位对称特性，$\boldsymbol{A}^0$数据库区域必须选择得大于可疑区域。实际中，如果线圈的扫描范围在 x 方向为［a_s，a_e］，在 y 方向上为［b_s，b_e］，并假设可疑区域在 x 方向为［$-a_0/2$，$a_0/2$］、在 y 方向为［$-b_0/2$，$b_0/2$］的区域，那么 $\boldsymbol{A}^0$的数据库区域应该在 x 方向选为［$-a_0/2-a_e$，$a_0/2-a_s$］，在 y 方向选为［$-b_0/2-b_e$，$b_0/2-b_s$］。这样，$\boldsymbol{A}^0$ 数据库建立和存储时可节省大量计算时间和计算机存储资源。

（2）逆矩阵 $\boldsymbol{H}$ 的数据库建立　在相应节点上施加单位源引起的磁向量位即为系数矩阵对应逆矩阵 $\boldsymbol{H}$ 的一列，即

$$\overline{\boldsymbol{K}}\boldsymbol{A}=\boldsymbol{\delta}_i \quad (i = 1, 2, \cdots, n) \tag{4-32}$$

式中，n 为整个涡流问题的方程个数；$\boldsymbol{\delta}_i$ 为单位向量，仅第 i 个元素非零。利用式（4-32），与无缺陷场相关的 $\boldsymbol{H}_{11}$可以通过在每个缺陷节点上设置单位源激励来计算。此外，二维移动对称策略也可进一步应用到单位源激励结果。只需计算单位源在几何中心节点时激励产生的无缺陷场，其他位置节点的数据就可以通过平行移动来获得。与线圈场相同，为使移动对称性策略成立，也需要选择较大的单位源数据库区域。在实践中，如果假设可疑区域在 x 方向为［$-a_0/2$，$a_0/2$］、在 y 方向为［$-b_0/2$，$b_0/2$］，那么逆矩阵 $\boldsymbol{H}_{11}$的数据库区域应该在 x 方向选为［$-a_0$，a_0］，在 y 方向选为［$-b_0$，b_0］。虽然每个单位源的数据存储有所扩大，但由于单位源位置大大减少，可以节省大量的数据库存储资源和计算时间。

一旦提前计算并将 $\boldsymbol{A}^0$ 和 $\boldsymbol{H}$ 存储于数据库中，那么与缺陷区域相关的 $\boldsymbol{A}_1^0$ 和子逆矩阵 $\boldsymbol{H}_{11}$就可以通过从已存储的数据库中合理抽取获得。

3. 检出信号计算

因为只有缺陷区域的场可使用上述快速算法计算，毕奥-萨伐定律方法不能用于此时的检出信号计算。而基于互易定理的检出信号公式只需缺陷区域的涡流信息，适于快速算法的检出信号计算。根据互易定理，检出线圈中的虚拟电流为 $\boldsymbol{I}_p$时在涡流检出线圈中的感应电压可以由下式计算：

$$\Delta V = \frac{1}{I_p}\int_{coil}\boldsymbol{E}_e^f \cdot \boldsymbol{J}_p \mathrm{d}\nu = \frac{1}{I_p}\int_{flaw}\boldsymbol{E}_p^u \cdot (\boldsymbol{E}_e^f + \boldsymbol{E}_e^u)(\sigma_0 - \sigma)\mathrm{d}\nu \tag{4-33}$$

式中，ΔV 为由于缺陷存在造成的检出线圈电压扰动；$\boldsymbol{E}_e^u$和 $\boldsymbol{E}_e^f$分别为激励线圈电流带来的无缺陷电场和扰动电场；$\boldsymbol{E}_p^u$ 为检出线圈中虚拟电流 $\boldsymbol{I}_p$（$\boldsymbol{J}_p$的总电流和）带来的无缺陷电场；$(\boldsymbol{E}_e^f+\boldsymbol{E}_e^u)(\sigma_0-\sigma)$ 对应于激励线圈产生的缺陷区域的电流强度。

然而在许多情况下，脉冲涡流检测常采用磁场传感器进行信号测量。此时上述方程不能直接用于此类脉冲涡流检测问题，因为它们只能针对检出线圈的感应电压进行计算。为了将涡流检测的快速求解方法有效地应用于脉冲涡流检测信号的仿真计算，著者等提出了采用微小检出线圈的方法，基于方程（4-33）来计算缺陷区域扰动涡流带来的磁场变化。

微小检出线圈方法的基本思想是使用一个非常小的线圈作为涡流检测探头的检出线圈，并根据所需测量点位置和磁场分量设置线圈的位置和方向。基于法拉第电磁感应定律，检出线圈的感应电压 V_f可表示为

$$V_f = -\mathrm{j}\omega\iint\boldsymbol{B} \cdot \mathrm{d}\boldsymbol{s} \tag{4-34}$$

式中，$\boldsymbol{B}$ 为磁感应强度；ω 为激励角频率；j 为虚数单位。当检出线圈的区域足够小时，线圈轴线方向的磁感应强度分量 $\boldsymbol{B}_z$ 在线圈内可认为均匀。在这种情况下，$\boldsymbol{B}_z$ 可以用感应电压表示为

$$\boldsymbol{B}_z = -\frac{V_f}{j\omega s_0} \tag{4-35}$$

式中，s_0 为微小检出线圈面积。通过这种方式，磁场的空间分布就可以利用快速求解器通过改变线圈位置和方向逐点进行计算。

4. 体缺陷涡流检测快速求解方法验证

为了验证三维局部减薄缺陷常规涡流检测的快速正问题计算方法，基于二维移动对称方案和上述微小检出线圈方法对缺陷信号数据库型快速计算程序进行了修正，并计算了表 4-1 所示的两个实例。实例 a 和 b 中的检测对象导体均为同一 AISI316 奥氏体不锈钢板，其长、宽各为 120mm，厚为 10mm。实例 a 中，局部减薄缺陷是一个长方体，其长为 12mm，宽为 33mm，深为 4mm，实例 b 中的长方体缺陷的长为 18mm，宽为 33mm，深为 2mm。激励线圈的参数为：内径为 ϕ5mm，外径为 ϕ10mm，高度为 5mm，匝数为 296，提离为 0.5mm。激励电流为 1A 的正弦信号，激励频率为 2kHz。图 4-13 所示为该模型的示意图。探头沿缺陷长度方向进行扫描，激励线圈底部中心垂直于底面的磁感应强度为检出信号。

图 4-14 分别显示了实例 a、b 中 21 个扫描点（从 −30mm 至 30mm，间距为 3mm）的全域有限元法和快速计算方法的数值计算结果。表 4-1 给出了相应的计算时间和误差（即表 4-1中的“差异”）。方程（4-36）定义表中用到的“差异”（其中 n 表示第 n 个扫描点，N 是扫描点总数）如下：

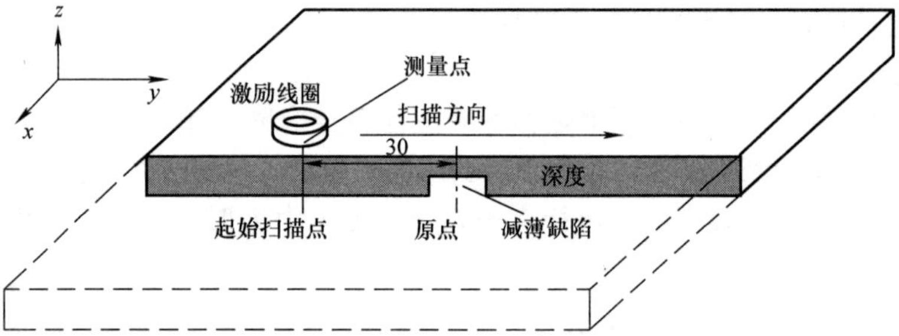

图 4-13　缺陷脉冲涡流检测模型示意图

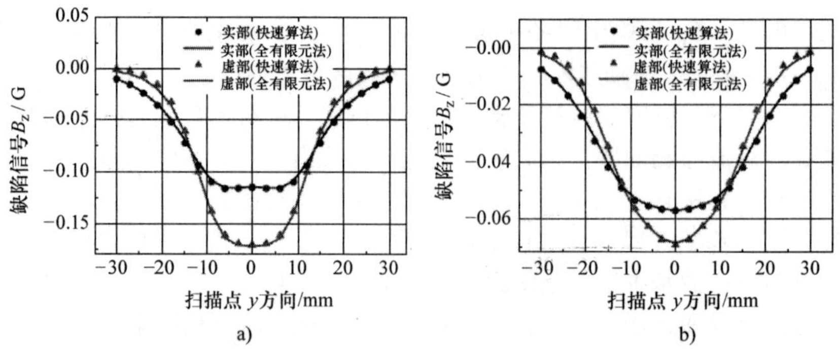

图 4-14　激励频率为 1kHz 时局部减薄缺陷的快速算法和全有限元方法计算结果对比

a）例 a　b）例 b

注：1G = 10^{-4}T。

$$差异 = \left[\frac{1}{N}\sum_{n=1}^{N}\left|\frac{B_{z\ \mathrm{fast}}(n) - B_{z\ \mathrm{full-FEM}}(n)}{B_{z\,\mathrm{full-FEM}}(n)}\right|\right]\times 100\% \qquad (4\text{-}36)$$

表 4-1　快速算法和全域有限元法对比

	实例 a	实例 b
试样大小/mm	长:120 宽:120 厚:10	长:120 宽:120 厚:10
外表面中心局域减薄/mm	长:12 宽:33 深:4	长:18 宽:33 深:2
全域有限元法计算时间 /s	1116	1118
快速算法计算时间/s	9	8
差异（实部）(%)	2.0	2.3
差异（虚部）(%)	2.5	2.9

在方程（4-36）中，$B_{z\mathrm{fast}}$（n）表示使用数据库型涡流检测快速求解器计算的第 n 个扫描点的结果，$B_{z\mathrm{full-FEM}}$（n）表示全有限元方法计算的结果。运行程序所用的计算机环境是 Intel（R）Core（TM）i7 CPU 960 @ 3.2 GHz，6 GB 内存，操作系统 Fedora 12，Intel Fortran 编译器 10.1，以下数值计算环境与此相同。可以看出，两者结果基本一致，但快速算法的计算时间大大缩短，这证明了快速算法策略和相应程序均是有效的。

4.2.3　体缺陷脉冲涡流检测快速算法及其验证

基于前面给出的傅里叶级数算法和单频涡流检测信号的三维缺陷快速算法，针对局部腐蚀减薄缺陷开发了脉冲涡流检测信号的快速算法。基本过程如下：首先，利用前面描述的涡流检测快速算法计算局部减薄缺陷给定频率下的响应信号；然后，脉冲激励下的响应信号（PECT 信号）就可由傅里叶级数方法计算得到。通过这种方式，瞬态脉冲涡流检测信号可以在极短时间内求得。

图 4-15 给出了当探头位于腐蚀减薄缺陷正上方时用快速算法和常规方法（即常规涡流检测信号全域有限元计算方法和傅里叶级数法）对实例 a、b 进行数值计算的结果对比。图 4-16所示为实例 a、b 中当探头沿着图 4-13 所示的长度方向扫描时用快速算法和常规方法对脉冲涡流检测信号峰值的数值进行计算的结果比较。此处检测方式与图 4-13 所示相同，激励线圈通入方波脉冲电流，脉冲激励电流的直流分量为 1A，周期为 0.01s，占空比为 50%。此外，在傅里叶级数法中前 450 个谐波分量用于求和，并从中选择 30 个谐波分量用于插值。

图 4-16 所示结果显示两者一致性非常好，但常规计算方法约需 9h，而快速求解方法仅需时约 4min，计算速度提高了 100 倍以上。

考虑到数据库的建立，在这种情况下，由线圈和单位源引起的无缺陷场的数据库建立约需 43h。尽管时间相当长，但对于某个特定检测对象的反问题分析，数据库仅需要建立一次。一旦数据库建好，每个正问题计算分析只需要几分钟的时间，而常规方法却是几个小时或更多。因此，所提出的快速算法求解器为 PECT 检测方法反问题的进一步研究打下了良好的基础。

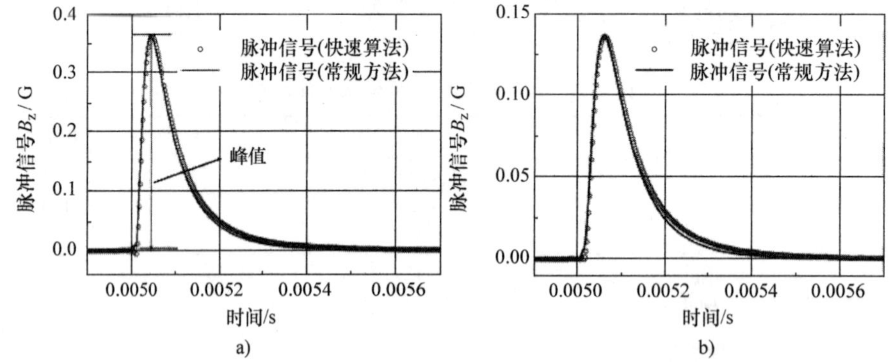

图 4-15　在脉冲激励下探头在腐蚀减薄缺陷正上方时快速算法和常规方法计算结果对比

a）例 a　b）例 b

注：$1G=10^{-4}T$。

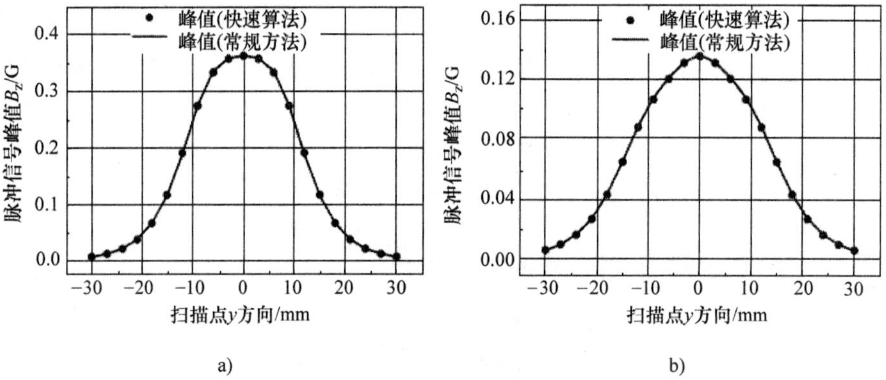

图 4-16　在脉冲激励下快速算法和常规方法的脉冲涡流数值信号的峰值对比

a）例 a　b）例 b

注：$1G=10^{-4}T$。

4.3　基于共轭梯度方法的脉冲涡流反问题

4.3.1　三维管壁局部减薄缺陷的定量反演算法

1. 管壁局部减薄缺陷的重构模型

如图 4-17 所示，对于三维管壁减薄缺陷重构问题，局部管壁减薄缺陷可以看作一系列固定宽度、不同长度（例如在第 w 层，管壁减薄长度等于 b_w-a_w，其中 a_w，b_w为管壁减薄区域在第 w 层的边界位置坐标）和深度（在第 w 层，管壁减薄的最大深度与试样厚度的百分比 d_w）的二维缺陷构成。这些参数可用于表征缺陷，也是重构对象。在重构体缺陷参数时，需要利用管壁减薄区域上的二维扫描信号作为输入参数（探头沿着长度和宽度方向扫描，如图 4-17 所示）。当在某些层重构面缺陷的长度或者深度接近 0 时，则认为该区域为非缺陷区域。利用这一方法也可恰当地表征体缺陷的宽度信息。

2. 重构算法

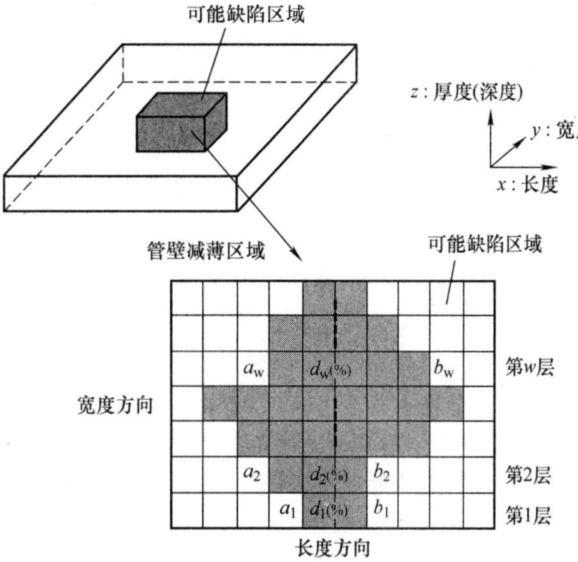

图 4-17　在可能缺陷区域内的管壁减薄缺陷三维轮廓重构原理图

采用基于共轭梯度优化算法的反演算法来重构三维管壁减薄缺陷，即将该过程转化成一个求解目标函数最小值的优化问题，其目标函数如下：

$$\varepsilon(\boldsymbol{c}) = \frac{\sum_{l=1}^{L}\sum_{m=1}^{M}[P_{l,m}(\boldsymbol{c}) - P_{l,m}^{\text{obs}}]^2}{\sum_{l=1}^{L}\sum_{m=1}^{M}(P_{l,m}^{\text{obs}})^2} \tag{4-37}$$

式中，l 和 m 分别为二维扫描中 L 扫描点和 M 扫描点在扫描方向上的扫描位置；$\boldsymbol{c}$ 为减薄缺陷形状参数向量；ε（$\boldsymbol{c}$）为目标函数（残余误差）；$P_{l,m}$（$\boldsymbol{c}$）为从（l，m）扫描点上的脉冲涡流信号 $\boldsymbol{B}$（t）中提取的关于形状参数向量 $\boldsymbol{c}$ 的特征参数；$P_{l,m}^{\text{obs}}$是从检测信号提取的相应的特征参数，可以选用峰值和峰值时间，即

$$P(\boldsymbol{r}) = B(\boldsymbol{r},t)\big|_{t=t_0} \tag{4-38}$$

通过以下方程进行迭代求解，可以求得残余误差最小时的减薄缺陷形状参数向量 $\boldsymbol{c}$，即最优解或重构结果：

$$\boldsymbol{c}^k = \boldsymbol{c}^{k-1} + a^k\,(\delta\boldsymbol{c})^k \tag{4-39}$$

式中，k 为迭代步数；$(\delta\boldsymbol{c})^k$ 为在第 k 迭代步上的修正方向，其方向平行于残差梯度向量方向 $\partial\varepsilon/\partial c_{w,i}$，$c_{w,i}$为宽度方向上第 w 层的第 i 个管壁减薄形状参数；a^k为步长参数。在共轭梯度法中，修正方向$(\delta\boldsymbol{c})^k$ 选择为共轭梯度向量方向，可以加快收敛速度。梯度向量可通过式（4-40）求得：

$$(\delta c_{w,i})^k = \left[\frac{\sum_{w,i}\left(\left|\frac{\partial\varepsilon}{\partial c_{w,i}}\right|^2\right)^k}{\sum_{w,i}\left(\left|\frac{\partial\varepsilon}{\partial c_{w,i}}\right|^2\right)^{k-1}}\right](\delta c_{w,i})^{k-1} + (\partial\varepsilon/\partial c_{w,i})^k \tag{4-40}$$

步长参数 a^k可以通过式（4-41）和式（4-42）获得：

$$a^k = \frac{-\sum_{l=1}^{L}\sum_{m=1}^{M}(P_{l,m}{}^{k-1} - P_{l,m}^{\text{obs}}) \times \frac{\partial P_{l,m}{}^{k-1}}{\partial a^k}}{\sum_{l=1}^{L}\sum_{m=1}^{M}\left(\frac{\partial P_{l,m}{}^{k-1}}{\partial a^k}\right)^2} \tag{4-41}$$

$$\frac{\partial P_{l,m}{}^{k-1}}{\partial a^k} = \sum_{w,i}\frac{\partial P_{l,m}{}^{k-1}}{\partial c_{w,i}}\frac{\partial c_{w,i}}{\partial a^k} = \sum_{w,i}\frac{\partial P_{l,m}{}^{k-1}}{\partial c_{w,i}}\left(\frac{\partial\varepsilon}{\partial c_{w,i}}\right)^k \tag{4-42}$$

用于迭代的梯度$\partial\varepsilon/\partial c_{w,i}$可以通过求导$\partial P(\boldsymbol{c})/\partial c_{w,i}$得到，即

$$\frac{\partial\varepsilon}{\partial c_{w,i}}=2\left\{\sum_{l=1}^{L}\sum_{m=1}^{M}\left(P_{l,m}(\boldsymbol{c})-P_{l,m}^{\mathrm{obs}}\right)\frac{\partial P_{l,m}(\boldsymbol{c})}{\partial c_{w,i}}\right\}\Big/\sum_{l=1}^{L}\sum_{m=1}^{M}\left(P_{l,m}^{\mathrm{obs}}\right)^2 \tag{4-43}$$

计算微分$\partial P(\boldsymbol{c})/\partial c_{w,i}$最简单的方法是差分法。但是使用差分法时为了求得每个缺陷参数微分$\partial P(\boldsymbol{c})/\partial c_{w,i}$，需要计算很多次正问题。因此，差分法只能应用于缺陷参数不是很多的情况。根据文献中相似的公式和脉冲涡流特点，可以采用式（4-44），由导体内电场直接计算 TR 脉冲涡流探头的微分，即

$$\frac{\partial B(\boldsymbol{r},t)}{\partial c_{w,i}}=-\sigma_0\sum_{n=1}^{N}F_n\left(\alpha\int_S\boldsymbol{E}_{\mathrm{p}}^{\mathrm{u}}\cdot(\boldsymbol{E}_{\mathrm{e}}^{\mathrm{u}}+\boldsymbol{E}_{\mathrm{e}}^{\mathrm{f}})\frac{\partial s_w(\boldsymbol{c},\boldsymbol{r})}{\partial c_{w,i}}\mathrm{d}s\right)e^{\mathrm{j}\omega_n t} \tag{4-44}$$

式中，σ_0为试样无缺陷区域的电导率；$\boldsymbol{E}_{\mathrm{p}}^{\mathrm{u}}$为检出线圈中单位电流产生的无缺陷电场；$\boldsymbol{E}_{\mathrm{e}}^{\mathrm{u}}+\boldsymbol{E}_{\mathrm{e}}^{\mathrm{f}}$为激励线圈中单位电流产生的带缺陷电场（包括无缺陷场和扰动场）；α为检出线圈输出的脉冲涡流信号对应系数；$s_w(\boldsymbol{c},\ \boldsymbol{r})=0$为在第$w$层的缺陷边界面方程。对于脉冲涡流信号，其特征参数$\partial P(\boldsymbol{r})/\partial c_{w,i}$的梯度向量可利用式（4-45）获得，其中$t=t_0$（峰值时间$t_0$由式（4-38）确定）：

$$\frac{\partial P(\boldsymbol{r})}{\partial c_{w,i}}=\left.\frac{\partial B(\boldsymbol{r},t)}{\partial c_{w,i}}\right|_{t=t_0} \tag{4-45}$$

根据2.5节和上节公式，管壁减薄形状参数的导数可表达成以下形式：

$$\frac{\partial B(\boldsymbol{r},t)}{\partial c_{w,i}}=-\sigma_0\sum_{n=1}^{N}F_n\left[\alpha\sum_{w}\int_{S_w}\boldsymbol{E}_{\mathrm{p}}^{\mathrm{u}}\cdot(\boldsymbol{E}_{\mathrm{e}}^{\mathrm{u}}+\boldsymbol{E}_{\mathrm{e}}^{\mathrm{f}})\frac{\partial\boldsymbol{S}_w(\boldsymbol{c},\boldsymbol{t})}{\partial c_{w,i}}\cdot\boldsymbol{n}\mathrm{d}s\right]e^{\mathrm{j}\omega_n t} \tag{4-46}$$

式中，$\boldsymbol{n}$为缺陷底边界面上的单位法向量；$\boldsymbol{r}=\boldsymbol{S}_w(\boldsymbol{c},\ \boldsymbol{t})$为在第$w$层的边界方程；$\boldsymbol{t}=[t_1\ t_2]^{\mathrm{T}}$；$\mathrm{d}s=\mathrm{d}t_1\mathrm{d}t_2$；$S_w$为积分区域。

3. 减薄缺陷边界面的离散

本小节给出基于式（4-46）的一种计算$\partial B(\boldsymbol{r})/\partial c_{w,i}$的有效方法。

如图4-17所示，三维管壁减薄缺陷在宽度方向上被分为了若干层。图4-18更清楚地表述了可能缺陷区域内管壁减薄缺陷三维轮廓和每一层上管壁减薄边界面轮廓。基于电场边界条件理论，导体表面不存在电流。因此，管壁减薄缺陷边界面上的电场只有切向分量。如图4-19所示，管壁减薄边界面上的切向分量可以被分解成两个分量：τ分量（在x-z面沿着切向）和y分量，其中τ和y分别被认为是式（4-46）中的t_1和t_2方向。因此，管壁减薄缺陷边界面上的电场可以用$\boldsymbol{E}_\tau$和$\boldsymbol{E}_y$表示。另外，如图4-19所示，宽度方向上每层都有两面，也就是前面和后面，其对应的电场值分别加上下角注“1”和“2”。例如，利用两个正交分量$\boldsymbol{E}_{\tau1}$和$\boldsymbol{E}_{y1}$表示前面底部边界线

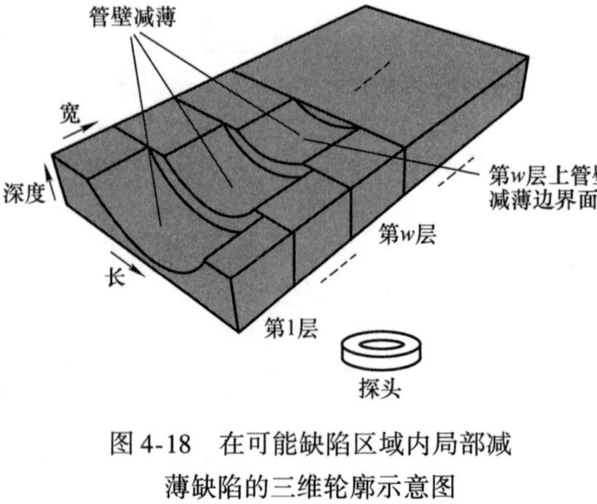

图4-18 在可能缺陷区域内局部减薄缺陷的三维轮廓示意图

的电场，同样地，两个正交分量 $\boldsymbol{E}_{\tau 2}$ 和 $\boldsymbol{E}_{y2}$ 表示后面底部边界线的电场。

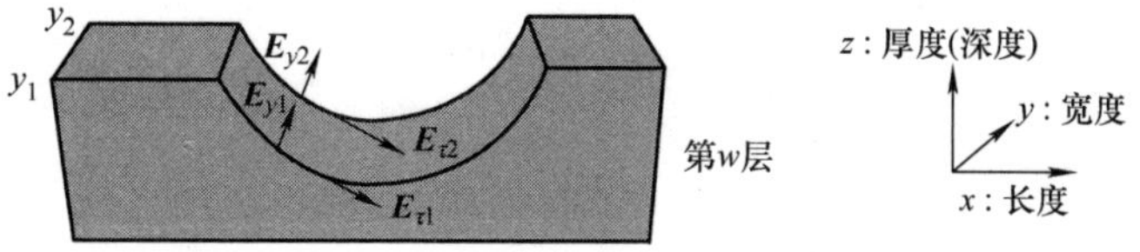

图 4-19　局部减薄缺陷在第 w 层示意图

基于以上分析，在带状表面区域 S_w 的电场值可以被分解为两个整体分量，也就是在 y 方向和 τ 方向的分量。因此，式（4-46）中的 $\boldsymbol{E}_{\mathrm{p}}^{\mathrm{u}}\cdot(\boldsymbol{E}_{\mathrm{e}}^{\mathrm{u}}+\boldsymbol{E}_{\mathrm{e}}^{\mathrm{f}})$ 可以写成以下形式：

$$\boldsymbol{E}_{\mathrm{p}}^{\mathrm{u}}\cdot(\boldsymbol{E}_{\mathrm{e}}^{\mathrm{u}}+\boldsymbol{E}_{\mathrm{e}}^{\mathrm{f}})=\boldsymbol{E}_{\mathrm{p}}\cdot\boldsymbol{E}_{\mathrm{e}}=E_{\mathrm{p}\tau}E_{\mathrm{e}\tau}+E_{\mathrm{p}y}E_{\mathrm{e}y} \tag{4-47}$$

对于在层宽方向（y 方向）上的积分计算，可采用插值策略用来计算位于两层边界面之间的裂纹底面电场。实际上，激励线圈产生的 τ 方向电场为

$$E_{\mathrm{e}\tau}(y)=E_{\mathrm{e}\tau 1}+\frac{E_{\mathrm{e}\tau 2}-E_{\mathrm{e}\tau 1}}{y_2-y_1}(y-y_1) \tag{4-48}$$

激励线圈产生的 y 方向电场为

$$E_{\mathrm{e}y}(y)=E_{\mathrm{e}y1}+\frac{E_{\mathrm{e}y2}-E_{\mathrm{e}y1}}{y_2-y_1}(y-y_1) \tag{4-49}$$

对应互感型涡流探头，计算其检出线圈的电场时，只需把式（4-48）和式（4-49）中的注脚“e”替换成“p”。

根据以上公式，在式（4-47）中的组合 $E_{\mathrm{p}\tau}E_{\mathrm{e}\tau}$ 可以表示为

$$E_{\mathrm{p}\tau}E_{\mathrm{e}\tau}=\left[E_{\mathrm{p}\tau 1}+\frac{E_{\mathrm{p}\tau 2}-E_{\mathrm{p}\tau 1}}{y_2-y_1}(y-y_1)\right]\left[E_{\mathrm{e}\tau 1}+\frac{E_{\mathrm{e}\tau 2}-E_{\mathrm{e}\tau 1}}{y_2-y_1}(y-y_1)\right] \tag{4-50}$$

沿着 y 方向从前面边界点 y_1 到后面边界点 y_2（y_2-y_1 为选择的层的宽度，如果管壁减薄缺陷均匀细分，其宽度为一个常数）进行积分，即

$$\int_{y_1}^{y_2}E_{\mathrm{p}\tau}E_{\mathrm{e}\tau}\mathrm{d}y=\left(\frac{E_{\mathrm{e}\tau 1}E_{\mathrm{p}\tau 1}}{3}+\frac{E_{\mathrm{e}\tau 1}E_{\mathrm{p}\tau 2}}{6}+\frac{E_{\mathrm{p}\tau 1}E_{\mathrm{e}\tau 2}}{6}+\frac{E_{\mathrm{e}\tau 2}E_{\mathrm{p}\tau 2}}{3}\right)(y_2-y_1) \tag{4-51}$$

同理，$E_{\mathrm{p}y}E_{\mathrm{e}y}$ 沿着 y 方向 从 y_1 到 y_2 的积分可以通过式（4-52）获得，即

$$\int_{y_1}^{y_2}E_{\mathrm{p}y}E_{\mathrm{e}y}\mathrm{d}y=\left(\frac{E_{\mathrm{e}y1}E_{\mathrm{p}y1}}{3}+\frac{E_{\mathrm{e}y1}E_{\mathrm{p}y2}}{6}+\frac{E_{\mathrm{p}y1}E_{\mathrm{e}y2}}{6}+\frac{E_{\mathrm{e}y2}E_{\mathrm{p}y2}}{3}\right)(y_2-y_1) \tag{4-52}$$

对于在 $x-z$ 面（τ 方向）上沿着边界线的积分，在 $x-z$ 面上第 w 层的管壁减薄边界曲线近似为一个个积分线段，如图 4-20 所示。边界曲线离散的约束条件为：位于导体表面的积分线段的起点 g_1 和终点 $g_{n'}$。在 x-z 面第 w 层的管壁减薄边界曲线的离散形式可以写为

$$x(\tau)=s_1(g_1,\cdots,g_{n'},\tau)=x_{g_i}+\frac{x_{g_{i+1}}-x_{g_i}}{\tau_{i+1}-\tau_i}(\tau-\tau_i)\qquad \tau\in[\tau_i,\tau_{i+1}] \tag{4-53}$$

$$(i=1,2,\cdots,n'-1)$$

$$z(\tau)=s_2(g_1,\cdots,g_{n'},\tau)=z_{g_i}+\frac{z_{g_{i+1}}-z_{g_i}}{\tau_{i+1}-\tau_i}(\tau-\tau_i)\qquad \tau\in[\tau_i,\tau_{i+1}] \tag{4-54}$$

$$(i=1,2,\cdots,n'-1)$$

式中，g_1，…，$g_{n'}$ 为第 w 层的管壁减薄前底面边界曲线等距均分的 n 个点；x_{g_i}，z_{g_i} 和 τ_i 分

别为点 g_i 的直角坐标和曲线坐标。位于导体表面的第一点和最后一点的 z 值相同。在这种情况下，边界变换可以通过坐标变换表示为

$$\delta s_w(\boldsymbol{c},\tau)=\delta s_{w1}(\boldsymbol{c},\tau)\boldsymbol{i}+\delta s_{w2}(\boldsymbol{c},\tau)\boldsymbol{k}=\sum_i \frac{\partial s_{w1}(\boldsymbol{c},\tau)}{\partial x_{g_i}}\delta x_{g_i}\boldsymbol{i}+\sum_i \frac{\partial s_{w2}(\boldsymbol{c},\tau)}{\partial z_{g_i}}\delta z_{g_i}\boldsymbol{k} \tag{4-55}$$

式中，$\boldsymbol{i}$、$\boldsymbol{k}$ 分别为沿着 x 轴和 z 轴方向的单位向量。

电场计算中，通过对每一段分线段进行线性插值来计算位于该线段两分界点之间的点的电场值。当 τ 在 τ_i和 τ_{i+1}之间，即该点位于第 i 线段时，激励线圈产生的沿着前面边界线方向的电场 $E_{\mathrm{e}\tau1}$和沿着后面边界线方向的电场 $E_{\mathrm{e}\tau2}$为

$$E_{\mathrm{e}\tau1}(\tau)=E_{\mathrm{e}\tau1}(i)+\frac{E_{\mathrm{e}\tau1}(i+1)-E_{\mathrm{e}\tau1}(i)}{\tau_{i+1}-\tau_i}(\tau-\tau_i) \tag{4-56}$$

$$E_{\mathrm{e}\tau2}(\tau)=E_{\mathrm{e}\tau2}(i)+\frac{E_{\mathrm{e}\tau2}(i+1)-E_{\mathrm{e}\tau2}(i)}{\tau_{i+1}-\tau_i}(\tau-\tau_i) \tag{4-57}$$

对应检出线圈沿着 y 方向的切向分量，其计算公式类似于式（4-56）和式（4-57），只需把下角中“e”换成“p”，“τ”换成 y。

基于以上的公式，将式（4-55）代入式（4-46），其中 $\partial s_{w1}(\boldsymbol{c},\ \tau)/\partial x_{g_i}$和 $\partial s_{w2}(\boldsymbol{c},\ \tau)/\partial z_{g_i}$通过式（4-53）和式(4-54）求导，脉冲涡流信号导数 $B(\boldsymbol{r},\ t)$ 的推导可以表示成和电场积分相关的函数，即

$$\begin{aligned}\frac{\partial B(\boldsymbol{r},t)}{\partial x_{g_i}}=&-\sigma_0\sum_{n=1}^{N}F_n\left[\alpha\int_{y_1}^{y_2}\int_{\tau_i}^{\tau_{i+1}}\boldsymbol{E}_{\mathrm{p}}^{\mathrm{u}}\cdot(\boldsymbol{E}_{\mathrm{e}}^{\mathrm{u}}+\boldsymbol{E}_{\mathrm{e}}^{\mathrm{f}})\frac{(\tau_{i+1}-\tau)(z_{g_{i+1}}-z_{g_i})}{(\tau_{i+1}-\tau_i)(\tau_{i+1}-\tau_i)}\mathrm{d}\tau\mathrm{d}y\right]e^{\mathrm{j}\omega_n t}\\&-\sigma_0\sum_{n=1}^{N}F_n\left[\alpha\int_{y_1}^{y_2}\int_{\tau_{i-1}}^{\tau_i}\boldsymbol{E}_{\mathrm{p}}^{\mathrm{u}}\cdot(\boldsymbol{E}_{\mathrm{e}}^{\mathrm{u}}+\boldsymbol{E}_{\mathrm{e}}^{\mathrm{f}})\frac{(\tau-\tau_{i-1})(z_{g_i}-z_{g_{i-1}})}{(\tau_i-\tau_{i-1})(\tau_i-\tau_{i-1})}\mathrm{d}\tau\mathrm{d}y\right]e^{\mathrm{j}\omega_n t}\end{aligned} \tag{4-58}$$

$$(i=1,2,\cdots,n')$$

$$\begin{aligned}\frac{\partial B(\boldsymbol{r},t)}{\partial z_{g_i}}=&-\sigma_0\sum_{n=1}^{N}F_n\left[\alpha\int_{y_1}^{y_2}\int_{\tau_i}^{\tau_{i+1}}\boldsymbol{E}_{\mathrm{p}}^{\mathrm{u}}\cdot(\boldsymbol{E}_{\mathrm{e}}^{\mathrm{u}}+\boldsymbol{E}_{\mathrm{e}}^{\mathrm{f}})\frac{(\tau_{i+1}-\tau)(x_{g_i}-x_{g_{i+1}})}{(\tau_{i+1}-\tau_i)(\tau_{i+1}-\tau_i)}\mathrm{d}\tau\mathrm{d}y\right]e^{\mathrm{j}\omega_n t}\\&-\sigma_0\sum_{n=1}^{N}F_n\left[\alpha\int_{y_1}^{y_2}\int_{\tau_{i-1}}^{\tau_i}\boldsymbol{E}_{\mathrm{p}}^{\mathrm{u}}\cdot(\boldsymbol{E}_{\mathrm{e}}^{\mathrm{u}}+\boldsymbol{E}_{\mathrm{e}}^{\mathrm{f}})\frac{(\tau-\tau_{i-1})(x_{g_{i-1}}-x_{g_i})}{(\tau_i-\tau_{i-1})(\tau_i-\tau_{i-1})}\mathrm{d}\tau\mathrm{d}y\right]e^{\mathrm{j}\omega_n t}\end{aligned} \tag{4-59}$$

$$(i=1,2,\cdots,n')$$

将式（4-47）、式（4-51）、式（4-52）和式（4-56）、式（4-57）代入式（4-58）和式（4-59），可以确定脉冲涡流信号 $B(\boldsymbol{r},\ t)$ 关于管壁减薄参数的微分，即式（4-46）可以通过一个数值积分求解。

基于上述算法，可以开发脉冲涡流信号的管壁减薄缺陷重构反演程序。迭代过程中，当残余误差足够小时，基于模拟脉冲涡流信号提取的计算特征参数将非常接近基于测量脉冲涡流信号提取的目标特征参数。这就意味着迭代的管壁减薄形状参数非常接近真实的管壁减薄形状参数。但是，由于测量噪声不可避免，理论上残余误差不可能减小到0。因此，程序迭代的结束条件为，残余误差小于一个设定值 ε_{c}或者迭代步数超过终止迭代值 N_{c}。以上迭代

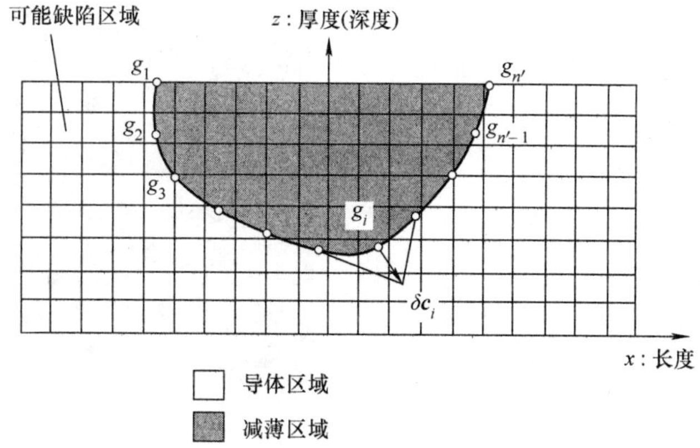

图 4-20　在 x-z 面的减薄缺陷边界曲线离散

过程中需要重复利用前向求解器来计算不同管壁减薄参数的脉冲涡流信号，可采用前面所开发的快速求解器计算程序，以有效减少计算时间。

4.3.2　双层结构冷却管道的管壁减薄脉冲涡流检测实验

1. 脉冲涡流检测实验

脉冲涡流实验系统包括信号发生器、功率放大器、扫描台、数据采集卡和计算机等，如图 4-21 所示。

在脉冲涡流实验中，信号发生器产生方波脉冲，然后通过功率放大器放大。本实验采用的功率放大器控制输出的是电流信号。激励线圈中通入放大后的方波脉冲电流信号作为激励信号。图 4-22 所示为脉冲涡流实验典型激励信号，即理想方波脉冲，其中 d 为脉冲宽度（激励脉冲持续时间），T 为脉冲周期，因此脉冲涡流信号的占空比 τ 可以表示成 d/T（即 $\tau = d/T$）。通过对激励信号进行傅里叶变换，可以确定该脉冲激励信号包括许多谐波分量，其中基频为 $1/T$。

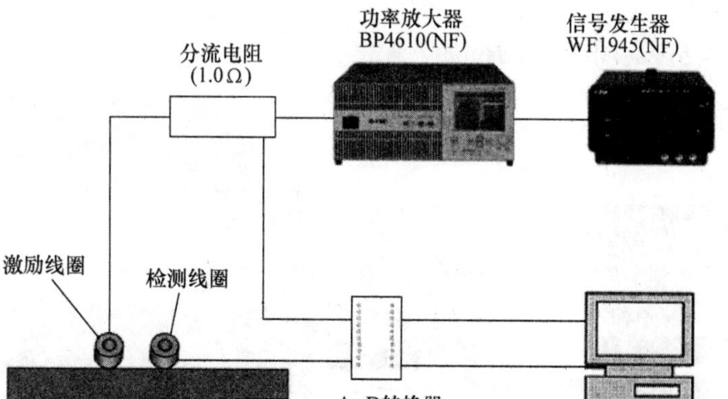

图 4-21　脉冲涡流实验系统

本实验中采用的 TR 互感型脉冲涡流检测探头如图 4-23 所示。探头参数见表 4-2，激励线圈和检出线圈间距为 40mm。为减少噪声，采集的检出信号为 100 个周期的瞬态输出信号

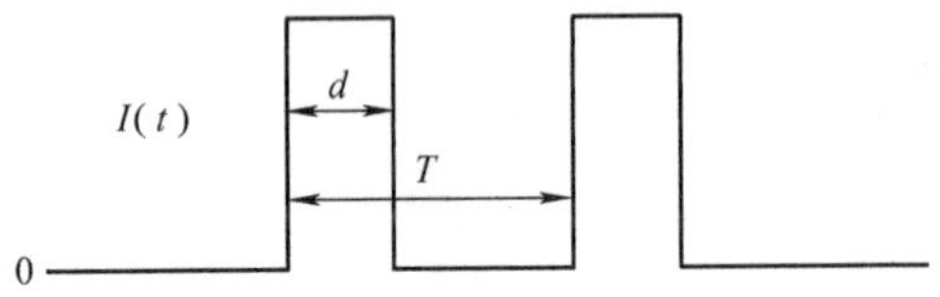

图 4-22　脉冲涡流实验典型激励信号

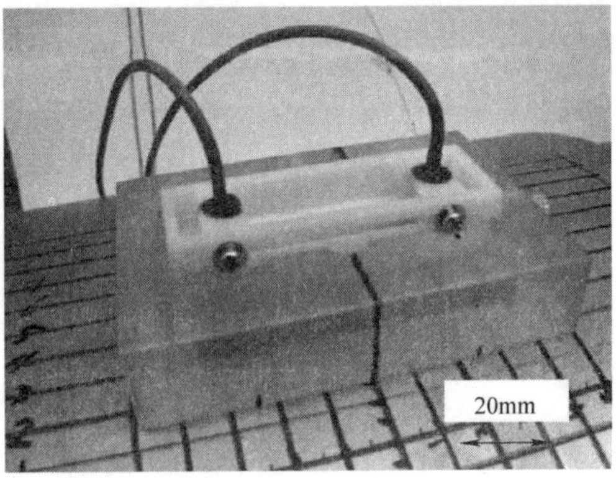

图 4-23　TR 互感型脉冲涡流检测探头

的平均值。

表 4-2　TR 探头参数

	激励线圈	检出线圈
内直径/mm	5	5
外直径/mm	10	10
高/mm	5	5
线径/mm	0.24	0.05
匝数	296	3446

2. 双层结构管道管壁减薄实验结果

为模拟核电站中有加强板的主管道，制作了一个带管壁减薄缺陷的双层结构管道试样，如图 4-24 所示。主管道的外径为 ϕ508mm，长度为 500mm，管壁厚度为 15mm。加强板长度约为 400mm，宽度为 250mm，厚度为 10mm。加强板和主管道的材料均为 AISI316 奥氏体不锈钢，其电导率为 1.35MS/m。

如图 4-24 所示，在主管道内表面设计并加工了 4 种圆柱形管壁局部减薄缺陷。四种减薄缺陷的大小分别为：直径为 ϕ30mm、深度为 10mm；直径为 ϕ15mm、深度为 10mm；直径为 ϕ30mm、深度为 5mm；直径为 ϕ6mm、深度为 10mm。

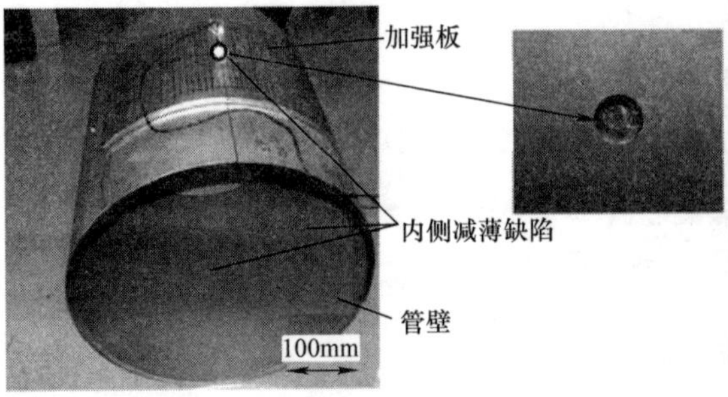

图 4-24　有圆柱形管壁局部减薄缺陷的双层结构管道试样

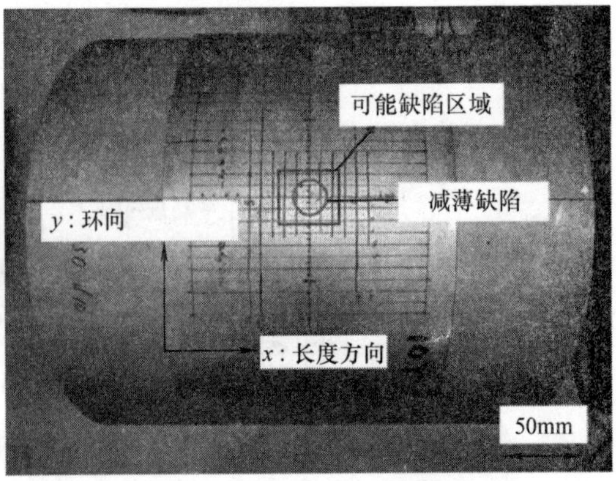

图 4-25　探头扫描方向（沿箭头方向）

采用 TR 探头对管壁减薄缺陷进行检测，检出信号为在加强板上表面进行二维扫描所得。探头的扫描方向如图 4-25 所示，减薄缺陷的中心在扫描方向上的坐标设置为 0。

脉冲激励电流幅值大小为 2.0A，周期为 0.025s（即基频为 40Hz），方波脉冲的占空比为 50%。图 4-26 显示了实验所用的脉冲涡流激励信号的一个周期。图 4-27 所示为检出线圈的典型差分信号，其参考信号为探头在无缺陷区域时的检出信号。从图 4-27 中提取差分信号的峰值特征参数来评估管壁减薄缺陷。图 4-28 所示为四种管壁减薄缺陷的二维扫描实验信号。

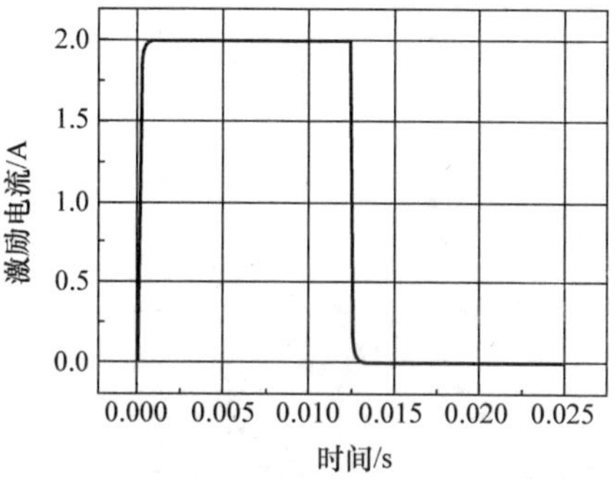

图 4-26　一个周期的脉冲激励电流信号

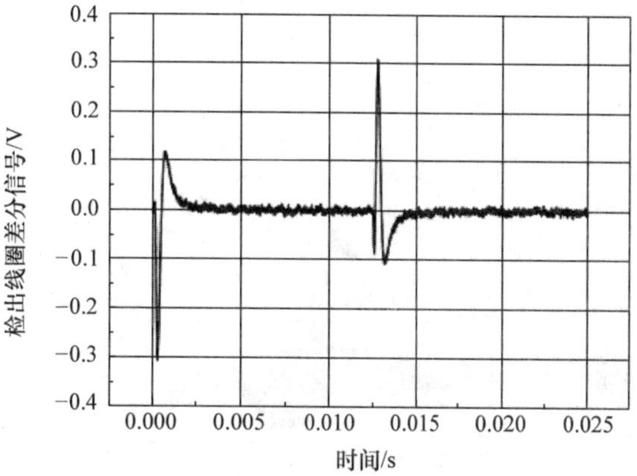

图 4-27　检出线圈的典型差分信号

4.3.3　基于实验信号的管壁减薄缺陷重构结果

为了验证开发的基于脉冲涡流信号的双层结构管道管壁减薄重构反演算法和对应的数值模拟程序的有效性，在脉冲涡流实验信号的基础上，利用开发的反演程序对人工管壁减薄缺陷进行了重构。

首先，考虑一个圆柱形状的管壁局部减薄缺陷，其直径为 ϕ30mm，深为 10mm。采用与加强板相同大小的区域（环向 90°，长度方向 250mm）来建立双层结构管道的数值计算模型。相对于管壁减薄缺陷的大小（直径 ϕ30mm，深度 10mm）和探头大小，选择的区域足够大，因此不需要考虑边界效应。在当前模型中，忽略加强板和主管道中间空气隙变化的影响，在数值模拟中采用 1mm 均匀空气隙。在厚度方向上，采用 10mm 厚度加强板，15mm 厚度主管道和 1mm 均匀空气隙。在图 4-28 中，y 坐标作为环向（周向）坐标，x 坐标作为长度方向（轴向）坐标，z 坐标作为厚度坐标。

为建立快速算法数据库，选择的可能管壁减薄区域（图 4-25）为长 50mm、周向 45mm、深 15mm 的主管道（因为管壁减薄缺陷只可能出现在主管道内），并将该区域划分成 270（10 × 9 × 3）个立方体单元。TR 探头沿着周向和轴向扫描，扫描范围超过了可能管壁减薄区域，扫描间距为 5mm。图 4-28a 所示为从瞬态脉冲涡流信号中提取的实验信号的峰值，并基于此信号来重构管壁减薄缺陷。在反问题程序中，采用的是矩形缺陷模型，但在周向（长度方向）上的截面积实际是圆弧形状。

图 4-29 所示为经过 90 步迭代的重构结果，图中上半区域为三维管壁减薄缺陷的真实形状、初始形状和重构形状在长度方向-周向上的截面，下半部分为三维管壁减薄缺陷的真实

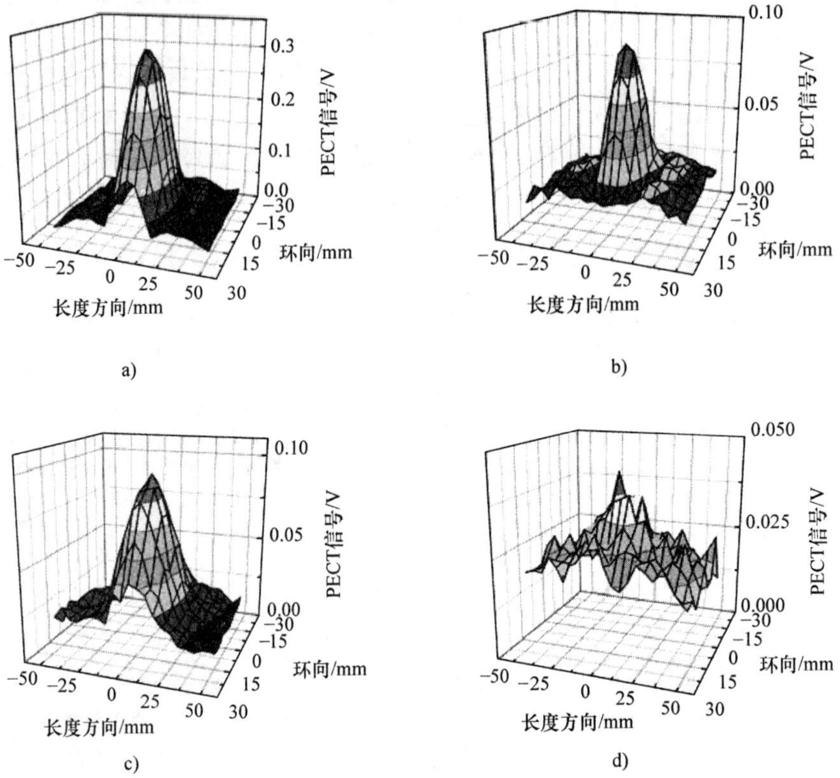

图 4-28　四种管道的减薄缺陷二维扫描实验信号

a）减薄缺陷直径 30mm，深 10mm　b）减薄缺陷直径 15mm，深 10mm

c）减薄缺陷直径 30mm，深 5mm　d）减薄缺陷直径 6mm，深 10mm

形状、初始形状和重构形状在长度方向-深度方向上的截面。

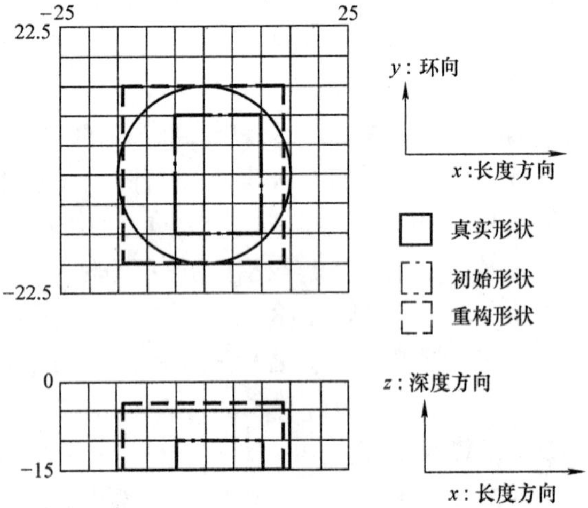

图 4-29　经过 90 步迭代的重构结果

采用三维管壁减薄缺陷在长度方向-周向上的横截面区域和深度来评估缺陷重构的效果。在此重构过程中，三维管壁减薄缺陷的真实形状、初始形状和重构形状在长度方向-周向上的横截面面积分别为 706.8mm²、300mm² 和 836.1mm²，对应的深度分别为 10.0mm、5.0mm 和 10.86mm。从重构结果可以看出，管壁减薄缺陷经过 90 步迭代后的重构结果与真实值非常接近。管壁减薄缺陷深度相对残余误差约为 8.6%。图 4-30 所示为相对残余误差随迭代步数的变化，当迭代步超过 90 步时，其相对残余误差接近 4%。计算环境为 Intel（R）Core（TM）i7 CPU 960 @ 3.2 GHz，Memory 6 GB，OS Fedora 12 和 Intel Fortran Compiler 10.1，一次迭代所需时间约为 1.5min，90 步迭代所需时间约为 127min。

不同尺寸的管壁减薄缺陷的重构结果见表 4-3。图 4-31 和图 4-32 所为管壁减薄缺陷的重构值和真实值大小。可以看出，当深度大于 5mm 时，管壁减薄缺陷的深度可以很好地重构，最大的深度重构误差约为 2mm。

从重构结果可以看出，除了最小的管壁减薄缺陷，双层结构管道的其他管壁减薄缺陷均可以通过开发的脉冲涡流反演程序（基于实验信号）很好地重构出来。重构误差可能来源于不均匀的空气隙、提离、模型误差等因素。

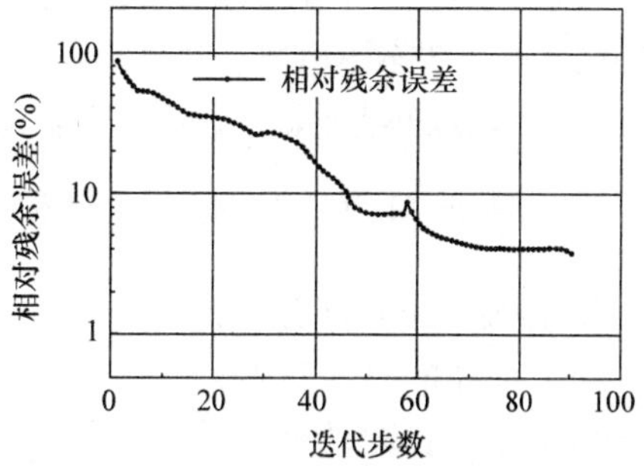

图 4-30　相对残余误差随迭代步数的变化

表 4-3　不同尺寸管壁减薄缺陷的重构值和真实值

缺陷尺寸/mm	深度真实值/mm	深度重构值/mm	面积真实值/mm^2	面积重构值/mm^2
ϕ30，深 10	10	10.86	706.8	836.1
ϕ15，深 10	10	11.00	176.7	181.8
ϕ30，深 5	5	5.08	706.8	826.5
ϕ6，深 10	10	8.02	28.3	42.0

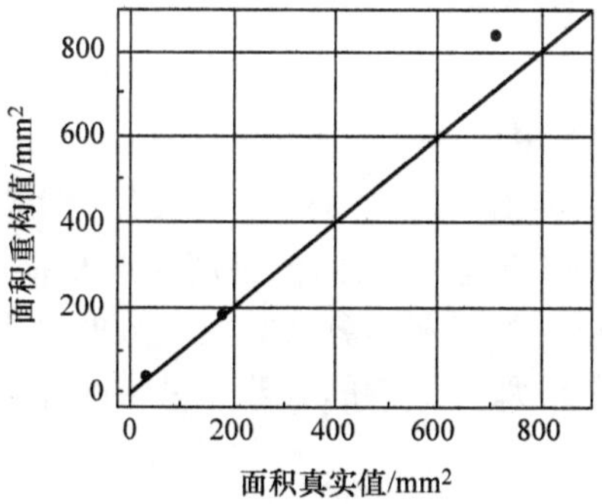

图 4-31　管壁减薄缺陷在长度方向-周向上的横截面面积的重构值和真实值比较

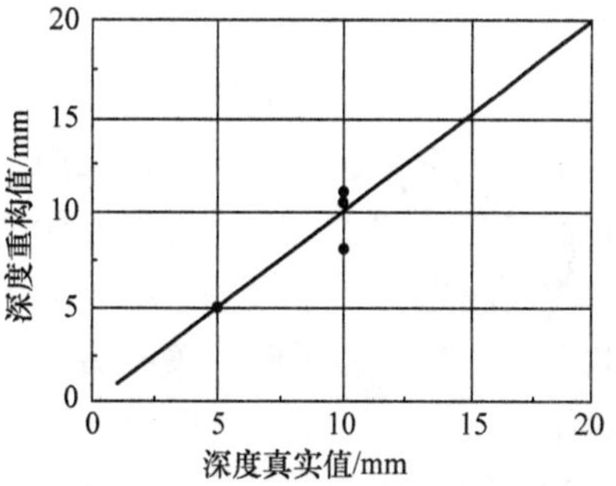

图 4-32　管壁减薄缺陷深度的重构值和真实值比较

4.4　神经网络-共轭梯度复合脉冲涡流信号反演方法

为了根据脉冲涡流信号对管壁减薄缺陷进行定量检测，上节中介绍了基于共轭梯度法的脉冲涡流反演算法。但是，由于局部最小问题，共轭梯度法的定量精度可能受到初始值选择的影响，从而导致无法得到缺陷的全局最优解，即迭代容易收敛到位于初始值附近的局部极小值，而该值可能并不是全局最优值。因此，采用共轭梯度法定量检测管壁减薄缺陷时初始值的选择尤为重要。

为了提高基于脉冲涡流信号的管壁减薄缺陷定量算法的鲁棒性，著者等提出了一种神经网络和共轭梯度法结合的反问题方法。首先，针对脉冲涡流信号的反演分析，提出并开发了人工神经网络法；然后，结合人工神经网络法和共轭梯度确定论算法，将神经网络法得到的重构结果代入共轭梯度法，作为其初始值。该方法的有效性通过基于有随机噪声的数值模拟脉冲涡流信号的管壁减薄缺陷定量重构结果得到验证。

4.4.1 脉冲涡流信号的人工神经网络反演算法

1. 神经网络反演算法概述

（1）神经网络反演算法　缺陷重构前向神经网络算法较为有效。神经网络算法的输入量是被检试样的脉冲涡流信号特征参量，输出量是引起脉冲涡流信号扰动的管壁减薄缺陷参数。前向神经网络算法包含单一的隐含层，训练过程以一个隐含层节点开始，每次训练产生一个新的隐含层节点。新的输入层-隐含层关系接受随机权值，其余的权值通过基于奇异值分解的最小二乘法求解方程得到，即

$$\boldsymbol{A}\boldsymbol{W}_{\mathrm{io}}+f_1(\boldsymbol{A}\boldsymbol{W}_{\mathrm{ih}})\boldsymbol{W}_{\mathrm{ho}}=f_2^{-1}(\boldsymbol{B}) \tag{4-60}$$

式中，$\boldsymbol{A}$ 和 $\boldsymbol{B}$ 分别为训练数据的输入量和输出量矩阵；f_1 和 f_2 分别为隐含层节点和输出层节点的活化函数，$\boldsymbol{W}_{\mathrm{ih}}$为随机确定的输入层-隐含层权矩阵；$\boldsymbol{W}_{\mathrm{io}}$和 $\boldsymbol{W}_{\mathrm{ho}}$为包含未知权值的矩阵，分别为输入-输出层和隐含层-输出层内在联系的权值。

（2）神经网络算法的数据流　脉冲涡流信号及其对应的缺陷参数的数据库可分为训练、验证、校核 3 个集合。在将这些数据运用于神经网络算法之前，对训练信号数据库用主成分分析法过滤，以降低脉冲涡流信号的维度。主成分分析法也可运用于验证集合和校核信号集合的处理。验证集合用于通过检测估计误差来使训练最优化，校核集合用于检查重构的准确性。

（3）输入数据的处理　为了产生训练数据集，采用前面开发的脉冲涡流信号的快速算法。考虑到输入数据的处理，采用主成分分析法对扫描信号进行前处理。主成分分析法是先找到数据变动的主方向，再将原始坐标系转换到这些方向。转换向量会产生有规律的方差，该方差反映出每一个数据集都有的个体相关性。这样，神经网络算法的输入数据变得更加独立和有序。在学习过映射关系后，神经网络可以更关注那些更大的方差分量，因此可以改善定量结果。

（4）管壁减薄缺陷的参数化　神经网络算法的输出结果是在一个给定的可能缺陷区域（又称可疑区域，是基于给定要求以及经验进行选取的）进行搜索的。这里认为管壁减薄缺陷的形状是长方体。缺陷用 5 个参数来量化，分别是长、宽、高 3 个尺寸参数，以及轴向、周向两个位置参数。为了实现输出数据的参数化，使用二进制进行编码。其原理是如果一些缺陷参数是“n”，其搜索范围是“m”（$m\geqslant n$），参数化后，“n”变为 m 位的“0”“1”编码，前 n 位值为“1”，后 $m-n$ 位值为“0”。最后的缺陷参数是五个二进制值的组合，对应于 5 个缺陷参数。例如，假设缺陷尺寸参数是长 6、宽 4、高 3，位置参数为轴向 4、周向 6，这五个参数的反演搜索范围分别为 10、10、10、10、10。原始的缺陷信息可以表示为向量 {6, 4, 3, 4, 6}，编码后变为 {1, 1, 1, 1, 1, 1, 0, 0, 0, 0; 1, 1, 1, 1, 0, 0, 0, 0, 0, 0; 1, 1, 1, 0, 0, 0, 0, 0, 0, 0; 1, 1, 1, 1, 0, 0, 0, 0, 0, 0; 1, 1, 1, 1, 1, 1, 0, 0, 0, 0}。这种编码方式可以忽略重构结果中明显的随机误差。例如，某一个参数的重构结果是 {1, 1, 0, 1, 1, 1, 0, 0, 0, 0}，则第一个“0”可以认为是重构随机误差，被忽略掉，进而用“1”代替那个“0”为最终结果。用这种方法重构结果就变为

{1，1，1，1，1，1，0，0，0，0} 或者“6”。在反演中，为了获得最终的缺陷信息，根据上述规则，尺寸结果的“0”“1”编码模式被重新转换为原始的 5 个参数模式。

2. 神经网络算法的重构结果

根据上述神经网络算法，开发了脉冲涡流信号反演程序。以下给出三维管壁减薄缺陷的重构结果，缺陷信号为加入了 5% 人工随机噪声的数值计算脉冲涡流信号。

试样为 AISI 316 奥氏体不锈钢平板，其电导率为 1.35MS/m，长和宽均为 200mm（−100mm到 100mm），厚 10mm（从 0 到 10mm）。长方体管壁减薄缺陷位于试样中探头位置的反面。管壁减薄尺寸参数为：长度和宽度有 6 种情况（8，12，16，20，24，28mm），深度有 7 种情况（2，3，4，5，6，7，8mm）。对于位置参数，在长度和宽度方向都有 15 种情况（−14，−12，…，0，…，14mm）。也就是说，信号共考虑了 56700 种缺陷情况（6×6×7×15×15）。在计算中，从生成的信号中随机选取 800 种情况对应的脉冲涡流信号以及缺陷参数作为数据集，用于神经网络训练。另外，选取 20 个验证集合和 20 个校核集合以控制训练过程以及检验重构结果的有效性。训练、验证、校核的所有数据集的选取都是通过快速算法实现的。

采用饼式线圈（内径 ϕ5mm、外径 ϕ10mm、高 5mm、匝数 300）作为脉冲涡流激励探头。激励线圈底面中心位置垂直方向的磁感应强度为脉冲涡流的检出信号，从瞬态涡流信号中提取出的脉冲峰值作为管壁减薄缺陷重构的特征参数。提离为 0.5mm。直流分量为 1A、周期为 0.01s、占空比为 50% 的方波脉冲作为激励电流施加于激励线圈。探头由长、宽方向的远端（两个方向同为从 −56mm 到 56mm，间隔 4mm）扫描可能的管壁减薄区域。图4-33 所示为模型示意图。

在定量过程中，前 26 个主成分（特征值百分比大于 99.9%）用于反演分析。图 4-34 所示为使用神经网络反演算法对模拟脉冲涡流信号进行定量重构的结果。可以计算得出，长度方向的重构误差率为 19.4%，深度方向为 11.9%，因此重构结果是不够精确的。误差率的计算公式为

$$误差率 = \frac{1}{H}\sum_{i=1}^{H}\frac{\nu_i^{\mathrm{reconstructed}} - \nu_i^{\mathrm{real}}}{\nu_i^{\mathrm{range}}} \tag{4-61}$$

式中，ν 为缺陷参数；$\nu_i^{\mathrm{reconstructed}}$ 和 ν_i^{real} 分别为第 i 个参数的重构值和真实值；ν_i^{range} 为相应的搜索范围；H 为校核集的数量。神经网络算法的重构精度是有限的，主要是由于反演算法的不适定性以及神经网络算法的固有属性。

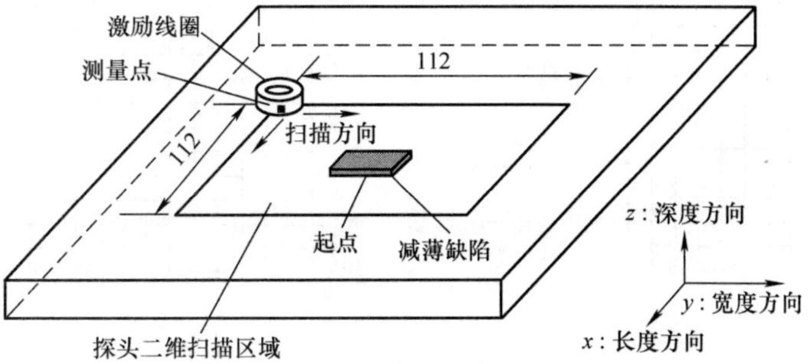

图 4-33　模型示意图

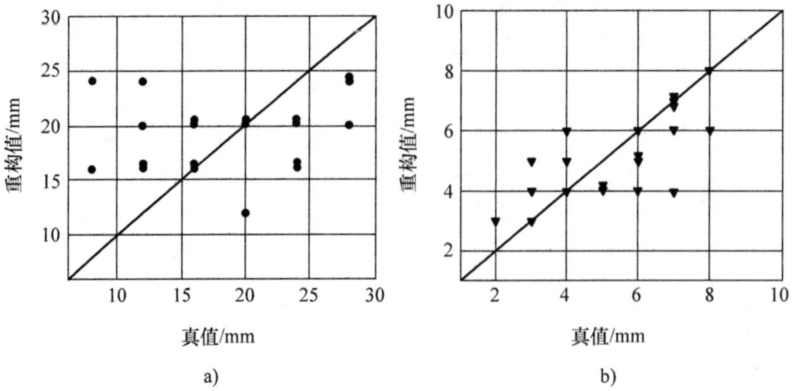

图 4-34　神经网络算法的重构结果

a）长度　b）深度

4.4.2　神经网络和共轭梯度混合法

为了克服神经网络算法和共轭梯度法的缺点，有的研究者提出了一种脉冲涡流信号缺陷重构的混合方法，即将用神经网络算法计算得到的重构结果作为共轭梯度法的初始值。本节中给出几个数值算例说明该方法的有效性。在重构过程中，对象重构缺陷参数设定为：缺陷的长度、宽度、深度、缺陷中心在长度方向的位置和在宽度方向上的位置五个参数。

对于大小位置参数为 {20，8，3，－12，－10} 的缺陷，神经网络法的重构结果 {12，16，5，－10，－10} 作为共轭梯度法的初始值，则共轭梯度法的重构结果为 {20.13，8.00，2.97，－12.09，－10.00}。但是，如果采用随机值 {10，12，8，－2，－4} 作为共轭梯度法初始值，则共轭梯度法重构结果为 {6.13，8.00，6.17，－9.97，－10.00}。图 4-35 所示为重构结果，图 4-36 所示为残余误差随迭代步数的变化。

从以上算例可以看出，采用神经网络算法重构结果作为共轭梯度法初始值的重构结果能较好地收敛到接近真实的缺陷形状，其中，缺陷长度和深度方向的重构误差分别为 0.65% 和 1.00%。但采用随机初始值的重构结果相对较差。

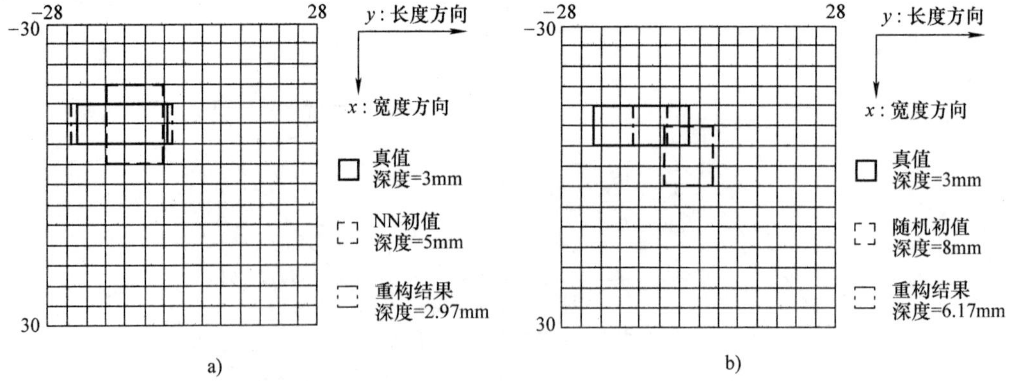

图 4-35　共轭梯度算法的重构结果

a）以神经网络算法重构结果为初始值的定量结果　b）随机选取初始值的定量结果

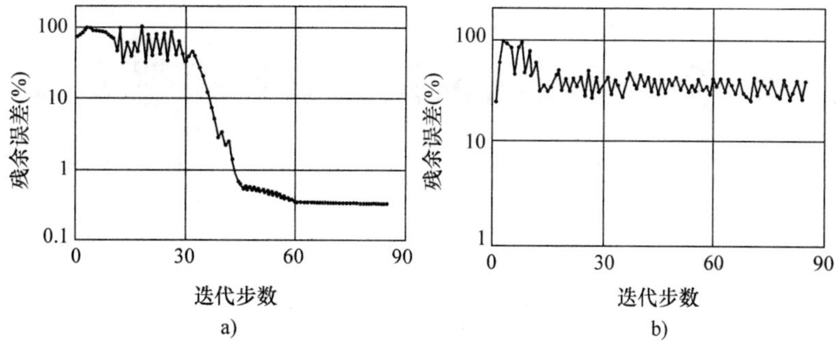

图 4-36　残余误差随迭代步数的变化

a）以神经网络算法重构结果为初始值　b）随机选取初始值

另外，图 4-37 所示为采用混合法计算的 20 组数据的重构结果。可以看出，其中 17 组重构结果较好，长度方向重构错误率为 6.7%，深度方向的为 5.3%，结果优于仅用神经网络算法。表 4-4 为两种方法的重构结果对比。

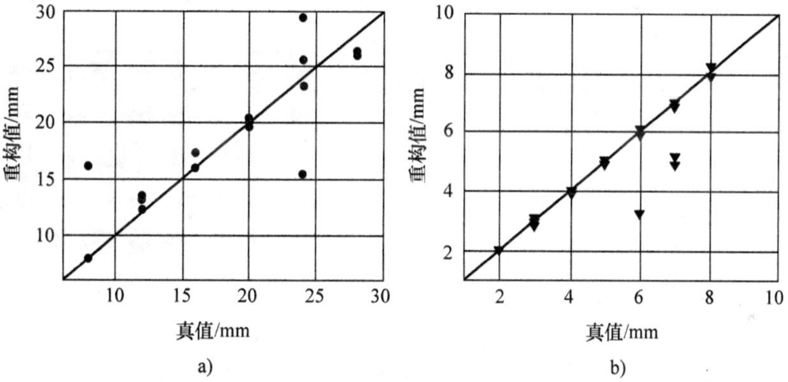

图 4-37　混合反演算法的重构结果

a）长度　b）深度

表 4-4　重构结果误差率对比（%）

对象参数	神经网络算法	混合算法
长度	19.4	6.7
深度	11.9	5.3

以上结果表明，结合神经网络算法和共轭梯度法的混合法能够提高脉冲涡流信号管壁减薄缺陷定量重构的精度，并在一定程度上可以避免由于初始值选取不当而导致的局部最小问题。上例中采用混合法而出现较大重构误差的三组数据，可能就是陷入了神经网络重构解附近的局部最小问题。

第5章　直流电位检测数值模拟方法

内容摘要

本章重点讲述直流电位检测的数值模拟方法。主要内容包括基于电阻网络法和有限元方法的正问题数值模拟方法、复杂边界缺陷的处理方法、DCPD信号的高效计算方法，以及由DCPD检测信号反演重构缺陷形状、大小及位置的DCPD反问题方法。

5.1　直流电位检测电阻网络正问题方法

5.1.1　电阻网络模型

多孔泡沫金属材料在无缺陷处由宏观上基本均匀、密集的单元孔洞和孔洞与孔洞间的孔壁材料组成（图5-1）。在通有恒定直流电流或两极施加直流电压时，泡沫金属材料是直流电路的一部分，因而可等效为图5-2所示的电阻网络。当金属材料存在大孔等缺陷时，可以调整缺陷位置的等效电阻，以考虑缺陷的影响。这时泡沫金属直流电位检测可等效为一个恒定电流、电阻网络的电位分布计算问题。实际上，电阻网络模型并不限于多孔泡沫金属材料，只要选取适当的网络电阻数量、结合方式和阻值，对常规金属材料的直流电位检测问题同样适用。

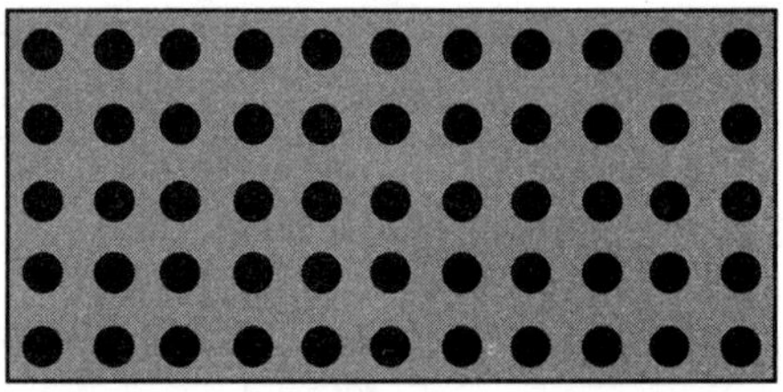

图5-1　二维等效物理模型

图5-2所示为等厚薄板二维等效电阻网络模型，导体在面内被离散为矩形单元，在矩形各边分别设置一个等效电阻，在角点处相互连接。这时与给定节点相连的最大电阻数量为4个。对于图中所示孔洞缺陷，可通过去除相应节点或将相应电阻数值设为大数来考虑。对于三维情况，对象导体可用长方体单元对导体进行离散，这时可用图5-3所示的三维电阻网络模型来表征导体，其中各单元导体与沿棱边设置且相互连通的12个电阻构成的电阻网络等效。当存在大孔缺陷时，同样可以通过去除节点和增加阻值来考虑其影响。

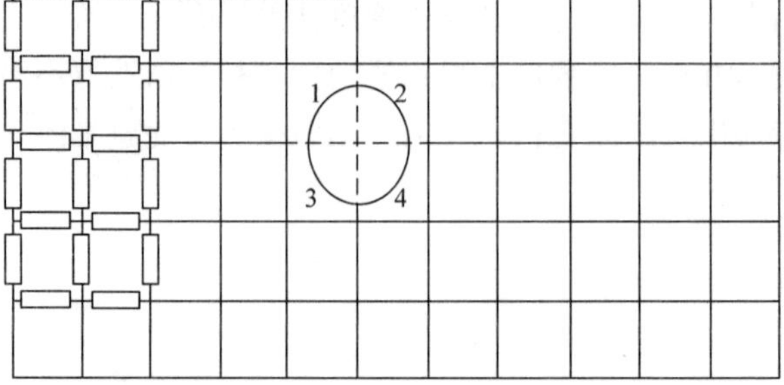

图5-2　有缺陷时的电阻网络模型

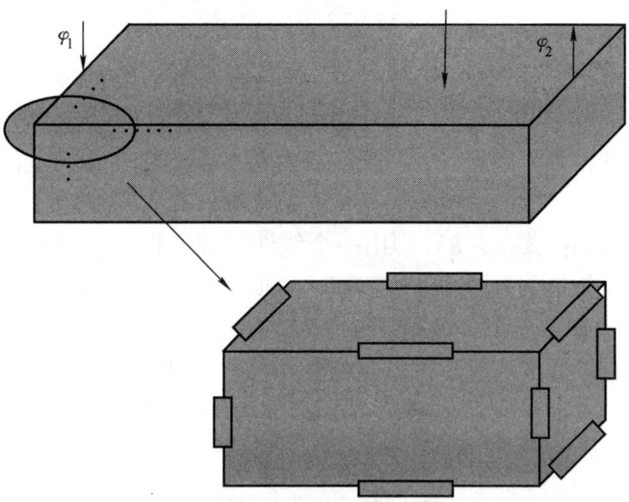

图 5-3　三维电阻网络模型局部

以上数值模型中的电阻值可根据对象材料的电导率和离散电阻的分布、数量选定。通常，各单元边上的电阻可根据与该边相邻的各单元在相关方向的面积和电导率及单元长度综合确定。但对于实际问题，如果材料宏观均匀且缺陷部位电导率的相对值已知，由于直流电位方法主要考虑表面电位的分布，这时各电阻的具体阻值只要其相对值符合实际即可。另外，为考虑诸如多孔泡沫金属等材料不均匀性的影响，也可在各阻值中引入一定程度的随机变化。

5.1.2　电阻网络法控制方程

为得到图 5-3 所示数值计算模型相应的恒定电流问题控制方程，首先对电阻网络节点和电阻按图 5-4 所示规则进行编号，其中检测对象设为长方体泡沫金属，W 为宽度方向的总节点数，L 为长度方向的总节点数，H 为厚度方向的总节点数，R 为电阻值，X（s）为节点 s 处的电位。节点（i，j，k）（i 为厚度方向节点编号，j 为长度方向节点编号，k 为宽度方向节点编号）对应的一维编号值 s（i，j，k）可写为

$$s(i,j,k)=k+(j-1)W+(i-1)LW \tag{5-1}$$

三维情况中，每个电阻网络内部节点与六个相邻的等效电阻相连，如图 5-4 所示。

这时其相应电流、电阻及电位差相互关联，按欧姆定律可得各电流值分别为

$$I_1=\frac{X(s-1)-X(s)}{R(i,2j-1,2k-2)} \tag{5-2}$$

$$I_2=\frac{X(s+1)-X(s)}{R(i,2j-1,2k)} \tag{5-3}$$

$$I_3=\frac{X(s-W)-X(s)}{R(i,2j-2,2k-1)} \tag{5-4}$$

$$I_4=\frac{X(s+W)-X(s)}{R(i,2j,2k-1)} \tag{5-5}$$

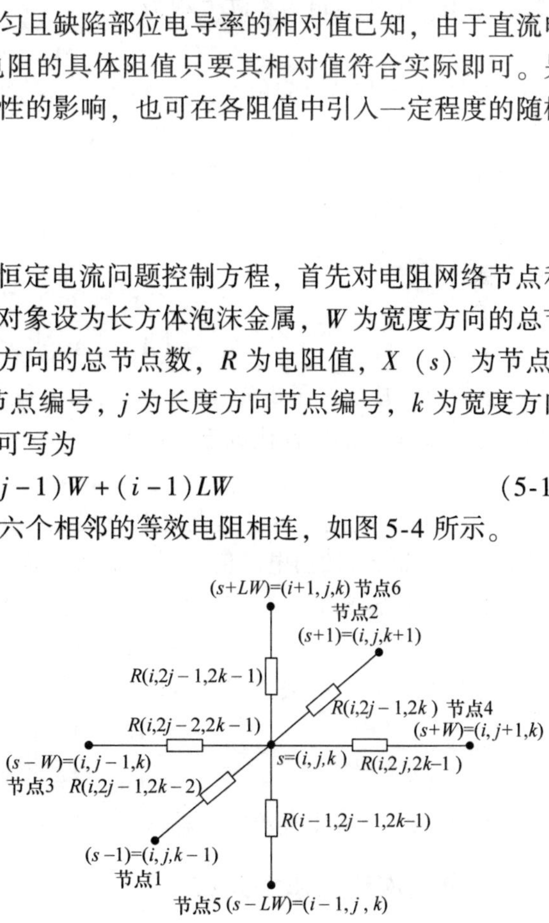

图 5-4　节点和电阻的编号规则

$$I_5 = \frac{X(s-LW) - X(s)}{R(i-1,2j-1,2k-1)} \tag{5-6}$$

$$I_6 = \frac{X(s+LW) - X(s)}{R(i,2j-1,2k-1)} \tag{5-7}$$

根据电流连续条件，各节点流入、流出电流相同，满足基尔霍夫电流定律：

$$I_1 + I_2 + I_3 + I_4 + I_5 + I_6 = 0 \tag{5-8}$$

对每个内部节点可根据式（5-8）列出一个线性代数方程。但对于表面节点、棱边节点和角点，与其相连的等效电阻数由于几何关系不同均少于6个，需要按式（5-9）~式（5-11）分别进行处理。

对于图5-4所示表面节点，有5个电阻与其相连，需满足：

$$I_1 + I_2 + I_3 + I_4 + I_5 = 0 \tag{5-9}$$

对于左上棱边节点：

$$I_1 + I_2 + I_4 + I_5 = 0 \tag{5-10}$$

对于左上前角点：

$$I_2 + I_4 + I_5 = 0 \tag{5-11}$$

对所有节点按以上形式分别列出其电流定律方程，即可得出方程数与节点数相等的线性代数方程组，整理后可得矩阵方程为

$$\boldsymbol{AX} = 0 \tag{5-12}$$

式中，矩阵 $\boldsymbol{A}$ 为与各电阻值及连通关系相关的系数矩阵；$\boldsymbol{X}$ 为各节点电位向量。若部分节点电位给定，则可利用上式求得其他各点的电位值。

对于直流电位检测，一般采用定电位加载方式，即输入、输出电极节点 s_1、s_2 的电位已知。记其相应的电位子向量为 $\boldsymbol{X}_1 = \boldsymbol{\varphi}_0$，其他节点电位构成的子向量为 $\boldsymbol{X}_2$，则通过矩阵分块，方程（5-12）可改写为

$$\begin{pmatrix} \boldsymbol{I} & \boldsymbol{0} \\ \boldsymbol{A}_{21} & \boldsymbol{A}_{22} \end{pmatrix} \begin{pmatrix} \boldsymbol{X}_1 \\ \boldsymbol{X}_2 \end{pmatrix} = \begin{pmatrix} \boldsymbol{\varphi}_0 \\ \boldsymbol{0} \end{pmatrix} \tag{5-13}$$

式中，$\boldsymbol{I}$ 为单位矩阵；子矩阵 $\boldsymbol{A}_{22}$、$\boldsymbol{A}_{21}$ 可由方程（5-12）系数矩阵得出。整理方程（5-13）可得关于未知电位的线性代数方程组为

$$\boldsymbol{A}_{22}\boldsymbol{X}_2 = -\boldsymbol{A}_{21}\boldsymbol{\varphi}_0 \tag{5-14}$$

对于施加电流为定值的直流电位检测，由于是恒定电流问题，电极节点的电流连续条件必须考虑输入/输出电流值。对于输入电极，这时式（5-9）（当在表面时，在棱边或角点则对相应式（5-10）、式（5-11））的右端需考虑输入电流，即

$$I_1 + I_2 + I_3 + I_4 + I_5 = -I_{in} \tag{5-15}$$

对于输出节点，需去掉式（5-15）右端的负号。这时最后的控制方程变为

$$\begin{pmatrix} \boldsymbol{A}_{11} & \boldsymbol{A}_{12} \\ \boldsymbol{A}_{21} & \boldsymbol{A}_{22} \end{pmatrix} \begin{pmatrix} \boldsymbol{X}_1 \\ \boldsymbol{X}_2 \end{pmatrix} = \begin{pmatrix} \boldsymbol{I}_0 \\ \boldsymbol{0} \end{pmatrix} \tag{5-16}$$

式中，$\boldsymbol{I}_0$ 为输入、输出电流向量输入节点对应元素为 $-I_{in}$，输出节点元素为 I_{out}。

5.1.3 电阻网络法求解过程

对于二维问题或节点数较少的三维问题，方程式（5-14）或方程式（5-16）可直接用

高斯消去方法进行求解。但对于自由度较多的三维问题，系数矩阵 $\boldsymbol{A}_{22}$ 非常庞大，直接求解需要巨大的计算资源。这时可采用一维压缩存储和共轭梯度法迭代求解，即将线性代数方程组的求解转化为优化问题，然后按以下步骤迭代计算：

1）选择初始值 X^0 和负梯度 $\boldsymbol{\gamma}^0$，且令初始搜索方向 $\boldsymbol{P}^0=\boldsymbol{\gamma}^0$。

2）计算步长因子 $\alpha^k=(\boldsymbol{\gamma}^k)^{\mathrm{T}}\boldsymbol{\gamma}^k/[(\boldsymbol{P}^k)^{\mathrm{T}}\boldsymbol{A}\boldsymbol{P}^k]$。

3）计算新解 $X^{k+1}=X^k+\alpha^k\boldsymbol{P}^k$。

4）计算下一步负梯度 $\boldsymbol{\gamma}^{k+1}=\boldsymbol{\gamma}^k-\alpha^k\boldsymbol{A}\boldsymbol{P}^k$，当 $\|\boldsymbol{\gamma}^{k+1}\|$ 小于给定误差 ε 时，终止迭代，否则执行后续步骤。

5）计算系数 $\beta^{k+1}=(\boldsymbol{\gamma}^{k+1})^{\mathrm{T}}\boldsymbol{\gamma}^{k+1}/[(\boldsymbol{\gamma}^k)^{\mathrm{T}}\boldsymbol{\gamma}^k]$。

6）给定搜索方向 $\boldsymbol{P}^{k+1}=\boldsymbol{\gamma}^{k+1}+\beta^{k+1}\boldsymbol{P}^k$，转向 2）进行下一步迭代。

图 5-5 给出了基于电阻网络方法的直流电位检测信号的数值计算流程。依据这一流程和前述理论，可开发相应的数值模拟程序。

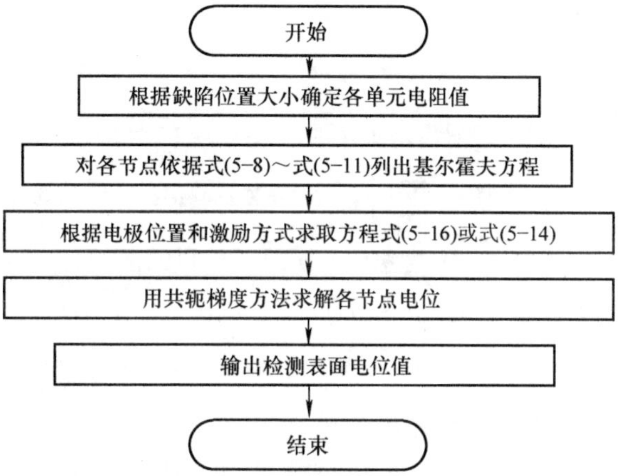

图 5-5　数值计算流程

5.2　直流电位检测有限元数值模拟方法

5.2.1　直流电位检测信号有限元法数值模拟理论

对于图 5-6 所示典型直流电位检测数值模型，以下考虑通过两个电极向检测对象施加恒定电流/电压时导体表面电位分布的数值计算问题。假定检测对象除缺陷区域外电导率均匀，并仅考虑内部大孔缺陷，且设缺陷区域电导率为零。

直流电位检测属恒定电流问题。由于电场的无旋特性和电流连续性，相应的电场强度 $\boldsymbol{E}$ 和电流密度 $\boldsymbol{J}$ 满足以下控制方程：

$$\nabla\times\boldsymbol{E}=0 \tag{5-17}$$

$$\nabla\cdot\boldsymbol{J}=0 \tag{5-18}$$

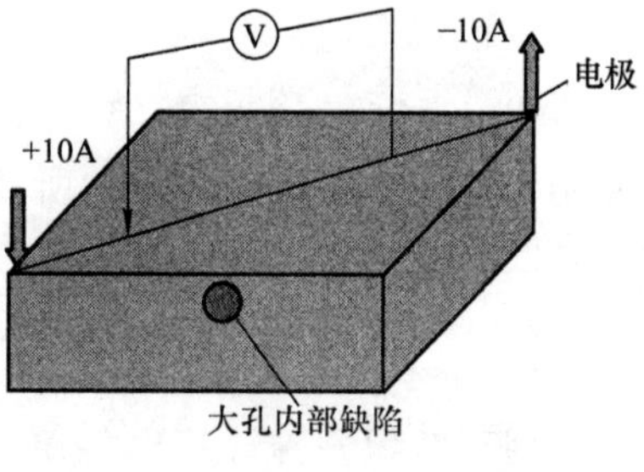

图 5-6　典型直流电位检测数值模型

以及材料电场本构关系：

$$\boldsymbol{J}=\sigma\boldsymbol{E} \tag{5-19}$$

式中，σ 为与导体点位置相关的电导率函数。

由于梯度场的旋度为0，可以通过 $\boldsymbol{E}=-\nabla\varphi$ 定义电位函数 φ，使式（5-17）自动满足。将以上标量电位代入式（5-19）可得

$$\boldsymbol{J}=-\sigma\nabla\varphi \tag{5-20}$$

进而利用式（5-18）可得恒定电流场的控制微分方程为

$$\nabla\cdot(-\sigma\nabla\varphi)=0 \tag{5-21}$$

这时相应的边界条件为在非电极节点导体表面电场的法向分量 $\boldsymbol{E}\cdot\boldsymbol{n}=0$。在电极位置，则需要满足定电位（恒定电压加载时电极电位给定）或定电流（恒定电流加载时电极输入/输出电流给定）的边界条件。

采用伽辽金有限元法对式（5-21）进行离散，即两边同乘以形函数 $\boldsymbol{N}^{\mathrm{T}}$ 并对计算对象导体全域 V 进行积分，可得

$$\int_V \boldsymbol{N}^{\mathrm{T}}\nabla\cdot(\sigma\nabla\varphi)\mathrm{d}V=\int_V\nabla\cdot(\boldsymbol{N}^{\mathrm{T}}\sigma\nabla\varphi)\mathrm{d}V-\int_V\nabla\boldsymbol{N}^{\mathrm{T}}\cdot(\sigma\nabla\varphi)\mathrm{d}V \tag{5-22}$$

对右端第一项应用高斯散度定理并考虑全域积分为各单元积分之和，可得

$$\int_V \boldsymbol{N}^{\mathrm{T}}\ \nabla\cdot(\sigma\nabla\varphi)\mathrm{d}V=\sum_{i=1}^{n}\left[\oint_{S_{\mathrm{ei}}}\boldsymbol{N}^{\mathrm{T}}\sigma\nabla\varphi\cdot\boldsymbol{n}\mathrm{d}s-\oint_{V_{\mathrm{ei}}}\sigma\nabla\boldsymbol{N}^{\mathrm{T}}\cdot\nabla\varphi\mathrm{d}V\right] \tag{5-23}$$

式（5-23）右端第一项为电流面密度法向（$\boldsymbol{n}$ 向）分量的面积分。由于流出（入）导体边界的恒定电流一般为0，此项通常可略去。但在加载电极节点（单元），由于存在输入/输出电流，需要考虑这一项。当电极的大小正好与某一单元的表面区域重合，则 $\oint_{S_{\mathrm{ei}}}\boldsymbol{N}^{\mathrm{T}}\sigma\nabla\varphi\cdot\boldsymbol{n}\mathrm{d}s=I_{\mathrm{in}}$，即在相应单元的方程中应考虑输入/输出电流。

式（5-23）中第二项为体积分，如采用8节点六面体等参元离散，则有

$$\varphi(\boldsymbol{r})=\boldsymbol{N}(\boldsymbol{r})\boldsymbol{\varphi} \tag{5-24}$$

形函数 $\boldsymbol{N}$ 的各个分量是坐标 $\boldsymbol{r}$ 的函数，对于8节点等参元有

$$\boldsymbol{N}=(N_1\quad N_2\quad N_3\quad N_4\quad N_5\quad N_6\quad N_7\quad N_8) \tag{5-25}$$

于是有

$$\nabla\boldsymbol{N}^{\mathrm{T}}\cdot\nabla\boldsymbol{N}=\left[\frac{\partial\boldsymbol{N}^{\mathrm{T}}}{\partial x}\quad\frac{\partial\boldsymbol{N}^{\mathrm{T}}}{\partial y}\quad\frac{\partial\boldsymbol{N}^{\mathrm{T}}}{\partial z}\right]\begin{bmatrix}\partial\boldsymbol{N}/\partial x\\ \partial\boldsymbol{N}/\partial y\\ \partial\boldsymbol{N}/\partial z\end{bmatrix} \tag{5-26}$$

将式（5-26）代入式（5-23）右端第二项并对单元体积进行积分即可得出8×8元素的单元刚度矩阵。注意这时 σ 为所在单元的电导率，可认为是常数。如整个单元在基体材料中，则取为材料电导率，如在缺陷区域则取为0。即单元刚度阵为

$$\boldsymbol{K}_{\mathrm{e}}=\sigma\int_{V_{\mathrm{e}}}\nabla\boldsymbol{N}^{\mathrm{T}}\cdot\nabla\boldsymbol{N}\mathrm{d}V \tag{5-27}$$

利用高斯积分等计算出各单元的单元刚度阵，然后基于式（5-23）进行系数阵组装，最后可得总体系数矩阵和控制方程为

$$\begin{pmatrix} \boldsymbol{K}_{11} & \boldsymbol{K}_{12} & \boldsymbol{K}_{13} \\ \boldsymbol{K}_{21} & \boldsymbol{K}_{22} & \boldsymbol{K}_{23} \\ \boldsymbol{K}_{31} & \boldsymbol{K}_{32} & \boldsymbol{K}_{33} \end{pmatrix} \begin{pmatrix} \boldsymbol{\varphi}_1 \\ \boldsymbol{\varphi}_2 \\ \boldsymbol{\varphi}_3 \end{pmatrix} = \begin{pmatrix} \boldsymbol{I}_0 \\ -\boldsymbol{I}_0 \\ \boldsymbol{0} \end{pmatrix} \tag{5-28}$$

式中，$\boldsymbol{K}$ 为总体系数阵；$\boldsymbol{\varphi}_1$ 为电流输入节点的电位值；$\boldsymbol{\varphi}_2$ 为电流输出节点的电位值；$\boldsymbol{\varphi}_3$ 为其他节点电位值；$\boldsymbol{I}_0$ 为输入（加载）电流值。

对于恒定电压加载，可以将式（5-28）的前两个公式改为电压边界条件，即

$$\begin{pmatrix} \boldsymbol{1} & \boldsymbol{0} & \boldsymbol{0} \\ \boldsymbol{0} & \boldsymbol{1} & \boldsymbol{0} \\ \boldsymbol{K}_{31} & \boldsymbol{K}_{32} & \boldsymbol{K}_{33} \end{pmatrix} \begin{pmatrix} \boldsymbol{\varphi}_1 \\ \boldsymbol{\varphi}_2 \\ \boldsymbol{\varphi}_3 \end{pmatrix} = \begin{pmatrix} \boldsymbol{\varphi}_0 \\ -\boldsymbol{\varphi}_0 \\ \boldsymbol{0} \end{pmatrix} \tag{5-29}$$

式中，$\boldsymbol{\varphi}_0$ 为加载节点给定电位值。

式（5-28）和式（5-29）可利用线性代数方程组常用求解方法进行求解。考虑有限元方法系数矩阵的稀疏特点，为降低内存占用，可以采用系数矩阵一维压缩存储，但这时需要采用共轭梯度法等进行迭代求解。

5.2.2　数值模拟程序及算例

根据上节所述的恒流场有限元法理论和公式，可以开发直流电位检测有限元数值模拟程序。著者等依据图 5-7 所示程序流程，基于上述理论开发了直流电位检测有限元程序。以下通过比较有限元方法和电阻网络方法的计算结果，相互验证方法和程序的有效性。

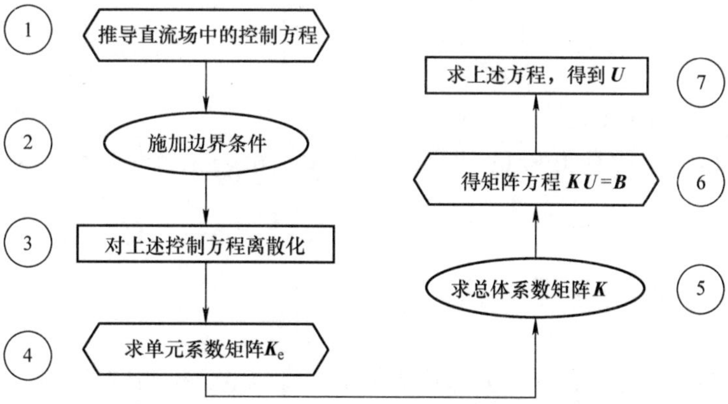

图 5-7　直流电位检测的有限元数值模拟程序流程

在图 5-7 所示流程中，第 3 步采用伽辽金有限元法对控制方程进行离散；第 4 步求单元系数矩阵时采用高斯积分（一般采用 5 点高斯积分）；第 6 步中采用半带宽存储或一维压缩存储方式存储总体系数矩阵，以节省存储空间；第 7 步中采用共轭梯度方法对方程进行迭代求解。

为说明方法和程序的正确性，首先比较本程序和商用软件 ANSYS 的计算结果。计算对象数值模型和电流加载方式如图 5-8a 所示，考虑立方体泡沫金属块体的直流电位检测问题（立方体各边长均为 100mm，各均匀划分 10 个单元、11 个节点，单元总数为 1000 个）。数值计算结果比较如图 5-8b 所示，可以看出两者非常一致。这一结果说明基于恒定电流问题

有限元方程和均匀导体模型开发的直流电位检测有限元数值模拟程序有效、正确。

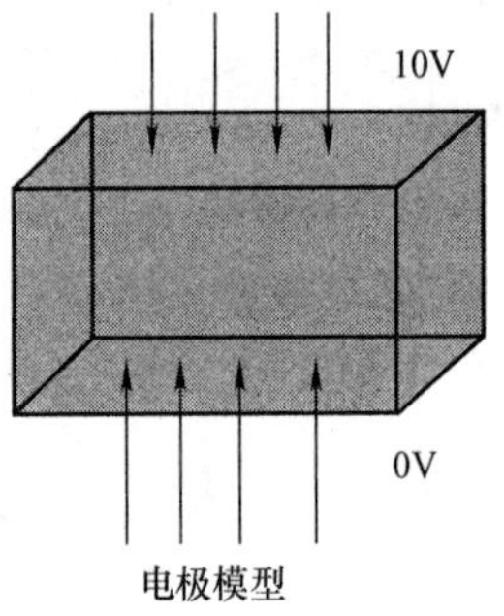

a)

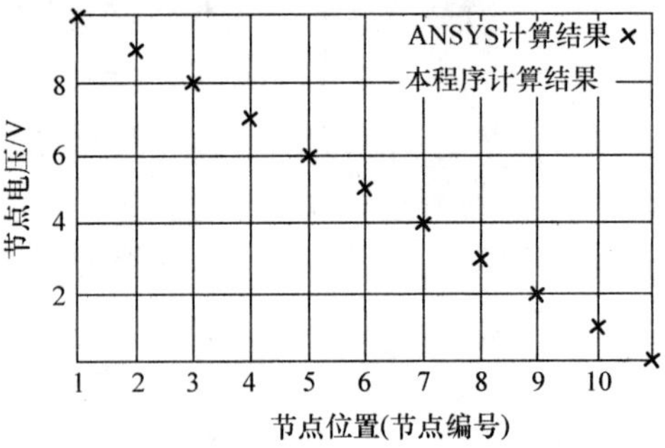

b)

图 5-8 有限元程序与 ANSYS 软件计算结果比较

a）模型和加载方式 b）结果比较

为比较电阻网络法和有限元法的数值计算结果，对另一长方体导体的直流电位信号也进行了计算。计算对象为 x 方向长 50mm、节点数 6，y 方向 60mm、节点数 7，z 方向 30mm、节点数 4 的均匀导体，采用均匀单元划分、恒定电压加载，即设定左下角电压为 10V、右上角为 0V。图 5-9 所示为上表面中央 y 方向直线上的电位比较，可以发现两者基本一致，说明了各自的有效性。同时可以发现，有限元方法具有更好的计算精度。

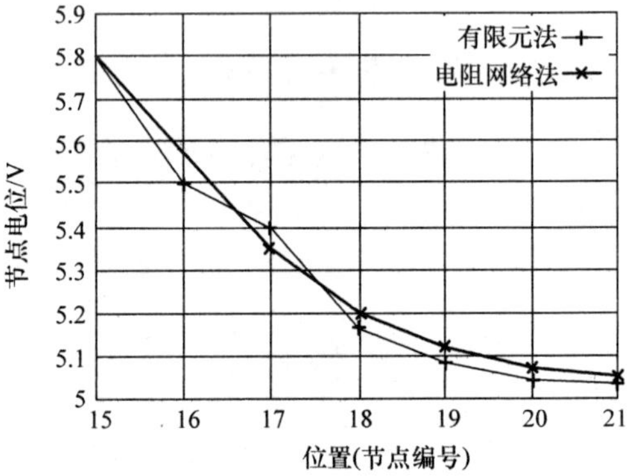

图 5-9 有限元计算结果与电阻网络方法的比较

5.3 复杂边界缺陷处理方法

为使用规则单元划分计算具有复杂边界缺陷的直流电位检测信号，本节介绍多介质单元以及相应的复杂边界处理方法。首先给出多介质单元的概念，其次给出基于高斯积分点分类的多介质单元刚度矩阵计算方法，最后给出该方法用于复杂缺陷直流电位检测信号的数值计算例。

5.3.1 多介质有限单元

如图 5-10 所示，要以规则单元划分来模拟图中曲线为边界的大孔缺陷，会涉及三种单元，即基材单元、缺陷单元和包含缺陷边界的基材-缺陷多介质单元。其中前两类单元为常规有限单元，但第三类单元（以下称多介质单元）内含缺陷边界，涉及基材和缺陷两种不同电导率的介质。常规有限单元采用线性形函数进行插值，单元内部变量通常认为是线性分布，因此对于单元内部含介质界面时能否同样成立需要讨论。

实际上，恒定电流问题在缺陷边界不存在集中电荷，否则由于电荷的存在会产生垂直于边界的电场，导致电流穿过边界而违反电流连续边界条件。所以缺陷边界附近的电场均由外电流源产生，不存在电场强度突变，即边界处电位不但连续还呈一阶光滑分布，故而可以近似认为满足线性分布并可利用线性形函数插值逼近。因此，理论上多介质单元用于直流电位检测的有限元数值模拟是可行的。

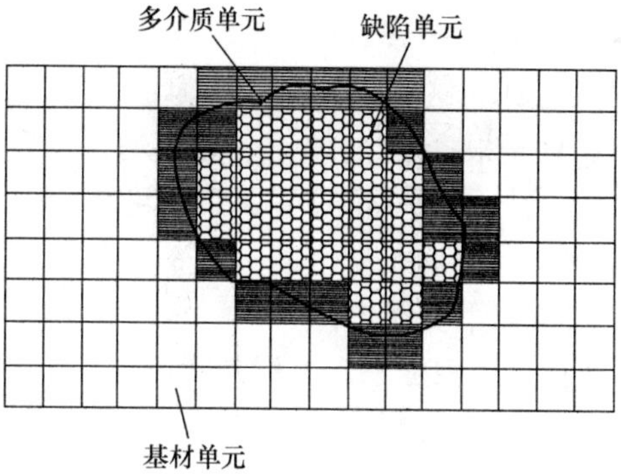

图 5-10　单元类型示意图

由第 2 节所述直流电位检测数值模拟公式可知，单元刚度矩阵的正确计算对有限元分析起决定性的作用。单元刚度矩阵的积分计算通常采用高斯积分方法。由于缺陷区域电导率通常为零，如能判明各高斯点位置属于缺陷区域或基材区域，则可通过去除缺陷区域高斯点数值的方法求取多介质单元的刚度矩阵，即只要解决依据单元内部缺陷边界对高斯点类别（缺陷/基材）的自动判定问题，单元刚度矩阵即可利用下式简单求出：

$$\boldsymbol{K}_{\mathrm{e}}=\sigma_{\mathrm{b}}\sum_{i=1}^{m_{\mathrm{b}}}\nabla\boldsymbol{N}^{\mathrm{T}}(\boldsymbol{r}_i)\cdot\nabla\boldsymbol{N}(\boldsymbol{r}_i)w_i+\sigma_{\mathrm{d}}\sum_{j=1}^{m_{\mathrm{d}}}\nabla\boldsymbol{N}^{\mathrm{T}}(\boldsymbol{r}_j)\cdot\nabla\boldsymbol{N}(\boldsymbol{r}_j)w_j \tag{5-30}$$

式中，w_i 为高斯点 $\boldsymbol{r}_i$ 处的积分权系数；σ_{b} 为高斯点处基材电导率，通常导体均匀时为 σ_0；σ_{d} 为缺陷内高斯点处电导率。通常大孔缺陷内部为空气，其电导率为零，相应式（5-30）右端的第二项消失，只需对导体部分高斯点进行求和即可。

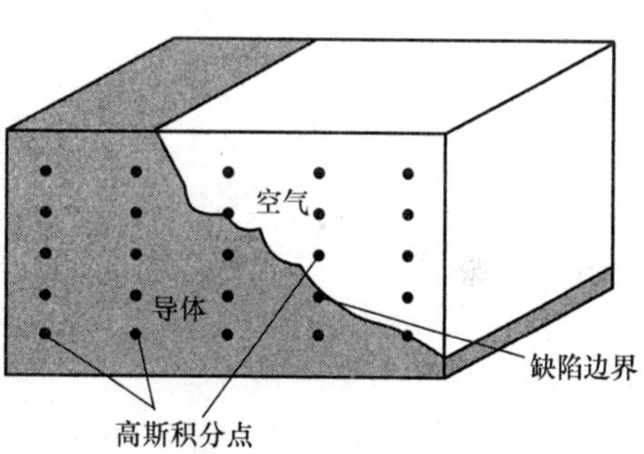

图 5-11　多介质单元示意图

采用多介质单元处理复杂形状缺陷和计算直流电位信号的方法简称为多介质单元方法。图 5-11 所示为多介质单元示意图，黑点表示单元前截面的高斯积分点。计算单元刚度矩阵时只需考虑属于图示阴影区域的高斯点，即需要进行单元积分高斯点类别的自动判别，确定属于导体材料的高斯点。

5.3.2　多介质单元系数矩阵计算方法

基于多介质单元的数值模拟方法的要点是利用点与缺陷界面的位置关系进行自动判断。在判断单元类型和计算部分缺陷单元的刚度矩阵时都需要对点的位置进行判断，前者涉及节点，后者涉及高斯点的位置判定。如何判断给定点是否在缺陷区域关系到复杂缺陷直流电位信号数值模拟方法的有效性。

对于三维复杂形状缺陷，通常可用离散的折面来近似缺陷边界。这时可将点与缺陷界面的位置关系转化为判断点与各平面构成曲面区域的相对位置关系。

记真实缺陷边界上的离散点集为 $P(n,\ 3)$，n 为离散点个数。对于其中的第 i 点，$P(i,$

1)、$P(i, 2)$ 和 $P(i, 3)$ 表示该点的 x 坐标、y 坐标和 z 坐标。x_n、x_m，y_n，y_m、z_n、z_m 分别为对应缺陷区域最左、最右离散点的 x 坐标，最前、最后点的 y 坐标以及最下、最上离散点的 z 坐标。这些端点坐标可确定一个长方体区域，该区域以外明确为非缺陷区域。(x_0, y_0, z_0) 是根据 $P(n, 3)$ 各点平均计算得到的等效原点，记为 O 点。根据点集 $P(n, 3)$ 中各点坐标与原点 O 的位置关系，可将 $P(n, 3)$ 点分成 8 个子集 $P_i(n_i, 3)$，$i=1, \cdots, 8$，即根据原点 O 将缺陷空间分成 8 个象限区域。若需要判断整体坐标为 $p(xx, yy, zz)$ 点位置，可按以下步骤进行：

1）首先根据端点坐标判断该点是否在缺陷区域，若该点不在缺陷区域，结束判断，否则进行下一步判断。

2）判断 p 点所在象限 i，确定目标点集 $P_t(n_t, 3)=P_i(n_i, 3)$。

3）从 P_t 中找出离 p 点最近的缺陷界面点，记为 $p_t(xt, yt, zt)$。

4）计算等效原点 $O(x_0, y_0, z_0)$ 点与 $p(xx, yy, zz)$ 点之间的距离 Op，以及等效原点与 $p_t(xt, yt, zt)$ 之间的距离 Op_t。

5）比较 Op 与 Op_t 的大小：若 $Op < Op_t$，则认为 $p(xx, yy, zz)$ 点在缺陷区域内，否则认为该点不在缺陷区域。

5.3.3　基于多介质单元的直流电位信号计算程序和算例

基于前述直流电位数值模拟相关理论，直流电位检测信号计算即为求解方程组（5-28）以获取节点电位，并进而通过对表面电位进行差分处理获得检测信号。当缺陷形状复杂时，可以采用较规则单元划分和利用多介质单元进行刚度矩阵计算。基于多介质单元的有限元数值模拟的流程如图 5-12 所示，除了多介质单元的处理过程外，与前节所述有限元正问题程序基本相同。根据上述理论和流程，著者等开发了复杂缺陷直流电位信号的数值模拟程序。以下介绍计算实例。

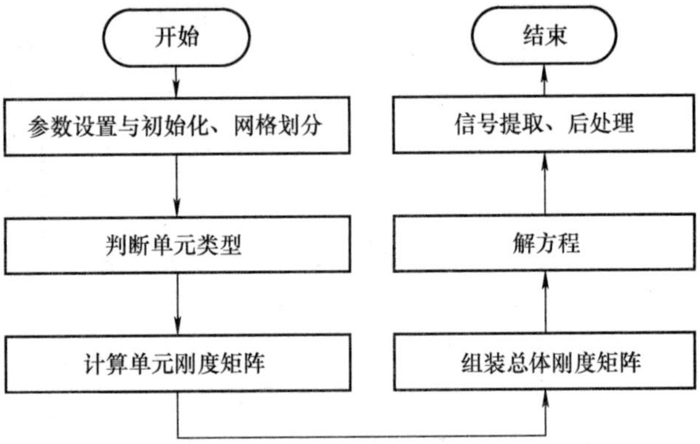

图 5-12　数值模拟程序流程

首先考虑块状泡沫金属的直流电位检测计算问题。检测对象是 200mm 边长的立方体，材料电导率为 2.4MS/m。计算中每边划分 10 个单元，即总单元数为 1000。

图 5-13a 给出了边长相对大小为总边长 52% －79% －64% 的长方体缺陷对应的检测信号，其中缺陷设置于检测对象中央。图 5-13 中，“3D－1”表示一个面单边用 5 个离散点，“3D－2”代表一个面单边取 15 个离散点，“3D－3”代表一个面单边取 25 个离散点进行点类别判定时的结果。另外，“Ref.”表示直接用缺陷边界数学解析表达式进行位置关系判断来计算得到的数值模拟信号，对应精确结果。从图中可以看出，近似缺陷边界面的离散点数不用太多就可达到高斯点分类精度要求。

图 5-13b 给出了相对尺寸为 80% －80% －80% 的长方体缺陷对应的信号对比，缺陷同样设置于立方体的中央。该缺陷相对较大，但当边界离散点较多时，采用多介质单元计算的信

号也和传统有限元方法基本相同，且离散点较多时多介质单元的数值模拟结果趋于真实缺陷信号。以上结果表明所提出的复杂缺陷直流电位信号数值模拟的多介质单元方法是有效的。

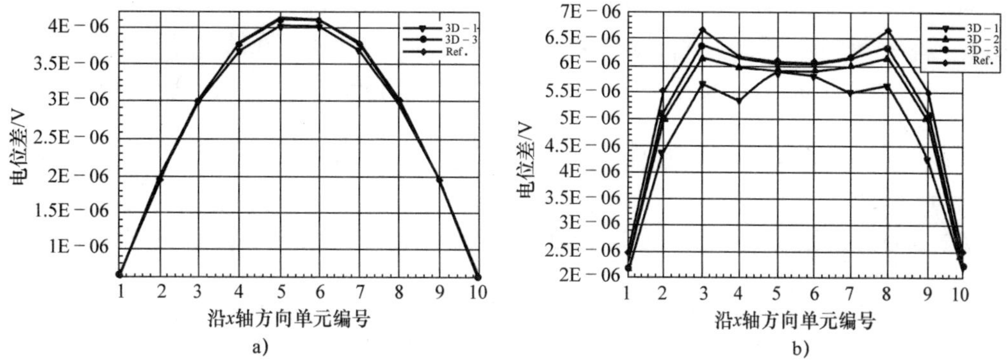

图 5-13　不同大小长方体缺陷直流电位检测信号计算结果对比

a) 52% -79% -64%　b) 80% -80% -80%

5.4　直流电位检测信号的高效计算

为保证计算精度，通常需要足够小的单元划分。对于三维问题，当模型较大时会导致总单元数庞大，如果用常规的有限元方法需要非常大的计算机资源。对于反问题求解等需要大量正问题计算的情形，计算时间的消耗有时会令人无法接受。

为解决这一问题，类似于涡流检测有限元方法中的数据库快速算法，可以通过无缺陷场的先期计算实现直流电位检测数值计算的高效化。快速算法的基本思想是降维，即减小求解区域。数据库方法可以将所解方程的未知量个数减小为缺陷节点个数，从而大大缩减计算区域，实现在保证计算精度的情况下有效降低存储空间并大大缩短计算时间。

5.4.1　直流电位检测信号的高效数值计算理论

直流电位问题（恒流或恒压）的恒流场基本控制方程为

$$\nabla \cdot (-\sigma \nabla \varphi) = 0 \tag{5-31}$$

式中，φ 为导体标量电位；σ 为导体的电导率分布函数。

当导体存在缺陷时，可表达为

$$\nabla \cdot \sigma(\boldsymbol{r}) \nabla \varphi = 0 \tag{5-32}$$

导体不存在缺陷时，可表达为

$$\nabla \cdot \sigma_0(\boldsymbol{r}) \nabla \varphi_0 = 0 \tag{5-33}$$

两式相减可得

$$\nabla \cdot [\sigma(\boldsymbol{r}) - \sigma_0(\boldsymbol{r})] \nabla \varphi + \nabla \cdot \sigma_0(\boldsymbol{r})(\nabla \varphi - \nabla \varphi_0) = 0 \tag{5-34}$$

式中，φ_0 为导体不存在缺陷时的各个节点电位；$\sigma(\boldsymbol{r})$ 为导体存在缺陷时的电导率；$\sigma_0(\boldsymbol{r})$ 为导体不存在缺陷时的电导率。

由于方程式（5-34）中的含 $\sigma(\boldsymbol{r}) - \sigma_0(\boldsymbol{r})$ 的项只在缺陷区域非零，对其进行伽辽金有限元离散可得

$$\begin{pmatrix} \tilde{\boldsymbol{K}}_{11} & \boldsymbol{0} \\ \boldsymbol{0} & \boldsymbol{0} \end{pmatrix}\begin{pmatrix} \varphi_{10}+\varphi_{1f} \\ \varphi_{20}+\varphi_{2f} \end{pmatrix}+\boldsymbol{K}\begin{pmatrix} \varphi_{1f} \\ \varphi_{2f} \end{pmatrix}=0 \tag{5-35}$$

式中，$\varphi=\varphi_0+\varphi_f$，$\varphi_1=\varphi_{10}+\varphi_{1f}$，$\varphi_2=\varphi_{20}+\varphi_{2f}$，且 φ_f 为导体存在缺陷时较不存在缺陷时各节点电位值的变化量，φ_1 为导体存在缺陷时缺陷区域的节点电位，φ_2 为导体存在缺陷时无缺陷区域的节点电位；$\tilde{\boldsymbol{K}}$ 为和缺陷相关单元刚度矩阵；$\boldsymbol{K}$ 为无缺陷时直流电位问题的有限元刚度矩阵。

令 $\boldsymbol{K}^{-1}=\boldsymbol{H}$，方程式（5-35）两端同时乘以逆矩阵 $\boldsymbol{H}$，同时将矩阵 $\boldsymbol{H}$ 进行分块处理，可得

$$\begin{pmatrix} \varphi_{1f} \\ \varphi_{2f} \end{pmatrix}=-\begin{pmatrix} \boldsymbol{H}_{11} & \boldsymbol{H}_{12} \\ \boldsymbol{H}_{21} & \boldsymbol{H}_{22} \end{pmatrix}\begin{pmatrix} \tilde{\boldsymbol{K}}_{11} & \boldsymbol{0} \\ \boldsymbol{0} & \boldsymbol{0} \end{pmatrix}\begin{pmatrix} \varphi_{10}+\varphi_{1f} \\ \varphi_{20}+\varphi_{2f} \end{pmatrix} \tag{5-36}$$

从式（5-36）可得

$$[\boldsymbol{I}+\boldsymbol{H}_{11}\tilde{\boldsymbol{K}}_{11}]\varphi_{1f}=-\boldsymbol{H}_{11}\tilde{\boldsymbol{K}}_{11}\varphi_{10} \tag{5-37}$$

式中，$\boldsymbol{I}$ 为单位矩阵。

上式中 $\boldsymbol{K}$、$\boldsymbol{H}$、φ_0 为无缺陷刚度矩阵和无缺陷场，可提前计算并建立数据库保存。方程式（5-37）中 $\boldsymbol{H}_{11}$、φ_{10} 分别为 $\boldsymbol{H}$、φ_0 的一部分，计算不同缺陷时，可直接在数据库中提取。缺陷导致的电位变化 φ_{1f} 可从式（5-37）简单求得，又根据 $\varphi_1=\varphi_{10}+\varphi_{1f}$ 求得各缺陷节点的电位值。

以上公式中 φ_1 表示导体存在缺陷时缺陷区域的节点电位。因利用直流电位法检测缺陷时需要导体检测面上的电位分布，故需将 φ_1 扩大为缺陷区域和检测面两部分的节点电位。基于前述公式推导过程，可以发现这不难实现。

将导体的节点分为三部分，检测面部分包含的节点用下标“1”表示，缺陷部分包含的节点用下标“2”表示，其余部分节点用下标“3”表示（非检测面非缺陷部分节点），可得

$$\begin{pmatrix} \varphi_{1f} \\ \varphi_{2f} \\ \varphi_{3f} \end{pmatrix}=-\begin{pmatrix} \boldsymbol{H}_{11} & \boldsymbol{H}_{12} & \boldsymbol{H}_{13} \\ \boldsymbol{H}_{21} & \boldsymbol{H}_{22} & \boldsymbol{H}_{23} \\ \boldsymbol{H}_{31} & \boldsymbol{H}_{32} & \boldsymbol{H}_{33} \end{pmatrix}\begin{pmatrix} \boldsymbol{0} & \boldsymbol{0} & \boldsymbol{0} \\ \boldsymbol{0} & \tilde{\boldsymbol{K}}_{22} & \boldsymbol{0} \\ \boldsymbol{0} & \boldsymbol{0} & \boldsymbol{0} \end{pmatrix}\begin{pmatrix} \varphi_{10}+\varphi_{1f} \\ \varphi_{20}+\varphi_{2f} \\ \varphi_{30}+\varphi_{3f} \end{pmatrix} \tag{5-38}$$

简单推导可得

$$\varphi_{1f}=-\boldsymbol{H}_{12}\tilde{\boldsymbol{K}}_{22}(\varphi_{20}+\varphi_{2f}) \tag{5-39}$$

$$\varphi_{2f}=-\boldsymbol{H}_{22}\tilde{\boldsymbol{K}}_{22}(\varphi_{20}+\varphi_{2f}) \tag{5-40}$$

$$\varphi_{3f}=-\boldsymbol{H}_{32}\tilde{\boldsymbol{K}}_{22}(\varphi_{20}+\varphi_{2f}) \tag{5-41}$$

先求解方程式（5-40）可得 φ_{2f}，然后根据 $\varphi_2=\varphi_{20}+\varphi_{2f}$ 可得缺陷节点电位。进而将 φ_{2f} 代入方程式（5-39），求解可得 φ_{1f} 和 $\varphi_1=\varphi_{10}+\varphi_{1f}$，这样即可得到检测面各节点电位值。

从上述公式可看出，快速算法在建立数据库后，所求方程的维数仅为与缺陷相关的节点数。由于缺陷节点数一般比整个检测对象即导体节点数少很多，故求解方程数可大大降低，有效减少计算时间和存储空间等计算机资源。

5.4.2　快速算法中数据库的建立方法

上节所描述的快速算法理论中，一个重要问题就是无缺陷场数据库的建立，包括无缺陷时各个节点电位值 $\boldsymbol{\varphi}_0$ 和总体系数矩阵 $\boldsymbol{K}$ 的逆矩阵 $\boldsymbol{H}$ 的建立。其中，$\boldsymbol{\varphi}_0$ 可以利用上节给出的三维有限元程序，加载适当电流获得。而逆矩阵如按一般方法求取，在三维问题中会消耗大量的计算资源，限制其使用范围。

从式（5-39）~式（5-41）不难看出，快速算法实际上仅需要逆矩阵的一小部分。对于方程（5-42）：

$$\boldsymbol{K\varphi}=\boldsymbol{b} \tag{5-42}$$

逆矩阵 $\boldsymbol{H}$ 的第 i 列对应于右端项 $\boldsymbol{b}$ 第 i 个节点单位激励下的方程（5-42）的解。如将 b_1 设为 1，其他元素设为 0，此时求出的 $\boldsymbol{\varphi}$ 为 $\boldsymbol{H}$ 的第一列。依此方法类推，对缺陷相关节点分解施加单位电位激励，通过多次求解方程式（5-42）即可用较小的计算量获得矩阵 $\boldsymbol{H}$ 中快速算法所需元素。

5.4.3　高效数值模拟方法程序的开发与正确性验证

基于以上快速算法理论和前述常规有限元公式，可以开发快速算法程序，实现对三维问题的快速计算。作为算例，对图 5-6 所示模型与加载方式的表面电位检测信号进行计算。模型大小为：x 方向长 190mm，划分节点数 20；y 方向长 190mm，节点数 20；z 方向长 140mm，节点数 15。单元均为均匀划分。缺陷设定于导体中央，各边长均为 40mm（x、y、z 方向缺陷相关节点数均为 5 个）。

首先计算正常加载时各节点的电位并保存为 $\boldsymbol{\varphi}_0$；其次在包含缺陷区域的可能缺陷区域节点施加单位电位；然后按照前述方法计算逆矩阵数据库；最后根据实际缺陷节点，从数据库中抽取 $\boldsymbol{\varphi}_0$、$\boldsymbol{H}_{12}$、$\boldsymbol{H}_{22}$、$\boldsymbol{H}_{32}$，然后利用式（5-39）和式（5-40）计算缺陷部和表面的电位和电位差信号。

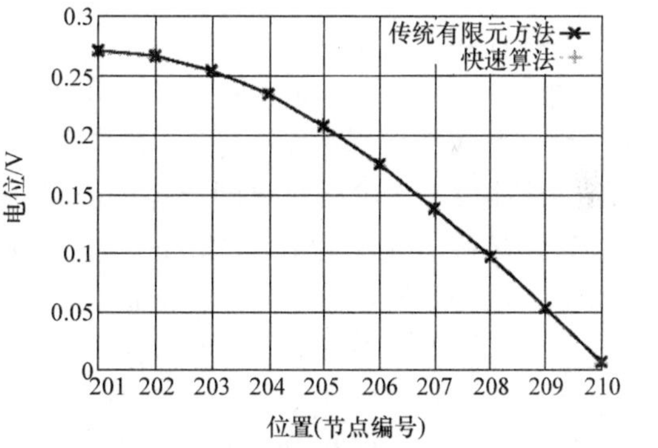

图 5-14　6000 个节点时快速算法与传统有限元法计算结果比较

图 5-14 给出了图 5-6 所示问题表面电位的快速算法与传统有限元法计算结果比较。如图所示，两者结果非常一致。但用快速算法程序计算上述问题在常规计算机上需时不到 3s，而用常规有限元法程序计算相同问题约需一个多小时。这一算例说明，快速算法不仅可缩短计算时间，且计算精度与常规有限元法相同。

5.4.4　基于多介质单元的数据库型快速算法

以上给出的快速计算方法，对于有裂纹边界的多介质单元同样适用。这时多介质单元属于前述裂纹单元，但其刚度矩阵计算需要采用上节给出的特殊方法。一旦基于普通裂纹单元和多介质单元生成了裂纹区域的刚度矩阵 $\tilde{\boldsymbol{K}}_{11}$，其余信号计算、数据库生成等均和采用常规单元时没有差别。图 5-15 给出了采用多介质单元的快速算法流程，其中对单元类型进行正

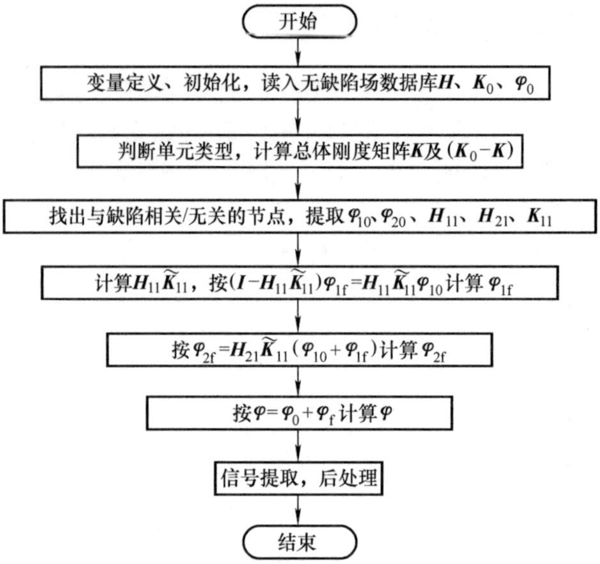

图 5-15　基于多介质单元的快速算法流程

确判断和缺陷场总刚度矩阵计算十分重要。

采用数据库快速计算方法，对不同几何尺寸的立方体检测对象中的各种不同大小缺陷进行数值模拟。加载方式仍为模型两侧中点恒电流（10A）方式。计算模型参数见表 5-1，包括模型在三个方向的大小、单元数目以及 y 方向缺陷圆柱体半径 r 和高度 h。缺陷圆柱体设定于检测对象即导体的下部中央，导体材料电导率为 2.43MS/m。图 5-16 给出了缺陷高度为 40mm、直径为 ϕ15mm 时快速算法与常规有限元法计算结果的比较。图中“完整有限元”为常规三维有限元程序计算结果，“快速有限元”为本章快速算法的计算结果。图中信号为立方体上表面中线各节点的电位差，可以看出两者很好地一致，证明了方法的有效性。

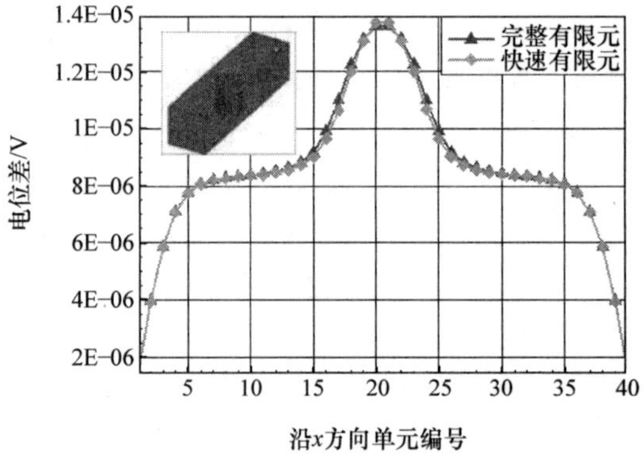

图 5-16　试样 3D－1 数值模型快速算法与完整有限元计算所得电位差信号比较

表 5-1　快速算法与完整有限元程序的效率比较

几何尺寸/mm	单元划分	缺陷尺寸(r,h) /mm	计算耗时 /s	
			快速算法	完整程序
200×10×50	80×4×20	(15,5)	4	13
200×10×50	80×4×20	(7.5,5)	0.2	8
200×50×50	40×10×10	(15,40)	1.1	3.6
200×10×50	40×2×10	(15,5)	0.02	0.15

为说明快速算法的效率，表 5-1 给出了不同参数条件下快速算法与常规方法计算时间的比较。如不考虑无缺陷场数据库计算时间，快速算法计算信号所需时间比常规方法所需时间

短很多。特别是当缺陷较小时，效率优势更明显。由于反问题中需要大量正问题计算，采用快速算法可以大大提高缺陷重构的计算效率。

5.5　直流电位检测反问题方法

直流电位检测反问题就是根据检测信号确定缺陷参数，即缺陷定量。缺陷定量问题一般可转化为优化问题进行求解，即针对目标检测信号，在缺陷参数区域寻找适当的参数向量，使其相应缺陷的计算检测信号与目标信号差别达到最小。这一优化问题通常选取信号残差作为目标函数，即

$$\varepsilon(\boldsymbol{c}) = \sum_{m=1}^{M} |u_m(\boldsymbol{c}) - u_m^{\mathrm{obs}}|^2 \tag{5-43}$$

式中，$u_m(\boldsymbol{c})$ 为给定缺陷参数时正问题计算所得电位差信号，与缺陷参数向量 $\boldsymbol{c}$ 密切相关；u_m^{obs} 是实验测得的电位差信号，即目标信号；M 为信号的个数。

当缺陷参数值与真实值很接近时，此参数对应缺陷的电位差信号会和实验结果非常接近，因此残差函数的值越小，重构缺陷参数就越接近真实。但由于测量噪声和计算误差的存在，上述残差无法达到零。因此，对缺陷进行准确定量就是使残差函数达到最小而非达到零。这样，缺陷的定量重构问题就转化成了一个优化问题。这一反问题通常为不适定问题，即具有多解性质，需要施加一定的约束条件使问题可解，如增加信号点数和扫描范围、给定缺陷形状、要求形状光滑、设定合适的收敛条件等。

上述优化问题的求解有多种方法，通常分为两大类，即确定论优化方法和随机优化方法。也可以分为基于物理模型的方法和黑箱方法。典型的确定论优化方法是共轭梯度方法或最速下降法，这些方法属于基于物理模型的方法，是在目标函数的梯度方向进行最优解搜索，反演过程中需要进行正问题计算。模拟退火法、遗传算法、禁忌搜索算法是典型的启发型随机优化方法，是在参数空间随机搜索最优解。由于这些方法同样需要对不同缺陷参数对应的检测信号进行计算，因此需要进行正问题计算，属于基于物理模型的方法。启发式优化算法一般需要非常大量的正问题计算，需要快速高精度的信号计算手段，有时还需采用大型计算机并行计算。神经网络方法属于典型的黑箱优化方法，只要有足够多的经验数据，即不同缺陷相应的检测数据，即可利用神经网络建立其间的映射关系，然后从检测信号推定缺陷参数。其他还有诸如支持向量机、极大似然估计法、进退法、蚁群法，以及简单的群举法、局部搜索法等。总之在优化问题中适用的方法都可能在缺陷反问题求解中得到应用。

以下介绍几种典型的用随机优化方法、共轭梯度重构方法及复合方法进行缺陷重构的算法和算例。

5.5.1　基于随机优化方法的直流电位检测信号反演

首先介绍典型的启发型优化算法，如遗传算法、禁忌搜索算法、模拟退火法的原理和算法，其次给出神经网络方法的原理、算法；最后给出基于直流电位信号对泡沫金属复杂缺陷定量重构的算例，并说明各方法的特点。

1. 重构算法和原理

（1）遗传算法　遗传算法是一种随机的自启发式搜索算法，模拟自然界中的选择和遗传

机制，采用人工适者生存的遗传算子形成强大的搜索机制。该算法通常包含以下内容：编码、初始群体的产生、适应度计算、复制、遗传和变异等。对于缺陷重构问题，每个十进制的缺陷参数被转化为包含6个二进制字符的数组，采用残差的负值作为适应度函数值。每一代中选择若干个体，其中有最大适应度的个体将通过遗传和变异产生下一代。交叉和变异的概率均可选择，通常可分别选为0.5和0.02。当缺陷参数较多时，这一方法需要大量的正问题计算。

（2）禁忌搜索算法　禁忌搜索算法是一种局部搜索算法。该方法生成一系列解 x_0，x_1，…，x_r，…，x_n，解系中的每个值 x_i 都是可行解，x_0 是初始解，$x_i(i>1)$ 属于 x_{i-1} 的邻域 $N(x_{i-1})$，从 x_{i-1} 进行局部移动形成。相比一般局部搜索算法，禁忌搜索算法采用了禁忌列表以避免在搜索过程中陷入局部最优，从而提高了全局搜索能力。禁忌搜索算法的步骤可以简单地描述如下：

1）随机选定一个初始缺陷参数向量 $\boldsymbol{C}^0$，并清空禁忌列表。

2）计算 $\boldsymbol{C}^0$ 相应的检测信号并利用式（5-1）计算相应的残差 ε^0，判断是否满足终止条件。若不满足，则将 $\boldsymbol{C}^0$ 加入禁忌列表，并记录此解在禁忌列表中出现的频次信息。

3）在当前最优解邻域内选取 N 组可行解，分别计算相应的残差 ε_i，选取其中使残差最小的解作为当前的最优解，同时更新禁忌列表及频次信息。

4）判断当前最优解是否满足终止条件，若不满足转向2）；若满足，终止迭代并从禁忌列表信息中选取使残差最小或出现频次最多的解作为最终解。

终止条件一般有两种：一是误差阈值，二是最大迭代次数。如果是以第二终止条件结束，出现频率最高的解将被接收为最终解。

（3）模拟退火法　模拟退火法是一种典型的迭代搜索启发式算法。在每一步迭代中，该方法以一定的概率 P 接受当前的最优解，P 与当前“温度”参数相关。随着迭代的进行，“温度”逐步降低，使接受误差较大解的概率越来越小。

模拟退火法采用内外两重循环，外循环用来控制温度的下降，内循环用来控制在每个温度下的重构次数。对于缺陷重构，外循环可采用 Metropolis 准则，“温度”线性下降，衰减因子 $\alpha=0.8$。对于内循环，可采用马尔科夫线长度来控制每个温度下的重构次数，初始温度可设置为 $T_0=800$℃。

（4）神经网络方法　缺陷重构可采用单隐含层前向神经网络方法进行，其特点是相邻两层神经元间相互连接，各神经元之间没有反馈。每个神经元可以从前一层接收多个输入，并只有一个输出送给下一层的各神经元。通常采用的三层前馈神经网络分为输入层、隐含层和输出层，在前向网络中有计算功能的节点称为计算单元，而输入节点无计算功能。隐含层直接与输入层和输出层连接，实现线性映射。输入和输出节点需要根据信号和检测对象参数的数量等确定，但隐含节点的数量需要通过训练过程确定。隐含节点一般初始选为1个，每个训练过程会产生一个新的节点。输入层－隐含层连接点采用随机权值，但其余权值需要根据奇异值分解，按照最小二乘原则求解式（5-44）得到：

$$\boldsymbol{A}\boldsymbol{W}_{\text{io}}+f_1(\boldsymbol{A}\boldsymbol{W}_{\text{ih}})\boldsymbol{W}_{\text{ho}}=f_2{}^{-1}(\boldsymbol{B}) \tag{5-44}$$

式中，$\boldsymbol{A}$、$\boldsymbol{B}$ 为输入输出数据组成的训练数据向量；f_1、f_2 为非线性激活函数；$\boldsymbol{W}_{\text{ih}}$ 为随机生成的固定系数矩阵；$\boldsymbol{W}_{\text{io}}$ 和 $\boldsymbol{W}_{\text{ho}}$ 分别代表输入层-输出层间和隐含层-输出层间的权系数矩阵。为排除数据的线性相关及提高条件数，输入数据一般可采用主成分分析（PCA）进行前处理。PCA 处理过程中首先找到数据变化的主方向，然后进行坐标变换。经 PCA 处理后的输入数据会变得更加独立和有规则。

2. 重构算例和性能特点比较

(1) 启发型重构算法　表 5-2 给出了对数值模拟信号分别利用遗传算法、禁忌搜索算法、模拟退火法对椭球体缺陷进行重构的结果。算例检测对象模型为边长 100mm 的立方体泡沫铝块，各方向分别划分为 10 个单元，材料电导率为 2.43MS/m。采用上表面和前表面中线上节点的电位差作为输入信号，以重构椭球体三个半径的长度。缺陷位置认为已知，其中心与模型的几何中心重合。表 5-2 中，椭球体缺陷在三个方向上的半径分别为 21mm、25mm 和 34mm，表中给出的重构结果是三次计算的均值。图 5-17 给出了重构缺陷和真实缺陷对应检测信号的比较，可见信号间差别较小，得到了很好的反演重构。

表 5-2　椭球体缺陷重构结果

缺陷参数	真实参数	遗传算法	禁忌搜索算法	模拟退火法
r_x/mm	21.0	21.4	22.6	20.0
r_y/mm	25.0	25.2	27.1	24.3
r_z/mm	34.0	33.3	31.1	35.3
残差($\times 10^{-20}$)	—	0.31	5.93	2.4
误差(%)	—	1.75	5.25	3.25
耗时/min	—	6.72	4.90	4.25

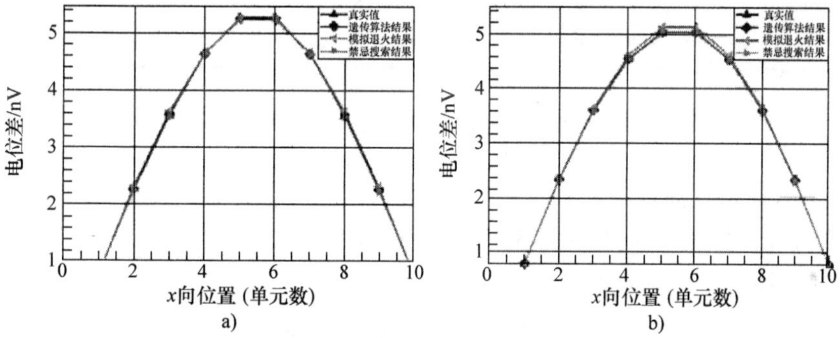

图 5-17　椭球体缺陷重构参数对应的电位差比较
a) 上表面中线上电位差比较　b) 前表面中线上电位差比较

表 5-3 给出了圆柱体缺陷重构的结果。检测对象为长 200mm、宽和高均为 50mm 的泡沫铝块，缺陷为半径 15mm、高度 30mm 的圆柱缺陷，圆柱体缺陷在泡沫铝块底面开口。数值计算中，采用单元数为 $40 \times 10 \times 10$，电导率为 2.43MS/m。由于实验条件和数值模拟条件存在一定的差异，对数值模拟信号和实验信号均进行了归一化处理，即信号幅值设定为 1。此方法虽然会丢失一些实验信号信息，但对重构缺陷大小参数非常有效。

表 5-3　圆柱体缺陷重构结果

缺陷参数	真实参数	遗传算法	禁忌搜索算法	模拟退火法
r_x/mm	15.0	11.8	12.9	16.3
r_y/mm	15.0	15.9	13.3	17.0
H/mm	30.0	30.9	33.7	27.5
耗时/min	—	400	207	157

比较表 5-2 和表 5-3 重构结果，可以发现遗传算法、禁忌搜索算法、模拟退火法三种方法均对基于直流电位信号的缺陷定量重构有效。三种方法中，遗传算法的精度相对较高，模拟退火法相对效率较高。

(2) 神经网络方法用于泡沫金属缺陷定量的重构结果 采用神经网络基于直流电位信号对缺陷大小进行了定量重构，发现可以实现有效重构。作为算例，以下给出神经网络用于重构缺陷位置参数的过程和结果。

算例检测对象为长 100mm、宽 100mm、厚 50mm 的泡沫金属板，在三个方向上分别离散为 20、20、10 个单元，电导率为 2.4MS/m。针对椭球体缺陷，对不同大小、位置缺陷对应的直流电位信号进行计算，建立了信号-缺陷参数数据集。椭球体半径分别取 4 种尺寸，中心位置取 25 个不同位置，共生成了 1600 组训练数据。

随机选择 355 组数据作为神经网络的训练数据集、50 组作为验证数据集、40 组作为校核数据集。重构结果发现 40 组校核工况中，26 组重构结果与真实参数完全一致，12 组重构结果与真实值有较小偏差。表 5-4 给出了其中 8 组有差别的结果，说明神经网络方法对缺陷位置重构非常有效。

表 5-4 神经网络有效性验证

工况编号		1	2	3	4	5	6	7	8
真实参数	x_0/mm	0	0	0	0	0	0	5	5
	y_0/mm	5	5	10	15	15	20	5	5
重构参数	x_0/mm	0	5	5	5	0	5	10	5
	y_0/mm	5	5	10	15	15	20	15	5

5.5.2 基于最速下降法的泡沫金属缺陷定量重构

1. 最速下降缺陷重构方法

假设缺陷参数记为 n 维向量组。对于式（5-43）的优化目标函数，最速下降重构方法需要用到残差的梯度。梯度大小可表达为

$$\|\nabla\varepsilon(\boldsymbol{c}^k)\| = \sum_{i=1}^{n}\left(\frac{\mathrm{d}\varepsilon}{\mathrm{d}c_i^k}\right)^2 \tag{5-45}$$

式中，c_i（$i=1, \cdots, n$）为第 i 个缺陷参数；ε（$\boldsymbol{c}$）为给定参数缺陷对应的残差函数。

基于式（5-43）可得残差对各缺陷参数的微分，用信号对参数微分表达，即

$$\frac{\partial\varepsilon}{\partial c_i} = \sum_{m=1}^{M} 2[u_m(\boldsymbol{c}) - u_m^{\text{obs}}]\frac{\partial u_m}{\partial c_i} \tag{5-46}$$

电位差信号对缺陷参数的微分 $\partial u_m/\partial c_i$ 无法像第 2 章中从导体中的电流场直接积分计算，为此可以采用差分方法近似求取。即对当前的缺陷参数给以小的扰动，然后计算相应的检测信号。通过求取信号扰动量和参数扰动量的比值，即可近似获得上述微分值，具体形式为

$$\frac{\partial u_i}{\partial c_j} \approx \frac{\Delta u_i}{\Delta c_j} = \frac{u_i(\boldsymbol{c} + \Delta \boldsymbol{c}_j) - u_i(\boldsymbol{c})}{\Delta c_j} \tag{5-47}$$

获得梯度信息后，可采用第 2 章所描述的重构方法对缺陷参数进行迭代求解。

2. 重构算例

表 5-5 平板试样缺陷重构结果

真实参数/mm	直径 D_x	12	18	24	30
	直径 D_y	12	18	24	30

（续）

重构结果/mm	直径 D_x	10.7	17.8	20.5	29.6
	直径 D_y	12.1	18.3	25.1	30.4
原重构结果/mm	长度 L_x	12	14	24	30
	长度 L_y	18	22	26	35

基于流程图和多介质单元开发了直流电位确定论重构程序。对图 5-18 所示泡沫铝板大孔缺陷进行重构。平板缺陷试样长为 200mm，宽为 50mm，厚为 10mm，分别离散成 40、10、2 个单元。缺陷为厚度方向的通孔，直径分别为 ϕ12mm、ϕ18mm、ϕ24mm、ϕ30mm。所有试样的孔隙率均为 83.3%，电导率为 2.43MS/m。

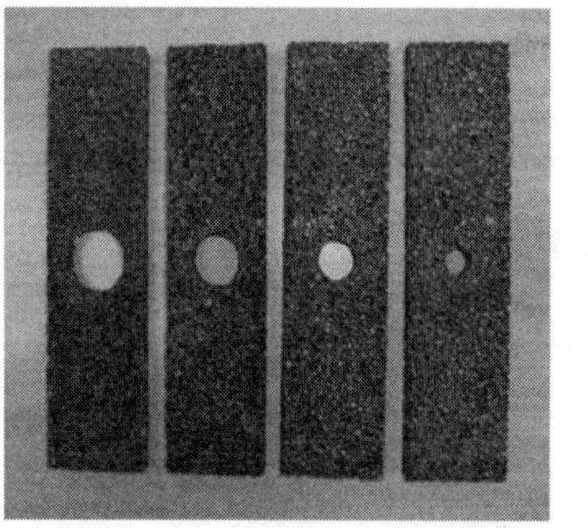
图 5-18　二维泡沫金属试样

表 5-5 给出了采用数值模拟信号对 4 个二维试样中的缺陷进行重构的结果。表中“真实参数”是真实缺陷参数，“重构结果”是采用基于多介质单元和最速下降程序进行重构的结果，“原重构结果”是没有采用多介质单元的重构结果。原重构结果把圆截面作为矩形截面处理，放大了缺陷。可以看出，基于多介质单元和最速下降程序对于复杂缺陷的重构结果具有更高的精度。

5.5.3　基于混合反问题方法的泡沫金属复杂缺陷定量重构

1. 最速下降与神经网络混合法

混合反问题分析方法同时使用两种或以上的反演方法，如人工神经网络与模糊逻辑，最小二乘与径向基函数神经网络等，可集成所用方法的优点，改善重构精度。为集成随机优化和确定论优化方法的优点，也有学者将两类方法相结合，如共轭梯度法和神经网络的混合分析方法已成功应用到涡流检测和脉冲涡流检测反问题中。以下介绍采用最速下降法与神经网络混合法进行直流电位检测反问题分析的方法和算例。

混合方法的基本思路是采用神经网络确定缺陷的位置和初值，利用最速下降方法对参数进行迭代求解。这一方法既可以为最速下降法（SD 方法）提供较好的初值，避免局部最优问题，又可以提高神经网络方法重构精度不高的问题。具体可按如下步骤实施

首先将缺陷参数分为位置参数 $\boldsymbol{C}_1$ 和尺寸参数 $\boldsymbol{C}_s$，即

$$\boldsymbol{C} = [\boldsymbol{C}_1 \quad \boldsymbol{C}_s]^T \tag{5-48}$$

对位置参数和尺寸参数可利用如下步骤采用不同的方法进行重构：

1）采用检测信号，利用神经网络方法重构缺陷位置参数，结果记为 $\boldsymbol{C}_1^{NN}$。

2）设置缺陷参数初始值 $\boldsymbol{C}^0 = [\boldsymbol{C}_1^{NN}\ \boldsymbol{C}_s^0]^T$。

3）调用最速下降程序重构缺陷尺寸参数和改良位置参数 $\boldsymbol{C}^* = [\boldsymbol{C}_1^*\ \ \boldsymbol{C}_s^*]^T$。

混合方法虽可以改良重构精度，但由于同时使用两种方法，不但需要建立神经网络必需的大量教师数据库，也需要最速下降重构所需快速算法的前期数据准备，相对比较烦琐。但这些数据一旦建立，重构过程并不会增加太多计算时间。

2. 重构算例与结果比较

为了验证最速下降和神经网络混合法的有效性，对以下算例采用单一最速下降方法和混合法分别进行重构计算，并将重构结果和效率进行比较。结果表明，混合方法由于有更好的初始值，较单一最速下降方法有更好的效率和精度。

本算例采用长 100mm、宽 100mm、高 50mm 的泡沫金属块，在三个方向上分别划分 20、20 和 10 个单元，对其中的椭球体缺陷大小进行重构。材料电导率为 2.4MS/m。

表 5-6 给出了椭球体缺陷重构的结果。对椭球在 x-y 平面的位置参数〔x_0 y_0〕和椭球的大小参数，即各向半径〔r_x r_y r_z〕同时进行了重构。采用上表面中线电位差作为神经网络输入，获得位置参数为 $\boldsymbol{C}_1^{NN}$ =〔5.0 15.0〕。然后，设定神经网络重构结果为位置初始值，采用上表面所有节点电位差作为最速下降方法的输入信号进行重构，获得了混合方法重构结果。由表 5-6 可见，混合方法重构结果更接近于真实值，且需迭代次数也较少。

表 5-6 椭球体缺陷的重构结果

重构方法		SD 法	SD 和 NN 混合法
初始值/mm	〔x_0 y_0〕	〔0.0 0.0〕	〔5.0 15.0〕
	〔r_x r_y r_z〕	〔5.0 5.0 5.0〕	〔5.0 5.0 5.0〕
重构值/mm	〔x_0 y_0〕	〔11.3 11.5〕	〔5.0 15.0〕
	〔r_x r_y r_z〕	〔15.0 15.0 15.0〕	〔15.0 14.5 13.1〕
真值/mm	〔x_0 y_0〕	〔5 12.5〕	
	〔r_x r_y r_z〕	〔12 15 12.5〕	
所需迭代次数		12	4

第 6 章　漏磁检测数值模拟方法

内容摘要

本章介绍漏磁检测相关非线性磁场和检测信号计算的控制方程，给出基于等效磁极化和 FEM-BEM 混合方法的求解途径和一种高效的检测信号数值计算方法，最后给出基于共轭梯度方法的漏磁检测信号反演缺陷信息的方法和算例。

6.1　静态磁场等效磁极化计算方法

漏磁检测是通过电磁铁或永磁体对检测对象进行磁化处理，然后使用磁场传感器测量磁化后材料的漏磁场并进而进行缺陷判定的无损检测方法（图 6-1）。根据漏磁检测信号的大小和分布可以对材料内部缺陷进行定性/定量分析。为明确漏磁检测信号的产生机理，指导探头和检测系统设计，并基于反问题方法对缺陷进行反演定量，漏磁检测信号的数值模拟。由于漏磁检测方法通常的检测对象是强磁性材料和结构，施加的励磁磁场较大，涉及非线性磁化过程，因此漏磁检测信号数值模拟是一个非线性静态磁场问题。为此，本章首先介绍一种基于等效磁极化方法的漏磁检测信号数值模拟方法，给出相应的基于 FEM-BEM 混合方法的三维求解算法。作为正问题求解方法的应用，介绍一种高效的漏磁检测信号数值计算方法和基于确定论反问题方法和高效信号模拟的漏磁检测信号反演定量重构缺陷信息的算法。

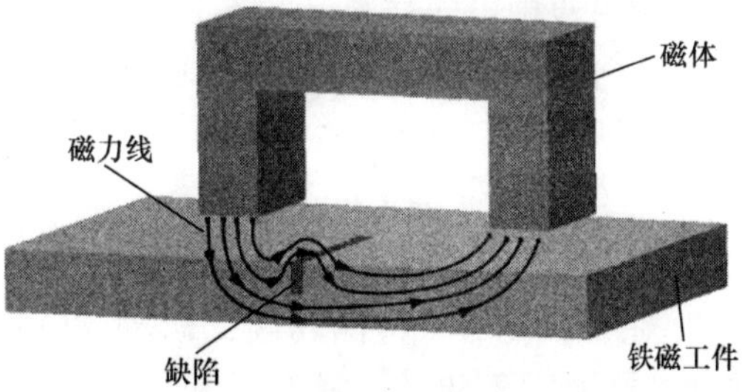

图 6-1　漏磁方法检测原理

6.1.1　非线性静态磁场问题控制方程

非线性静态磁场问题的控制方程为

$$\begin{cases} \nabla \times \boldsymbol{H} = \boldsymbol{J}_{\mathrm{s}} \\ \nabla \cdot \boldsymbol{B} = 0 \end{cases} \tag{6-1}$$

式中，$\boldsymbol{H}$、$\boldsymbol{J}_{\mathrm{s}}$、$\boldsymbol{B}$ 分别为磁场强度，其中电流密度和磁感应强度，其中电流密度只包含源电流部分。

如前章所述，引入磁向量位 $\boldsymbol{A}$，可以将式（6-1）表示为

$$\nabla \times \left(\frac{1}{\mu} \nabla \times \boldsymbol{A} \right) = \boldsymbol{J}_{\mathrm{s}} \tag{6-2}$$

这里，磁向量位 $\boldsymbol{A}$ 的定义是基于式（6-3）：

$$\boldsymbol{B} = \nabla \times \boldsymbol{A} \tag{6-3}$$

磁场变量之间的本构关系为

$$\boldsymbol{B}=\mu\boldsymbol{H} \tag{6-4}$$

注意磁导率μ为局部磁感应强度的非线性函数，但忽略各向异性，即

$$\mu=\mu(|\boldsymbol{B}|) \tag{6-5}$$

根据材料磁化强度$\boldsymbol{M}$的定义，其与磁感应强度、磁场强度的关系为

$$\boldsymbol{B}=\mu_0(\boldsymbol{H}+\boldsymbol{M}) \tag{6-6}$$

于是方程式（6-2）可变换为式（6-7）所示形式。其中方程式（6-2）左边磁导率μ的非线性部分基于式（6-6）在方程式（6-7）右端以磁化电流源形式表达为

$$\frac{1}{\mu_0}\nabla\times(\nabla\times\boldsymbol{A})=\boldsymbol{J}_s+\nabla\times\boldsymbol{M} \tag{6-7}$$

式中，$\nabla\times\boldsymbol{M}=\boldsymbol{J}_M$为材料磁化电流。通过把磁化作用等效为磁流作用，当磁化分布已知时问题即可转换为一个线性静态磁场问题。

方程组式（6-7）的可解条件是磁场在计算区域边界上满足狄利克雷/诺依曼边界条件，即

$$\begin{cases}\boldsymbol{B}\cdot\boldsymbol{n}=0 & (\Gamma_B)\\ \boldsymbol{H}\times\boldsymbol{n}=0 & (\Gamma_H)\end{cases} \tag{6-8}$$

式中，$\Gamma=\Gamma_B+\Gamma_H$是问题的边界，其中Γ_B为磁通密度法向分量的边界，Γ_H为代表磁场强度切向分量的边界（图6-2）。

区域内两种不同材料（图6-2）的界面需满足法向磁通密度和切向磁场强度的连续性条件，即

$$\begin{cases}\boldsymbol{B}_1\cdot\boldsymbol{n}=\boldsymbol{B}_2\cdot\boldsymbol{n}\\ \boldsymbol{H}_1\times\boldsymbol{n}=\boldsymbol{H}_2\times\boldsymbol{n}\end{cases}\quad(\Gamma_{12}) \tag{6-9}$$

式中，对于一般漏磁检测问题，Γ_{12}为材料（包括被检测对象和磁心材料）和空气的边界；$\boldsymbol{n}$为边界的单位外法向量。

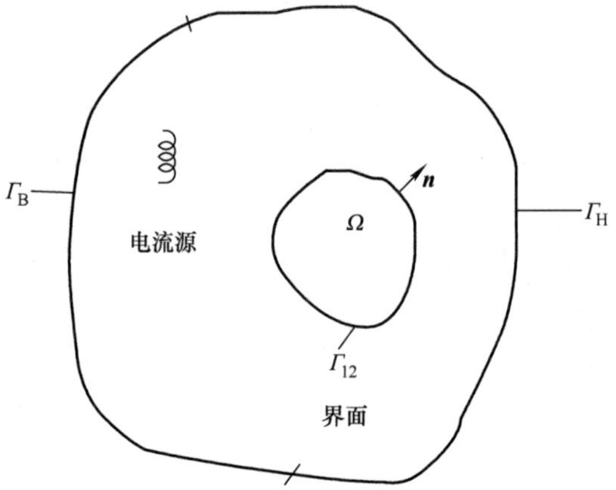

图6-2 磁场计算问题中的区域、边界和界面

在实际计算中需要用磁向量位表达边界条件式（6-8）和式（6-9），这时式（6-8）变为

$$\begin{cases}\boldsymbol{n}\cdot\nabla\times\boldsymbol{A}=0 & (\Gamma_B)\\ \nabla\times\boldsymbol{A}\times\boldsymbol{n}=0 & (\Gamma_H)\end{cases} \tag{6-10}$$

不同区域界面条件时，式（6-9）变为

$$\begin{cases}\boldsymbol{n}\cdot\nabla\times\boldsymbol{A}_1=\boldsymbol{n}\cdot\nabla\times\boldsymbol{A}_2\\ \dfrac{1}{\mu_1}\nabla\times\boldsymbol{A}_1\times\boldsymbol{n}=\dfrac{1}{\mu_2}\nabla\times\boldsymbol{A}_2\times\boldsymbol{n}\end{cases}\quad(\Gamma_{12}) \tag{6-11}$$

式（6-7）中向量位$\boldsymbol{A}$叠加任意一个标量函数的梯度不对方程产生任何影响，即问题的解不唯一。为使问题有唯一解，一般要求磁向量位满足库仑规范，即

$$\nabla\cdot\boldsymbol{A}=0 \tag{6-12}$$

6.1.2 非线性磁性材料静磁问题的三维FEM-BEM混合解法

方程（6-7）为典型的非线性电磁场问题，通常需要逐步迭代求解。等效磁极化方法是

一种将已知磁化分布处理为激励源，通过线性问题求解磁流和激励电流共同作用下材料内部的磁场，然后基于本构关系式（6-6）求出新的磁化分布，进而通过重复上述过程迭代求解实际磁化分布的一种方法。该方法的本质就是将非线性问题转换为系列线性问题，然后通过迭代求解使得到的磁化分布与实际分布一致。

等效磁极化方法涉及线性问题的求解，需要采用第 2 章给出的适当求解方法。本节给出基于 $\boldsymbol{A}$-ϕ 表述公式的 FEM-BEM 混合法进行非线性漏磁问题求解的思路和过程。FEM-BEM 方法中，可以将解析区域局限于磁性介质，相应空气区域的影响基于边界元方程通过界面条件进行耦合处理。漏磁场检测信号可通过考虑表面和内部磁流的作用基于毕奥-萨伐定律进行计算。

1. 控制方程

基于麦克斯韦方程和库仑规范 $\nabla \cdot \boldsymbol{A}=0$，漏磁检测问题的控制方程为

$$-\frac{1}{\mu_0}\nabla^2\boldsymbol{A} = \nabla\times\boldsymbol{M} \quad (\Omega_{\mathrm{FEM}}) \tag{6-13}$$

$$-\frac{1}{\mu_0}\nabla^2\boldsymbol{A} = \boldsymbol{J}_0 \quad (\Omega_{\mathrm{BEM}}) \tag{6-14}$$

式中，Ω_{FEM}为材料区域；Ω_{BEM}为空气区域；$\boldsymbol{A}$ 为磁向量位；$\boldsymbol{M}$ 为材料磁化强度；$\boldsymbol{J}_0$ 为源电流（图 6-3）。由于等效磁极化法是通过对磁化强度 $\boldsymbol{M}$ 反复迭代修正进行求解的，$\boldsymbol{M}$ 作为激励源，这时问题的本构关系可采用线性方程，即考虑磁导率为空气磁导率。但从磁场强度进一步计算相应的磁化强度时需要考虑非线性本构关系式（6-6）。

考虑磁性材料的磁化 $\boldsymbol{I}=\mu_0\boldsymbol{M}$，材料本构关系可表达为

$$\boldsymbol{B}=\mu_0(\boldsymbol{H}+\boldsymbol{M}) \tag{6-15}$$

换言之，磁场强度和磁感应强度间存在非线性函数关系

$$\boldsymbol{H}=F(\boldsymbol{B}) \tag{6-16}$$

由式（6-15）和式（6-16）可得内部磁化强度与相应位置磁感应强度的关系为

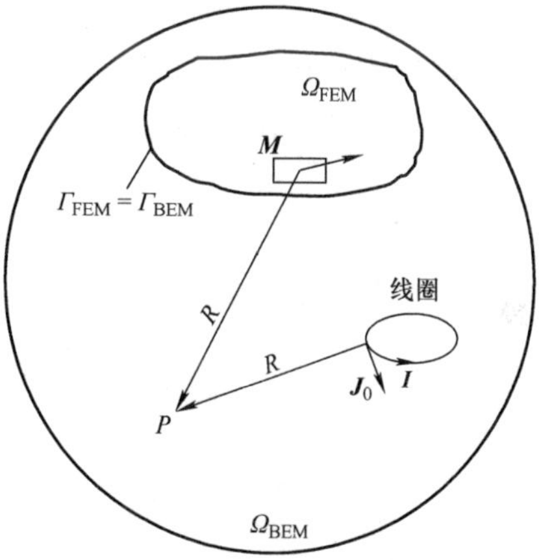

图 6-3　FEM-BEM 问题示意

$$\boldsymbol{M}=\frac{1}{\mu_0}\boldsymbol{B}-F(\boldsymbol{B})=G(\boldsymbol{B}) \tag{6-17}$$

对于强磁性介质，有限元和边界元边界 Γ 处的边界条件为磁场切向分量连续

$$\boldsymbol{H}_{\mathrm{t}}\big|_{\mathrm{FEM}}=\boldsymbol{H}_{\mathrm{t}}\big|_{\mathrm{BEM}} \tag{6-18}$$

和磁向量位连续

$$\boldsymbol{A}\big|_{\mathrm{FEM}}=\boldsymbol{A}\big|_{\mathrm{BEM}} \tag{6-19}$$

由式（6-18）可以证明，在不同材料界面处需满足的界面条件为

$$\frac{1}{\mu_0}\frac{\partial\boldsymbol{A}}{\partial n}-\boldsymbol{M}\times\boldsymbol{n}\Big|_{\mathrm{FEM}}=\frac{1}{\mu_0}\frac{\partial\boldsymbol{A}}{\partial n}\Big|_{\mathrm{BEM}} \tag{6-20}$$

式中，$\boldsymbol{n}$ 为界面单位法向量，即 $(\partial\boldsymbol{A}/\partial n)/\mu_0-\boldsymbol{M}\times\boldsymbol{n}$ 在不连续材料边界为不变量。

事实上，当考虑一个横跨不同材料界面的微小柱面时，由式（6-14）可得

$$\int \frac{1}{\mu} \nabla^2 \boldsymbol{A} \mathrm{d}v = -\int \boldsymbol{J} \mathrm{d}v - \int \boldsymbol{k} \mathrm{d}s \tag{6-21}$$

当柱面高度很小时体，磁流对式（6-21）右端的影响不大，于是式（6-21）右端的电流源项主要为界面处的面磁流 $\boldsymbol{k} = \boldsymbol{M} \times \boldsymbol{n}$，即

$$\int \frac{1}{\mu} \nabla \boldsymbol{A} \cdot \boldsymbol{n} \mathrm{d}s = -\int \boldsymbol{k} \mathrm{d}s \tag{6-22}$$

当考虑柱面高度无限小时即可得出界面条件为

$$\frac{1}{\mu_0} \frac{\partial \boldsymbol{A}}{\partial n} \big|_{\mathrm{BEM}} = \frac{1}{\mu_0} \frac{\partial \boldsymbol{A}}{\partial n} - \boldsymbol{k} \big|_{\mathrm{FEM}} = \frac{1}{\mu_0} \frac{\partial \boldsymbol{A}}{\partial n} - \boldsymbol{M} \times \boldsymbol{n} \big|_{\mathrm{FEM}} \tag{6-23}$$

这即为式（6-20）。对式（6-13）进行有限元离散，对式（6-14）进行边界元离散，然后利用边界条件式（6-20）进行结合，即可最后获得磁性材料漏磁检测的 FEM-BEM 混合方法代数方程组。

2. 有限元离散

式（6-14）、式（6-15）与第 2 章的 $\boldsymbol{A}$-ϕ 方程基本相同，可用类似方法进行有限元和边界元离散和离散控制方程的推导。事实上，对材料区域根据伽辽金有限元方法的基本思想，采用节点单元形函数可对控制方程进行离散，即

$$\boldsymbol{A} = \sum_{j=1}^{n} \boldsymbol{N}_j \boldsymbol{A}_j \tag{6-24}$$

式中，$\boldsymbol{N}_j$ 为单元形函数，即通过节点值可对任意点的函数值进行插值处理。

对式（6-13）两端乘以形函数并在整个计算区域进行积分，可得左端项的弱形式为

$$\begin{aligned} &\int_\Omega \frac{1}{\mu_0} \nabla^2 \boldsymbol{A} N_k \mathrm{d}\Omega \\ &= \int_\Gamma \frac{1}{\mu_0} N_k \frac{\partial \boldsymbol{A}}{\partial n} \mathrm{d}\Gamma - \int_\Omega \frac{1}{\mu_0} N_k \nabla \cdot \boldsymbol{A} \mathrm{d}\Omega \\ &= \sum_{j=1}^{n} \left(\int_\Gamma \frac{1}{\mu_0} N_k N_j \mathrm{d}\Gamma \right) \frac{\partial \boldsymbol{A}_j}{\partial n} - \sum_{j=1}^{n} \left(\int_\Omega \frac{1}{\mu_0} \nabla N_k \cdot \nabla N_j \mathrm{d}\Omega \right) \boldsymbol{A}_j \end{aligned} \tag{6-25}$$

式中，n 为单元个数。同样式（6-13）的右端项的弱形式为

$$\int_\Omega (\nabla \times \boldsymbol{M}) N_k \mathrm{d}\Omega = -\int_{\Gamma_{\mathrm{FEM}}} (\boldsymbol{M} \times \boldsymbol{n}) N_k \mathrm{d}\Gamma + \int_\Omega (\boldsymbol{M} \times \nabla N_k) \mathrm{d}\Omega \tag{6-26}$$

式中右端第一项进一步可写为

$$\int_{\Gamma_{\mathrm{FEM}}} (\boldsymbol{M} \times \boldsymbol{n}) N_k \mathrm{d}\Gamma = \sum_{j=1}^{n} \left(\int_{\Gamma_{\mathrm{FEM}}} N_k N_j \mathrm{d}\Gamma \right) (\boldsymbol{M}_j \times \boldsymbol{n}) \tag{6-27}$$

第二项可表达为

$$\int_\Omega \boldsymbol{M} \times \nabla N_k \mathrm{d}\Omega = \sum_{j=1}^{n} \left(\int_{\Omega_j} \nabla N_k \mathrm{d}\Omega \right) \cdot \boldsymbol{P} \tag{6-28}$$

其中：

$$\boldsymbol{P} = \begin{pmatrix} M_{zj} \boldsymbol{j} - M_{yj} \boldsymbol{k} \\ M_{xj} \boldsymbol{k} - M_{zj} \boldsymbol{i} \\ M_{yj} \boldsymbol{i} - M_{xj} \boldsymbol{j} \end{pmatrix}$$

综合式（6-25）~式（6-28），可得材料区域的有限元离散线性代数方程组为

$$\begin{pmatrix} N_1 & 0 & 0 \\ 0 & N_1 & 0 \\ 0 & 0 & N_1 \end{pmatrix}\begin{pmatrix} A_x \\ A_y \\ A_z \end{pmatrix} = \begin{pmatrix} 0 & S_{12} & S_{13} \\ S_{21} & 0 & S_{23} \\ S_{31} & S_{32} & 0 \end{pmatrix}\begin{pmatrix} M_x \\ M_y \\ M_z \end{pmatrix} + \begin{pmatrix} f_x \\ f_y \\ f_z \end{pmatrix} + \begin{pmatrix} f_{Mx} \\ f_{My} \\ f_{Mz} \end{pmatrix} \tag{6-29}$$

或记为矩阵形式：

$$PA = \overline{\overline{S}}M + f + f_M \tag{6-30}$$

其中，矩阵 $\overline{\overline{S}}$ 的各个分量分别为

$$\begin{cases} S_{12_{kj}} = \int_{\Omega_j} \nabla N_k \cdot (-k)\mathrm{d}\Omega = -S_{21_{kj}} \\ S_{23_{kj}} = \int_{\Omega_j} \nabla N_k \cdot (-i)\mathrm{d}\Omega = -S_{32_{kj}} \\ S_{31_{kj}} = \int_{\Omega_j} \nabla N_k \cdot (-j)\mathrm{d}\Omega = -S_{13_{kj}} \end{cases} \tag{6-31}$$

激励源项 f、f_M 分别为

$$\begin{cases} f = D\dfrac{\partial A}{\partial n} \\ f_M = D\mu_0(M \times n) \end{cases} \tag{6-32}$$

矩阵 P、D 为有限元离散系数矩阵，其各系数分别为

$$\begin{cases} P_{kj} = \int_{\Omega} \dfrac{1}{\mu_0} \nabla N_k \cdot \nabla N_j \mathrm{d}\Omega \\ D_{kj} = \int_{\Gamma_{FEM}} \dfrac{1}{\mu_0} N_k N_j d\Gamma \end{cases} \tag{6-33}$$

3. 边界元离散和混合法控制方程

基于 2.3 节同样的方法，我们可得式（6-14）相应的边界元方程为

$$\begin{pmatrix} H_x & 0 & 0 \\ 0 & H_y & 0 \\ 0 & 0 & H_z \end{pmatrix}\begin{pmatrix} A_x \\ A_y \\ A_z \end{pmatrix} + \begin{pmatrix} G_x & 0 & 0 \\ 0 & G_y & 0 \\ 0 & 0 & G_z \end{pmatrix}\begin{pmatrix} \partial A_x/\partial n \\ \partial A_y/\partial n \\ \partial A_z/\partial n \end{pmatrix} = \begin{pmatrix} F_{0x} \\ F_{0y} \\ F_{0z} \end{pmatrix} \tag{6-34}$$

或记为

$$HA + G\frac{\partial A}{\partial n} = F_0 \tag{6-35}$$

式中，H 和 G 的具体形式见 2.3 节。对式（6-34）两端同时乘以矩阵 DG^{-1} 可得

$$DG^{-1}HA = -D\frac{\partial A}{\partial n} + DG^{-1}F_0 \tag{6-36}$$

结合边界条件式（6-20），由式（6-30）和式（6-36）可得 FEM-BEM 混合法的最后线性代数方程组为

$$(P + K)A = DG^{-1}F_0 + \overline{\overline{S}}M \tag{6-37}$$

式中，矩阵 K 为经对称化处理的边界元系数矩阵，即

$$K = (K_B + K_B{}^{T})/2 \tag{6-38}$$

其中：

$$K_B = DG^{-1}H \tag{6-39}$$

4. 基于等效磁极化法和 FEM-BEM 离散的漏磁场计算过程

如果磁化向量 $\boldsymbol{M}$ 给定，从式（6-37）可以直接求得磁向量位 $\boldsymbol{A}$。但是，由于 $\boldsymbol{M}$ 本身是磁向量位的函数，上述直接解法不成立。但方程式（6-37）可采用前述磁极化算法，通过假设初期磁化状态，然后逐步迭代对磁向量位 $\boldsymbol{A}$ 进行求解。文献中已证明了上述迭代过程的收敛性，可以实现非线性磁化过程的数值计算。磁极化算法的计算框图如图 6-4 所示，具体计算步骤主要有：

第一步：初始化。通常第一步假设材料磁化强度 $\boldsymbol{M}^0=0$。

第二步：利用式（6-37）计算外加电流激励和磁流综合作用下各单元磁向量位 $\boldsymbol{A}$。

第三步：通过磁向量位 $\boldsymbol{A}$ 计算铁磁性材料内部各点的磁感应强度 $\boldsymbol{B}$。

第四步：基于式（6-17），即材料的 B-H 特征曲线，计算材料内部的磁化强度 $\boldsymbol{M}^i$。

第五步：计算 $\|\Delta\boldsymbol{M}^i\|_v=\|\boldsymbol{M}^i-\boldsymbol{M}^{i-1}\|_v=\sqrt{\int_\Omega v(\boldsymbol{M}^i-\boldsymbol{M}^{i-1})^2\mathrm{d}\Omega}$，即所得磁化强度与上一步磁化强度之差，并比较其与设定误差门槛值 ε 的大小关系。

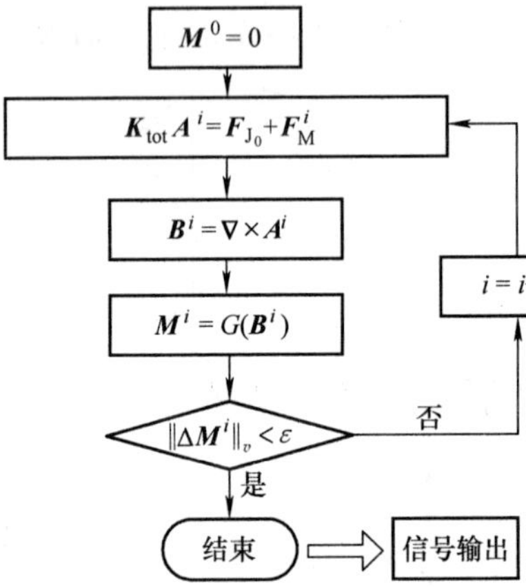

图 6-4　等效磁极化方法非线性问题迭代求解过程框图

第六步：如果不满足终止条件，即误差大于门槛值，则将所得磁化分布作为初期磁化分布，转回第二步进行循环迭代。

第七步：如果满足终止条件，即误差小于门槛值，则终止迭代，输出结果。

基于上述计算流程和框图，可以开发漏磁检测问题磁性材料中的磁化强度和磁感应强度计算程序。由于漏磁检测问题是测量材料外部的漏磁场，测量信号从上述 FEM-BEM 法所得材料中磁向量位无法直接获得，需要从材料中的磁化进行间接计算。具体计算思路是将材料中的分布磁化作用等效为体磁流和材料边界的面磁流作用，然后利用毕奥-萨伐定律进行各检测点的磁场计算。这时应同时考虑激励线圈中激励电流的作用，具体公式为

$$\boldsymbol{B}(P)=\boldsymbol{B}_{\rm M}(P)+\boldsymbol{B}_{J_0}(P)=\frac{\mu_0}{4\pi}\left[\int_{\Omega_{\rm FEM}}(\nabla\times\boldsymbol{M})\times\nabla\frac{1}{R}\mathrm{d}v'+\oint_{\Gamma_{\rm FEM}}(\boldsymbol{M}\times\boldsymbol{n})\times\nabla\frac{1}{R}\mathrm{d}s'+\int_{\Omega_0}\boldsymbol{J}_0\times\nabla\frac{1}{R}\mathrm{d}v'\right] \tag{6-40}$$

6.1.3　程序开发和有效性验证

根据上节所述方法和控制方程，著者等基于六面体八节点体单元和四节点矩形边界元开发了基于磁极化方法和 FEM-BEM 混合法的漏磁检测计算程序。为验证方法和程序的有效性，本节给出利用该程序对 IGTE 于 1986 年提出的一个标准问题以下称为“IGTE 标准问题”）进行的数值计算过程和结果。通过和该标准问题的实验结果进行比较，验证方法和程序的正确性。

IGTE 标准问题的定义和具体参数如图 6-5 所示，是一个带铁心线圈的静态磁场问题，属于轴对称问题。如图 6-6 所示，在应用 FEM-BEM 法计算时，线圈的铁心被划分成 5661

个六面体单元，节点数为 6336。为了验证计算程序的正确性，将计算结果与基于 FEM 法开发的二维轴对称程序计算结果也进行了比较。

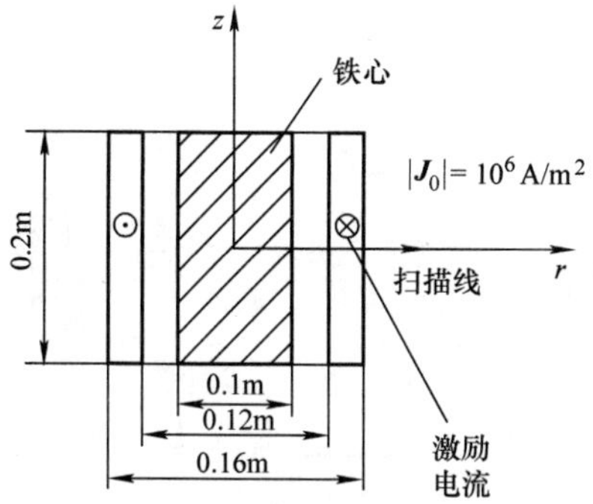

图 6-5　IGTE 标准问题的定义和参数

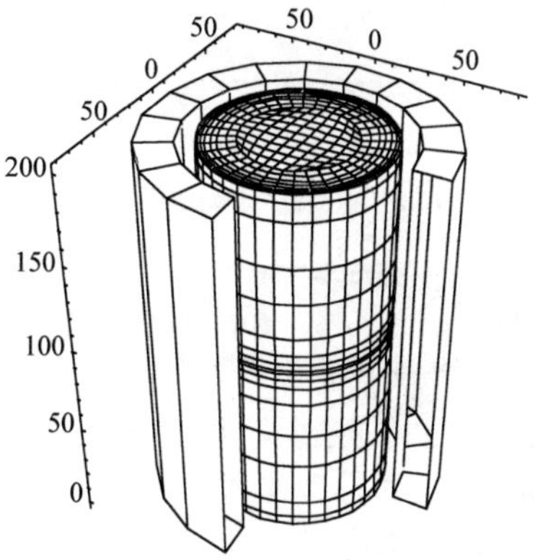

图 6-6　有限元网格划分

1. 针对线性磁化模型的计算实例

首先设定磁心的磁导率为常数，其相对磁导率为 100，这时问题为线性问题。图 6-7 中给出了采用三维磁极化 FEM-BEM 方法和直接采用轴对称二维问题求解计算结果的比较，点线为采用二维轴对称程序计算得到的结果，实线为应用三维 FEM-BEM 程序计算得到的结果。由于中心铁心的作用，三维 FEM-BEM 程序计算得到的磁通密度略大于二维模型的计算结果，不过两种计算结果之间的误差不超过 7%，基本相符。

2. 针对非线性磁化模型的计算实例

其次设定线圈心部为非线性铁磁性材料，其 *B-H* 特征曲线如图 6-8 所示。图 6-9 给出了应用三维磁极化 FEM-BEM 方法程序和二维轴对称程序得到的计算结果。两者同样具有较好的一致性。这时在材料边界上差异稍大，其原因可能是二维 FEM 在边界上划分网格较为稀疏。

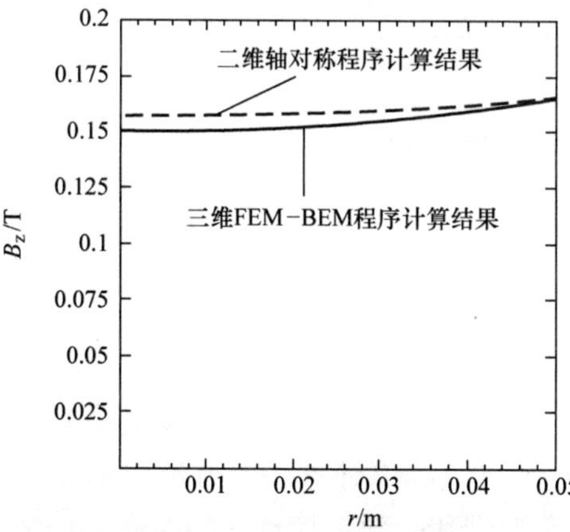

图 6-7　线性情况下三维 FEM-BEM 程序与二维轴对称程序计算结果的比较

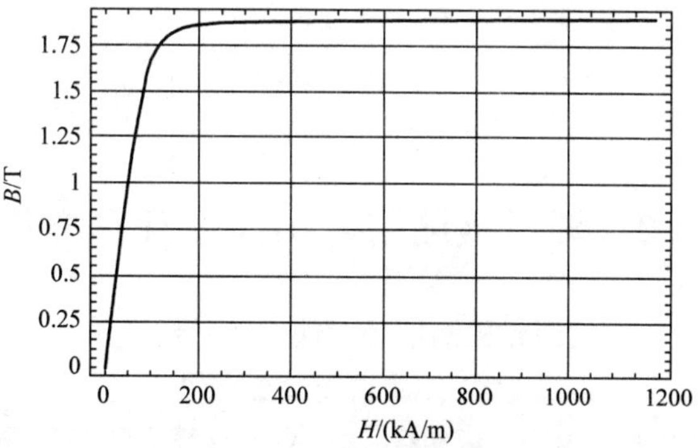

图 6-8　磁心的 *B-H* 特征曲线

图 6-10 给出了一个采用三维磁极化 FEM-BEM 程序计算的典型漏磁检测问题计算模型。采用软铁的铁心绕有总匝数为 2000 匝的激励线圈，电磁铁放置于一个碳素钢材料块的正上

方，对其左侧的 55mm 范围的磁场进行测量和计算。图 6-11 给出了采用三维磁极化 FEM-BEM 程序的计算结果、实验结果和一种体积分计算程序的结果比较，三者结果基本一致，进一步验证了三维磁极化 FEM-BEM 方法程序的有效性。

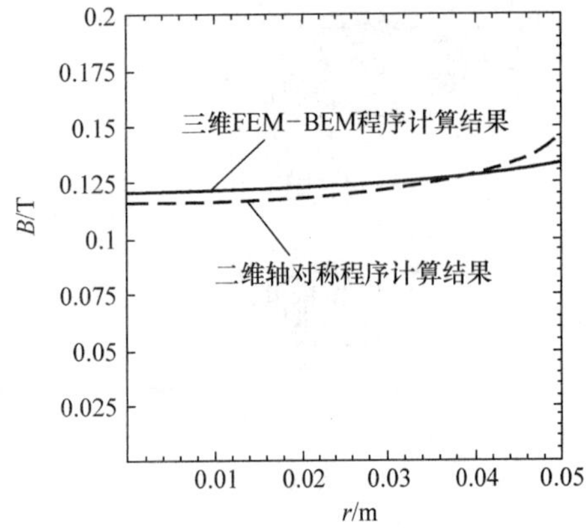

图 6-9　考虑磁心材料非线性时三维 FEM-BEM 程序与二维轴对称程序计算结果的比较

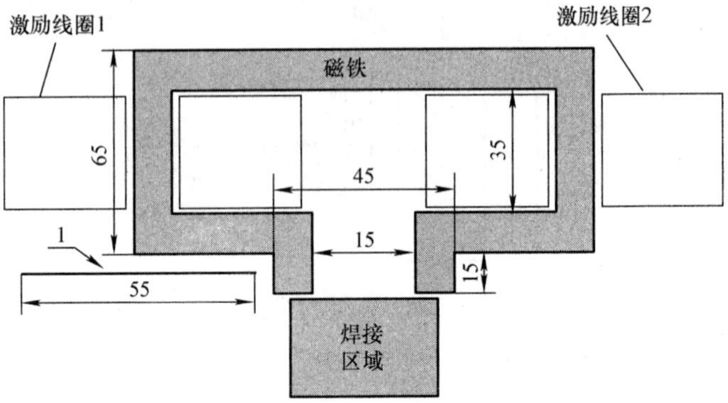

图 6-10　三维磁极化 FEM-BEM 程序典型漏磁检测问题计算模型

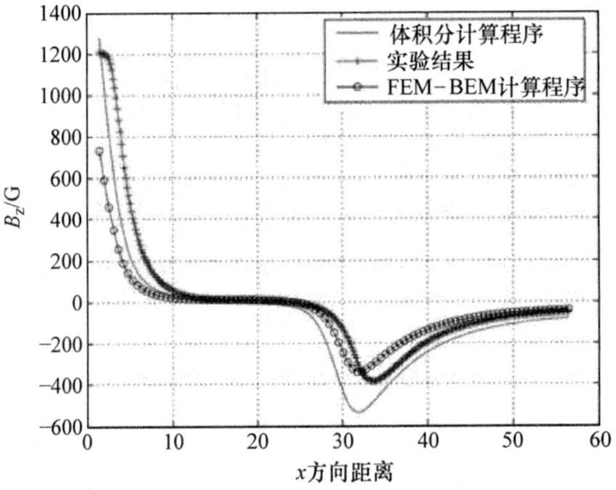

图 6-11　用三维磁极化 FEM-BEM 程序对典型漏磁检测问题进行计算的结果

6.2　漏磁检测信号的高效计算方法

利用漏磁检测信号对铁磁性材料构件进行缺陷形状重构是一个重要课题。求解此类反问题的一个难点在于对非线性磁场正问题进行高精度且快速的数值计算。上节给出的基于 FEM-BEM 法和磁极化法的数值计算方法和程序，由于需要迭代求解，计算正问题需要较多的时间。同时，为实现较高精度的漏磁检测信号计算，对有限元网格划分要求很高，因此目前的 FEM-BEM 磁极化法很难直接用于漏磁检测信号的反演重构。

为解决这一问题，开发了一种基于磁场扰动特性减小数值分析区域的方法，可以在保证精度的同时有效减少计算量。虽然这种高效正问题求解方法需要无缺陷状态的磁向量位场，但对于反问题求解，由于无缺陷场可以提前计算并存储于数据库中，无缺陷场的计算基本不会影响反问题的求解效率。本节介绍这一高效算法的原理以及其与传统算法的比较。

6.2.1　快速正问题算法基本方程

如上节所述，含缺陷漏磁检测问题的静态非线性电磁场控制方程和本构关系分别为

$$\frac{1}{\mu_0}\nabla^2\boldsymbol{A}=\boldsymbol{\nabla}\times\boldsymbol{M}\quad（材料区域）\tag{6-41}$$

$$\frac{1}{\mu_0}\nabla^2\boldsymbol{A}=-\boldsymbol{J}_0\quad（空气区域）\tag{6-42}$$

$$\boldsymbol{M}=\frac{1}{\mu_0}\boldsymbol{B}-F(\boldsymbol{B})\tag{6-43}$$

式中，函数 $F(\boldsymbol{B})$ 为铁磁性材料的非线性特性。

如定义 $\boldsymbol{A}^{\mathrm{u}}$ 和 $\boldsymbol{M}^{\mathrm{u}}$ 分别为被检测物体在没有缺陷情况时的磁向量位和磁化强度，则无缺陷材料漏磁检测问题的控制方程为

$$\frac{1}{\mu_0}\nabla^2\boldsymbol{A}^{\mathrm{u}}=\boldsymbol{\nabla}\times\boldsymbol{M}^{\mathrm{u}}\quad（材料区域）\tag{6-44}$$

$$\frac{1}{\mu_0}\nabla^2\boldsymbol{A}^{\mathrm{u}}=-\boldsymbol{J}_0\quad（空气区域）\tag{6-45}$$

无缺陷时的本构方程与有缺陷时相同。

分别用式（6-41）和式（6-42）减去式（6-44）和式（6-45），可得

$$\frac{1}{\mu_0}\nabla^2\boldsymbol{A}^{\mathrm{f}}=\boldsymbol{\nabla}\times\boldsymbol{M}^{\mathrm{f}}\quad（材料区域）\tag{6-46}$$

$$\frac{1}{\mu_0}\nabla^2\boldsymbol{A}^{\mathrm{f}}=0\quad（空气区域）\tag{6-47}$$

式中，$\boldsymbol{A}^{\mathrm{f}}=\boldsymbol{A}-\boldsymbol{A}^{\mathrm{u}}$ 为有裂纹与无裂纹时磁向量位之差，$\boldsymbol{M}^{\mathrm{f}}=\boldsymbol{M}-\boldsymbol{M}^{\mathrm{u}}$ 为两种情况下的磁化向量之差。基于本构关系，$\boldsymbol{M}^{\mathrm{f}}$ 可表述为

$$\boldsymbol{M}^{\mathrm{f}}=\frac{1}{\mu_0}\boldsymbol{B}^{\mathrm{f}}+F(\boldsymbol{B}^{\mathrm{u}})-F(\boldsymbol{B}^{\mathrm{u}}+\boldsymbol{B}^{\mathrm{f}})\tag{6-48}$$

注意方程式（6-47）中电流源项为零，相应的有限元离散的右端电流源项无须形成。式（6-46）、式（6-47）和上节方程式（6-13）、式（6-14）类似，可以采用相同的方法进行有限元离散，即可以得到如下离散线性方程组：

$$\boldsymbol{K}\boldsymbol{A}^{\mathrm{f}}=\boldsymbol{S}\boldsymbol{M}^{\mathrm{f}}\tag{6-49}$$

和上节相同，$\boldsymbol{K}$ 和 $\boldsymbol{S}$ 为系数矩阵，但待求变量为缺陷扰动磁向量位场。不难发现，如果检测系统（如被检测物体、磁轭等）的几何特性以及材料属性不变，采用 FEM-BEM 法离散后获得的系统方程中的系数矩阵 $\boldsymbol{K}$ 和 $\boldsymbol{S}$ 与上节所示系数矩阵完全相同。

6.2.2　计算区域的缩减

对于图 6-12 给出的漏磁检测系统，采用 FEM-BEM 磁极化法计算所得材料内部的磁感应强度的缺陷扰动场（有缺陷与无缺陷时磁场分布之差）如图 6-13 所示。除缺陷附近区域，其他区域的磁感应强度变化很小。考虑到裂纹缺陷反演计算中，一般仅需考虑裂纹缺陷

导致磁场的变化，所以对于扰动场的数值模拟，计算区域可以局限于裂纹缺陷附近。这样，一方面无须对复杂激励电磁铁进行建模，另一方面仅需对部分检测对象进行离散，可以大大减少计算资源需求。

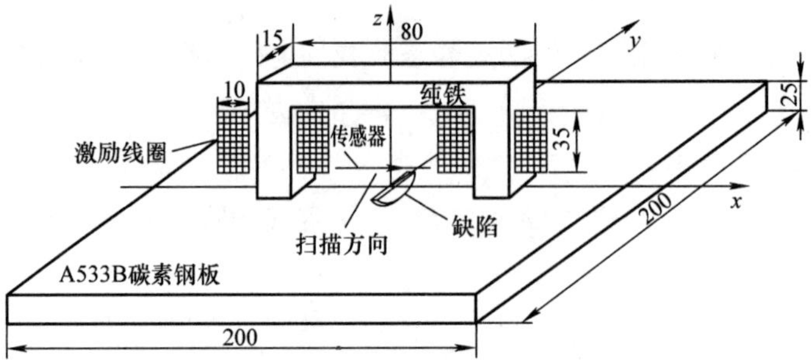

图6-12 漏磁检测系统及整体模型

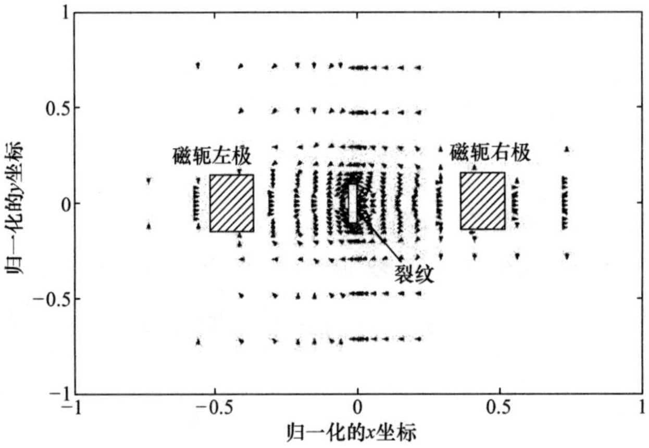

图6-13 裂纹引起的磁场扰动的分布典型计算结果

由于式（6-48）与 $\boldsymbol{B}^{\mathrm{u}}$ 和 $\boldsymbol{M}^{\mathrm{u}}$ 有关，故在采用磁极化法求解时需要知道无缺陷磁化强度的分布，即在利用缩减计算区域计算扰动场时必须知道在整体计算区域条件下的无缺陷场数据。由于无缺陷场和缺陷的存在无关，只要事前一次计算并存储，在反演计算缺陷参数过程中无需再另行计算无缺陷场数据。这一特性使得缩减区域快速算法可有效应用于确定论缺陷反演过程中的正问题计算以及神经网络缺陷反演中教师数据的生成，大大提高基于漏磁检测信号的缺陷反演效率。

6.2.3 快速算法的数值实现

对于实际漏磁检测问题，可以按照以下流程对方程式（6-49）进行求解。

第一步：利用上节所述磁极化 FEM-BEM 程序在全解析区域求解无缺陷情况下的磁向量位 $\boldsymbol{A}^{\mathrm{u}}$、磁化强度 $\boldsymbol{M}^{\mathrm{u}}$ 以及磁感应强度 $\boldsymbol{B}^{\mathrm{u}}$，并将计算结果存储于数据库中。

第二步：在裂纹缺陷附近选择一个较小的分析区域，将控制方程式（6-46）和式（6-47）离散得到系统方程式（6-49），即求取相应系数矩阵。同时从上一步形成的数据库中读取无缺陷场数据，利用节点对应关系计算缩减模型每个节点上的磁感应强度值 $\boldsymbol{B}^{\mathrm{u}}$。

第三步：令裂纹缺陷单元节点上扰动磁化强度初始值 $\boldsymbol{M}^{f0}=-\boldsymbol{M}^{u}$，其余节点上的 $\boldsymbol{M}^{f0}$ 的初始值为 0。

第四步：利用方程式（6-49）和 $\boldsymbol{A}^{f}=\boldsymbol{M}^{f0}$ 求解 $\boldsymbol{A}^{f}$，然后利用式 $\boldsymbol{B}^{f}=\nabla\times\boldsymbol{A}^{f}$ 和 $\boldsymbol{B}=\boldsymbol{B}^{f}+\boldsymbol{B}^{u}$ 由所得 $\boldsymbol{A}^{f}$ 计算 $\boldsymbol{B}^{f}$ 和磁感应强度 $\boldsymbol{B}$。其中 $\boldsymbol{B}^{u}$ 为无缺陷时磁感应强度。

第五步：利用 B-H 本构关系式（6-43）由磁感应强度 $\boldsymbol{B}$ 计算第 n 迭代步的磁化强度 $(\boldsymbol{M}^{f})^{n}$，对于裂纹单元相应的磁化强度向量元素，令 $(\boldsymbol{M}^{f})^{n}=-\boldsymbol{M}^{u}$

第六步：由式 $\varepsilon=\sum_{j}|(\boldsymbol{M}_j^{f})^{n}-(\boldsymbol{M}_j^{f})^{n-1}|$ 计算误差值。

第七步：如果 $\varepsilon>\varepsilon_0$，令 $(\boldsymbol{M}^{f})=(\boldsymbol{M}^{f})^{n}$，然后重复步骤四、五、六，否则跳至下一步。其中 ε_0 是开始计算之前设置的误差阈值。

第八步：利用式（6-50）及数值积分由磁化强度扰动量 $\boldsymbol{M}^{f}$ 计算漏磁通密度变化，即

$$\boldsymbol{B}(r)=\frac{\mu_0}{4\pi}\int(\nabla\times\boldsymbol{M}^{f})\times\nabla\left(\frac{1}{R}\right)\mathrm{d}v'+\frac{\mu_0}{4\pi}\int(\boldsymbol{M}^{f}\times\boldsymbol{n})\times\nabla\left(\frac{1}{R}\right)\mathrm{d}s' \tag{6-50}$$

6.2.4 数值算例

为验证上述方法的有效性，同样针对图 6-12 所示的漏磁检测问题进行区域缩减和检测信号计算。检测对象为 25 mm 厚的铁磁性 A533B 碳素钢板，其中设有深为 50% 板厚、长为 8mm、开口宽度为 0.5mm 的电火花加工外面切槽。漏磁检测的激励采用纯铁轭磁电磁铁，激励线圈中的总电流为 1000A。被检平板、磁轭以及线圈具体尺寸如图 6-12 所示。

为计算得到第二步提到的无缺陷数据库，将被检测板和磁轭分别划分为 29 × 34 × 8 和 4 × 4 × 21 个单元，总节点数为 10000 个。在考虑 1/2 对称条件的情况下对无缺陷场进行计算。计算所得 A553B 板区域的磁向量位 $\boldsymbol{A}$、磁化强度 $\boldsymbol{M}$ 和磁感应强度 $\boldsymbol{B}$ 存储于数据库中，以备裂纹信号快速计算。

如图 6-14 所示，选择三种不同尺寸的部分平板作为缩减计算区域，其具体尺寸和单元划分分别为：① 12mm × 20mm × 25mm 大小、11 × 20 × 8 个单元；② 16mm × 24mm × 25mm 大小、13 × 22 × 8 个单元；③ 20mm × 28mm × 25mm 大小、15 × 24 × 8 个单元。对缩减区域进行计算时不需要考虑磁轭和线圈的影响。

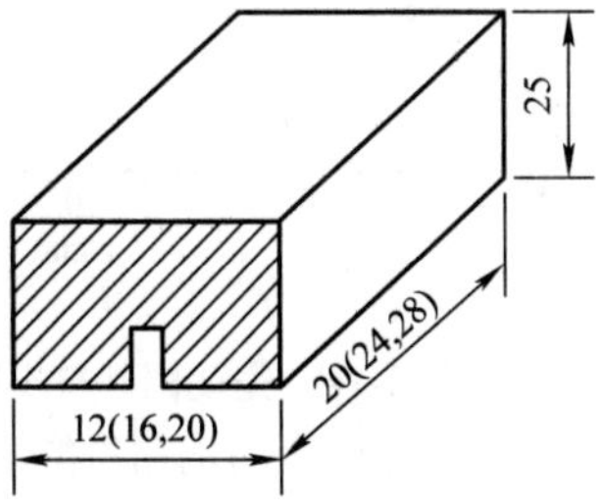

图 6-14　漏磁检测系统缩减分析区域

图 6-15 和图 6-16 中给出了采用完整模型和三维磁极化方法得到的计算结果比较。图 6-15 给出了沿 x 轴方向直线 $y=0$，$z=0.5$mm 上的漏磁感应强度的 x 分量的分布，图 6-16 给出了沿 y 轴方向向直线 $x=0$，$z=0.5$mm 上的漏磁感应强度 y 向分量的分布。上述三种不同大小的缩减模型所需计算时间分别为 3min、5min 和 8min。与完整模型计算所需的约 3h 相比，缩减模型可大大减少计算时间。从图 6-15 和图 6-16 中不难发现，较大的缩减计算模型的结果与全模型结果更接近。即使是最小计算区域（工况 1，即第一种缩减计算区域），其计算误差也在 10% 以内。上述结果表明，快速算法不仅可有效提高计算速度，其计算精度也在可接受范围内。

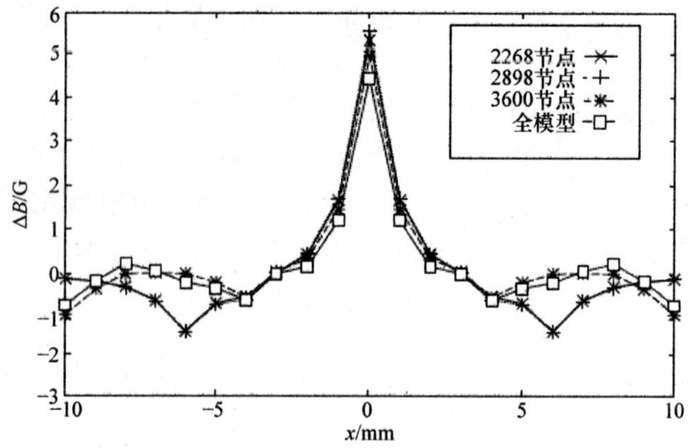

图 6-15 完整模型与不同尺寸缩减模型沿 x 轴方向扫描信号（B_x）比较
（扫描路径：$y=0$，$z=0.5$mm）

上述快速算法的收敛性与传统磁极化算法基本相同，即这种快速算法的收敛性可以得到保证。考虑到数值计算的效率问题，通常需要设置一个阈值来结束磁极化算法的迭代过程。通过数值计算，发现该阈值没有必要设置得很小。实际上，只要阈值小到某个值就能够保证计算的精度，而更小的阈值并不会进一步有效提高计算精度。图 6-17 所示为阈值不同时的数值计算结果。可以发现当 ε_0 设定为 0.0001 时，结果已相对比较合理。

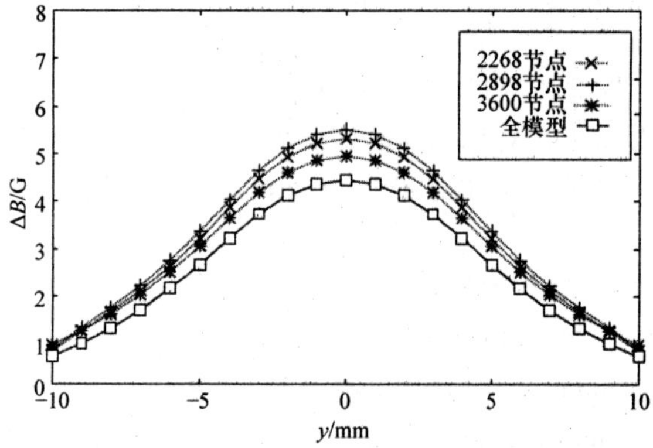

图 6-16 完整模型与不同尺寸缩减模型沿 y 轴方向扫描信号（B_y）比较
（扫描路径：$x=0$，$z=0.5$mm）

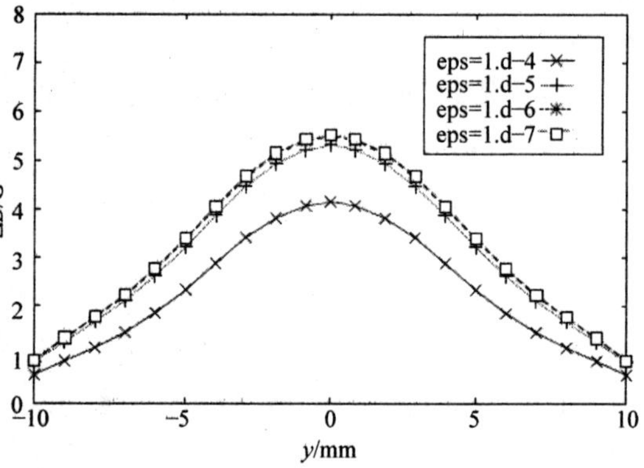

图 6-17 阈值大小对计算结果的影响（线 $y=0$，$z=0.5$mm 上的 B_x 值）

6.3 漏磁检测反问题

基于上节所述高效漏磁检测信号数值计算方法，本节介绍一种基于漏磁检测信号的对铁磁性材料构件进行裂纹形状重构的算法。数值计算结果表明，确定论优化算法共轭梯度法能够以较少迭代步数，较为准确地预测真实裂纹的形状。尽管基于差分法的梯度计算会增加正问题计算次数，但求解反问题花费的累计算时间是可接受的。

6.3.1　裂纹形状的参数化

实际结构中的裂纹（如疲劳裂纹）通常具有很复杂的几何形状。然而，大部分裂纹都是沿着轴向或者是周向分布，并且尺寸相对较大的裂纹基本呈平面裂纹形状。作为利用漏磁检测信号重构自然裂纹的第一步，首先设定重构对象为沿轴向分布且开口位置和周向位置已知的平面裂纹。沿裂纹方向扫描所得漏磁检测信号数值（b_i，$i=1$，2，…，m）作为输入信号，对裂纹的形状大小进行反演。

在反问题求解过程中，假设可能存在的裂纹区域是已知的，这可基于信号的分布进行判定。选定的裂纹平面所在区域如图 6-18 所示，该区域在裂纹长度方向上又被细分为 n 个子区域。在重构过程中，将每个子区域内裂纹的深度（d_j，$j=1$，2，…，n）作为裂纹参数进行重构。这些深度值也可以如图 6-18 所示，用来表征裂纹的形状。

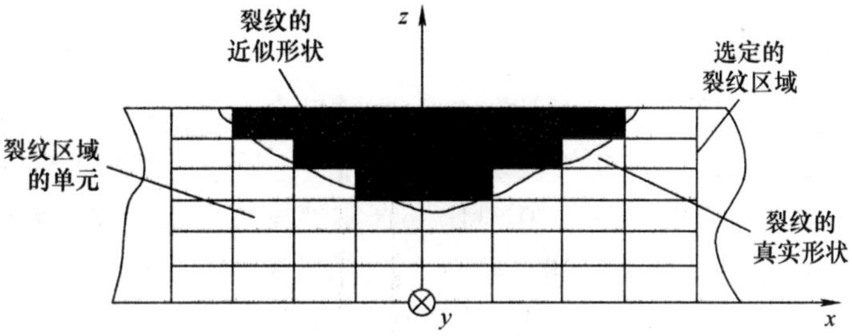

图 6-18　裂纹形状的参数化

6.3.2　裂纹形状重构算法

利用确定论优化方法中的共轭梯度法，使如下目标函数 ε 取最小值，可以由实测漏磁检测信号 $\boldsymbol{b}^{\text{obs}}$ 反演求解裂纹参数向量 $\boldsymbol{c}$：

$$\varepsilon = \sum_i [b_i(\boldsymbol{c}) - b_i^{\text{obs}}]^2 \tag{6-51}$$

式中，$b_i(\boldsymbol{c})$ 为裂纹漏磁检测信号的仿真值，裂纹形状由参数 $\boldsymbol{c}$ 确定。

根据共轭梯度法，裂纹的参数向量可以通过如下迭代算法求解：

$$\boldsymbol{c}^n = \boldsymbol{c}^{n-1} + a\left\{\frac{\partial \varepsilon}{\partial c}\right\} \tag{6-52}$$

其中：

$$\frac{\partial \varepsilon}{\partial c_j} = \sum_i 2[b_i(\boldsymbol{c}) - b_i^{\text{obs}}]\frac{\partial b_i}{\partial c_j} \tag{6-53}$$

是目标函数的梯度。a 是修正步长值，可通过下式计算得到：

$$a = \frac{-\sum_{i=1}^{n}\left\{[b_i(\boldsymbol{c}) - b_i^{\text{obs}}]\frac{\partial b_i}{\partial a}\right\}}{\sum_{i=1}^{n}\left\{\frac{\partial b_i}{\partial a}\right\}^2} \tag{6-54}$$

其中：

$$\frac{\partial b_i}{\partial a} = \sum_{i=1}^{n}\frac{\partial b_i}{\partial c_j}\cdot\frac{\partial \varepsilon}{\partial c_j} \tag{6-55}$$

式中，$\partial b_i/\partial c_j$ 可以通过差分方法获得，即

$$\frac{\partial b_i}{\partial c_j} \approx \frac{b_i(\boldsymbol{c}) - b_i(\boldsymbol{c} + \delta c_j \boldsymbol{n}_j)}{\Delta c_j} \tag{6-56}$$

式中，b_i（$\boldsymbol{c}$）和 b_i（$\boldsymbol{c}+\delta c_j\boldsymbol{n}_j$）可分别由正问题求解器求得；$\boldsymbol{n}_j$ 为沿 c_j 参数方向的单位向量；δc_j 通常可选被检测物体网格划分之后每一层的厚度。

如前述，方程式（6-49）的磁化强度项在等号的右端，因此在非线性迭代过程中其系数矩阵 $\boldsymbol{K}$ 保持不变。这就使得我们能够在迭代的第一步就对其进行计算并进行三角分解和存储，然后在每步迭代中直接使用。

除此之外，如采用梯度法进行重构，由于裂纹相对检测对象较小，我们可以将无缺陷情况下的磁化强度分布作为有缺陷问题计算的初始值。这样在不改变计算精度的情况下可以使迭代步数显著减少。

6.3.3 反问题求解算例

图 6-19 描述了一个算例的裂纹重构结果，该结果由上节介绍的反问题求解方法计算得到。真实裂纹位于上表面，深为 50% 板厚，长为 8mm，开口宽度为 0.5mm。通过 10 步迭代即可得到较为合理的重构结果。图 6-20 对比了真实裂纹与重构裂纹的漏磁信号，两者基本一致。计算图 6-20 所示的结果在普通计算机上共耗时 30min。图 6-21 描述了 OD 裂纹的真实形状与重构形状的对比。在该算例中，将反面深 50% 板厚裂纹的漏磁检测信号计算结果中混合 10% 的白噪声后作为输入信号。裂纹的开口宽度和长度仍分别为 0.5mm 和 8mm。计算结果表明，即使信号有噪声且对象是反面裂纹，仍然可以得到很好的重构结果。

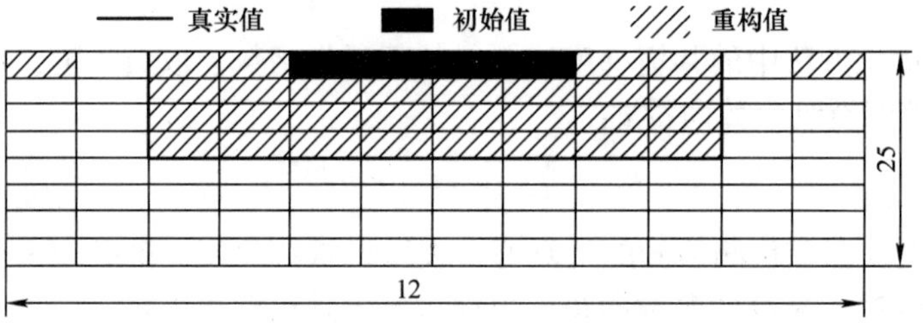

图 6-19 重构裂纹与真实裂纹形状对比

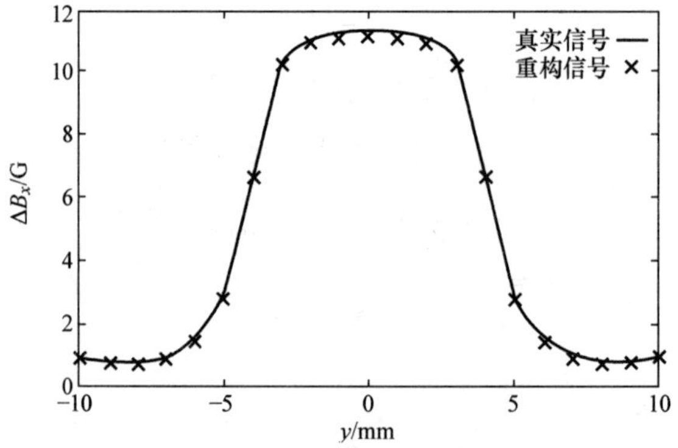

图 6-20 真实裂纹和重构裂纹的漏磁信号对比

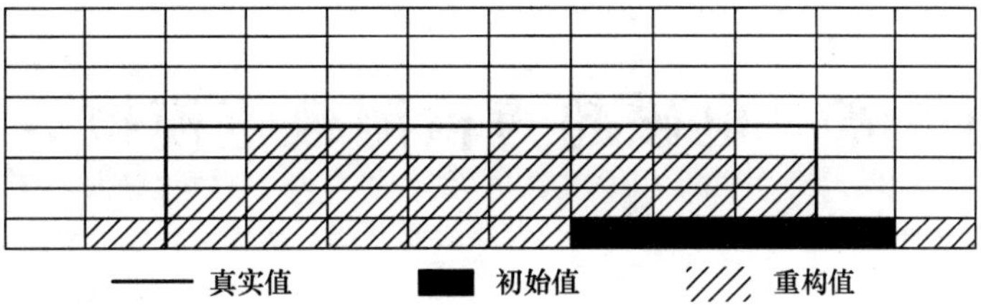

图 6-21　真实 OD 裂纹形状与重构 OD 裂纹形状对比

第7章　电磁超声检测数值模拟方法

内容摘要

本章重点讲述电磁超声检测的数值模拟方法，主要内容包括电磁超声检测的基本原理、非磁性介质和磁性介质的静态磁场计算、超声场的有限差分和有限元计算、基于洛伦兹力和磁致伸缩效应的电磁超声声场的数值模拟方法、电磁超声检出信号计算方法等。

7.1　电磁超声检测概述

电磁超声（Electromagnetic Acoustic，EMA）与传统压电超声同属于超声范畴。与传统的压电超声检测相比，电磁超声检测使用的是电磁超声换能器（Electromagnetic Acoustic Transducer，EMAT），由于无须媒介及与被测物体接触，具有可灵活产生各类波形、对检测工件表面质量要求不高和检测速度快等特点，不但可提高检测效率，而且可将超声无损检测技术扩展应用到高温、高速和在线检测等。EMAT的局限性在于换能效率较低，从而造成其产生的超声信号较弱，系统信噪比较低。通过合理设计，提高EMAT的换能效率和信噪比，激发出和接收到更纯净模式的超声波，是EMAT研究领域的重点和难点问题。通过数值模拟技术，不仅可以更好地理解电磁超声产生的机理及其特性，更容易发现新问题，为探头的优化设计和缺陷的定量分析提供指导，还能为相关新技术应用的可行性研究提供依据。

7.1.1　电磁超声换能器的基本构造

EMAT由三个部分组成，即提供偏置磁场（或静态磁场）的磁体、产生脉冲磁场的线圈以及在其内部激发和传播超声波的被检导体试样。线圈和磁体的不同组合方式，可产生多种类型和模式的超声波。例如，在板型试样中可激发出Lamb波、Rayleig波、SH波和体波；在管道试样中可激发出管道轴向导波等。EMAT既可以工作在自发自收模式，即仅需要一个探头即可，也可以实现一发一收模式，此时则需要两个探头分别实施激发和接收。一般而言，EMAT激发和接收探头的结构是相似的。一般EMAT的线圈均为平面型线圈结构，提供偏置磁场的磁体多采用永磁体。如图7-1和图7-2所示，常用EMAT的线圈结构有回折形、螺旋形和跑道形；磁体的结构有方形、马蹄形和周期形等。

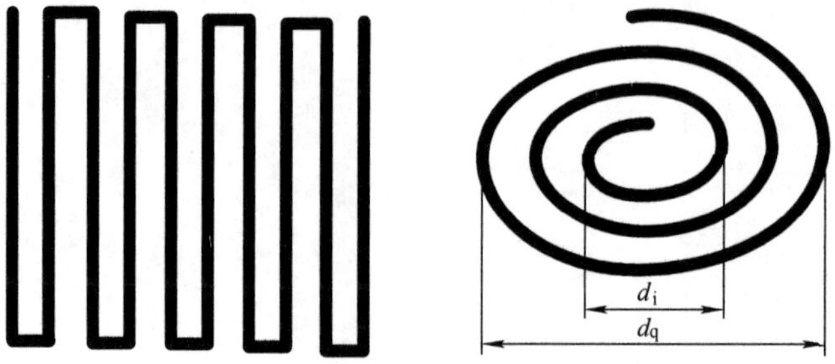

a)　　　　b)

图7-1　常用EMAT的线圈结构

a）回折线圈　b）螺旋线圈

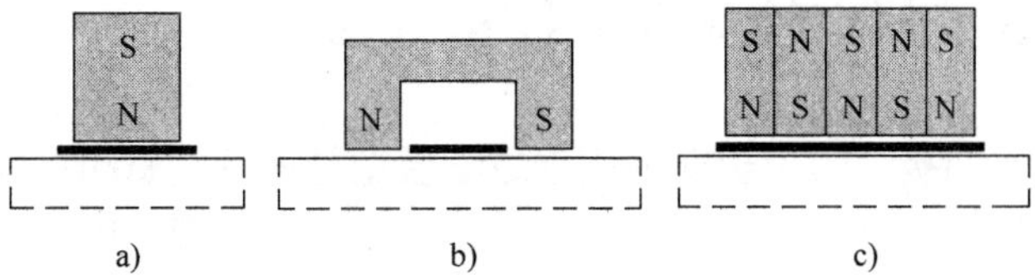

图 7-2　常用 EMAT 的磁体结构
a）方形　b）马蹄形　c）周期形

7.1.2　电磁超声检测基本原理

EMAT 产生超声波的机理大致有两种，即基于洛伦兹力机理和基于磁致伸缩机理。前者适用于检测非铁磁性材料，后者则适用于检测铁磁性材料。基于洛伦兹力的 EMAT 的换能原理比较简单，图 7-3 所示为一个典型的基于洛伦兹力的电磁超声无损检测模型。检测时，将电磁超声探头贴近被检测导体试样表面。在激励线圈施加高压脉冲电流，由于电磁感应效应，此时在线圈周围会产生交变的电磁场，导体试样表面相当于一个整体导体回路，因此试样表面将感应出电流，即涡流。涡流的大小和分布遵守法拉第电磁感应定律，导体表面上涡流的大小取决于试样表面线圈中电流产生的磁场变化，其方向也将抵抗线圈中电流产生的磁场变化，涡流变化的频率同线圈中激励电流变化的频率一致。同时由于静态磁场的存在，导体中的涡流在静态磁场的作用下将产生交变的洛伦兹力，该力使试样质点产生振动，从而产生超声波。超声波在试样传播过程中遇到缺陷或界面会产生反射、透射或衍射而产生回波。回波在磁场的作用下也会产生涡流，使涡流线圈两端电压发生变化，从而可通过线圈来接收缺陷回波信号。实际使用中，还可将电磁超声检测与其他超声检测方式结合，以达到最佳缺陷检测效果。

对于铁磁性材料，不仅有洛伦兹力，而且还存在磁化体力和磁致伸缩体力，且一般认为磁致伸缩效应占主导作用。与非铁磁性材料不同，铁磁性材料试样在偏置磁场的作用下，其本身会被磁化。铁磁性物质具有类似于晶体的结构，由于电子自旋产生磁矩进而形成磁畴。当铁磁性材料磁化状态改变时，磁畴会发生转动，使其长度或体积随之发生微小变化，这种现象就称为磁致伸缩效应。磁致伸缩效应的表现形式有两种：线磁致伸缩和体积磁致伸缩。线磁致伸缩是指磁体被磁化时，会伴有晶格的自发变形，即沿磁化方向的伸长或缩短。体积磁致伸缩是指磁体磁化状态改变时，其体积发生膨胀或收缩现象。饱和磁化后，主要发生的是体积磁致伸缩。与磁致伸缩特性相反，当铁磁性材料的尺寸发生变化时，会引起磁畴的转动或移动，进而会在材料内部产生磁效应，这种现象称为逆磁致伸缩效应。铁磁材料的磁致伸缩效应和逆磁致伸缩效应，是 EMAT 在铁磁材料试样中激发和接收超声波的主要原理。

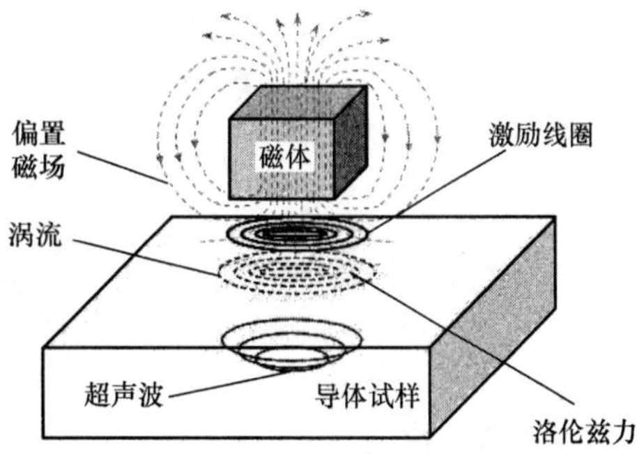

图 7-3　基于洛伦兹力的电磁超声无损检测模型

7.2 洛伦兹力电磁超声检测数值模拟方法

根据电磁超声激发和接收的机理准确建立数学模型是进行电磁超声检测数值模拟的前提条件。由于电磁超声涉及电学、磁学以及力学等多个学科的知识，因此可以先分别对它们进行独立研究，然后再考虑用相互联系的方法对该问题进行分解以降低难度。根据这一思路，电磁超声检测数值模拟可分为三个部分：①静态磁场的仿真；②脉冲涡流场和洛伦兹力分布的计算；③洛伦兹力作用下的超声波的产生以及其在媒质中传播的模拟。

7.2.1 基于等效磁荷法的静态磁场计算

电磁超声检测探头通常包含一个永磁体，用于提供静态磁场，因此计算永磁体空间磁场的分布是电磁超声检测数值模拟的一个重要环节。目前对于永磁体空间磁场分布的计算方法有边界元法、有限元法和等效磁荷法等，与其他几种方法相比，等效磁荷法使用简单，计算方便，对于分析一些结构简单的永磁体在空间（非铁磁性材料）中的磁场分布是一种简单而实用的方法。

1. 等效磁荷法的建立

根据磁场计算的磁荷模型，空间磁场可以看成是由磁荷产生的。对照静电场中根据电荷分布计算电位的方法，可以建立基于磁荷模型的静态磁场的计算方法。在永磁体中有

$$\boldsymbol{B}=\mu_0(\boldsymbol{H}+\boldsymbol{M}_1+\boldsymbol{M}_0) \tag{7-1}$$

式中，$\boldsymbol{M}_0$ 为永磁体的固有磁化强度；$\boldsymbol{M}_1$ 为在外磁场作用下产生的磁化强度。对于各向同性的线性媒质，磁化强度与磁场强度成正比，即

$$\boldsymbol{M}_1=\chi_m\boldsymbol{H} \tag{7-2}$$

式中，χ_m 为媒质的磁化率。

将式（7-2）代入式（7-1）得

$$\boldsymbol{B}=\mu_0[(1+\chi_m)\boldsymbol{H}+\boldsymbol{M}_0]=\mu\boldsymbol{H}+\mu_0\boldsymbol{M}_0 \tag{7-3}$$

又磁场为无源场，即

$$\nabla\cdot\boldsymbol{B}=0 \tag{7-4}$$

由式（7-3）和式（7-4）可得

$$\nabla\cdot(\mu\boldsymbol{H})=-\mu_0\nabla\cdot\boldsymbol{M}_0=\rho_m \tag{7-5}$$

式中，ρ_m 为体磁荷密度。

又有高斯定律：

$$\int_V\mu_0\nabla\cdot\boldsymbol{M}_0\mathrm{d}V=\oint_S\mu_0\boldsymbol{M}_0\cdot\boldsymbol{n}\mathrm{d}s=\oint_S\sigma_m\mathrm{d}s \tag{7-6}$$

由式（7-6）可得

$$\sigma_m=\mu_0\boldsymbol{M}_0\cdot\boldsymbol{n} \tag{7-7}$$

式中，σ_m 为面磁荷密度；$\boldsymbol{n}$ 为磁体表面单位法向量。

对于静态磁场，麦克斯韦方程简化为

$$\nabla\times\boldsymbol{H}=\boldsymbol{J} \tag{7-8}$$

由于磁介质中一般没有自由电流，即 $\boldsymbol{J}=0$，由式（7-8）得 $\nabla\times\boldsymbol{H}=0$，即此时磁场为无

旋场，可引入式（7-9）：

$$\boldsymbol{H} = -\nabla\varphi_{\mathrm{m}} \tag{7-9}$$

式中，φ_{m} 为标量磁位。

将式（7-9）代入式（7-5）可得

$$-\nabla^2\varphi_{\mathrm{m}} = \frac{\rho_{\mathrm{m}}}{\mu} \tag{7-10}$$

即静态磁场中，标量磁位满足泊松方程。参照静电场中电位泊松方程解的形式，方程式（7-10）的解为

$$\varphi_{\mathrm{m}}(r) = \int_V \frac{1}{4\pi\mu}\frac{\rho_{\mathrm{m}}}{r}\mathrm{d}V + \oint_S \frac{1}{4\pi\mu}\frac{\sigma_{\mathrm{m}}}{r}\mathrm{d}s + c \tag{7-11}$$

式中，r 为磁荷源点到场点之间的距离；c 为积分常数。

2. 矩形永磁体的磁场计算

如图 7-4 所示的矩形永磁体，设其磁化沿 z 轴方向，磁体内部剩磁感应强度为 B_{r}，磁化强度为 $\boldsymbol{M}_0$，z 向单位向量为 $\boldsymbol{e}_z$，则有

$$\boldsymbol{M}_0 = \frac{B_{\mathrm{r}}}{\mu_0}\boldsymbol{e}_z \tag{7-12}$$

对理想永磁体 B_{r} = 常数，所以由式（7-5）可得 $\rho_{\mathrm{m}} = 0$。又由式（7-7）和式（7-12）可得

$$\sigma_{\mathrm{m}} = B_{\mathrm{r}}\boldsymbol{e}_z \cdot \boldsymbol{n} = \begin{cases} B_{\mathrm{r}}(\text{磁体上端面}) \\ -B_{\mathrm{r}}(\text{磁体下端面}) \\ 0(\text{磁体侧面}) \end{cases} \tag{7-13}$$

即永磁模型只有上、下端面有均匀分布的正负磁荷，磁铁侧面和内部磁荷均为零。

对于图 7-4 所示的永磁体，由式（7-11）可得

$$\varphi_{\mathrm{m}}(r) = \int_{S_+} \frac{1}{4\pi\mu}\frac{B_{\mathrm{r}}}{r}\mathrm{d}s - \int_{S_-} \frac{1}{4\pi\mu}\frac{B_{\mathrm{r}}}{r}\mathrm{d}s + c \tag{7-14}$$

式中，S_+、S_- 为条形磁体的上、下端面。再将式（7-14）代入式（7-9）可得

$$\boldsymbol{H} = \boldsymbol{H}_+ - \boldsymbol{H}_- = \int_{S_+} \frac{B_{\mathrm{r}}}{4\pi\mu}\frac{\boldsymbol{r}}{r^3}\mathrm{d}s - \int_{S_-} \frac{B_{\mathrm{r}}}{4\pi\mu}\frac{\boldsymbol{r}}{r^3}\mathrm{d}s \tag{7-15}$$

式中，$\boldsymbol{H}_+$、$\boldsymbol{H}_-$ 分别为上、下端面的正、负磁荷产生的磁场。故永磁体空间磁感应强度为

$$\boldsymbol{B} = \mu\boldsymbol{H} \tag{7-16}$$

同理，可得到图 7-5 所示的 U 形永磁体的等效磁荷模型，并以此类推，推导出其他磁体的空间磁场计算公式。

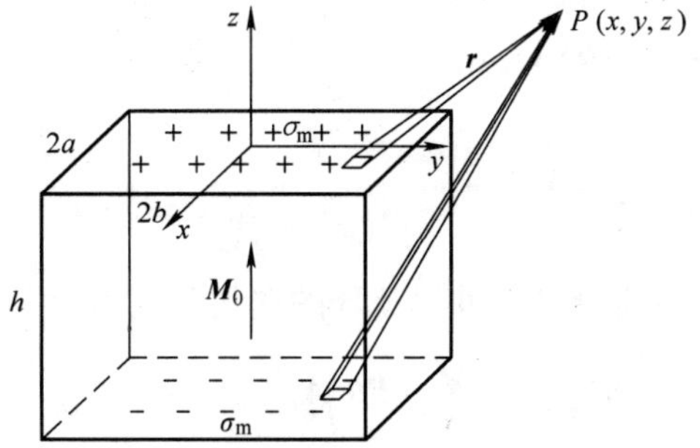

图 7-4　矩形永磁体等效磁荷模型图

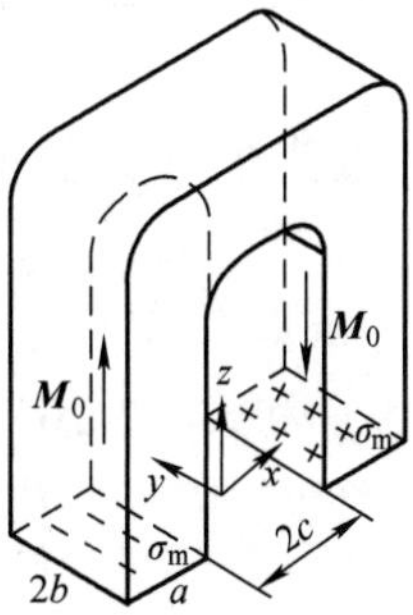

图 7-5　U 形永磁体等效磁荷模型

3. 永磁体磁场的计算例

分别建立图 7-6 和图 7-7 所示的永磁体模型，其中矩形永磁体为长 × 宽 × 高 = 25mm × 25mm × 12.5mm 的铷铁硼磁块，矩形截面 U 形永磁体的截面为矩形，长 $a = 10\text{mm}$，宽 $2b = 15\text{mm}$，两磁极间距 $2c = 20\text{mm}$。应用前面的磁场计算公式计算两种永磁体在空间产生的磁力线分布并进行对照。图 7-6 所示为计算所得的矩形永磁体在空间产生的磁力线分布，图 7-7 所示为计算所得的 U 形永磁体在空间所产生的磁力线分布。从两图可以看出用该方法计算所得永磁体的磁力线分布与我们通常认识的永磁体的磁力线分布情况是一致的。

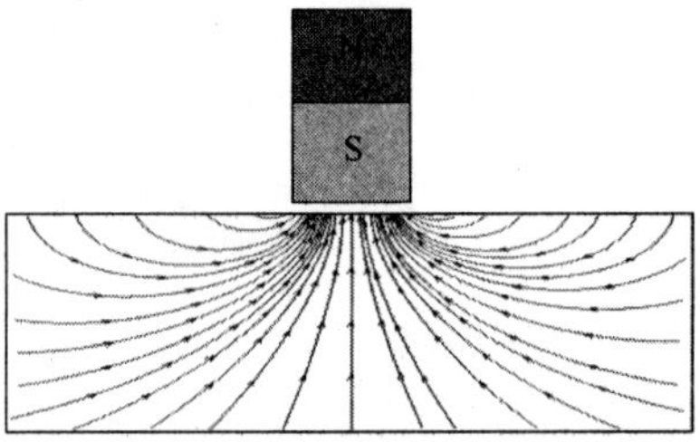

图 7-6 矩形永磁体空间磁力线分布计算结果

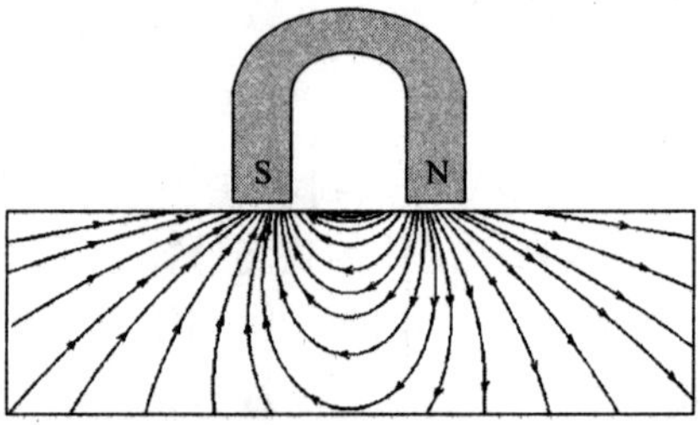

图 7-7 U 形永磁体空间磁力线分布计算结果

最后，计算矩形永磁体中轴线上的磁感应强度，并与相关文献中的运用边界元法计算和实测的结果进行比较，如图 7-8 所示。由图可见，用等效磁荷法计算所得的磁场与用边界元法计算的结果和实测值都能较好地吻合，表明该方法简单易行，完全能够满足工程应用需要。

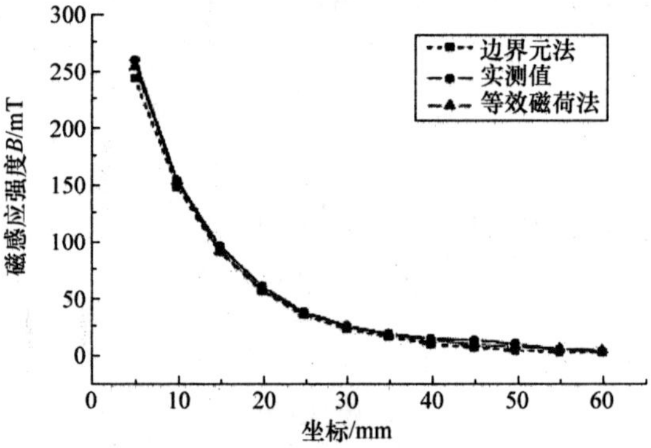

图 7-8 矩形永磁体中轴线上的磁场强度

7.2.2 脉冲涡流场和洛伦兹力的计算

由电磁场基本理论和前面第 2 章所述涡流计算公式可得脉冲涡流场有限元方程为

$$\boldsymbol{P}\boldsymbol{A} + \boldsymbol{Q}\frac{\partial \boldsymbol{A}}{\partial t} = \boldsymbol{R} \tag{7-17}$$

其初始条件为

$$\boldsymbol{A}_{t=0} = 0 \tag{7-18}$$

在微小时间间隔 Δt 内，由 Crank-Nicholson 直接积分法可取：

$$\boldsymbol{A} = \theta \boldsymbol{A}_t + (1-\theta)\boldsymbol{A}_{t+\Delta t} \tag{7-19}$$

式中，θ 为取值 0 ~ 1 间的积分常数。

$$\frac{\partial \boldsymbol{A}}{\partial t} = \frac{\boldsymbol{A}_{t+\Delta t} - \boldsymbol{A}_t}{\Delta t} \tag{7-20}$$

将式（7-19）和式（7-20）代入式（7-17）可得计算脉冲涡流场的迭代公式为

$$\left[\boldsymbol{P}(1-\theta) + \frac{\boldsymbol{Q}}{\Delta t}\right]\boldsymbol{A}_{t+\Delta t} = \boldsymbol{R}_{t+\Delta t} + \left(\frac{\boldsymbol{Q}}{\Delta t} - \boldsymbol{P}\theta\right)\boldsymbol{A}_t \tag{7-21}$$

根据前面章节所述，导体中脉冲涡流的分布可由式（7-22）给出：

$$J_{et} = -\sigma \frac{\partial A}{\partial t} = -\frac{\sigma}{\Delta t}(A_{t+\Delta t} - A_t) \tag{7-22}$$

在静态磁场和涡流相互作用下所产生的洛伦兹力可表示为

$$F_L = J_e \times B = -\frac{\sigma}{\Delta t}[A(t+\Delta t) - A(t)] \times B \tag{7-23}$$

7.2.3　超声波的有限差分数值计算方法

超声波的数值模拟是电磁超声无损检测数值模拟的核心。目前，对声波波谱的分析已有成熟的理论，对声波在介质中的传播特性也有深入的研究，但这些理论大多都是基于谐波理论，且难以实现工程计算的可视化仿真。而对于像超声检测这样的瞬态问题分析，实现超声波在复杂介质中传播过程的计算机可视化仿真分析，对于正确理解波传播过程的特征、发现新问题具有十分重要的作用。

目前超声波的数值计算方法有多种，包括波线法、有限差分法、有限元法等。其中，波线法是一种基于几何声学的方法，当声波的波长小于物体反射面尺寸时，可以用几何光学中反射面的概念把声的传播看成是沿波线传播的声能，此过程中忽略了声的波动性能。波线法由于其计算量小、易于实现等特点，已成为现在应用比较广的一种超声检测数值模拟方法。但波线法由于只是基于几何近似而忽略了声的波动性能，因此难以精确模拟超声波在介质特别是复杂介质中的真实传播过程。有限差分法和有限元法都是基于波的波动方程，都能模拟声波在介质中的传播过程，是两种十分重要的方法。

有限差分法可以看成一种配置点方法，通过在一个连续区域按照一定的方式配置离散网格节点，并直接在配置点（网格节点）上将微分算子用截断的泰勒级数展开，从而得到微分方程近似解的方法。虽然有限差分法存在计算精度不高、难以处理自由界面和复杂结构等问题，但它由于编程简捷和计算速度较快，已被广泛应用于计算地震波等弹性波的数值模拟中。

1. 基本微分控制方程

当认为物体是由以弹性力保持平衡的各个质点构成时，某一质点受到外力的扰动作用后，就在其平衡位置附近振动，并将这种扰动传递给它的相邻质点，从而引起周围质点的振动。机械振动在介质中的传播过程称为机械波，超声波是一种在弹性体中传播的机械波。根据弹性动力学理论，对于均匀各向同性材料，描述物体状态的控制方程为

$$\sigma_{ij,j} + f_i = \rho \frac{\partial^2 u_i}{\partial t^2} \qquad (i,j=1,2,3) \tag{7-24}$$

式中，σ_{ij}为应力张量；f_i 为体力密度；ρ 为材料密度；u_i 为位移分量。

根据均匀连续线弹性介质力学的本构方程，若记弹性系数为 λ 和 μ，则

$$\sigma_{ij} = \lambda \varepsilon_{kk} \delta_{ij} + 2\mu \varepsilon_{ij} \tag{7-25}$$

其中：

$$\delta_{ij} = \begin{cases} 1 & (i=j) \\ 0 & (i \neq j) \end{cases}$$

几何方程为

$$\varepsilon_{ij} = \frac{1}{2}(u_{i,j} + u_{j,i}) \tag{7-26}$$

将式（7-25）和式（7-26）代入式（7-24）可得动力学控制方程为

$$\mu u_{i,jj}+(\lambda+\mu)u_{j,ji}+f_i=\rho\frac{\partial^2 u_i}{\partial t^2} \tag{7-27}$$

2. 控制方程的离散差分形式

在超声波传播问题中，体积力 f_i 可以表现为声阻抗力，并取

$$f_i=-\gamma\dot{u}$$

$$x_1=x,x_2=y,x_3=z$$

$$u_1=u,u_2=v,u_3=w$$

如图 7-9 所示，将一个连续体离散成一系列正方体网格，并建立离散节点的控制微分方程。由方程式（7-27）可得到各离散网格节点的微分控制方程为

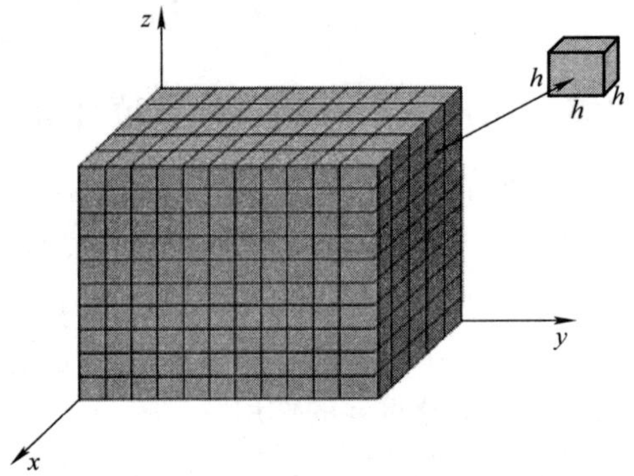

图 7-9 差分离散网格模型

$$\rho\frac{\partial^2 u(i,j,k,t)}{\partial t^2}+\gamma\frac{\partial u(i,j,k,t)}{\partial t}-(\lambda+\mu)\left[\frac{\partial^2 u(i,j,k,t)}{\partial x^2}+\frac{\partial^2 v(i,j,k,t)}{\partial x\partial y}+\frac{\partial^2 w(i,j,k,t)}{\partial x\partial z}\right]-\mu\left[\frac{\partial^2 u(i,j,k,t)}{\partial x^2}+\frac{\partial^2 u(i,j,k,t)}{\partial y^2}+\frac{\partial^2 u(i,j,k,t)}{\partial z^2}\right]=0 \tag{7-28a}$$

$$\rho\frac{\partial^2 v(i,j,k,t)}{\partial t^2}+\gamma\frac{\partial v(i,j,k,t)}{\partial t}-(\lambda+\mu)\left[\frac{\partial^2 u(i,j,k,t)}{\partial x\partial y}+\frac{\partial^2 v(i,j,k,t)}{\partial y^2}+\frac{\partial^2 w(i,j,k,t)}{\partial y\partial z}\right]-\mu\left[\frac{\partial^2 v(i,j,k,t)}{\partial x^2}+\frac{\partial^2 v(i,j,k,t)}{\partial y^2}+\frac{\partial^2 v(i,j,k,t)}{\partial z^2}\right]=0 \tag{7-28b}$$

$$\rho\frac{\partial^2 w(i,j,k,t)}{\partial t^2}+\gamma\frac{\partial w(i,j,k,t)}{\partial t}-(\lambda+\mu)\left[\frac{\partial^2 u(i,j,k,t)}{\partial x\partial z}+\frac{\partial^2 v(i,j,k,t)}{\partial y\partial z}+\frac{\partial^2 w(i,j,k,t)}{\partial z^2}\right]-\mu\left[\frac{\partial^2 w(i,j,k,t)}{\partial x^2}+\frac{\partial^2 w(i,j,k,t)}{\partial y^2}+\frac{\partial^2 w(i,j,k,t)}{\partial z^2}\right]=0 \tag{7-28c}$$

式中，i，j，k 分别为在 x，y，z 方向上的空间节点编号。

取微小时间间隔 Δt，根据中心差分法的思想可以得到

$$\frac{\partial^2 u(i,j,k,t)}{\partial t^2}\approx\frac{u(i,j,k,t+\Delta t)-2u(i,j,k,t)+u(i,j,k,t-\Delta t)}{\Delta t^2} \tag{7-29}$$

同理可得式（7-28a）左边第 3、6、7、8 项为

$$\frac{\partial^2 u(i,j,k,t)}{\partial x^2}\approx\frac{u(i+1,j,k,t)-2u(i,j,k,t)+u(i-1,j,k,t)}{h^2} \tag{7-30}$$

$$\frac{\partial^2 u(i,j,k,t)}{\partial y^2}\approx\frac{u(i,j+1,k,t)-2u(i,j,k,t)+u(i,j-1,k,t)}{h^2} \tag{7-31}$$

$$\frac{\partial^2 u(i,j,k,t)}{\partial z^2}\approx\frac{u(i,j,k+1,t)-2u(i,j,k,t)+u(i,j,k-1,t)}{h^2} \tag{7-32}$$

式（7-28a）左边第 2 项可以近似表示为

$$\frac{\partial u(i,j,k,t)}{\partial t}\approx\frac{u(i,j,k,t+\Delta t)-u(i,j,k,t-\Delta t)}{2\Delta t} \tag{7-33}$$

由上，式（7-28a）左边第 4 项可以表示为

$$\frac{\partial^2 v(i,j,k,t)}{\partial x\partial y}\approx\frac{\partial}{\partial x}\left[\frac{v(i,j+1,k,t)-v(i,j-1,k,t)}{2h}\right]$$
$$\approx\frac{v(i+1,j+1,k,t)-v(i+1,j-1,k,t)-v(i-1,j+1,k,t)+v(i-1,j-1,k,t)}{4h^2}\tag{7-34}$$

同理式（7-28a）左边第 5 项可以表示为

$$\frac{\partial^2 w(i,j,k,t)}{\partial x\partial z}\approx\frac{w(i+1,j,k+1,t)-w(i+1,j,k-1,t)-w(i-1,j,k+1,t)+w(i-1,j,k-1,t)}{4h^2}\tag{7-35}$$

综上，将式（7-29）~式（7-35）代入式（7-28a）可得

$$\begin{aligned}u(i,j,k,t+\Delta t)=&\frac{4\rho}{2\rho+\gamma\Delta t}u(i,j,k,t)-\frac{2\rho-\gamma\Delta t}{2\rho+\gamma\Delta t}u(i,j,k,t-\Delta t)\\&+\frac{2\Delta t^2(\lambda+2\mu)}{h^2(2\rho+\gamma\Delta t)}[u(i+1,j,k,t)-2u(i,j,k,t)+u(i-1,j,k,t)]\\&+\frac{\Delta t^2(\lambda+2\mu)}{2h^2(2\rho+\gamma\Delta t)}[v(i+1,j+1,k,t)-v(i+1,j-1,k,t)-\\&v(i-1,j+1,k,t)+v(i-1,j-1,k,t)]\\&+\frac{\Delta t^2(\lambda+2\mu)}{2h^2(2\rho+\gamma\Delta t)}[w(i+1,j+1,k,t)-w(i+1,j-1,k,t)-\\&w(i-1,j+1,k,t)+w(i-1,j-1,k,t)]\\&+\frac{2\Delta t^2\mu}{h^2(2\rho+\gamma\Delta t)}[u(i,j+1,k,t)-2u(i,j,k,t)+u(i,j-1,k,t)]\\&+\frac{2\Delta t^2\mu}{h^2(2\rho+\gamma\Delta t)}[u(i,j,k+1,t)-2u(i,j,k,t)+u(i,j,k-1,t)]\end{aligned}\tag{7-36}$$

同理可得 $v(i,j,k,t+\Delta t)$ 和 $v(i,j,k,t+\Delta t)$ 的迭代公式。

综上，通过一系列差分计算格式将式（7-28）所示的微分方程组转化为式（7-36）所示的离散线性代数式，只要给出一定的初始条件和边界条件，就能计算出不同时刻的超声波位移分布情况。

3. 超声波有限差分数值模拟算例

在实际计算过程中，为了降低问题的复杂度和计算量，通常可以把一些超声波的模拟由三维问题简化为二维问题处理。图 7-10 所示为一个简单的二维超声计算模型，一个垂直于表面的脉冲位移信号施加在模型上表面，表 7-1 和表 7-2 是模型相关的参数。将该问题看成是一个二维平面应变问题，即空间方向只考虑 x 方向和 y 方向，z 方向的分量为零，所以 u 和 v 只是 i、j、t 的函数。对应的初始条件为

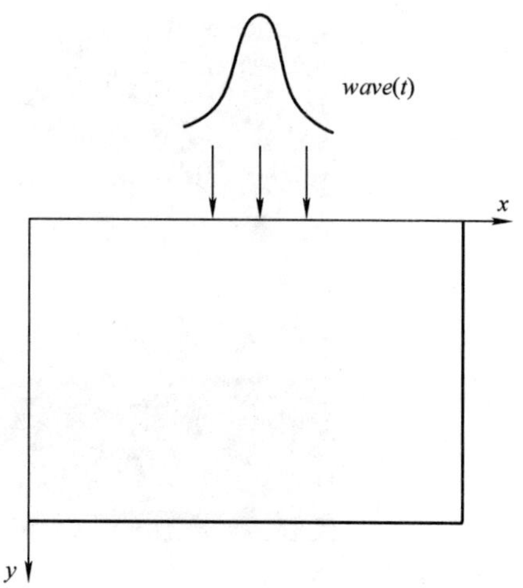

图 7-10　二维超声计算模型

$$\begin{cases} u(i,j,-\Delta t)=0 \\ v(i,j,-\Delta t)=0 \end{cases},\quad \begin{cases} u(i,j,0)=0 \\ v(i,j,0)=0 \end{cases},\quad \begin{cases} \dot{u}(i,j,0)=0 \\ \dot{v}(i,j,0)=0 \end{cases} \tag{7-37}$$

表 7-1　超声激励信号参数设定

探头形式	平行垂直型
激励信号频率	1.25MHz
激励信号区域范围	10mm
激励信号持续时间	周期 $T/2$

表 7-2　数值模型基本参数

材质	SUS304
形状	100mm × 50mm
密度/(kg/m^3)	8030
弹性模量/GPa	197
泊松比	0.33

由于在计算边界节点位移的时候，由式（7-36）可知，需要用到与其相邻的模型边沿外部介质（通常为空气）的位移值，又由于模型材料通常为金属，其声阻抗系数（ρc）远大于空气的声阻抗系数，根据声波的传播特性可知，模型内部的超声波在传播到边界的时候，可以看成发生全反射而不会透射到空气中。因此，模型内部的超声波传播几乎不会使模型外部的空气产生振动位移，所以可以取模型边沿外部空气的位移恒为零。

激励信号可写为

$$\begin{cases} u(0,j,t)=wave(t) \\ v(0,j,t)=0 \end{cases} \quad (j_1 \leqslant j \leqslant j_2, 0 \leqslant t \leqslant t_m) \tag{7-38}$$

式中，$wave\ (t)$ 为脉冲位移激励信号；t_m 为激励信号截止时间。激励信号相当于在激励区域施加一随时间和位置变化的强制位移。

对于单元格尺寸 h 的选取，遵循 $h \leqslant \lambda/8$，其中 λ 是超声波的波长。这里取 $h=0.5$mm，$\Delta t=10^{-8}$s。图 7-11 和图 7-12 所示分别为模拟超声波在无缺陷模型和有缺陷模型中不同时刻的声场分布图。从图中分别可以看到纵波和横波在模型中的传播以及遇到缺陷后的反射过程。

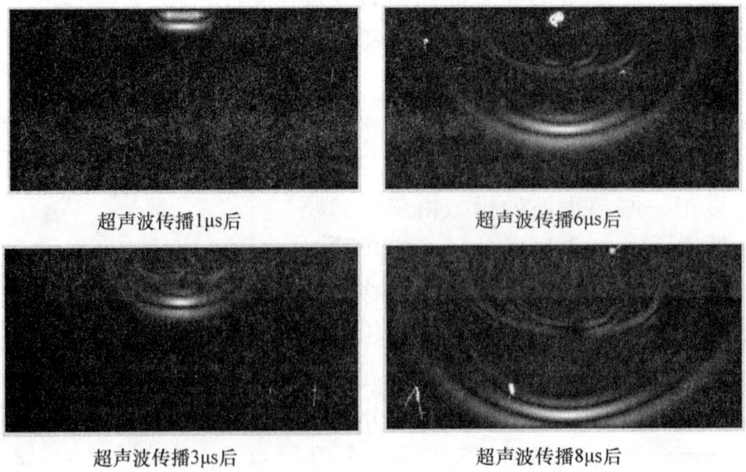

图 7-11　模拟超声波在无缺陷模型中不同时刻的声场分布图

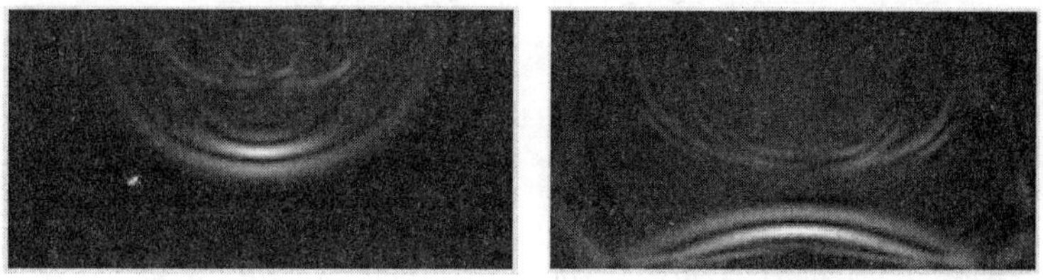

超声波传播5μs后　　超声波传播10μs后

图 7-11　模拟超声波在无缺陷模型中不同时刻的声场分布图（续）

超声波传播1μs后　　超声波传播6μs后

超声波传播3μs后　　超声波传播8μs后

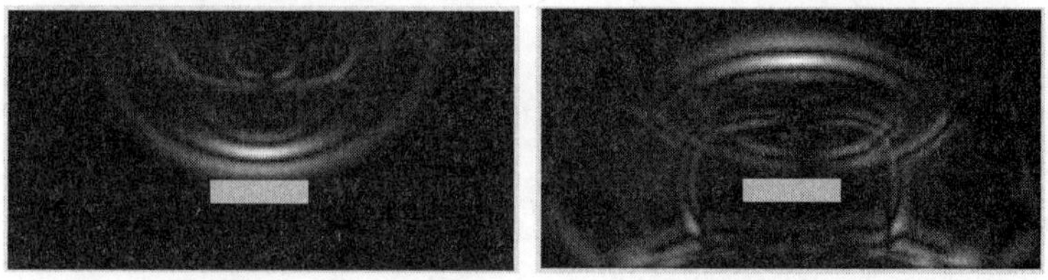

超声波传播5μs后　　超声波传播10μs后

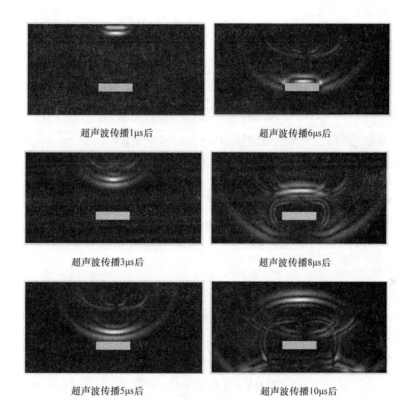

图 7-12　模拟超声波在缺陷模型中不同时刻的声场分布图

7.2.4　超声波的有限元数值模拟方法

在实际计算过程中也发现，使用有限差分法计算超声波脉冲响应时，随着响应时间的增大，计算结果容易产生发散，计算稳定性不高，同时有限差分法难于处理复杂边界和介质问题，因此，有限差分法很难在超声无损检测数值模拟得到实际应用。相对于有限差分法，有限元方法具有计算精度高和适应性广等特点，特别是对于处理复杂介质问题拥有其他方法不可比拟的优势，虽然其所需计算量较大，但随着计算机运算能力的不断提高，有限元法在超声检测数值模拟中拥有十分重要的应用前景。

1. 基本微分控制方程

对于三维波动问题，由弹性动力学平衡方程得

$$\begin{cases}\dfrac{\partial\sigma_x}{\partial x}+\dfrac{\partial\tau_{xy}}{\partial y}+\dfrac{\partial\tau_{zx}}{\partial z}+f_x=\rho\dfrac{\partial^2u_x}{\partial t^2}+c\dfrac{\partial u_x}{\partial t}\\[2ex]\dfrac{\partial\tau_{xy}}{\partial x}+\dfrac{\partial\sigma_y}{\partial y}+\dfrac{\partial\tau_{yz}}{\partial z}+f_y=\rho\dfrac{\partial^2u_y}{\partial t^2}+c\dfrac{\partial u_y}{\partial t}\\[2ex]\dfrac{\partial\tau_{zx}}{\partial x}+\dfrac{\partial\tau_{yz}}{\partial y}+\dfrac{\partial\sigma_z}{\partial z}+f_z=\rho\dfrac{\partial^2u_z}{\partial t^2}+c\dfrac{\partial u_z}{\partial t}\end{cases}\tag{7-39}$$

可将式（7-39）写为

$$\boldsymbol{\nabla}^{\mathrm{T}}\boldsymbol{\sigma}+\boldsymbol{f}=\rho\ddot{\boldsymbol{u}}+c\dot{\boldsymbol{u}}\tag{7-40}$$

其中：

$$\boldsymbol{\nabla}^{\mathrm{T}}=\begin{pmatrix}\dfrac{\partial}{\partial x}&0&0&\dfrac{\partial}{\partial y}&0&\dfrac{\partial}{\partial z}\\[2ex]0&\dfrac{\partial}{\partial y}&0&\dfrac{\partial}{\partial x}&\dfrac{\partial}{\partial z}&0\\[2ex]0&0&\dfrac{\partial}{\partial z}&0&\dfrac{\partial}{\partial y}&\dfrac{\partial}{\partial x}\end{pmatrix}$$

$$\boldsymbol{\sigma}=(\sigma_x\quad\sigma_y\quad\sigma_z\quad\tau_{xy}\quad\tau_{yz}\quad\tau_{zx})^{\mathrm{T}}$$

$$\boldsymbol{f}=(f_x\quad f_y\quad f_z)^{\mathrm{T}}$$

$$\boldsymbol{u}=(u_x\quad u_y\quad u_z)^{\mathrm{T}}$$

其边界条件和初始条件为

$$\boldsymbol{n}^{\mathrm{T}}\boldsymbol{\sigma}=\boldsymbol{n}^{\mathrm{T}}\boldsymbol{D}\,\boldsymbol{\nabla}\boldsymbol{u}=\hat{\boldsymbol{t}}\qquad(\varGamma_1)\tag{7-41a}$$

$$\boldsymbol{u}=\hat{\boldsymbol{u}}\qquad(\varGamma_2)\tag{7-41b}$$

其中：

$$\boldsymbol{n}^{\mathrm{T}}=\begin{pmatrix}n_x&0&0&n_y&0&n_z\\0&n_y&0&n_x&n_z&0\\0&0&n_z&0&n_y&n_x\end{pmatrix}\qquad\boldsymbol{u}_{t=0}=\boldsymbol{u}_0\tag{7-42}$$

可得到三维波动问题的位移形式微分控制方程为

$$\boldsymbol{\nabla}^{\mathrm{T}}\boldsymbol{D}\,\boldsymbol{\nabla}\boldsymbol{u}+\boldsymbol{f}=\rho\frac{\partial^2\boldsymbol{u}}{\partial t^2}+c\frac{\partial\boldsymbol{u}}{\partial t}\tag{7-43}$$

式中，$\boldsymbol{D}$ 为弹性矩阵，可表示为

$$\boldsymbol{D}_{6\times6}=\frac{E(1-v)}{(1+v)(1-2v)}\begin{pmatrix}1&0&0&0&0&0\\[1ex]\dfrac{v}{1-v}&1&0&0&0&0\\[2ex]\dfrac{v}{1-v}&\dfrac{v}{1-v}&1&0&0&0\\[2ex]0&0&0&\dfrac{1-2v}{2(1-v)}&0&0\\[2ex]0&0&0&0&\dfrac{1-2v}{2(1-v)}&0\\[2ex]0&0&0&0&0&\dfrac{1-2v}{2(1-v)}\end{pmatrix}$$

式中，E、v 分别为材料的弹性模量和泊松比。

2. 有限元控制方程

对于三维超声波数值模拟问题，可采用图 7-13 所示的八节点六面体等参数单元对模型进行离散。

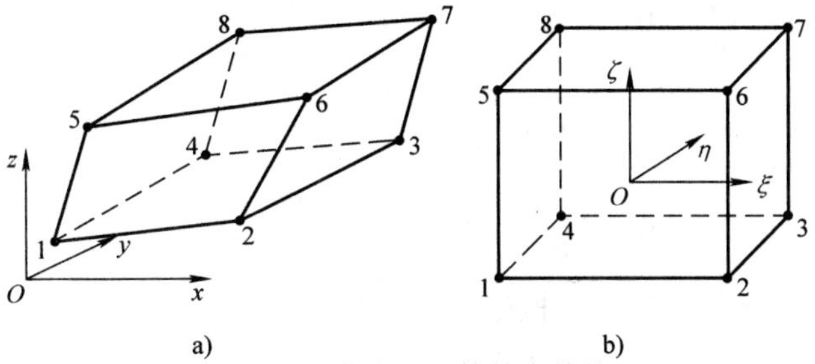

图 7-13　八节点六面体等参数单元

a）六面体单元　b）基本单元

图 7-13 所示的六面体等参数单元的形函数为

$$\boldsymbol{N}=\boldsymbol{N}_{3\times 24}=\begin{pmatrix} N_1 & 0 & 0 & N_2 & 0 & 0 & \cdots & N_8 & 0 & 0 \\ 0 & N_1 & 0 & 0 & N_2 & 0 & \cdots & 0 & N_8 & 0 \\ 0 & 0 & N_1 & 0 & 0 & N_2 & \cdots & 0 & 0 & N_8 \end{pmatrix} \tag{7-44}$$

其中：

$$\boldsymbol{N}=\begin{pmatrix} N_1 \\ N_2 \\ N_3 \\ N_4 \\ N_5 \\ N_6 \\ N_7 \\ N_8 \end{pmatrix}=\frac{1}{8}\begin{pmatrix} (1-\xi)(1-\eta)(1-\zeta) \\ (1+\xi)(1-\eta)(1-\zeta) \\ (1+\xi)(1+\eta)(1-\zeta) \\ (1-\xi)(1+\eta)(1-\zeta) \\ (1-\xi)(1-\eta)(1+\zeta) \\ (1+\xi)(1-\eta)(1+\zeta) \\ (1+\xi)(1+\eta)(1+\zeta) \\ (1-\xi)(1+\eta)(1+\zeta) \end{pmatrix}$$

相应的位移模式为

$$\boldsymbol{u}=\boldsymbol{N}\boldsymbol{u}^{\mathrm{e}} \tag{7-45}$$

其中：

$$\boldsymbol{u}^{\mathrm{e}}=(u_{1x}\quad u_{1y}\quad u_{1z}\quad u_{2x}\quad u_{2y}\quad u_{2z}\quad \cdots\quad u_{8x}\quad u_{8y}\quad u_{8z})^{\mathrm{T}}$$

坐标变换式为

$$(x\quad y\quad z)^{\mathrm{T}}=\boldsymbol{N}(x_1\quad y_1\quad z_1\quad x_2\quad y_2\quad z_2\quad \cdots\quad x_8\quad y_8\quad z_8)^{\mathrm{T}} \tag{7-46}$$

由式（7-46）可得雅可比变换矩阵为

$$\boldsymbol{J}=\begin{pmatrix} \frac{\partial x}{\partial \xi} & \frac{\partial y}{\partial \xi} & \frac{\partial z}{\partial \xi} \\ \frac{\partial x}{\partial \eta} & \frac{\partial y}{\partial \eta} & \frac{\partial z}{\partial \eta} \\ \frac{\partial x}{\partial \zeta} & \frac{\partial y}{\partial \zeta} & \frac{\partial z}{\partial \zeta} \end{pmatrix}=\begin{pmatrix} \frac{\partial N_1}{\partial \xi} & \frac{\partial N_2}{\partial \xi} & \cdots & \frac{\partial N_8}{\partial \xi} \\ \frac{\partial N_1}{\partial \eta} & \frac{\partial N_2}{\partial \eta} & \cdots & \frac{\partial N_8}{\partial \eta} \\ \frac{\partial N_1}{\partial \zeta} & \frac{\partial N_2}{\partial \zeta} & \cdots & \frac{\partial N_8}{\partial \zeta} \end{pmatrix}\begin{pmatrix} x_1 & y_1 & z_1 \\ x_2 & y_2 & z_2 \\ \vdots & \vdots & \vdots \\ x_8 & y_8 & z_8 \end{pmatrix} \tag{7-47}$$

应变矩阵 $\boldsymbol{B}$ 为

$$\boldsymbol{B}=\boldsymbol{B}_{6\times 24}=(B_1 \quad B_2 \quad \cdots \quad B_8) \tag{7-48}$$

其中：

$$\boldsymbol{B}_i^{\mathrm{T}}=\begin{pmatrix} \frac{\partial N_i}{\partial x} & 0 & 0 & \frac{\partial N_i}{\partial y} & 0 & \frac{\partial N_i}{\partial z} \\ 0 & \frac{\partial N_i}{\partial y} & 0 & \frac{\partial N_i}{\partial x} & \frac{\partial N_i}{\partial z} & 0 \\ 0 & 0 & \frac{\partial N_i}{\partial z} & 0 & \frac{\partial N_i}{\partial y} & \frac{\partial N_i}{\partial x} \end{pmatrix} \quad (i=1,2,\cdots,8)$$

$\boldsymbol{B}$ 中形函数对全局坐标的导数可根据式（7-49）计算：

$$\begin{pmatrix} \frac{\partial N_i}{\partial x} \\ \frac{\partial N_i}{\partial y} \\ \frac{\partial N_i}{\partial z} \end{pmatrix}=\boldsymbol{J}^{-1}\begin{pmatrix} \frac{\partial N_i}{\partial \xi} \\ \frac{\partial N_i}{\partial \eta} \\ \frac{\partial N_i}{\partial \zeta} \end{pmatrix} \tag{7-49}$$

根据有限元法的基本思想，可得到如下形式的三维波动问题的单元控制方程：

$$\boldsymbol{M}^{\mathrm{e}}\ddot{\boldsymbol{u}}^{\mathrm{e}}+\boldsymbol{C}^{\mathrm{e}}\dot{\boldsymbol{u}}^{\mathrm{e}}+\boldsymbol{K}^{\mathrm{e}}\boldsymbol{u}^{\mathrm{e}}=\boldsymbol{F}_{\mathrm{v}}^{\mathrm{e}}+\boldsymbol{F}_{\mathrm{s}}^{\mathrm{e}} \tag{7-50}$$

其中：

$$\boldsymbol{M}^{\mathrm{e}}=\boldsymbol{M}_{24\times 24}^{\mathrm{e}}=\rho\int_{-1}^{1}\int_{-1}^{1}\int_{-1}^{1}\boldsymbol{N}^{\mathrm{T}}\boldsymbol{N}\,|J|\,\mathrm{d}\xi\mathrm{d}\eta\mathrm{d}\zeta$$

$$\boldsymbol{C}^{\mathrm{e}}=\boldsymbol{C}_{24\times 24}^{\mathrm{e}}=c\int_{-1}^{1}\int_{-1}^{1}\int_{-1}^{1}\boldsymbol{N}^{\mathrm{T}}\boldsymbol{N}\,|J|\,\mathrm{d}\xi\mathrm{d}\eta\mathrm{d}\zeta$$

$$\boldsymbol{K}^{\mathrm{e}}=\boldsymbol{K}_{24\times 24}^{\mathrm{e}}=\int_{-1}^{1}\int_{-1}^{1}\int_{-1}^{1}\boldsymbol{B}^{\mathrm{T}}\boldsymbol{D}\boldsymbol{B}\,|J|\,\mathrm{d}\xi\mathrm{d}\eta\mathrm{d}\zeta$$

$$\boldsymbol{F}_{\mathrm{v}}^{\mathrm{e}}=\int_{-1}^{1}\int_{-1}^{1}\int_{-1}^{1}\boldsymbol{N}^{\mathrm{T}}\boldsymbol{f}\,|J|\,\mathrm{d}\xi\mathrm{d}\eta\mathrm{d}\zeta$$

式（7-50）中的质量矩阵称为一致（协调）质量矩阵，但在波动问题计算中，为了得到可靠的计算结果，必须将一致（协调）质量矩阵转化为对角形的团聚质量矩阵，它是假定将单元的质量团聚于单元的节点处，故单元质量矩阵可改写为

$$M_{ij}^{\mathrm{e}}=\begin{cases}\sum_{k=1}^{24}M_{ik}^{\mathrm{e}} & (i=j)\\ 0 & (i\neq j)\end{cases} \quad (i,j=1,\cdots,24) \tag{7-51}$$

由于模型内部相邻单元相邻表面上的面力大小相等、方向相反，因此在进行单元组装形成总体控制方程时，只有模型边界上的力才会对最终边界力向量有贡献，即在此可只计算模型边界单元在模型边界上的单元边界力向量。为了计算表面力向量，先来推导局部坐标系中单元表面上微分面积的表达式，设单元 $\xi=1$ 的表面上作用了表面力 $\hat{\boldsymbol{t}}=[\hat{t}_x \quad \hat{t}_y \quad \hat{t}_z]^{\mathrm{T}}$。在 $\xi=1$ 的面上，局部坐标面上的微分面积是两微分向量 $\boldsymbol{b}$、$\boldsymbol{c}$ 构成的平行四边形的面积。由雅可比矩阵可得平行四边形面积为

$$A = |\boldsymbol{b} \times \boldsymbol{c}| \tag{7-52}$$

其中：

$$\boldsymbol{b} \times \boldsymbol{c} = \begin{vmatrix} \boldsymbol{i} & \boldsymbol{j} & \boldsymbol{k} \\ \dfrac{\partial x}{\partial \eta} & \dfrac{\partial y}{\partial \eta} & \dfrac{\partial z}{\partial \eta} \\ \dfrac{\partial x}{\partial \zeta} & \dfrac{\partial y}{\partial \zeta} & \dfrac{\partial z}{\partial \zeta} \end{vmatrix}$$

最后得单元面力向量为

$$\boldsymbol{F}_{\mathrm{s}}^{\mathrm{e}} = \int_{-1}^{1}\int_{-1}^{1} \boldsymbol{N}^{\mathrm{T}}\hat{\boldsymbol{t}}A\mathrm{d}\eta\mathrm{d}\zeta \tag{7-53}$$

以此类推可求得模型边界上其他单元的面力向量。

最终可通过组装单元控制方程得到总体控制方程为

$$\boldsymbol{M}\ddot{\boldsymbol{U}} + \boldsymbol{C}\dot{\boldsymbol{U}} + \boldsymbol{K}\boldsymbol{U} = \boldsymbol{F} \tag{7-54}$$

式中，$\boldsymbol{M}$ 为总体质量矩阵；$\boldsymbol{U}$ 为节点位移向量；$\boldsymbol{C}$ 为总体阻尼矩阵；$\boldsymbol{K}$ 为总体刚度矩阵；$\boldsymbol{F} = \boldsymbol{F}_{\mathrm{v}} + \boldsymbol{F}_{\mathrm{s}}$，为内部体力向量和边界面力向量之和。

为了模拟超声波在媒质中的传播过程，对于式（7-54）通常需要采用时域积分的方法求得不同时刻的声场分布。

3. 超声波数值模拟时域积分算法

由前一节可得一般波动问题的有限元控制方程为

$$\boldsymbol{M}\ddot{\boldsymbol{U}}_t + \boldsymbol{C}\dot{\boldsymbol{U}}_t + \boldsymbol{K}\boldsymbol{U}_t = \boldsymbol{F}_t \tag{7-55}$$

式（7-55）表示的实际上是一种离散化动力初值问题，对于一般动力初值问题可采用时域逐步积分算法求解。目前的时域积分算法大致分为两大类，即隐式积分法和显式积分法。其中隐式积分法的特点是计算稳定性高，无条件稳定，但需要求解耦联线性方程组，存储量和计算量很大；显式积分法的特点是不需要求解耦联线性方程组，结合一维压缩存储技术，其存储量和计算量可大幅度降低，但其计算时是有条件稳定。下面将分别介绍一种典型的隐式积分算法和显式积分算法。

对于一般工程的有阻尼动力初值问题，传统的隐式积分算法包括 Newmark 法、Wilson-θ 法和中心差分法等。其中，中心差分法是一种最简单、最典型的隐式积分算法。由中心差分法可得

$$\ddot{\boldsymbol{U}}_t = \frac{\boldsymbol{U}_{t+\Delta t} - 2\boldsymbol{U}_t + \boldsymbol{U}_{t-\Delta t}}{\Delta t^2} \tag{7-56}$$

$$\dot{\boldsymbol{U}}_t = \frac{\boldsymbol{U}_{t+\Delta t} - \boldsymbol{U}_{t-\Delta t}}{2\Delta t} \tag{7-57}$$

将式（7-56）和式（7-57）代入式（7-55）得

$$\boldsymbol{L}\boldsymbol{U}_{t+\Delta t} = \boldsymbol{R}\boldsymbol{U}_t + \boldsymbol{D}\boldsymbol{U}_{t-\Delta t} + 2\boldsymbol{F}_t\Delta t^2 \tag{7-58}$$

其中：

$$\boldsymbol{L} = 2\boldsymbol{M} + \boldsymbol{C}\Delta t, \boldsymbol{R} = 4\boldsymbol{M} - 2\boldsymbol{K}\Delta t^2, \boldsymbol{D} = \boldsymbol{C}\Delta t - 2\boldsymbol{M}$$

在波的传播问题中，为了得到可靠的结果，质量矩阵通常采用团聚质量矩阵，即 $\boldsymbol{M}$ 为对角矩阵，而对于一般工程有阻尼问题，阻尼矩阵通常不是对角矩阵，因此式（7-58）的左端项 $\boldsymbol{L}$ 不是对角矩阵，故对式（7-58）要通过解方程的方法求取位移向量 $\boldsymbol{U}_{t+\Delta t}$。

因为使用传统隐式积分算法在求解一般工程的有阻尼系统动力问题时，需要求解耦联线性方程组，所需计算量大，因此近年来显式积分算法在超声波数值模拟中逐渐被大量应用。有的文献基于中心差分法和 Newmark 平均速度法，建立了一种与传统的显式积分法（李氏方法）相比更为简洁和快速的显式积分改进算法，提高了计算效率。具体推导和算法如下：

由中心差分法可得

$$\ddot{\boldsymbol{U}}_t = \frac{\dot{\boldsymbol{U}}_{t+\Delta t} - \dot{\boldsymbol{U}}_{t-\Delta t}}{2\Delta t} \tag{7-59}$$

将式（7-59）代入式（7-55）得

$$\dot{\boldsymbol{U}}_{t+\Delta t} = \dot{\boldsymbol{U}}_{t-\Delta t} - 2\Delta t\boldsymbol{D}_2\dot{\boldsymbol{U}}_t - 2\Delta t\boldsymbol{D}_1\boldsymbol{U}_t + 2\Delta t\boldsymbol{M}^{-1}\boldsymbol{F}_t \tag{7-60}$$

其中：

$$\boldsymbol{D}_1 = \boldsymbol{M}^{-1}\boldsymbol{K} \quad \boldsymbol{D}_2 = \boldsymbol{M}^{-1}\boldsymbol{C}$$

为获得求解式（7-55）的完整显式积分式，由 Newmark 平均速度法的思想有如下近似公式

$$\frac{\dot{\boldsymbol{U}}_{t+\Delta t} + \dot{\boldsymbol{U}}_t}{2} = \frac{\boldsymbol{U}_{t+\Delta t} - \boldsymbol{U}_t}{\Delta t} \tag{7-61}$$

由式（7-61）和式（7-60）可得到一种新的完整的显式积分格式，即

$$\dot{\boldsymbol{U}}_{t+\Delta t} = \dot{\boldsymbol{U}}_{t-\Delta t} - 2\Delta t\boldsymbol{D}_2\dot{\boldsymbol{U}}_t - 2\Delta t\boldsymbol{D}_1\boldsymbol{U}_t + 2\Delta t\boldsymbol{M}^{-1}\boldsymbol{F}_t \tag{7-62a}$$

$$\boldsymbol{U}_{t+\Delta t} = \boldsymbol{U}_t + \frac{\dot{\boldsymbol{U}}_{t+\Delta t} + \dot{\boldsymbol{U}}_t}{2}\Delta t \tag{7-62b}$$

式（7-62）为一种改进的时域显式积分算法，与传统的显式积分法（李氏方法）相比，其在计算过程中存储量和计算量都减少二分之一左右。这对于如超声波数值模拟这类大型工程数值计算问题非常有益。

7.2.5　基于洛伦兹力的电磁超声有限元数值计算实例

根据电磁超声检测的基本原理，对于非铁磁性导体试样，由于其不会产生磁化效应，故不会改变永磁体在空间所产生的磁场分布，在不考虑由于超声波传播所引起的质点振动与静态磁场相互作用所产生的涡流耦合项情况下，由前两节关于涡流场和洛伦兹力分布计算公式以及超声波计算公式，可得到式（7-63）~式（7-66）所示的在洛伦兹力作用下的电磁超声控制方程。电磁超声数值模拟程序流程如图 7-14 所示。

在电磁超声无损检测技术中，针对不同的应用场合，可以通过改变激励方式来获得不同种类的超声波。作为计算实例，下面选取了两种不同的激励方式来模拟两种不同类型的超声波。

$$\left[\boldsymbol{P}(1-\theta) + \frac{\boldsymbol{Q}}{\Delta t}\right]\boldsymbol{A}_{t+\Delta t} = \boldsymbol{R}_{t+\Delta t} + \left(\frac{\boldsymbol{Q}}{\Delta t} - \boldsymbol{P}\theta\right)\boldsymbol{A}_t \tag{7-63}$$

$$\boldsymbol{f}_{\mathrm{v}} = \boldsymbol{J}_{\mathrm{e}} \times \boldsymbol{B} = -\frac{\sigma}{\Delta t}(\boldsymbol{A}_{t+\Delta t} - \boldsymbol{A}_t) \times \boldsymbol{B} \tag{7-64}$$

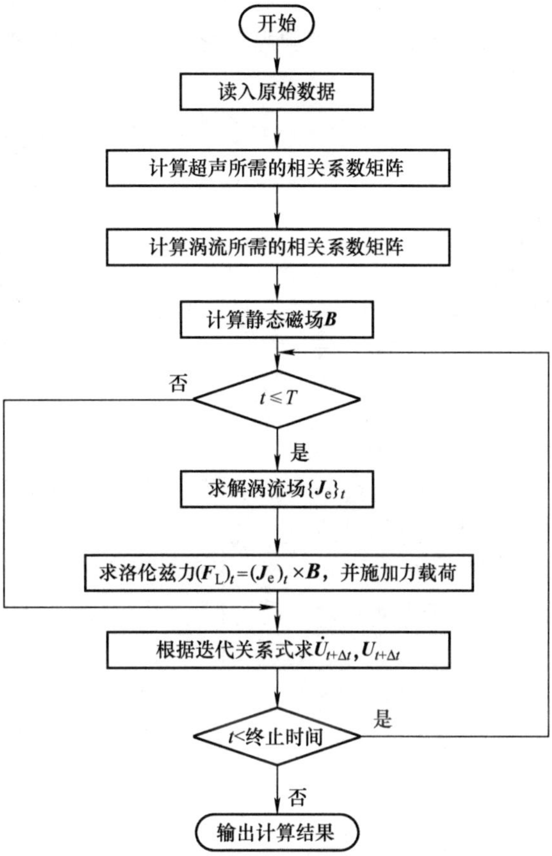

图 7-14　电磁超声数值模拟程序流程

$$\dot{\boldsymbol{U}}_{t+\Delta t}=\dot{\boldsymbol{U}}_{t-\Delta t}-2\Delta t\boldsymbol{D}_2\dot{\boldsymbol{U}}_t-2\Delta t\boldsymbol{D}_1\boldsymbol{U}_t+2\Delta t\boldsymbol{M}^{-1}\boldsymbol{F}_t \tag{7-65}$$

$$\boldsymbol{U}_{t+\Delta t}=\boldsymbol{U}_t+\frac{\dot{\boldsymbol{U}}_{t+\Delta t}+\dot{\boldsymbol{U}}_t}{2}\Delta t \tag{7-66}$$

1. 电磁超声数值计算模型的建立

为模拟两种不同类型的电磁超声波，以下建立两种不同的计算模型。图 7-15 所示为板波计算模型的中心截面，它由一个用于提供水平偏转磁场的 U 形磁铁、一个用于激发涡流的回折蛇形激励线圈和一个导体试样构成。导体试样为 75mm × 75mm × 5mm 的薄板。图 7-16所示为横波计算模型的中心截面，它由一个用于提供垂直方向偏转磁场的矩形磁铁、一个用于激发涡流的环形激励线圈和一个导体试样构成。导体试样为 75mm × 75mm × 20mm 的平板。两模型中激励线圈均长为 8mm，宽为 10mm，导线间距为 1mm，提离为 0.5mm，并置于导体试样中心正上方；试样均采用非铁磁性不锈钢材料，其电导率 $\sigma=1.1\mathrm{MS/m}$，泊松比 $\nu=0.33$，弹性模量 $E=1.97\times10^{11}\mathrm{N/m^2}$，密度 $\rho=8.03\times10^3\mathrm{kg/m^3}$。脉冲激励信号波形如图 7-17 所示，其中心频率 $f_0=1.0\mathrm{MHz}$，线圈截面中电流密度幅值 $J_s=1.25\times10^7\mathrm{A/m^2}$。

2. 数值计算结果及其正确性分析

根据前面所述的两种计算模型，分别计算在导体试样中的涡流和磁场分布。在计算由洛伦兹力所激发的超声波时，为了减小计算量，将两导体试样 $y=0$ 的中心截面作为近似模型来模拟超声波的传播，这样就将原来的三维模型转化为二维平面应变问题进行计算，求出导体 $y=0$ 的中心截面上的超声传播情况。

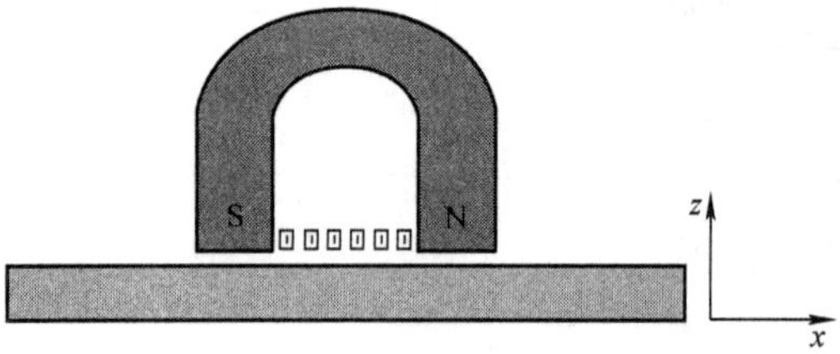

图 7-15 板波计算模型的中心截面

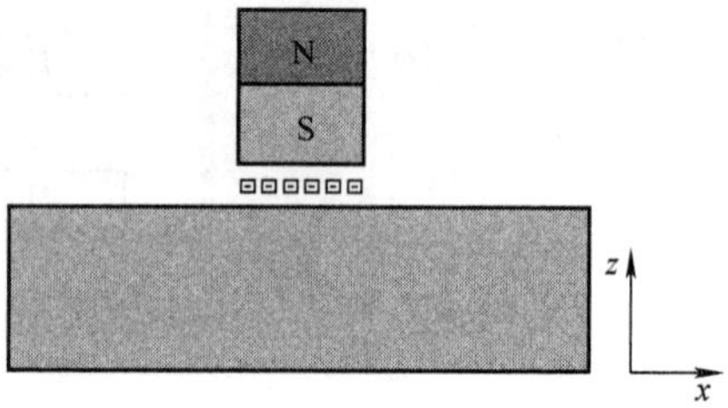

图 7-16 横波计算模型的中心截面

图 7-18 所示为图 7-15 所示模型在 $y=0$ 的中心截面上不同时刻的板波声场分布，从中可以看出，板波主要在导体内部沿水平方向由激励区域向两侧传播。图 7-19 所示为试样上表面 $x=17.5\text{mm}$ 处质点的位移信号波形。

图 7-20 所示为图 7-16 所示计算模型在 $y=0$ 中心截面上不同时刻的横波声场分布。从图中可看出，试样中除了少量纵波外，波的主要能量集中在横波部分，并且沿 z 方向传播。图 7-21 所示为试样上表面 $x=1.5\text{mm}$ 处质点的位移信号波形。

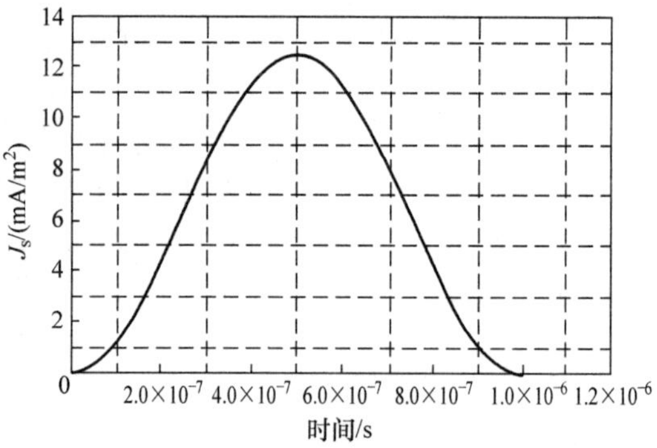

图 7-17 脉冲激励信号波形

图 7-18 模型中心截面板波声场分布

a) 3μs 时的声场分布 b) 7μs 时的声场分布

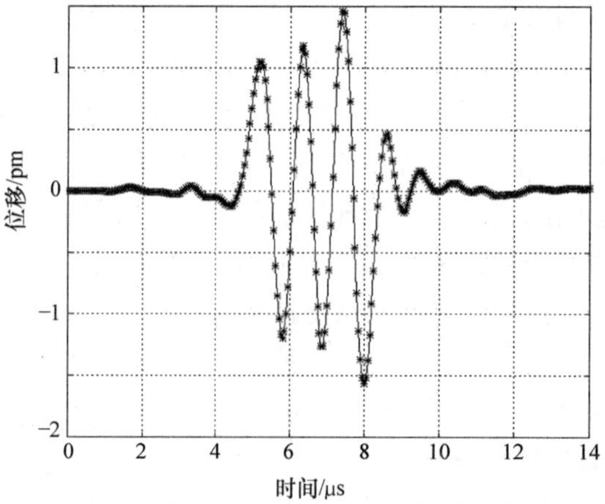

图 7-19 板波信号波形

根据图 7-21 所示的信号波形图中两底面反射信号，由于波的传播距离已知（2 倍的试样厚度），故可分别估算出纵波和横波的波速。表 7-3 给出了其与理论值的比较，可以看出在误差允许的范围内，该方法数值计算的结果是准确有效的。

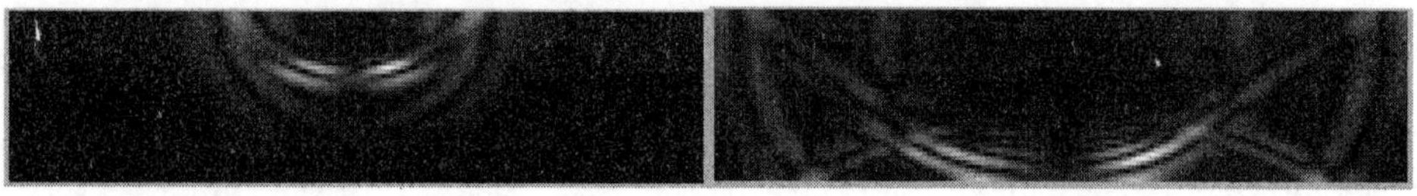

a)　　b)

图 7-20　模型中心截面横波声场

a）3μs 时的声场分布　b）6μs 时的声场分布

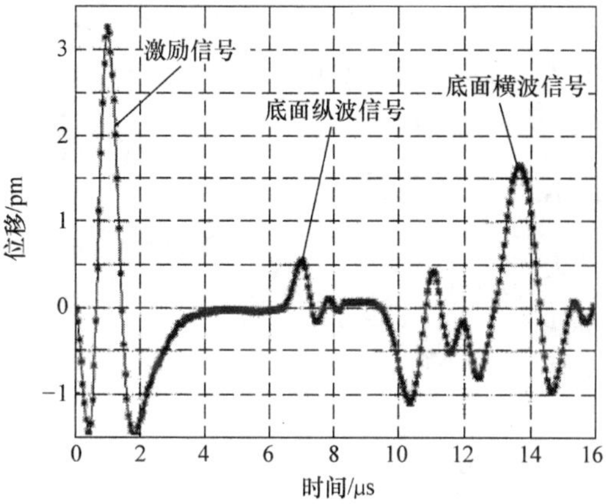

图 7-21　横波信号波形

表 7-3　数值模拟结果与理论值比较

项目	计算值	理论值(设定值)	相对误差
纵波波速/(km/s)	6.30	6.029	4.5%
横波波速/(km/s)	3.20	3.037	5.4%

7.3　考虑磁致伸缩的电磁超声检测数值计算方法

7.3.1　基于等效磁极化法的磁性介质静态磁场数值计算方法

EMAT 通常用永磁体提供外加偏置磁场，因此计算永磁体产生的空间磁场分布是电磁超声无损检测数值模拟的一个重要环节。目前永磁体空间磁场分布的计算方法主要有等效磁荷法和等效磁流法等。然而计算磁性材料内部的磁场及磁导率分布时，由于需要考虑材料内部磁化的影响，这些方法不再适用。本节采用基于等效磁极化法和有限元-边界元混合法计算磁性材料中的静态磁场分布。

1. 基本微分控制方程

基于磁准静态麦克斯韦方程组，考虑材料的非线性本构方程，即

$$\boldsymbol{H}=F(\boldsymbol{B}) \tag{7-67}$$

采用库仑规范$\nabla\cdot\boldsymbol{A}=0$，可得静态磁场控制方程为

$$-\frac{1}{\mu_0}\nabla^2\boldsymbol{A}=\nabla\times\boldsymbol{M}\quad（有限元区域\ \Omega_{\mathrm{FEM}}） \tag{7-68}$$

$$-\frac{1}{\mu_0}\nabla^2\boldsymbol{A}=\boldsymbol{J}_0\quad（边界元区域\ \Omega_{\mathrm{BEM}}） \tag{7-69}$$

式中，Ω_{FEM}表示材料区域（有限元区域）；Ω_{BEM}表示空气区域（边界元区域），$\Gamma=\Omega_{\mathrm{FEM}}\cap\Omega_{\mathrm{BEM}}$，为材料区域和空气区域的边界；$\boldsymbol{A}$为向量函数（称为磁向量位）；$\boldsymbol{M}$为材料磁化强度；$\boldsymbol{J}_0$为电流源，如图7-22所示。基于等效磁极化法，通过对磁化强度$\boldsymbol{M}$反复迭代修正，铁磁性材料非线性本构方程可用线性本构方程代替。

方程式（7-67）可用式（7-70）代替：

$$\boldsymbol{B}=\mu_0(\boldsymbol{H}+\boldsymbol{M}) \tag{7-70}$$

非线性项包含在极化项$\boldsymbol{I}=\mu_0\boldsymbol{M}$中，由式（7-67）和式（7-70）可得磁化强度$\boldsymbol{M}$为

$$\boldsymbol{M}=\frac{1}{\mu_0}\boldsymbol{B}-\boldsymbol{F}(\boldsymbol{B}) \tag{7-71}$$

磁性介质磁场边界条件为

$$\boldsymbol{H}_t\mid_{\mathrm{FEM}}-\boldsymbol{H}_t\mid_{\mathrm{BEM}}=\boldsymbol{k} \tag{7-72}$$

式中，$\boldsymbol{k}$为表面磁流。磁向量位的散度连续，即

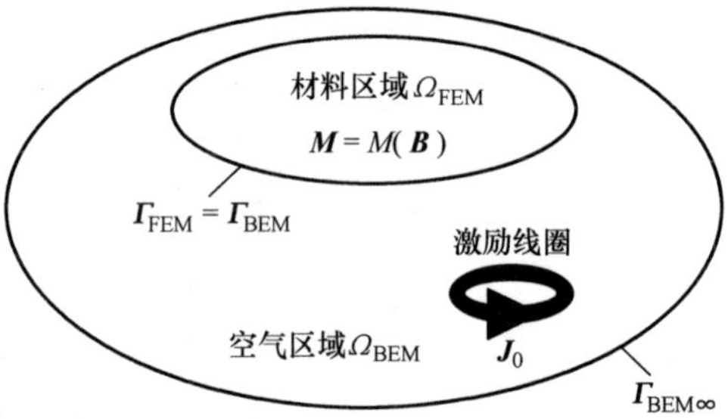

图7-22　FEM-BEM计算模型

$$\nabla\cdot\boldsymbol{A}\mid_{\mathrm{FEM}}=\nabla\cdot\boldsymbol{A}\mid_{\mathrm{BEM}} \tag{7-73}$$

界面处磁向量位连续，即

$$\boldsymbol{A}\mid_{\mathrm{FEM}}=\boldsymbol{A}\mid_{\mathrm{BEM}} \tag{7-74}$$

由第2章说明可知，式（7-72）等价于式（7-75），即

$$\left.\frac{1}{\mu_0}\frac{\partial\boldsymbol{A}}{\partial n}-\boldsymbol{M}\times\boldsymbol{n}\right|_{\mathrm{FEM}}=\left.\frac{1}{\mu_0}\frac{\partial\boldsymbol{A}}{\partial n}\right|_{\mathrm{BEM}} \tag{7-75}$$

2. 基于A-ϕ方法的FEM-BEM控制方程

根据伽辽金方法的基本思想，采用形函数对结构进行离散化，即

$$\boldsymbol{A}=\sum_{j=1}^{n}\boldsymbol{N}_j\boldsymbol{A}_j \tag{7-76}$$

式中，$\boldsymbol{N}_j$为单元形函数。对方程式（7-68）左端项乘以形函数，并对其在整个区域积分，经化简可得

$$\int_\Omega\frac{1}{\mu_0}\nabla^2\boldsymbol{A}N_k\mathrm{d}\Omega=\int_\Gamma\frac{1}{\mu_0}N_k\frac{\partial\boldsymbol{A}}{\partial n}\mathrm{d}\Gamma-\int_\Omega\frac{1}{\mu_0}\nabla N_k\nabla\boldsymbol{A}\mathrm{d}\Omega=$$
$$\sum_{j=1}^{n}\left(\int_\Gamma\frac{1}{\mu_0}N_kN_j\mathrm{d}\Gamma\right)\frac{\partial\boldsymbol{A}_j}{\partial n}-\sum_{j=1}^{n}\left(\int_\Omega\frac{1}{\mu_0}\nabla N_k\cdot\nabla N_j\mathrm{d}\Omega\right)\boldsymbol{A}_j \tag{7-77}$$

对于式（7-66）的右端项，通过同样的方法可得

$$\int_\Omega(\nabla\times\boldsymbol{M})N_k\mathrm{d}\Omega=-\int_{\Gamma_{\mathrm{FEM}}}(\boldsymbol{M}\times\boldsymbol{n})N_k\mathrm{d}\Gamma+\int_\Omega(\boldsymbol{M}\times\nabla N_k)\mathrm{d}\Omega \tag{7-78}$$

将式（7-77）和式（7-78）进行简化，可得有限元离散方程为

$$\begin{pmatrix} \boldsymbol{N}_1 & \boldsymbol{0} & \boldsymbol{0} \\ \boldsymbol{0} & \boldsymbol{N}_1 & \boldsymbol{0} \\ \boldsymbol{0} & \boldsymbol{0} & \boldsymbol{N}_1 \end{pmatrix} \begin{pmatrix} \boldsymbol{A}_x \\ \boldsymbol{A}_y \\ \boldsymbol{A}_z \end{pmatrix} = \begin{pmatrix} \boldsymbol{F}_x \\ \boldsymbol{F}_y \\ \boldsymbol{F}_z \end{pmatrix} + \begin{pmatrix} \boldsymbol{F}_{\mathrm{M}}^x \\ \boldsymbol{F}_{\mathrm{M}}^y \\ \boldsymbol{F}_{\mathrm{M}}^z \end{pmatrix} \tag{7-79}$$

或

$$\boldsymbol{PA} = \boldsymbol{F} + \boldsymbol{F}_{\mathrm{M}} \tag{7-80}$$

式中，$\boldsymbol{F} = \boldsymbol{D}\{\partial \boldsymbol{A}/\partial n\} - \mu_0 \boldsymbol{D}\{\boldsymbol{M} \times \boldsymbol{n}\}$，为激励项。

类似第 2 章所述，对式（7-69）两端同时乘以函数 $u^* = 1/(4\pi r)$，并对其在整个边界元区域积分，可得

$$\int_{\Omega_{\mathrm{BEM}}} u^* (\nabla^2 \boldsymbol{A} + \mu_0 \boldsymbol{J}_0) \mathrm{d}\Omega = 0 \tag{7-81}$$

为了方便，以下单独推导磁向量位每个分量的公式。对于第一个分量（x 方向），有

$$\frac{1}{\mu_0} C(p) A_x + \frac{1}{\mu_0} \int_{\Gamma_{\mathrm{BEM}}} \frac{\partial u^*}{\partial n} A_x \mathrm{d}\Gamma - \frac{1}{\mu_0} \int_{\Gamma_{\mathrm{BEM}}} u^* \frac{\partial A_x}{\partial n} d\Gamma = \int_{\Gamma_{\mathrm{BEM}}} u^* J_{0x} \mathrm{d}\Gamma \tag{7-82}$$

对式（7-82）采用边界元形函数离散，最后可得到边界元控制方程为

$$\begin{pmatrix} \boldsymbol{H}_x & \boldsymbol{0} & \boldsymbol{0} \\ \boldsymbol{0} & \boldsymbol{H}_y & \boldsymbol{0} \\ \boldsymbol{0} & \boldsymbol{0} & \boldsymbol{H}_z \end{pmatrix} \begin{pmatrix} \boldsymbol{A}_x \\ \boldsymbol{A}_y \\ \boldsymbol{A}_z \end{pmatrix} + \begin{pmatrix} \boldsymbol{G}_x & \boldsymbol{0} & \boldsymbol{0} \\ \boldsymbol{0} & \boldsymbol{G}_y & \boldsymbol{0} \\ \boldsymbol{0} & \boldsymbol{0} & \boldsymbol{G}_z \end{pmatrix} \begin{pmatrix} \partial \boldsymbol{A}_x/\partial n \\ \partial \boldsymbol{A}_y/\partial n \\ \partial \boldsymbol{A}_z/\partial n \end{pmatrix} = \begin{pmatrix} \boldsymbol{F}_{0x} \\ \boldsymbol{F}_{0y} \\ \boldsymbol{F}_{0z} \end{pmatrix} \tag{7-83}$$

或

$$\boldsymbol{HA} + \boldsymbol{G} \frac{\partial \boldsymbol{A}}{\partial n} = \boldsymbol{F}_0 \tag{7-84}$$

对式（7-84）两端同时乘以矩阵 $\boldsymbol{DG}^{-1}$，可得

$$\boldsymbol{DG}^{-1} \boldsymbol{HA} = -\boldsymbol{D} \frac{\partial \boldsymbol{A}}{\partial n} + \boldsymbol{DG}^{-1} \boldsymbol{F}_0 \tag{7-85}$$

结合边界条件，即式（7-75），由式（7-80）和式（7-85）可得 FEM-BEM 混合法的离散控制方程为

$$(\boldsymbol{P} + \boldsymbol{K}) \boldsymbol{A} = \boldsymbol{D}\, \boldsymbol{G}^{-1} \boldsymbol{F}_0 + \bar{\boldsymbol{S}} \boldsymbol{M} \tag{7-86}$$

其中，矩阵 $\boldsymbol{K}$ 和矩阵 $\bar{\boldsymbol{S}}$ 为

$$\boldsymbol{K} = (\boldsymbol{K}_{\mathrm{B}} + \boldsymbol{K}_{\mathrm{B}}{}^{\mathrm{T}})/2, \quad \boldsymbol{K}_{\mathrm{B}} = \boldsymbol{DG}^{-1} \boldsymbol{H}$$

$$\bar{\boldsymbol{S}} = \begin{pmatrix} \boldsymbol{0} & \boldsymbol{S}_{12} & \boldsymbol{S}_{13} \\ \boldsymbol{S}_{21} & \boldsymbol{0} & \boldsymbol{S}_{23} \\ \boldsymbol{S}_{31} & \boldsymbol{S}_{32} & \boldsymbol{0} \end{pmatrix}$$

且矩阵 $\bar{\boldsymbol{S}}$ 的各个分量可以表示为

$$S_{12}{}^{kj} = \int_{\Omega_j} \nabla N_k \cdot (-\boldsymbol{k}) \mathrm{d}\Omega = -S_{21}{}^{kj}$$

$$S_{23}{}^{kj} = \int_{\Omega_j} \nabla N_k \cdot (-\boldsymbol{i}) \mathrm{d}\Omega = -S_{32}{}^{kj}$$

$$S_{31}{}^{kj} = \int_{\Omega_j} \nabla N_k \cdot (-\boldsymbol{j}) \mathrm{d}\Omega = -S_{13}{}^{kj}$$

3. 数值计算程序及算例

根据以上所述计算方法，基于等效磁极化法的 FEM-BEM 混合算法的数值计算程序主要包括以下几个步骤（参照第 6 章）：

第一步：初始化，首先假设材料没有被磁化，即磁化强度 $\boldsymbol{M}^0=0$。

第二步：计算仅存在外加激励情况下控制方程的解，从而求得各单元磁向量位 $\boldsymbol{A}$。

第三步：通过磁向量位计算铁磁材料内部的磁感应强度 $\boldsymbol{B}$。

第四步：通过材料 $B-H$ 曲线计算材料内部的磁化强度 $\boldsymbol{M}^i$。

第五步：计算实际值与上一步磁化之差，即 $\|\Delta\boldsymbol{M}^i\|_v=\|\boldsymbol{M}^i-\boldsymbol{M}^{i-1}\|_v=\sqrt{\int_\Omega v(|\boldsymbol{M}^i-\boldsymbol{M}^{i-1}|)^2\mathrm{d}\Omega}$，并比较其与设定最大误差量 ε 的大小关系。

第六步：如果不满足终止条件，则对磁化项进行修正，并执行第二步。

第七步：如果满足终止条件，则输出计算结果，终止迭代。

在输出计算结果时，采用有限元形函数的方法计算给定点的磁感应强度，并根据材料的 $B-H$ 曲线计算给定点的相对磁导率。

为了验证该方法的可靠性，建立图 7-23a、b 所示的两种铁磁性材料内部磁性场数值计算模型。模型中材料为 Q235 碳素钢，尺寸为 200mm×200mm×20mm，其矩形永磁体的尺寸为 50mm×25mm×12.5mm。

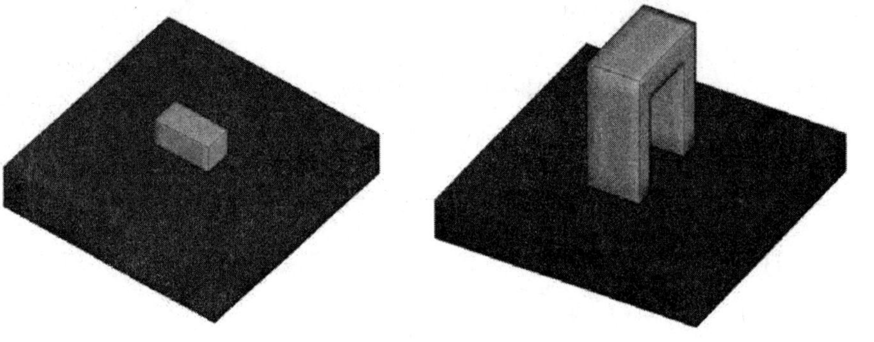

a) b)

图 7-23 磁场计算模型

a）矩形永磁体模型 b）U 形永磁体模型

为了得到材料的真实 B-H 曲线，采用图 7-24 所示磁性测量装置对碳素钢 Q235 的 B-H 曲线进行测量，其测量结果如图 7-25 所示。

图 7-26 所示为模型 1 材料上表面 $z=19.5$mm 处的磁场和相对磁导率分布。由图 7-26a 可得，在矩形永磁体的正下方，铁磁性材料内部的磁场强度较大，且磁体边缘处的磁场强度达到最大，中间处的磁场较小。同时，随着距磁体距离的增加，磁场强度衰减较快。由图 7-26b可得，在材料未达到饱和状态时，磁场较大处相对磁导率也较大，且远高于平均值。

图 7-23b 中所示的 U 形永磁体的截面尺寸为 15mm×40mm，两磁极的中心间距 $l=45$mm，其极柱高 $h=50$mm。图 7-27 所示为 U 形永磁体作用下铁磁性材料上表面 $z=19.5$mm 的磁场和相对磁导率分布。由图 7-27 可知，在磁体下方，在材料没有达到饱和状态时，磁场较大处相对磁导率也较大。

图 7-24　磁性测量装置

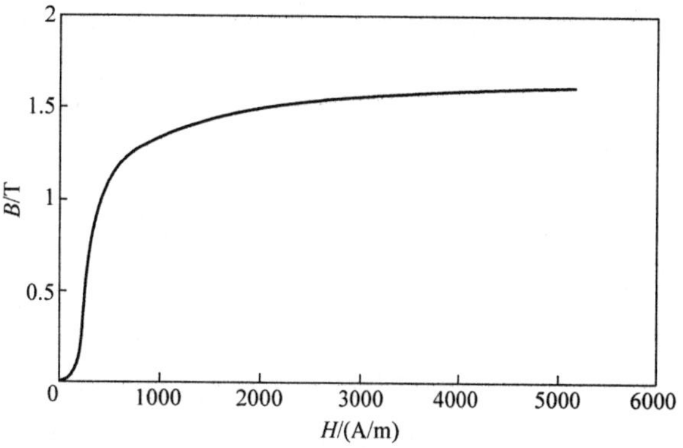

图 7-25　碳素钢 Q235 的 B-H 曲线

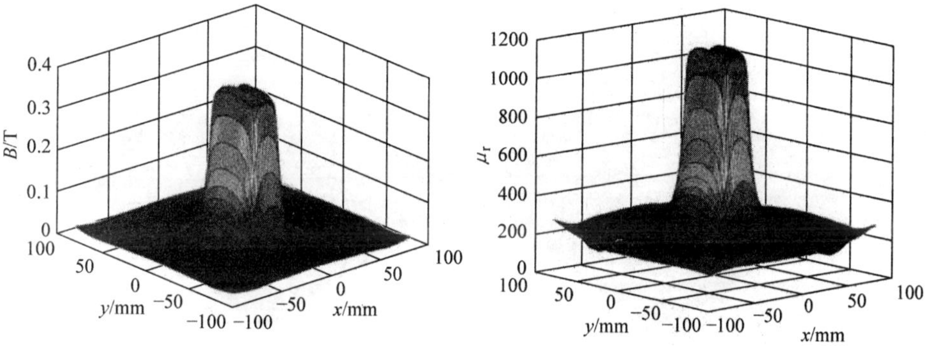

a)　　b)

图 7-26　模型 1 材料上表面磁场及相对磁导率分布

a）磁场分布　b）相对磁导率分布

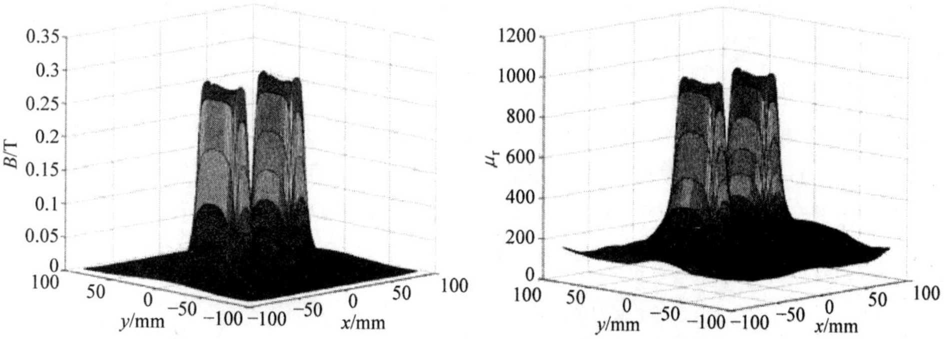

a)　　b)

图 7-27　模型 2 材料上表面磁场及相对磁导率分布

a）磁场分布　b）相对磁导率分布

7.3.2　铁磁性材料涡流场和洛伦兹力的数值计算

对于铁磁性材料而言，由于存在较大的非均匀偏置磁场，材料内部的相对磁导率随磁场的变化而改变。因此，计算铁磁性材料的内部涡流场分布时，需要考虑相对磁导率的影响。由式（7-17）可得基于 $\boldsymbol{A}_r$ 法的脉冲涡流场的有限元控制方程

$$\boldsymbol{P}\boldsymbol{A} + \boldsymbol{Q}\dot{\boldsymbol{A}} = \boldsymbol{R} \tag{7-87}$$

在计算矩阵 $\boldsymbol{P}$ 时，考虑了磁导率变化的影响，即

$$\boldsymbol{P} = \frac{1}{\mu}\int_V (\nabla \times \boldsymbol{N}) \cdot (\nabla \times \boldsymbol{N}^{\mathrm{T}})\mathrm{d}V \tag{7-88}$$

式中，μ 为单元中点磁导率。与前面 7.2 节相同，在静态磁场和涡流相互作用下可得到洛伦兹力的分布。

实际应用中，可以通过设计不同的激励线圈和永磁体的组合产生不同类型的超声波。为了检验涡流计算方法和程序的可靠性，下面选取两种不同的线圈激励方式进行计算，并对结果进行分析。建立图 7-28 所示的数值计算模型。模型中导体试样为 Q235 碳素钢，其尺寸为 150mm×150mm×20mm，电导率 σ = 8.5MS/m。

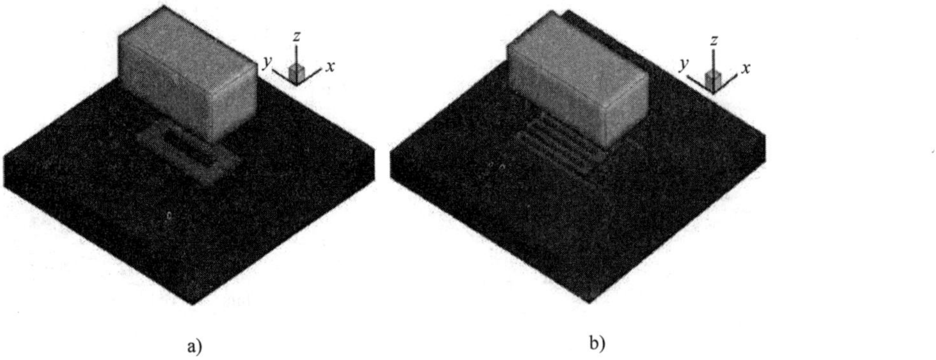

图 7-28 数值计算模型

a）模型 1 b）模型 2

在数值计算中，为了使数值计算值与实际值具有可比性，在数值计算模型中分别采用图 7-29a、b 所示的激励线算模型。在线圈中施加图 7-30 所示的正弦激励电流的信号波形，其中心频率为 f = 1.0MHz，线圈截面电流 I = 1.0A。通过数值计算分析可得，模型中涡流主要是 x 与 y 方向的分量 J_x 和 J_y，z 方向的分量远远小于其他两个方向的分量，可以忽略不计。图 7-31 所示为图 7-28a 所示模型上表面涡流沿 x 方向与 y 方向的涡流分量 J_x 和 J_y。图 7-32 所示为图 7-28b 所示模型上表面涡流沿 x 方向与 y 方向的涡流分量 J_x 和 J_y。

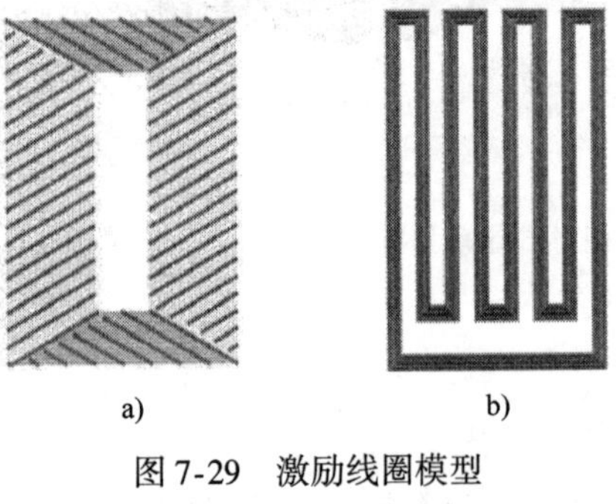

图 7-29 激励线圈模型

a）回形线圈 b）折线形线圈

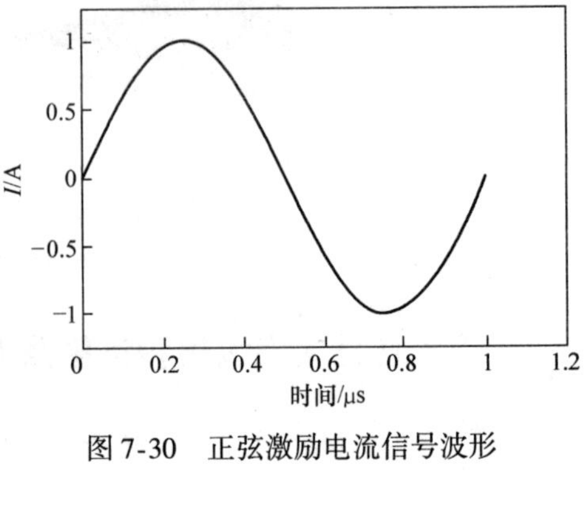

图 7-30 正弦激励电流信号波形

从图 7-31 可以看出，当激励线圈为回形线圈时，在导体试样表面产生一个方向相反的涡流波峰和波谷，y 方向的涡流大小在线圈下方基本不变。在电磁超声检测技术中，当在垂直方向施加偏置磁场时，回形线圈会在试样中产生横波和纵波。

由图 7-32 可知，当激励线圈采用折线形时，试样表面产生多个交错排列且方向相反的涡流波峰和波谷，通常用 EMAT 这样的线圈产生斜入射超声波或表面波。

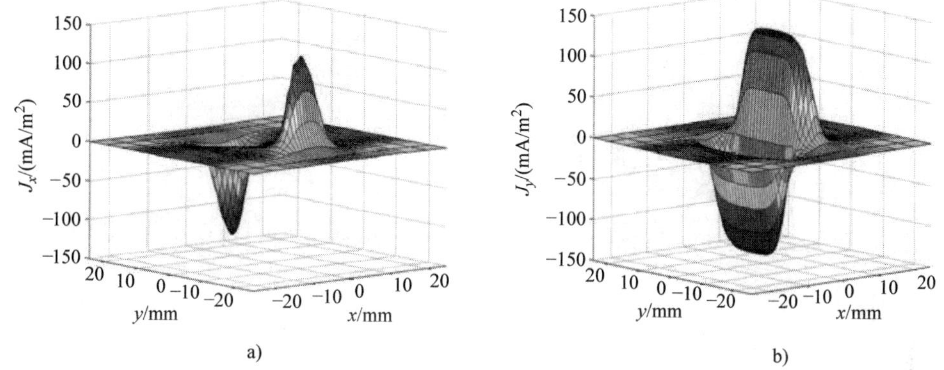

图 7-31 模型 1 上表面涡流分布

a）涡流分量 J_x b）涡流分量 J_y

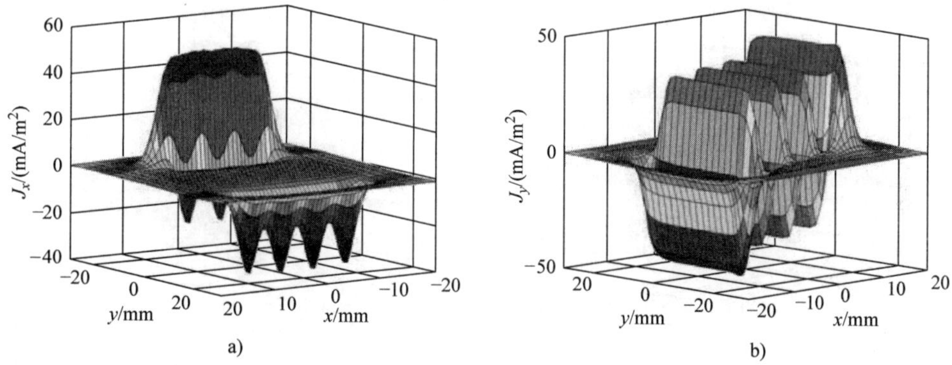

图 7-32 模型 2 上表面涡流分布

a）涡流分量 J_x b）涡流分量 J_y

为了考虑相对磁导率对涡流分布的影响，采用数值计算模型 1 分别计算相对磁导率为实际值 μ_r、相对磁导率为 500、700 三种情况下的涡流分布。图 7-33 所示结果显示三条线基本重合，即相对磁导率对涡流分布的影响较小，可以忽略。

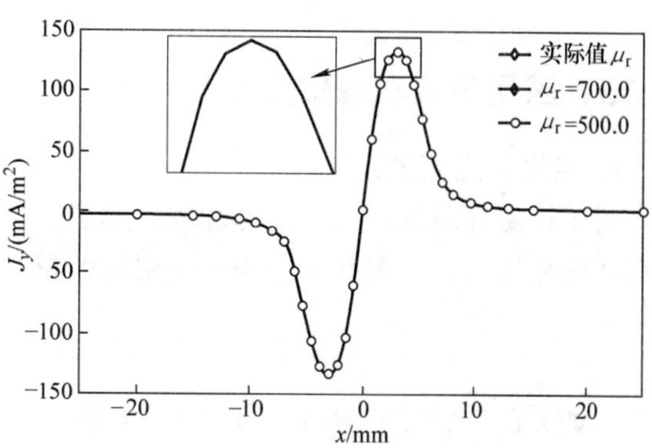

图 7-33 相对磁导率对涡流分布的影响

通过对涡流及外加磁场的分析可以发现，涡流计算模型中洛伦兹力的分布主要是沿 x 方向与 z 方向的分量 F_L^x 和

F_L^z。图 7-34 所示为涡流计算模型 1 上表面 x 方向与 z 方向的洛伦兹力分量 F_L^x 和 F_L^z。由图 7-34 可见，x 方向的洛伦兹力分量 F_L^x 比 z 方向的分量 F_L^z 大得多，在模型中主要产生横波。

图 7-35 所示为涡流计算模型 2 上表面 x 方向与 z 方向的洛伦兹力分量 F_L^x 和 F_L^z 的分布。由图可见，当激励线圈为折线形时，试样表面的洛伦兹力 F_L^x 交错排列且在线圈的最外边处最大；而洛伦兹力 F_L^z 只存在于线圈边缘下方，其他位置处洛伦兹力 F_L^z 较小。

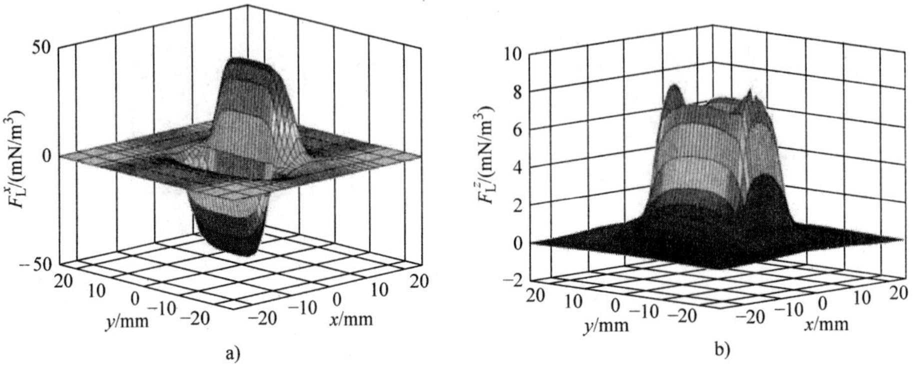

图 7-34 模型 1 上表面洛伦兹力分布

a）洛伦兹力分量 F_L^x b）洛伦兹力分量 F_L^z

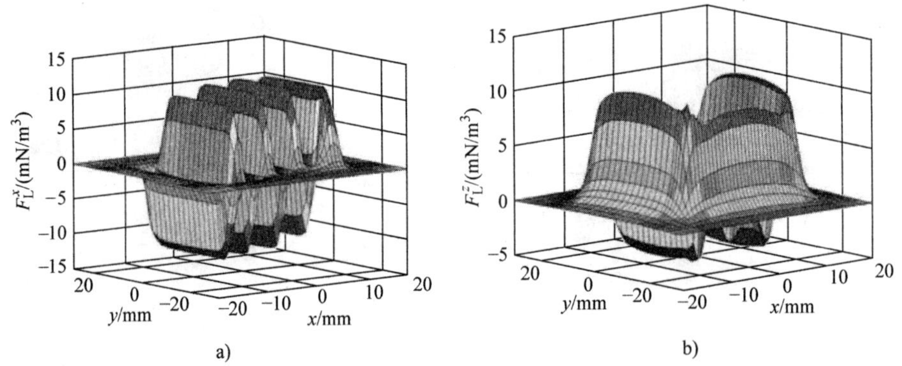

图 7-35 模型 2 上表面洛伦兹力分布

a）洛伦兹力分量 F_L^x b）洛伦兹力分量 F_L^z

7.3.3 磁化效应和磁致伸缩效应

1. 磁化效应及磁化体力

对于铁磁性材料而言，在外加较大偏置磁场的作用下，材料会被磁化，由此引发材料内部存在磁化体力。一般认为由于磁化引起的材料内部和表面的磁化力为

$$\boldsymbol{F} = \int_V \nabla(\boldsymbol{M} \cdot \boldsymbol{H})\mathrm{d}v + \frac{\mu_0}{2}\int_S \boldsymbol{n} \cdot M_n^2 \mathrm{d}s \tag{7-89}$$

式中，∇算子仅作用于 $\boldsymbol{H}$ 上；$\boldsymbol{n}$ 为材料表面的法向量；M_n 为表面磁化强度法向分量。式（7-89）中的第一项称为磁化体力，即磁化体力可表示为

$$F_M = \nabla H \cdot \mu_0 M \tag{7-90}$$

图 7-36 所示为数值计算模型 1 上表面磁化体力沿 x 方向与 z 方向的分量 F_M^x 和 F_M^z 分布。由图 7-36 可见，z 方向的磁化体力分量 F_M^z 比 x 方向的分量 F_M^x 大得多，可以抵消部分洛伦兹力沿 z 方向的分量，导致在数值计算中纵波所占比例减小。与洛伦兹力相比，磁化体力较小，对模型中的磁化体力分布影响非常小，可以忽略不计。

图 7-37a 和 b 所示分别为模型 2 上表面磁化体力沿 x 方向与 z 方向的分量 F_M^x 和 F_M^z 分布，由图 7-37 可见，与洛伦兹力相比，磁化体力较小，可以忽略不计。

综上所述，在铁磁性材料的电磁超声无损检测数值模拟中，材料内部的磁化体力与洛伦兹力相比非常小，一般可以忽略不计。

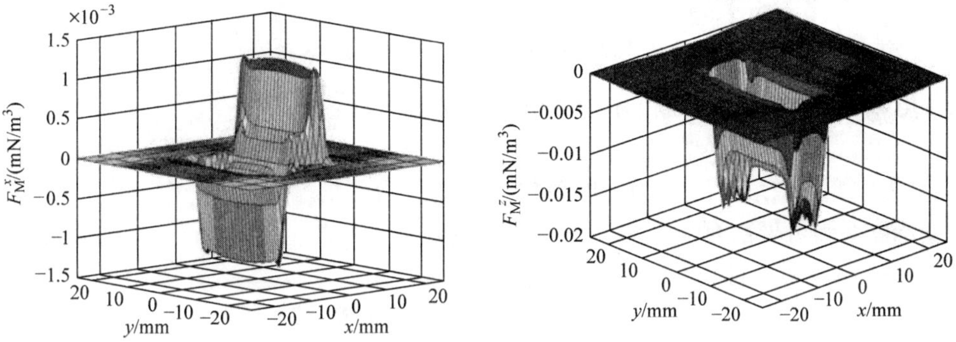

a)　　b)

图 7-36　模型 1 上表面磁化体力分布

a）磁化体力分量 F_M^x　b）磁化体力分量 F_M^z

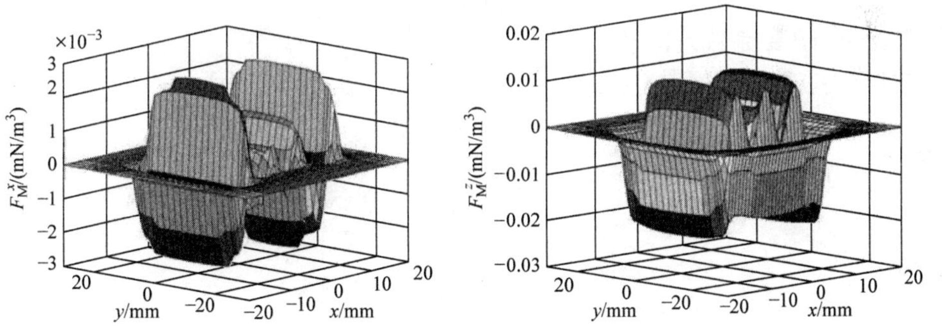

a)　　b)

图 7-37　模型 2 上表面磁化体力分布

a）磁化体力分量 F_M^x　b）磁化体力分量 F_M^z

2. 磁致伸缩效应

对于铁磁性材料而言，在外加磁场的作用下，铁磁性材料长度发生变化，其大小取决于外磁场的方向和强度，这种尺寸的改变称为磁致伸缩效应。同时磁致伸缩效应也存在逆效应，即对已极化的磁棒，它沿长度方向受到外力作用而产生变形时，棒内的磁场也会发生变化，称为 Villari 逆磁致伸缩效应。沿着磁场方向的磁致伸缩变形 ε_{MS} 是磁场强度 $\boldsymbol{H}$ 的函数，可以用磁致伸缩曲线表示，如图 7-38 所示。

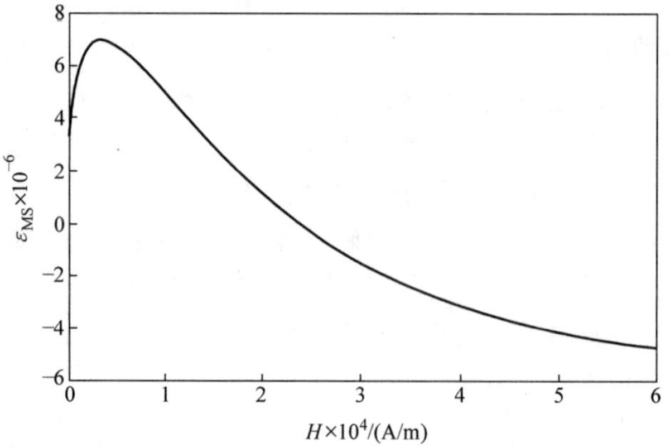

图 7-38 低碳钢磁致伸缩曲线

与压电方程类似，铁磁性材料磁致伸缩本构方程可以表示为

$$\varepsilon_I = d_{Ij}^{MS} H_j + C_{IJ}\sigma_J \quad (I,J=1,2,\cdots,6;j=x,y,z) \tag{7-91}$$

式中，d_{Ij}^{MS}为应变压磁系数；C_{IJ}为柔度系数；σ_J 为应力分量。

应变压磁系数可表示为

$$d_{Ij}^{MS} = \left.\frac{\partial \varepsilon_I}{\partial H_j}\right|_{\sigma} \tag{7-92}$$

在自由应力状态下，铁磁性材料在外加磁场的作用下会产生相应的变形，其大小为$\varepsilon_I = d_{Ij}^{MS}H_j$。应变会引起材料中的应力，且在恒定的外加磁场中 D_{KI}^{H}为刚度系数。如果外加磁场快速变化，应变来不及做相应的改变，那么材料中的应力场为 $-\sigma_K$，这就是磁致伸缩应力，即

$$\sigma_K^{MS} = -D_{KI}^{H} d_{Ij}^{MS} H_j = -e_{Kj}^{MS} H_j \tag{7-93}$$

式中，e_{Kj}^{MS}为应力压磁系数，且 $e_{Kj}^{MS} = D_{KI}^{H} d_{Ij}^{MS}$。

铁磁性材料在弹性范围内，应力、应变和磁场的关系可以表示为

$$\sigma_I = -e_{Ij}^{MS} H_j + D_{IJ}^{H}\varepsilon_J \tag{7-94}$$

磁致伸缩应力导致的体力可表示为

$$\begin{cases} f_x^{MS} = \dfrac{\partial \sigma_1^{MS}}{\partial x} + \dfrac{\partial \sigma_6^{MS}}{\partial y} + \dfrac{\partial \sigma_5^{MS}}{\partial z} \\ f_y^{MS} = \dfrac{\partial \sigma_6^{MS}}{\partial x} + \dfrac{\partial \sigma_2^{MS}}{\partial y} + \dfrac{\partial \sigma_4^{MS}}{\partial z} \\ f_z^{MS} = \dfrac{\partial \sigma_5^{MS}}{\partial x} + \dfrac{\partial \sigma_4^{MS}}{\partial y} + \dfrac{\partial \sigma_3^{MS}}{\partial z} \end{cases} \tag{7-95}$$

（1）偏置磁场垂直于试样表面的磁致伸缩体力计算　在自由应力空间的情况下，当外加偏置磁场（$\boldsymbol{H}_0 = H_{0z}\boldsymbol{k}$）垂直于试样表面时，沿着磁场方向的变形为 ε（H_{0z}），垂直于磁场方向的变形为 $-\varepsilon$（H_{0z}）/2。因此，由外加静态偏置磁场引起的与时间无关的应变场为

$$\begin{cases} S_3^0 = \varepsilon(H_{0z}) \\ S_1^0 = S_2^0 = -\varepsilon(H_{0z})/2 \\ S_4^0 = S_5^0 = S_6^0 = 0 \end{cases} \tag{7-96}$$

当施加沿 z 方向的动态磁场 H_z 时，应变场将发生改变，存在动态应变 S 与之相适应。与静态偏置磁场相比，动态磁场非常小，磁致伸缩应变可以表示为

$$\begin{cases} S_3 = \left(\dfrac{\partial S_3}{\partial H_z}\right) H_z \\ S_1 = S_2 = -\dfrac{1}{2}\left(\dfrac{\partial S_3}{\partial H_z}\right) H_z \\ S_4 = S_5 = S_6 = 0 \end{cases} \tag{7-97}$$

因此，在 z 方向施加动态磁场时，其压磁系数为

$$\begin{cases} d_{33}^{\mathrm{MS}} = \left(\dfrac{\partial S_3}{\partial H_z}\right)\bigg|_{\sigma} = \gamma, d_{13}^{\mathrm{MS}} = d_{23}^{\mathrm{MS}} = -\dfrac{1}{2}\gamma \\ d_{43}^{\mathrm{MS}} = d_{53}^{\mathrm{MS}} = d_{63}^{\mathrm{MS}} = 0 \end{cases} \tag{7-98}$$

式中，γ 表示磁致伸缩曲线的在相应点的斜率。

当沿 x 方向施加动态磁场 H_x 时，总磁场 H_{t} 将会发生偏转，其转角为 θ，如图 7-39a 所示。因此，沿着总磁场方向和垂直于总磁场方向存在动态应变，其大小为

$$\begin{cases} S_3' = \varepsilon(H_{\mathrm{t}}) = \varepsilon_{\mathrm{t}}, S_1' = S_2' = -\dfrac{1}{2}\varepsilon_{\mathrm{t}} \\ S_4' = S_5' = S_6' = 0 \end{cases} \tag{7-99}$$

式中，ε_{t} 为沿总磁场 H_{t} 方向的磁致伸缩应变，在 x'-y'-z'坐标系中剪应变为零。

根据坐标系的转换关系，磁致伸缩应变在初始坐标系中可表示为

$$\begin{cases} S_1 = S_1'\cos^2\theta + S_3'\sin^2\theta \\ S_2 = S_2' \\ S_3 = S_3'\cos^2\theta + S_1'\sin^2\theta \\ S_5 = (S_3' - S_1')\sin 2\theta = \dfrac{3}{2}\varepsilon_{\mathrm{t}}\sin 2\theta \end{cases} \tag{7-100}$$

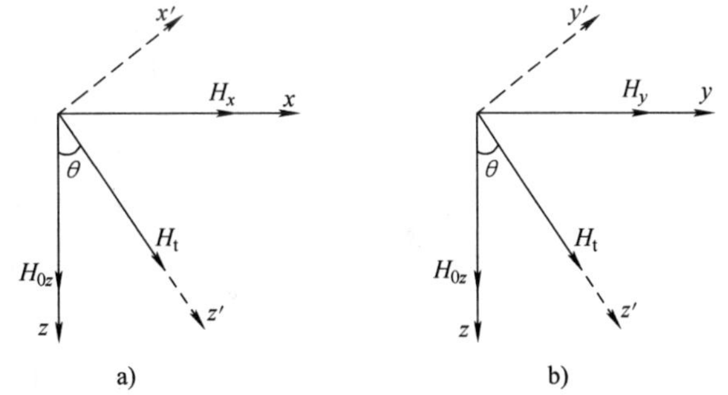

图 7-39　总磁场绕静态磁场转动方向

a）左　b）右

由于 S_4 和 S_6 为零，所以 $d_{41}^{\mathrm{MS}} = d_{61}^{\mathrm{MS}} = 0$，其余分量可以由式（7-101）得到：

$$\begin{cases} d_{11}^{\mathrm{MS}} = \left(\dfrac{\partial S_1}{\partial H_x}\right)\bigg|_{\sigma} = \dfrac{3\varepsilon_t}{H_{0z}}\cos^3\theta\sin\theta + \gamma'\sin\theta\left(-\dfrac{1}{2}\cos^2\theta + \sin^2\theta\right) \\ d_{21}^{\mathrm{MS}} = \left(\dfrac{\partial S_2}{\partial H_{\mathrm{t}}} \cdot \dfrac{\partial H_{\mathrm{t}}}{\partial H_x}\right) = -\dfrac{1}{2}\gamma'\sin\theta \\ d_{31}^{\mathrm{MS}} = \left(\dfrac{\partial S_3}{\partial H_x}\right)\bigg|_{\sigma} = -\dfrac{3\varepsilon_{\mathrm{t}}}{H_{0z}}\cos^3\theta\sin\theta + \gamma'\sin\theta\left(-\dfrac{1}{2}\sin^2\theta + \cos^2\theta\right) \\ d_{51}^{\mathrm{MS}} = \dfrac{3\gamma'}{2}\sin 2\theta\sin\theta + \dfrac{3\varepsilon_{\mathrm{t}}}{H_{0z}}\cos^2\theta\cos 2\theta \end{cases} \tag{7-101}$$

式中，θ 为转动角，且 $\tan\theta = H_x/H_{0z}$；γ'为磁致伸缩曲线斜率，且 $\gamma' = \partial S_3'/\partial H_{\mathrm{t}}$。

同理，当沿 y 方向施加动态磁场 H_y 时，如图 7-39b 所示，磁致伸缩应变在初始坐标系可以表示为

$$\begin{cases} S_2 = S_2'\cos^2\theta + S_3'\sin^2\theta \\ S_1 = S_1' \\ S_3 = S_3'\cos^2\theta + S_2'\sin^2\theta \\ S_4 = (S_3' - S_2')\sin 2\theta = \dfrac{3}{2}\varepsilon_t \sin 2\theta \end{cases} \tag{7-102}$$

由于 S_5 和 S_6 为零，所以 $d_{52}^{\mathrm{MS}} = d_{62}^{\mathrm{MS}} = 0$，其余分量可以由式（7-103）得到：

$$\begin{cases} d_{22}^{\mathrm{MS}} = \left(\dfrac{\partial S_2}{\partial H_y}\right)\bigg|_\sigma = \dfrac{3\varepsilon_t}{H_{0z}}\cos^3\theta\sin\theta + \gamma'\sin\theta\left(-\dfrac{1}{2}\cos^2\theta + \sin^2\theta\right) \\ d_{12}^{\mathrm{MS}} = \left(\dfrac{\partial S_1}{\partial H_t}\cdot\dfrac{\partial H_t}{\partial H_y}\right) = -\dfrac{1}{2}\gamma'\sin\theta \\ d_{32}^{\mathrm{MS}} = \left(\dfrac{\partial S_3}{\partial H_y}\right)\bigg|_\sigma = -\dfrac{3\varepsilon_t}{H_{0z}}\cos^3\theta\sin\theta + \gamma'\sin\theta\left(-\dfrac{1}{2}\sin^2\theta + \cos^2\theta\right) \\ d_{42}^{\mathrm{MS}} = \dfrac{3\gamma'}{2}\sin 2\theta\sin\theta + \dfrac{3\varepsilon_t}{H_{0z}}\cos^2\theta\cos 2\theta \end{cases} \tag{7-103}$$

综上所述，由式（7-98）、式（7-101）和式（7-103）可得

$$\boldsymbol{d}_{Kj}^{\mathrm{MS}} = \begin{pmatrix} d_{11} & d_{12} & d_{13} \\ d_{21} & d_{22} & d_{23} \\ d_{31} & d_{32} & d_{33} \\ 0 & d_{42} & 0 \\ d_{51} & 0 & 0 \\ 0 & 0 & 0 \end{pmatrix} \tag{7-104}$$

又由于 EMAT 静态偏置磁场较大，且 H_{0z}远远大于 H_x 和 H_y，式（7-104）可简化为

$$\boldsymbol{d}_{Kj}^{\mathrm{MS}} = \begin{pmatrix} 0 & 0 & -\dfrac{\gamma}{2} \\ 0 & 0 & -\dfrac{\gamma}{2} \\ 0 & 0 & \gamma \\ 0 & \dfrac{3\varepsilon_t}{H_{0z}} & 0 \\ \dfrac{3\varepsilon_t}{H_{0z}} & 0 & 0 \\ 0 & 0 & 0 \end{pmatrix} \tag{7-105}$$

根据磁致伸缩体力计算公式可得

$$\begin{cases} F_x^{\mathrm{MS}} = -\dfrac{3G\varepsilon_{\mathrm{t}}}{H_{0z}}\dfrac{\partial H_x}{\partial z} + G\gamma\dfrac{\partial H_z}{\partial x} \\ F_y^{\mathrm{MS}} = -\dfrac{3G\varepsilon_{\mathrm{t}}}{H_{0z}}\dfrac{\partial H_y}{\partial z} + G\gamma\dfrac{\partial H_z}{\partial y} \\ F_z^{\mathrm{MS}} = -\dfrac{3G\varepsilon_{\mathrm{t}}}{H_{0z}}\dfrac{\partial H_x}{\partial x} - \dfrac{3G\varepsilon_t}{H_{0z}}\dfrac{\partial H_y}{\partial y} - 2G\gamma\dfrac{\partial H_z}{\partial z} \end{cases} \tag{7-106}$$

(2) 偏置磁场平行于试样表面的磁致伸缩体力计算　在自由应力空间的情况下，当外加偏置磁场平行于试样表面时（本文以 y 方向外加偏置磁场 $\boldsymbol{H}_0 = H_{0y}\boldsymbol{j}$ 为例），同时在空间中存在交变磁场，由此引起铁磁性材料发生形状改变，存在磁致伸缩应力。其推导过程与偏置磁场垂直情况相同，可得其压磁系数为

$$\boldsymbol{d}_{Kj}^{\mathrm{MS}} = \begin{pmatrix} d_{11} & d_{12} & d_{13} \\ d_{21} & d_{22} & d_{23} \\ d_{31} & d_{32} & d_{33} \\ 0 & 0 & d_{43} \\ 0 & 0 & 0 \\ d_{61} & 0 & 0 \end{pmatrix} \tag{7-107}$$

由于在 EMAT 中，静态偏置磁场较大，H_{0y} 远远大于 H_x 和 H_z，式（7-107）可简化为

$$\boldsymbol{d}_{Kj}^{\mathrm{MS}} = \begin{pmatrix} 0 & -\dfrac{\gamma}{2} & 0 \\ 0 & \gamma & 0 \\ 0 & -\dfrac{\gamma}{2} & 0 \\ 0 & 0 & \dfrac{3\varepsilon_{\mathrm{t}}}{H_{0y}} \\ 0 & 0 & 0 \\ \dfrac{3\varepsilon_{\mathrm{t}}}{H_{0y}} & 0 & 0 \end{pmatrix} \tag{7-108}$$

根据磁致伸缩体力计算公式可得

$$\begin{cases} F_x^{\mathrm{MS}} = -\dfrac{3G\varepsilon_{\mathrm{t}}}{H_{0y}}\dfrac{\partial H_y}{\partial x} + G\gamma\dfrac{\partial H_x}{\partial y} \\ F_y^{\mathrm{MS}} = -\dfrac{3G\varepsilon_{\mathrm{t}}}{H_{0z}}\dfrac{\partial H_x}{\partial x} - \dfrac{3G\varepsilon_{\mathrm{t}}}{H_{0z}}\dfrac{\partial H_z}{\partial z} - 2G\gamma\dfrac{\partial H_y}{\partial y} \\ F_z^{\mathrm{MS}} = -\dfrac{3G\varepsilon_{\mathrm{t}}}{H_{0z}}\dfrac{\partial H_z}{\partial y} + G\gamma\dfrac{\partial H_y}{\partial z} \end{cases} \tag{7-109}$$

图 7-40a 和 b 所示分别为模型 1 上表面磁致伸缩体力沿 x 方向与 z 方向分量 F_{MS}^x 和 F_{MS}^z 的分布。由图 7-40 可知，磁致伸缩体力沿 x 方向的分量 F_{MS}^x 比沿 z 方向的分量 F_{MS}^z 大得多，主要用于产生横波。图 7-41 所示为模型 1 上表面 $y=0$ 轴线上洛伦兹力 F_{L}^x 和磁致伸缩体力 F_{MS}^x 比较。由图 7-41 可知，磁致伸缩体力比洛伦兹力大一个数量级，在铁磁性材料电磁超声

检测中起主导作用（注意图中左端标度为洛伦兹力，右端标度为磁致伸缩体力）。

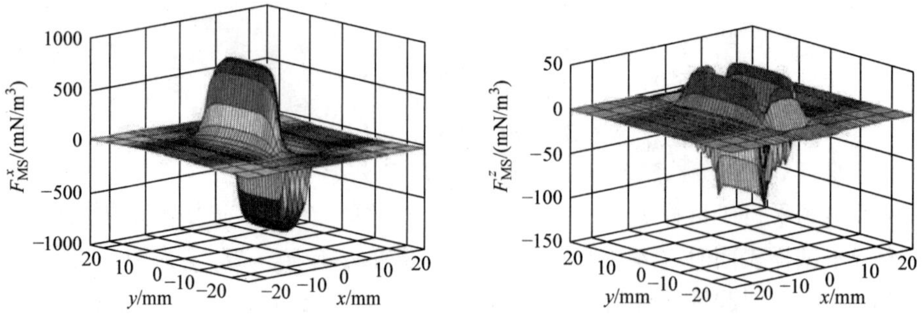

a)　　b)

图 7-40　模型 1 上表面磁致伸缩体力分布

a）磁致伸缩体力分量 F_{MS}^{x}　b）磁致伸缩体力分量 F_{MS}^{z}

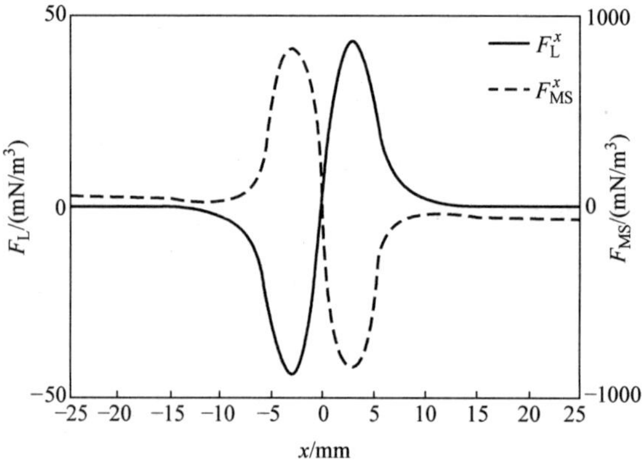

图 7-41　模型 1 上表面 $y=0$ 轴线上 F_L^x 和 F_{MS}^x 比较

图 7-42a 和 b 所示分别为模型 2 上表面磁致伸缩体力沿 x 方向与 z 方向分量 F_{MS}^x 和 F_{MS}^z 的分布。由图 7-42 可知，磁致伸缩体力分量 F_{MS}^x 比 F_{MS}^z 大得多，通常这样的探头用来产生斜入射横波。图 7-43 给出了模型 2 上表面 $y=0$ 轴线上洛伦兹力 F_L^x 和磁致伸缩体力 F_{MS}^x 比较。由图 7-43 可知，这时的磁致伸缩体力同样比洛伦兹力大一个数量级。

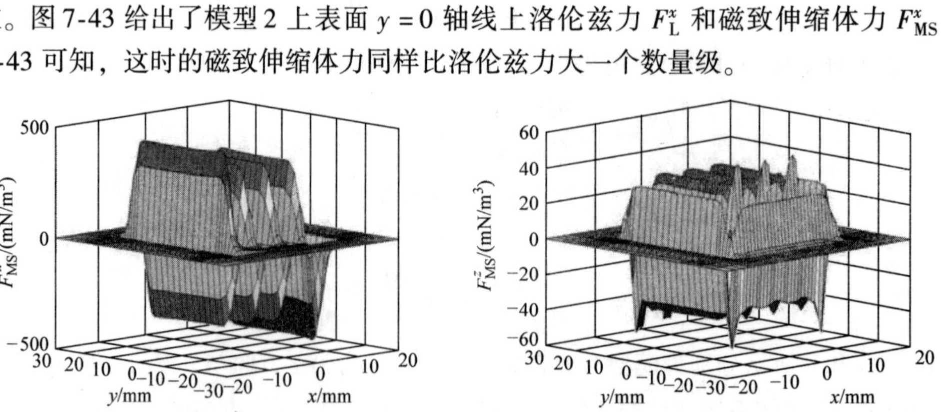

a)　　b)

图 7-42　模型 2 上表面磁致伸缩体力分布

a）磁致伸缩体力分量 F_{MS}^{x}　b）磁致伸缩体力分量 F_{MS}^{z}

7.3.4　电磁超声检测信号数值计算方法

在电磁超声无损检测的数值模拟中，信号的检出也是至关重要的。通过对检出信号的分析可以更加清楚地了解超声波的传播，同时可以通过数值模拟结果与实验结果进行对比，进一步验证数值模拟的正确性。

在超声波传播过程中，导体会切割磁感线，导体内部会产生动生电场 $\boldsymbol{E}$，可表示为

$$\boldsymbol{E} = \boldsymbol{v} \times \boldsymbol{B} \tag{7-110}$$

式中，$\boldsymbol{v}$ 和 $\boldsymbol{B}$ 分别为速度和磁感应强度。

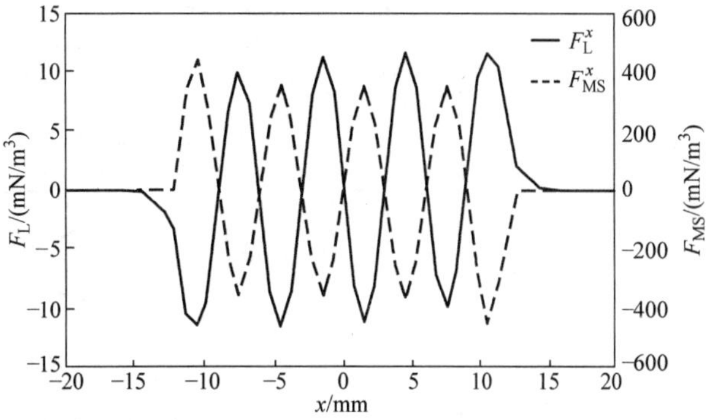

图 7-43　模型 2 上表面 $y=0$ 轴线上 F_L^x 和 F_{MS}^x 比较

导体内部的动生电流密度为

$$\boldsymbol{J} = \sigma \boldsymbol{v} \times \boldsymbol{B} \tag{7-111}$$

根据聂以曼公式可得到检出线圈内的感应磁通为

$$\Phi = \frac{\mu_0}{4\pi}\int_{coil}\int_{\Omega_c} \frac{\sigma}{R}\boldsymbol{v} \times \boldsymbol{B}\mathrm{d}V \cdot \mathrm{d}\boldsymbol{l} \tag{7-112}$$

根据法拉第电磁感应定律可得检出线圈的感应电压 V 为

$$V = -\frac{\mathrm{d}\Phi}{\mathrm{d}t} \approx \frac{\Phi(t-\Delta t) - \Phi(t)}{\Delta t} \tag{7-113}$$

7.3.5　铁磁性材料电磁超声检测二维有限元数值模拟算例

1. 数值计算程序及模型

根据电磁超声检测的基本原理，对于铁磁性导体试样，不仅存在洛伦兹力，而且存在磁化体力和磁致伸缩体力。由于磁化体力较小，可以忽略不计。因此，只需考虑洛伦兹力和磁致伸缩体力作用下的超声波数值模拟。图 7-44 所示为基于磁致伸缩效应的电磁超声数值计算流程。根据前面介绍的两种模型中涡流分布情况可知，洛伦兹力和磁致伸缩体力主要是 x 方向分量起作用，且 F_L^x 和 F_{MS}^x 在 y 方向上基本保持不变。所以可采用 $y=0$ 中心截面代替三维模型中超声场的数值模拟。

图 7-45 所示为横波垂直入射二维模型，它由一个提供垂直磁场的永磁体、一个用于激发和接收涡流信号的回形线圈和一个导体试样组成。模型中线圈的尺寸为：长 30mm，宽 10mm，导线间距 0.17mm，线圈匝数 40。图 7-46 所示为横波斜入射二维模型，它由一个提供垂直磁场的永磁体、一个用于激发和接收涡流信号的折线形线圈和一个导体试样组成。模型中线圈的尺寸为：长 35mm，导线间距为 3mm，线圈匝数 20。两模型中导体试样均为 Q235 碳素钢板，试样尺寸为 150mm × 150mm × 20mm，弹性模量 $E = 2.12 \times 10^{11}\mathrm{N/m^2}$，泊松比 $\sigma = 0.288$，密度 $\rho = 7.86 \times 10^3\mathrm{kg/m^3}$，线圈中的激励电流的频率 $f = 1.0\mathrm{MHz}$，电流大小 $I = 1.0\mathrm{A}$。

2. 数值计算结果及验证

根据前面所述的计算模型，分别计算试样中由于洛伦兹力和磁致伸缩体力共同作用下的

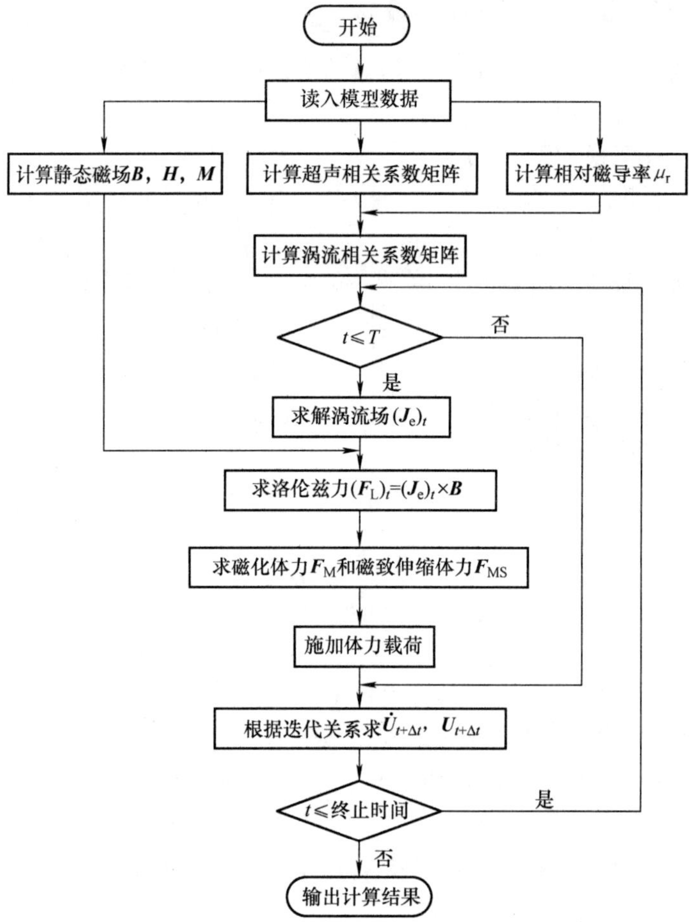

图 7-44 基于磁致伸缩效应的电磁超声数值计算流程

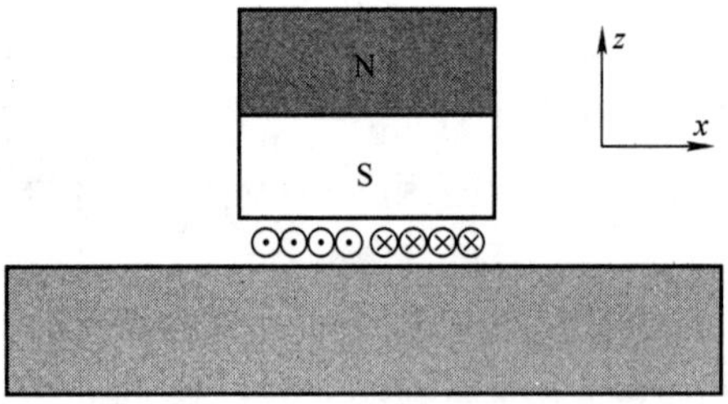

图 7-45 横波垂直入射二维模型

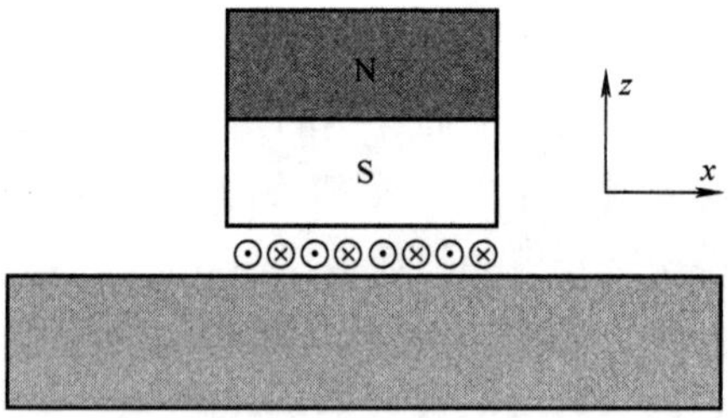

图 7-46 横波斜入射二维模型

超声波传播。图 7-47 所示为模型中同时考虑洛伦兹力和磁致伸缩体力情况下超声波在两个代表时刻的波场。可以看出，试样中除有少量的纵波和表面波外，超声波的能量主要集中于横波，并沿 z 方向传播。图 7-48 所示为垂直入射模型的检出信号波形，同样可以看出，与横波回波信号相比，纵波回波信号很小。

为进一步研究磁致伸缩效应对铁磁性材料电磁超声检测的影响，计算只考虑洛伦兹力不考虑磁致伸缩体力条件下的信号，所得结果波形如图 7-49 所示。由图 7-49 可以看出，当只考虑洛伦兹力时，超声波的回波信号减弱，检测信号的幅值明显减小，但检测信号同样存在纵波信号以及由于波形转换而出现的横波信号。由此可见，磁致伸缩效应对铁磁性材料的电磁超声无损检测影响较大，即对于铁磁性材料电磁超声而言，磁致伸缩效应起主导作用。

图 7-50 所示为图 7-46 所示斜入射模型超声场的分布结果。由图 7-50 可见，斜入射模型中，超声波的能量主要集中于横波，且横波在介质中以一定的角度传播。

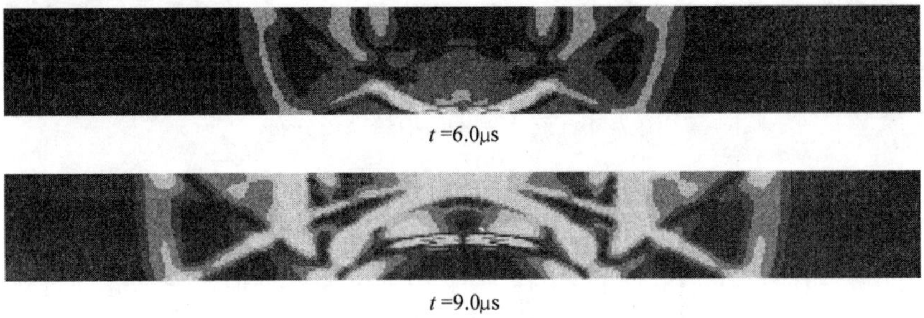

图 7-47 垂直入射模型中超声场分布

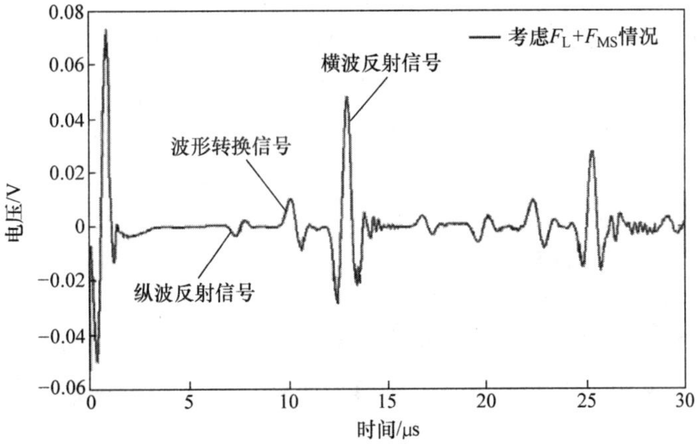

图 7-48 垂直入射模型的检出信号波形

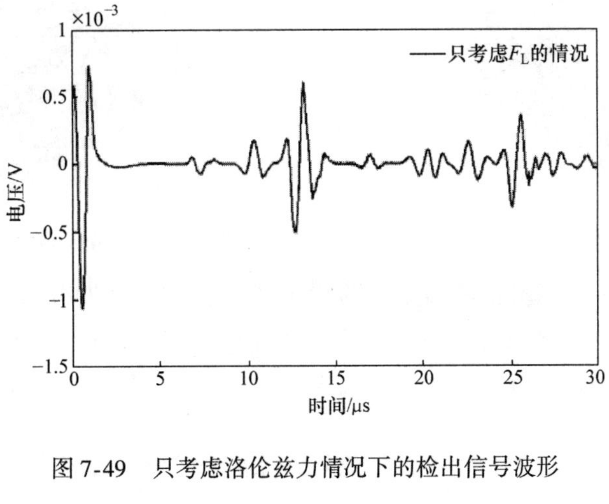

图 7-49 只考虑洛伦兹力情况下的检出信号波形

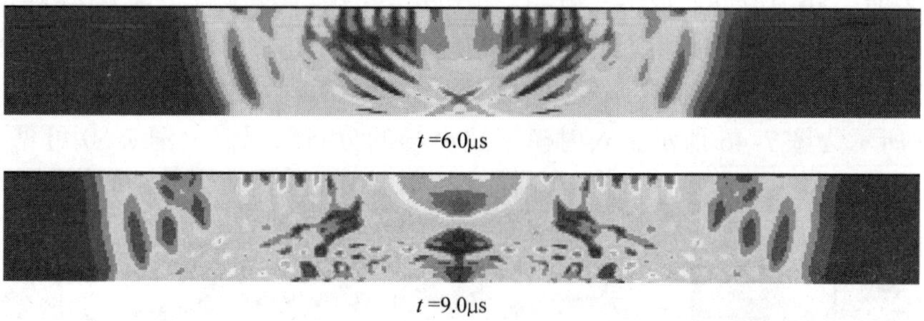

图 7-50　斜入射模型中超声场分布

7.3.6　铁磁性材料电磁超声三维有限元数值模拟算例

由于二维电磁超声存在一定程度上的近似，为了更加准确地研究铁磁性材料电磁性超声无损检测，对电磁超声进行三维数值模拟是必要的。基于第 2 章中介绍的超声波三维有限元数值计算理论，结合磁场计算和涡流数值计算的基本理论，开发了三维铁磁性材料电磁超声数值模拟程序。三维超声场的单元储存量较大，但普通计算机难以计算较大的超声模型，通常只能计算较小的模型。图 7-51 所示为横波垂直入射计算模型，模型中导体试样为 Q235 碳素钢板，试样为尺寸 35mm × 35mm × 10mm 的平板，永磁体的尺寸为 20mm × 30mm × 25mm，模型中激励线圈长为 26mm，宽为 7.5mm，匝数为 20，提离为 0.5mm，激励频率 $f=1.0\mathrm{MHz}$，电流大小 $I=1.0\mathrm{A}$。

图 7-52 所示为图 7-51 所示数值计算模型在 $t=0.5\mu s$ 时刻的超声场分布。由图可见，超声波主要沿 x 方向传播。图 7-53 所示为图 7-51 所示模型在 y 方向中心截面上不同时刻的超声场分布。由图 7-53 可以看出，超声波主要沿 x 方向传播，而沿 y 方向传播的超声波比较小，并且沿 x 方向传播的超声波在激励线圈下方基本保持一致。从中可以看出，截面上的超声波与二维计算结果类似，因此采用二维模型来代替三维模型来计算超声波的传播是合理、有效的。

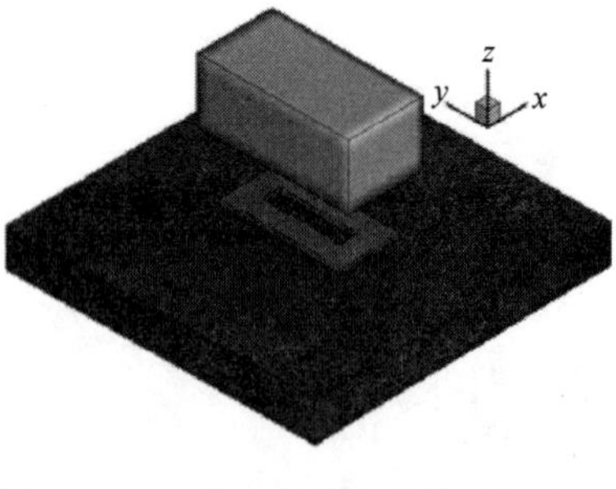

图 7-51　三维电磁超声数值计算模型

图 7-52　三维电磁超声垂直入射模型声场分布

图 7-54 所示为图 7-51 所示模型中的检出电压信号随时间的分布。由图 7-54 可见，超声波在传播过程中遇到缺陷或界面会发生波的反射和波的模式转换，同时通过底面回波的反射信号可以计算出超声波在介质中的传播速度，通过与理论值相比可以初步验证数值模拟程序的正确性。

表 7-4 为根据三维数值模拟程序检出信号计算得到的超声波波速与其理论值的比较，数

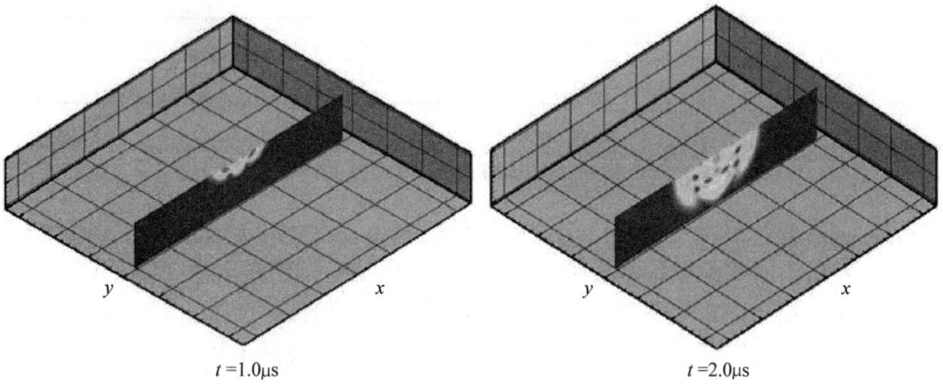

图 7-53　不同时刻模型中心截面超声场分布

值计算结果和理论值基本一致，数值计算结果准确有效。图 7-55 所示为图 7-51 所示模型中只考虑洛伦兹力时检出电压信号随时间的分布。对图 7-54 和图 7-55 比较可知，如果不考虑磁致伸缩效应，检出信号的幅值会明显下降。

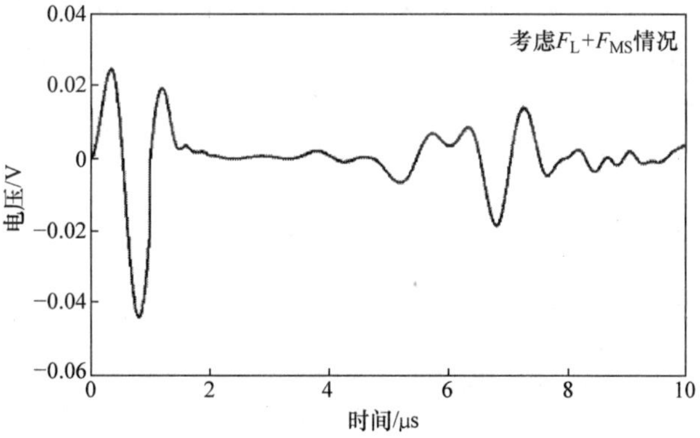

图 7-54　检测电压信号波形

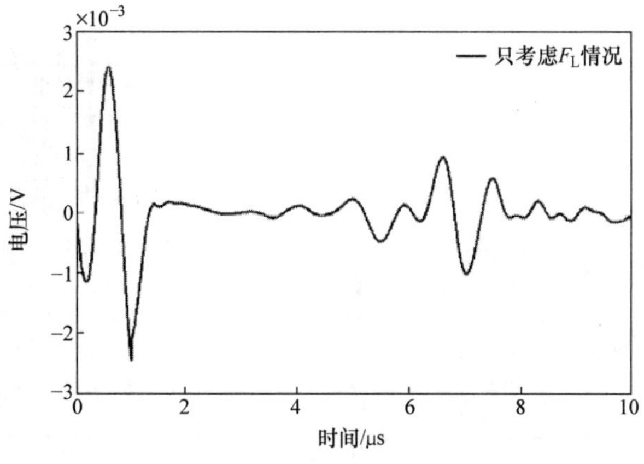

图 7-55　只考虑洛伦兹力时检测电压信号波形

表 7-4 数值计算结果与理论值比较

项目	计算值/(m/s)	理论值/(m/s)	相对误差(%)
横波波速	3278.7	3235.8	1.3

7.3.7 铁磁性材料电磁超声检测数值模拟程序的实验验证

本小节介绍铁磁性材料电磁超声检测数值模拟方法和程序的实验验证。基本思想为：采用厚20mm碳素钢板的实验结果和数值模拟结果作为标准，通过使数值模拟结果的第一次回波信号峰值和实验结果的第一次回波信号峰值相等来求取检测探头的标定系数。然后对其他厚度的碳素钢板检测信号利用探头标定系数进行标定后与相应数值模拟结果进行比较，验证正确性。数值计算模型如图7-45所示，模型中试样为Q235碳素钢板，两块平板的边长和厚度分别为160mm×20mm和160mm×15mm。

通过对厚度20mm的钢板进行实验和计算，获得的标定系数为4.54。对20mm板检测信号标定后与模拟计算信号的比较如图7-56所示。可以看出，标定采用的一次回波信号完全重合，且二次回波的信号与也基本吻合，说明超声波的衰减一致，是模拟方法和程序正确性的一个有力佐证。从图7-56中的数值模拟信号可以看出，在底面回波信号前有一个位置相对固定的信号显示，该信号应为纵波在底面发生反射时，由于波形转换而引起的一部分横波转化为纵波信号。

在保持电磁超声检测参数及提离一致的情况下，对厚15mm的Q235碳素钢板进行了同样的检测实验和数值模拟。图7-57所示为数值模拟结果与标定后实验结果的比较。由图7-57可以看出，数值模拟结果和实验结果回波信号基本吻合一致，而且信号衰减也基本一致，从而验证了数值模拟方法和程序的正确性。

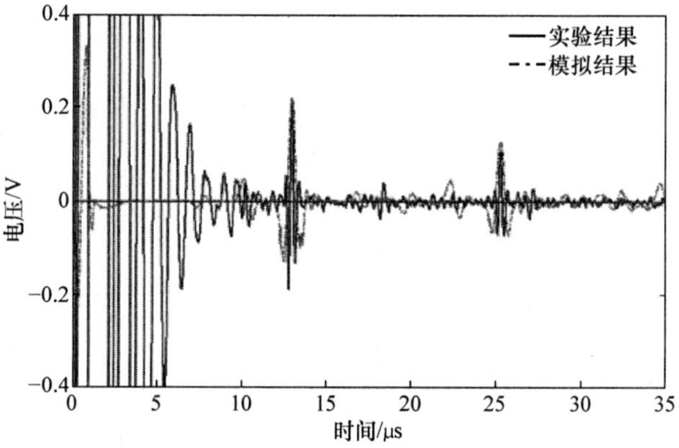

图7-56 实验结果对数值模拟结果进行标定

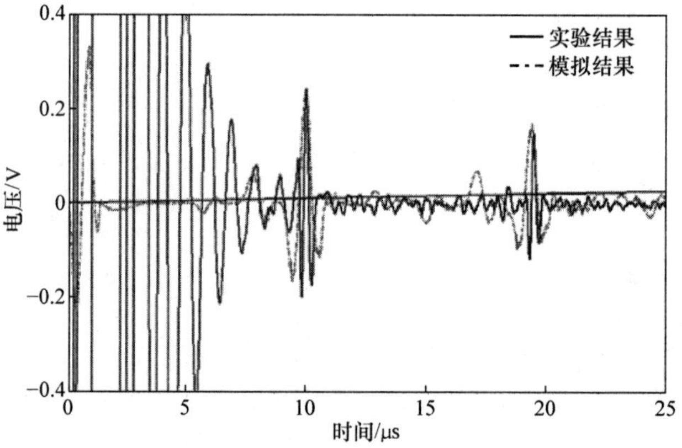

图7-57 数值模拟结果与标定后实验结果比较（15mm厚）

第 8 章　电磁无损检测数值模拟典型应用

本章摘要

本章给出几个应用电磁无损检测数值模拟方法进行探头优化、检测性能评定、检测机理分析等的典型应用实例。首先介绍利用数值模拟方法评价涡流检测对于金属夹芯板适用性的相关研究，其次介绍电磁超声对热障涂层检测的性能评价，然后分别介绍涡流探头在核电站换热管检测中的性能比较评价、飞机蒙皮涡流检测数值模拟和碳纤维复合材料分层缺陷的涡流检测数值模拟问题。

8.1　金属夹芯板焊接部位缺陷涡流检测信号数值模拟

基于数值模拟方法，本节给出涡流检测方法应用于夹芯板焊接部位缺陷检测有效性的研究过程和典型结果。采用的数值模拟方法为有限元-边界元混合法，对夹芯波纹板和点阵桁架夹芯板焊接部位涡流检测分别进行了建模和数值计算，考虑了裂纹和焊部特征对涡流检测信号的影响，分析了基于多频演算的涡流检测在夹芯板焊部裂纹检测中的有效性。

8.1.1　夹芯板数值计算模型

1. 夹心波纹板涡流检测计算模型

图 8-1 所示为夹芯波纹板的涡流检测数值计算模型。夹芯波纹板由表层面板和中间折页状夹层焊接而成，因焊接缺陷和裂纹主要出现在焊接部位，焊缝噪声的干扰使焊接部位缺陷检测困难。由于夹芯板面板一般不厚，焊接部位的缺陷检测可采用涡流检测方法。基于波纹板的结构特征，涡流检测探头无法插入其内部，只能在面板外表面进行检测。由于涡流的趋肤效应，只有和面板相连的波纹板部位及焊接部位会对涡流检测信号产生影响，因此可将波纹板简化成图 8-1 中右图所示的焊带计算模型，并通过改变焊带宽度和厚度模拟焊缝形状不规则的影响。裂纹则近似为沿着焊带边缘的电导率为零的窄槽，主要考虑焊缝附近应力集中导致的疲劳裂纹。本节针对这一问题，采用数值模拟方法研究涡流检测对于夹芯板焊接部位检测的有效性。不失一般性，设定表层面板为 3mm 厚非磁性奥氏体 304 不锈钢板，其电导率 $\sigma_0 = 1.4\mathrm{MS/m}$。因焊接高温可能影响材料电导率，焊带电导率取 $\sigma_w = 1\mathrm{MS/m}$。为忽略检

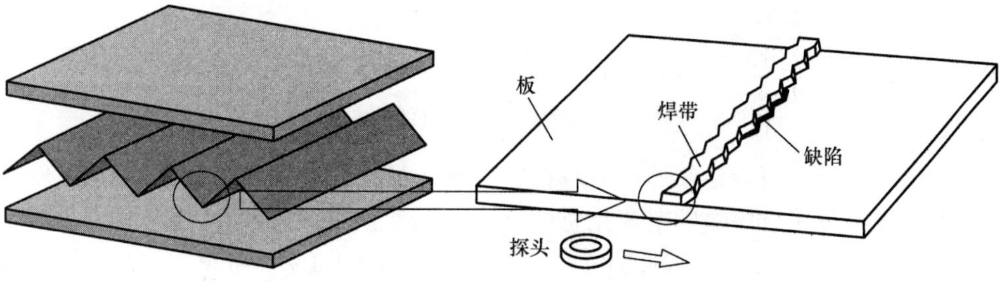

图 8-1　夹芯波纹板的涡流检测数值计算模型

测对象边界对检测信号的影响，平板和焊接部位尺寸分别设为 100mm × 100mm × 3mm 和 100mm × 5mm × 2mm，而裂纹尺寸则取为 10mm 长、1mm 深和 0.2mm 宽。对于疲劳裂纹，由于其内部的电导率基本为零，裂纹宽度对信号的影响不大。

2. 点阵桁架结构数值计算模型

对于图 8-2 中左图所示焊接部位为点状的点阵桁架夹芯板，基于同样思路可简化为右图所示数值计算模型，即将桁架杆及焊接部位等效为一个小六面体，而裂纹则设在焊点根部。计算中焊点模型尺寸取为 5mm × 5mm × 2mm，裂纹尺寸取为 5mm × 0.2mm × 1mm，在表层外侧沿裂纹垂直方向进行检测。

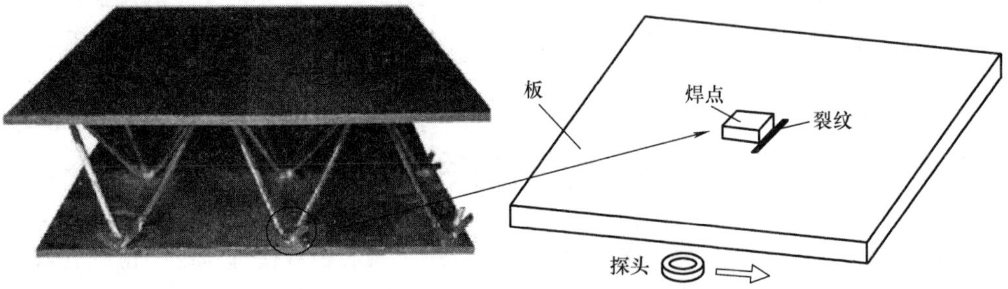

图 8-2 点阵桁架结构的数值计算模型

3. 裂纹倾斜角度和焊区磁导率对裂纹 ECT 信号模拟的影响

夹芯板在服役过程中的主要损伤形式之一是表层和芯层之间的焊接部位产生疲劳裂纹。一般裂纹倾斜角度对涡流检测信号影响不大，故在数值模拟中可假设裂纹与平板表面垂直。图 8-3 给出了深度为 1mm 的外表面裂纹随倾斜角度变化时其涡流信号的阻抗平面图计算结果，从中可见涡流信号幅值和相位几乎不受裂纹倾斜角度变化的影响，认定裂纹与面板垂直对计算结果并无大的影响。

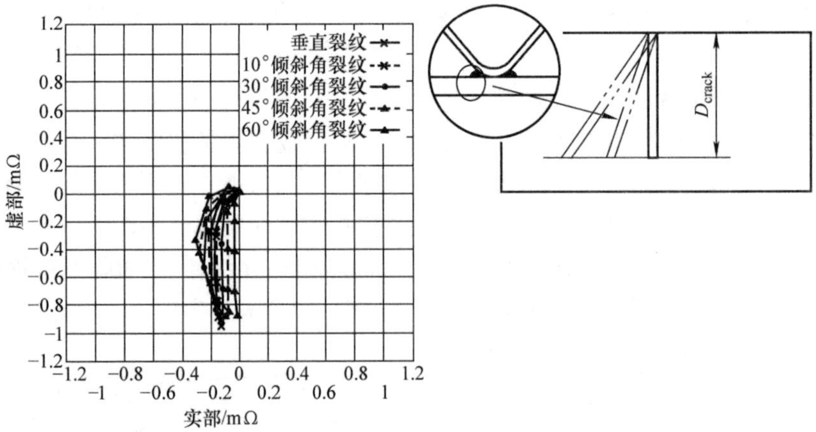

图 8-3 裂纹倾斜角度对涡流信号的影响（150kHz）

由于焊接时的高温可能导致焊接区域材料磁导率发生变化，为考察其对裂纹 ECT 检测信号的影响，计算焊接区域磁导率变化时同样大小裂纹的 ECT 信号，计算结果如图 8-4 所示。焊接区域磁导率变化 5%，裂纹 ECT 信号的变化小于 0.4%。可见裂纹附近材料磁导率的较小变化对裂纹 ECT 信号的影响不大，故焊接区域的磁导率可采用和母材相同的数值，即空气磁导率。

8.1.2　噪声与缺陷信号特征计算

1. 焊部噪声的信号特征及其对检测信号的影响

焊缝（点）相应的涡流检测信号，即噪声信号的特征和焊接方法及工艺相关。一方面，焊缝（点）的尺寸和形状的不规律变化会导致噪声信号相位和幅值在一定范围内的随机变化。另一方面，由于噪声信号的大小及形状常常和裂纹信号接近甚至更大，且具有不确定性，故无法通过信号幅值和相位直接进行区分，通常的噪声滤波等方法对此并不适用。但是，由于噪声和裂纹信号在波形、相位特性等方面存在差异，常常可通过多个频率信号的线性变换和演算来提高信噪比。

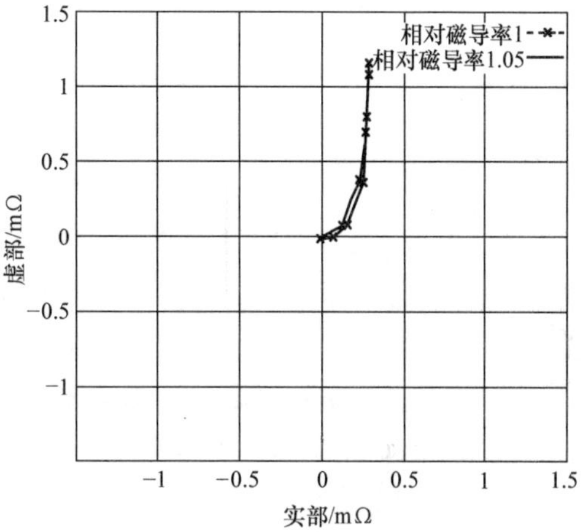

图 8-4　焊接区域磁导率变化时裂纹的 ECT 信号比较

多频演算法是利用两个激励频率的裂纹信号和噪声信号在相位变化方面存在差异的特点，对两个频率的检测信号按照演算系数进行伸缩和旋转变换，使二者所含的噪声信号成分基本重合，再通过向量相减，将噪声信号从复合检测信号中除去。这一过程需要用到已知的典型噪声信号。由于焊缝（点）附近可能存在裂纹，且不同部位焊缝可能有所不同，因此无法通过检测直接获知相应的相位和幅值信息。但焊缝（点）形状尺寸变化所引起的噪声信号通常在一定范围内波动，典型噪声信号可通过测量多处噪声信号并进行平均获取。

使用多频演算法消除噪声的前提是噪声信号和裂纹信号在选定的两个频率下相位变化存在差异，消噪效果好坏取决于裂纹信号和噪声信号在相位变化上的差异大小以及噪声信号的发散程度。为了考察多频演算法对夹芯板焊接部位检测信号的降噪可行性和有效性，本节采用 FEM-BEM 正问题数值模拟程序对不同频率下焊接部位噪声信号和裂纹信号的特征、焊接部位形状变化对噪声信号的影响以及激励频率与噪声信号相位变化的相关性进行模拟计算。涉及计算内容如下：

（1）焊接部位噪声信号和裂纹信号的特征差异　为分析裂纹信号和焊接部位噪声信号的特征差异，采用图 8-5 所示计算模型，对不同频率下的裂纹信号和焊接部位噪声信号分别进行计算。其中裂纹信号通过计算有裂纹和无裂纹情况的信号差分得到；焊接部位噪声信号则为焊接部位电导率分别取为焊材电导率和空气电导率时检测信号的差值，此时不考虑焊缝的形状变化。

（2）激励频率对焊缝（点）噪声相位变化和噪声曲线相似度的影响　为了考虑频率对噪声信号特征的影响，分别取激励频率为 50kHz、100kHz、150kHz、200kHz、250kHz、300kHz、350kHz、400kHz，对各激励频率下裂纹信号和焊缝（点）噪声信号的幅值比和相位差进行计算分析，用以确定优化多频演算激励频率。

（3）焊接部位形状变化对信号的影响　为考虑夹芯波纹板焊接部位形状变化对信号的影响，计算焊带形状不同程度变化时（图 8-5a，包括宽度方向尺寸变化及厚度方向尺寸变

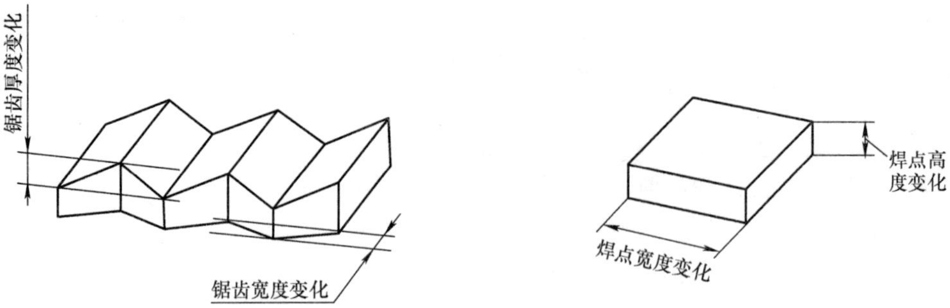

a)　　　　b)

图 8-5　夹芯板焊接部位模型

a) 夹芯波纹板焊缝锯齿尺寸变化示意　b) 点阵桁架夹芯板焊点尺寸变化示意

化）相应的噪声信号和裂纹信号。对于点阵桁架结构，则改变焊点高度和宽度（图 8-5b），以考虑形状影响。

2. 夹芯波纹板和点阵桁架夹芯板焊接部位检测信号的信噪特征

图 8-6a 所示为 100kHz 和 200kHz 激励频率下，夹芯波纹板焊缝根部裂纹信号和焊缝噪声信号的计算结果比较。从图中可以看出，100kHz 时噪声信号的幅值是裂纹信号幅值的 2 倍，200kHz 时二者幅值大小基本相等。这时噪声信号大于或等于裂纹信号，很难从混合信号中直接识别裂纹。在相位方面，100kHz 的频率变化导致裂纹信号相位变化约 90°，而噪声信号的相位变化则约为 135°，二者存在明显不同。根据多频演算法原理，对这两个频率的信号进行演算处理，有望去除混合信号中的噪声，提高信噪比。

图 8-6b 所示为 100kHz 及 200kHz 激励频率下，点阵桁架夹芯板焊点根部的裂纹信号和焊点噪声信号的计算结果比较。与夹芯波纹板的情况相似，噪声信号的幅值为裂纹信号的 2 ~ 3 倍，100kHz 的频率变化导致的裂纹、噪声相位差变化约为 45°（100kHz 及 200kHz 时的裂纹相位差约为 90°，噪声相位差约为 150°），利用多频演算抽取裂纹信号也具有可行性。

以上结果均为 100kHz 和 200kHz 激励频率下的信噪特征差异对比，其他频率下裂纹信号与焊缝噪声之间也存在特征差异，不同之处只是信噪相位变化差异的程度不同。

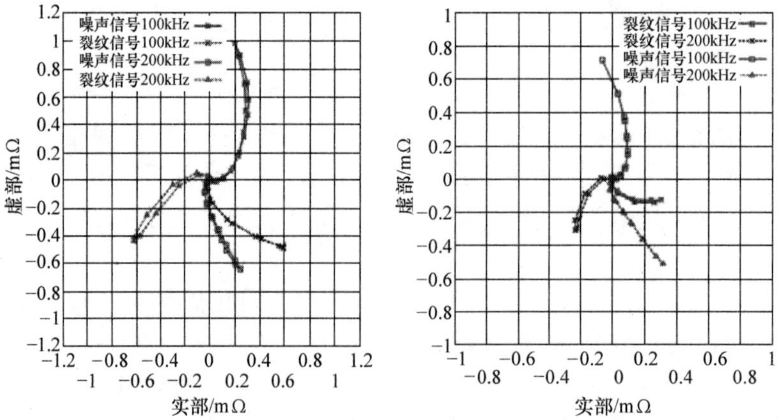

a)　　　　b)

图 8-6　焊接部位 100kHz 和 200kHz 裂纹检测信号和焊部噪声信号对比

a) 焊缝结果　b) 焊点结果

检测信号经过多频演算后能够获得较好的信噪比取决于以下三方面：①两个频率的噪声信号曲线经过旋转和拉伸变换后能够具有较好的重合性；②两个频率的裂纹信号曲线经过旋转和拉伸变换后不能重合；③各频率下的检测信号具有较高的信噪比。以上三方面均和多频演算所用信号频率有关。通常，多频演算所用信号合适频率的选取，可通过分析比较各频率裂纹信号分量和噪声信号分量的幅值比与相位差来进行。

图 8-7a 所示为不同频率下焊缝部位的噪声信号和裂纹信号的相位差及信噪比的变化曲线。由图可见，在选取频率时，两个频率点在图中曲线上的距离越大，相位差及信噪比的差异也越大，经旋转拉伸变换后，裂纹信号相差也越大，有利于提高多频演算的消噪效果。但当两个频率差距过大时，可能导致噪声曲线相似度减小，使残余噪声扩大。故演算所用两个频率应有适当距离间隔，才能达到最好的消噪效果。对于 3mm 厚夹芯面板，根据透入深度激励频率在 250kHz 以下较合适，这时演算频率可取 100 ~ 150kHz 或 150 ~ 200kHz。图 8-7b 所示为各频率下的焊点部位噪声信号和裂纹信号的相位差及信噪比的变化曲线，结论类似于焊缝情况。

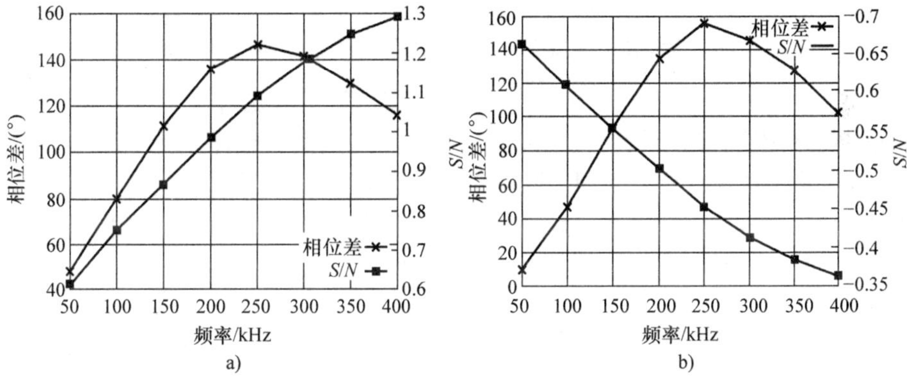

图 8-7　焊接部位 100kHz 和 200kHz 下的信噪比以及裂纹-缺陷信号相位差变化情况

a）焊缝部位　b）焊点部位

3. 焊缝宽度和厚度波动对噪声信号的影响

实际焊缝表面不平整，在宽度及厚度方向上均存在随机形状变化。这种变化可能使焊接部位噪声信号特征不规律，从而影响多频演算法的消噪效果。为了考察这种随机形状噪声的影响程度，通过改变图 8-5a 所示焊带宽度和厚度方向上的锯齿形状尺寸参数，计算相应的噪声信号。

图 8-8a 所示为焊接部位宽度方向的锯齿尺寸取 0.1 ~ 1.5mm，锯齿跨度取 1.25mm 时的噪声信号，图 8-8b 所示为焊接部位厚度方向的锯齿尺寸取 0 ~ 1.0mm，锯齿跨度取 1.25mm 时噪声信号的计算结果。从图中可以看出，一方面焊接部位厚度方向的形状波动对焊接部位噪声信号影响不大，焊接部位噪声具有相对稳定的相位特征，而裂纹信号和焊接部位噪声的相位差和幅值比基本不变，即焊接部位表面形状的微小起伏对多频演算法消噪效果的影响不大。另一方面，焊接部位宽度方向的形状波动对焊接部位噪声信号有一定影响，虽然其噪声信号幅值基本相同，但相位有 30°左右的分散变化。为此在多频演算求相位差和幅值比时需取多处测量值的平均值，以减小这种随机分散对多频演算的不良影响。

8.1.3　多频演算法对焊接部位涡流检测信号的演算效果

1. 波纹板焊缝涡流检测信号的多频演算

为了验证多频演算法对焊接部位裂纹信号抽出的有效性，用多频演算方法对激励频率为

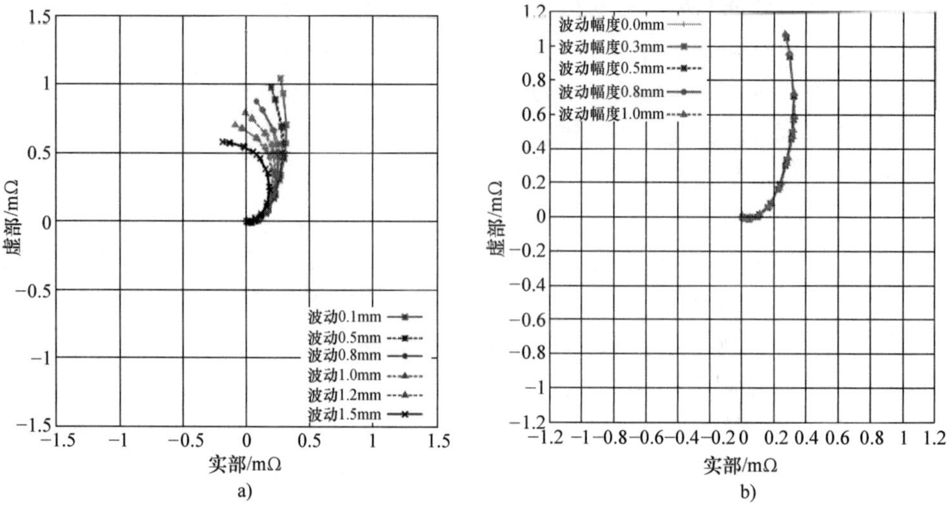

图 8-8 焊缝锯齿峰值变化导致的检测信号变化噪声信号特征

a）焊缝宽度方向 b）焊缝厚度方向

50～400kHz、焊带宽度方向形状变化幅度为 0. 5mm、外表面裂纹深度为 1mm 的检测信号进行了处理。表 8-1 是对焊缝信号采用多频演算法进行信号处理后的信噪比结果。图 8-9 所示为 100kHz-200kHz 信号在多频演算前后裂纹分量和噪声分量的变化对比。由表 8-1 可见，各频率组合都给出了很好的消噪效果，但用 100kHz-200kHz 组合所得信噪比最高。

表 8-1 对焊缝检测信号进行多频演算的结果（外表面裂纹，深 1mm）

演算频率/kHz	处理前 S/N	处理后 S/N
150-200	0. 94	7. 96
100-200	0. 76	8. 34
250-300	1. 16	5. 87
200-300	1. 10	6. 18
50-400	0. 96	6. 45

2. 点阵桁架夹芯板焊点涡流检测信号的多频演算

表 8-2 为点阵桁架夹芯板焊点 ECT 检测信号的部分多频演算结果，同表 8-1 相比所得信噪比稍低，但最佳频率组合仍为 100kHz-200kHz。由焊缝和焊点的多频演算结果可见，演算后信噪比均得到很大提高。夹芯波纹板焊缝检测信号在演算后信噪比由 0. 76 提高到 8. 34，点阵桁架夹芯板焊点检测信号演算后信噪比由 0. 45 提高到 6. 34，均可以有效判定裂纹的存在。

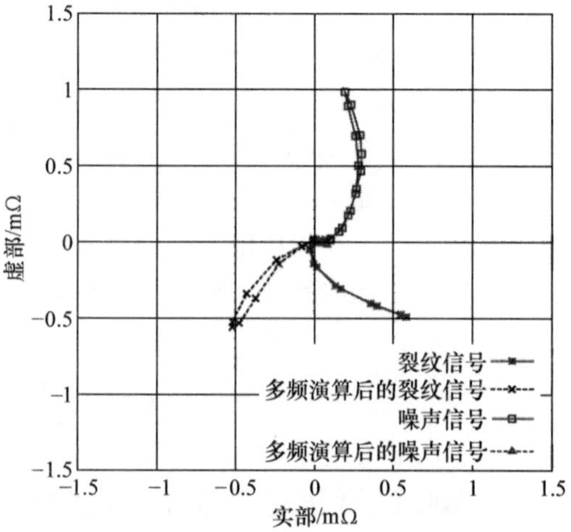

图 8-9 100kHz-200kHz 频率信号的演算结果（外表面裂纹，深 1mm）

表 8-2　对焊点检测信号进行多频演算的结果（外面裂纹，深 1mm）

演算频率/kHz	处理前 S/N	处理后 S/N
300-400	0.46	3.99
200-300	0.68	3.62
100-150	0.46	6.19
100-200	0.46	6.34
50-150	0.38	3.01

8.2　热障涂层电磁超声无损检测数值模拟

8.2.1　热障涂层电磁超声检测初步方案及原理

热障涂层（Thermal Barrier Coating，TBC）是一种覆盖于工业燃气轮机或航空发动机叶片高温合金表面，用于降低叶片工作温度的多层薄膜结构体系。由于喷涂方法、表面状态、热/机械载荷作用，运行过程中热障涂层可能产生垂直或界面裂纹，甚至产生剥离缺陷。缺陷使热障涂层不但不能保护结构，反而会使叶片的局部温度环境恶化从而导致故障。目前有压电超声检测、激光超声检测、表面声发射检测、涡流检测、红外成像检测等无损检测技术用于薄膜涂层检测，但主要用于涂层结构的材料特性、厚度及界面整体状态的检测，对于局部界面裂纹（剥离）等尚无完善的无损检测方法。

为克服传统无损检测方法难以检测热障涂层的微小局部界面裂纹，研究者提出了一种基于电磁超声技术的涂层微小局部界面裂纹的无损检测方法，如图 8-10 所示。这一类电磁超声探头包含一个用于提供静态偏置磁场的 U 形永久磁铁、一组用于产生交变磁场的激励线圈以及一个用于接收试样表面电磁超声波信号的激光接收器。检测时将探头贴近热障涂层材料表面，在激励线圈中施加脉冲电流。由于陶瓷层为绝缘层，金属粘结层和超合金基底都为导电材料，在激励线圈产生的交变磁场作用下，金属粘结层和合金基底材料内会感应涡流，并在静态磁场的作用下产生洛伦兹力进而激发超声波。当探头下方陶瓷层与粘结层界面完好时，在粘结层和合金基底内产生的部分超声波会直接向上传播进入陶瓷层；反之，当陶瓷层与粘结层之间存在界面裂纹时，粘结层和合金基底内向陶瓷层传播的一部分超声波会受到界面裂纹的阻挡。最后通过激光接收器测量探头下方陶瓷层表面的微小超声波动信号，根据所测信号的幅值和延迟时间即可判断探头下方陶瓷层与粘结层间是否存在界面裂纹/脱粘缺陷，并确定裂纹/脱粘缺陷的大小。

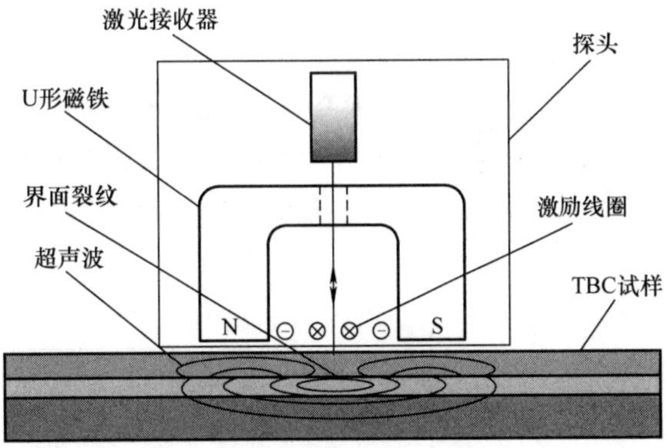

图 8-10　TBC 电磁超声检测

8.2.2 热障涂层电磁超声检测数值模拟算例

1. 数值计算模型的建立

为初步验证上述电磁超声检测脱粘缺陷的可行性，通过数值计算对其进行评价。针对热障涂层的电磁超声检测，采用图8-11所示的数值计算模型以及表8-3所列的材料参数。

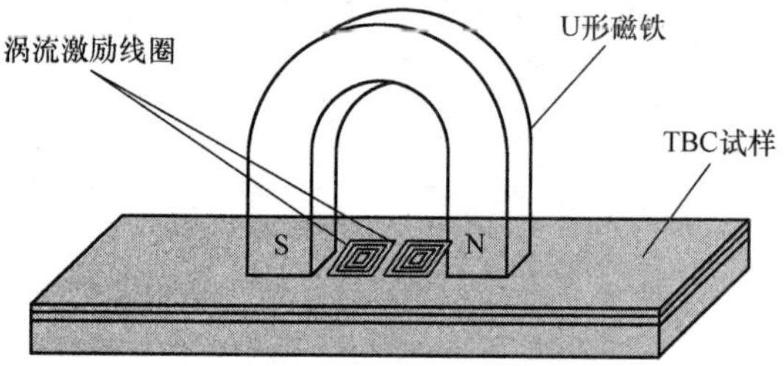

图8-11 TBC电磁超声检测模型

表8-3 TBC试样材料参数

项目	陶瓷层TC	金属粘结层BC	合金基底Sub
厚度 h/mm	0.3	0.12	2.4
电导率 σ/(MS/m)	0.0	1.01	1.01
相对磁导率 μ_r	1.0	1.0	1.0
弹性模量 E/GPa	17.471	182.59	180.0
泊松比 υ	0.2	0.3	0.41
密度 ρ/(kg/m^3)	2300	2700	4500

基于TBC系统的物理特征，也为了降低问题的求解难度，可以不考虑陶瓷层的微观结构而将其视其为均匀介质，同时忽略热增氧化层的影响。另外由于三维超声波的数值模拟计算量庞大，作为近似，这里只考虑其中心截面上由洛伦兹力所产生的超声波，即将三维问题简化为一个二维平面应变问题。这时，可以通过图8-12和图8-13所示二维数值计算模型计算其中超声波声场，并探究裂纹的影响。图8-13所示模型中在表面陶瓷层与金属粘结层之间设定了一个1mm宽的界面裂纹。通过模拟电磁超声在这两个模型中的传播即可明确界面裂纹对检测信号的影响，对该方案的可行性进行初步的判断。

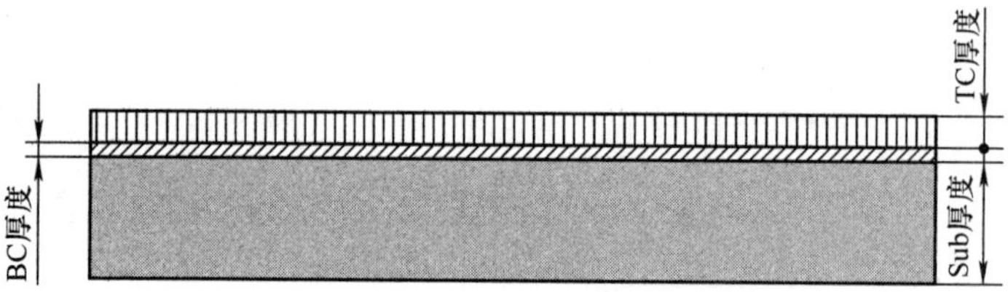

图8-12 二维无缺陷超声数值计算模型

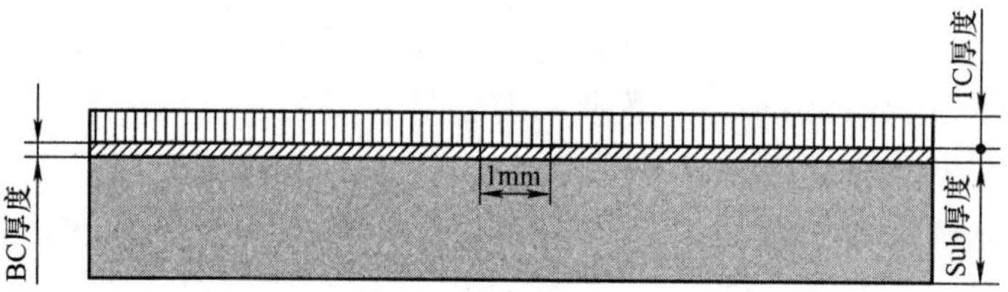

图8-13 二维有缺陷超声数值计算模型

具体计算时如图 8-11 所示，用于施加脉冲电流的两环形线圈的相邻导线间距为 1mm，导线截面面积为 0. 8mm^2。图 8-14 所示为两激励线圈内所施加的脉冲电流的时间变化，其中心频率均为 5MHz，两线圈施加的脉冲电流相位相反。

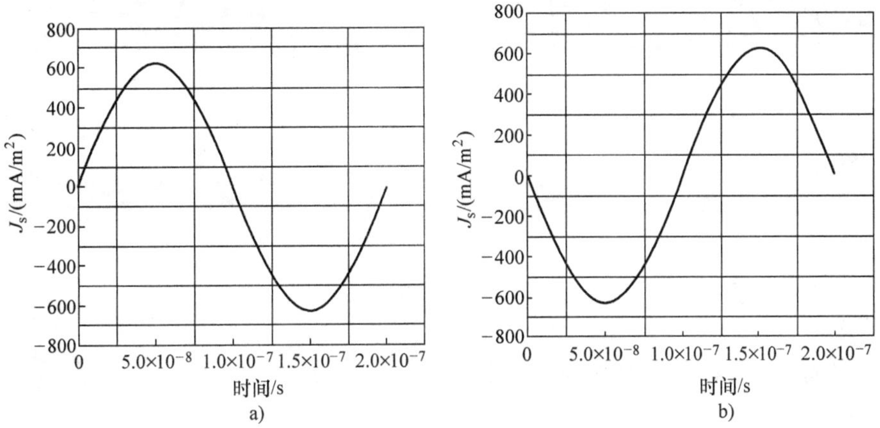

图 8-14　脉冲激励信号

a）线圈 1 中的脉冲电流　b）线圈 2 中的脉冲电流

2. 数值模拟结果

模拟计算不同时刻模型中超声波声场的分布，对于直观地了解电磁超声在热障涂层系统中的传播过程，更好地分析问题，验证方案的有效性，具有十分重要的作用。表 8-4 给出了不同时刻无裂纹和有裂纹模型的局部声场分布。从中可以看出，由于涡流趋肤效应的影响以及陶瓷层的绝缘特性，电磁超声直接在金属粘结层和合金基底上端产生，并分别向上和向下传播。当陶瓷层与金属层之间无界面裂纹时，金属粘结层和合金基底中的一部分超声波能够顺利传播到陶瓷层，而当陶瓷层与金属粘结层之间存在界面裂纹时，缺陷会阻碍金属粘结层和合金基底中的超声波向裂纹上端的陶瓷层传播。实际检测过程中通过激光位移信号接收器来接收探头正下方陶瓷层表面的超声波信号，以此判断陶瓷层与金属粘结层之间是否存在界面裂纹并进而确定界面裂纹的大小。

表 8-4　两种模型局部声场比较

无裂纹模型局部声场分布	有裂纹模型局部声场分布
 t=0.05μs	 t=0.05μs
 t=0.10μs	 t=0.10μs

（续）

无裂纹模型局部声场分布	有裂纹模型局部声场分布
 $t=0.15\mu s$	 $t=0.15\mu s$
 $t=0.20\mu s$	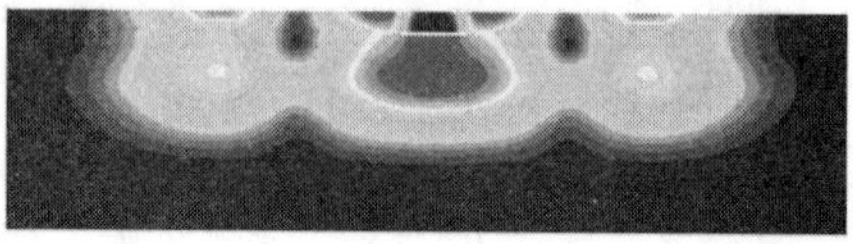 $t=0.20\mu s$
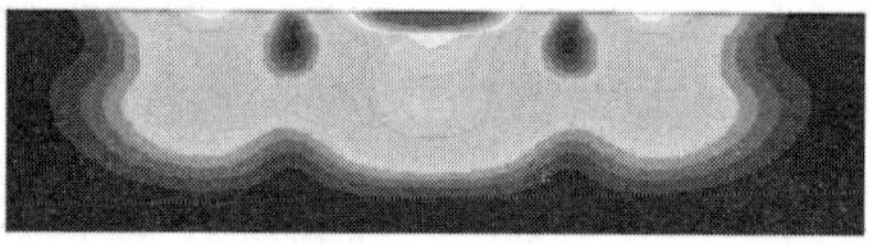 $t=0.25\mu s$	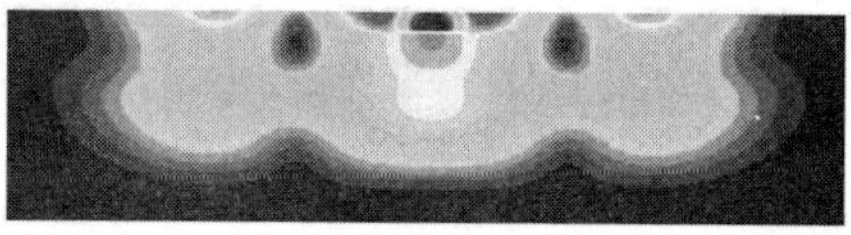 $t=0.25\mu s$
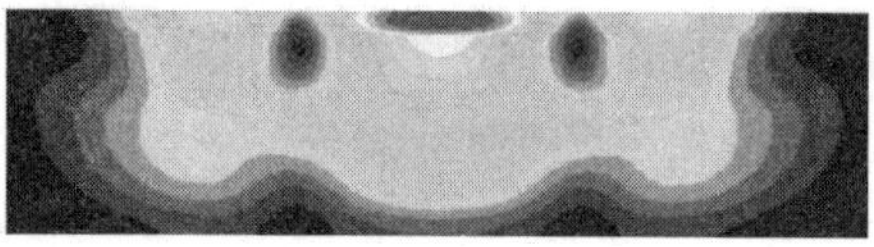 $t=0.30\mu s$	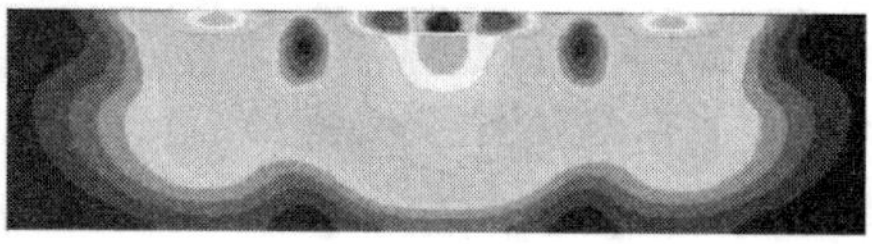 $t=0.30\mu s$

由前面对声场的分析可知，涂层界面发生剥离会对由金属层向陶瓷层传播的超声波产生阻扰作用，测量并分析探头正下方位置涂层表面的位移可以判断涂层界面的剥离情况。图 8-15 分别给出了涂层界面完好时表面位移检测信号和涂层界面存在裂纹时，所得涂层表面位移信号的计算结果。由图可见，当涂层界面存在一定剥离时候，与界面完好时相比，位移信号的幅值会大幅度减小，同时还会产生明显的时间延迟效应。因此，在实际检测过程中，可根据所得位移信号的衰减幅度以及信号时间延迟大小来检测评价界面裂纹。以上数值模拟结果初步说明基于激光-电磁超声的热障涂层检测是可行的，值得深入进行实验和理论研究。

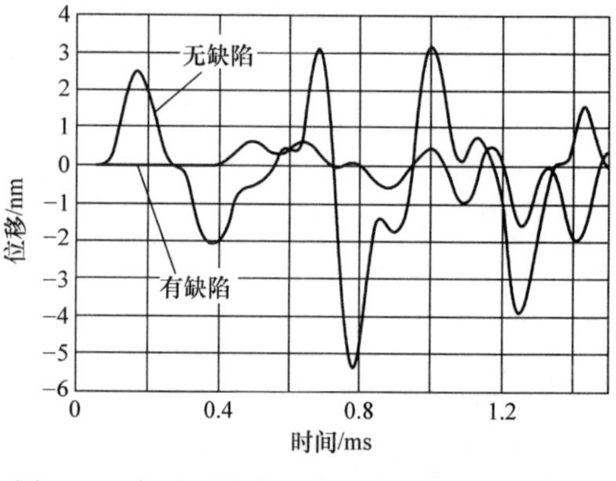

图 8-15　探头下方中心位置涂层表面位移信号

8.2.3　热障涂层电磁超声检测特性

热障涂层检测的困难之处，主要在于要求检测出比较微小的局部界面裂纹。为研究对更小 TBC 界面裂纹电磁超声的检测性能，对不同尺寸缺陷和不同激励频率的检测信号进行模拟计算，以分析和明确电磁超声检测方法在 TBC 界面裂纹检测中的精度和应用条件。

为模拟计算 TBC 不同尺寸界面裂纹的电磁超声检测信号，采用图 8-16 所示的洛伦兹力电磁超声二维数值计算模型进行超声波声场计算。计算中设定表面陶瓷层的厚度 $h=$

0.3mm，缺陷的宽度尺寸为 d，激励信号为与前述相同的中心频率为 5MHz 的脉冲电流，对以下三类尺寸缺陷的模拟检测信号进行计算，并与前面使用无缺陷模型所得检测信号进行比较。

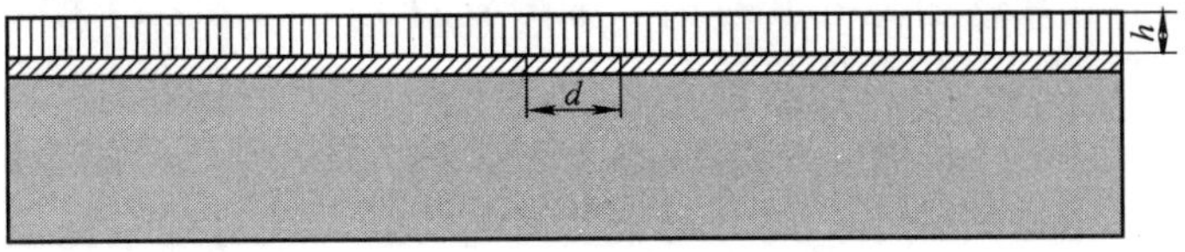

图 8-16　不同尺寸界面缺陷的计算模型

（1）$d/h=1$ 时检测信号波形与无缺陷检测信号的比较　由图 8-17 可以看出，当所选激励信号中心频率为 5MHz、缺陷尺寸与陶瓷层厚度比 $d/h=1$ 时，检测信号与无缺陷检测信号相比无明显变化。这说明对于界面剥离尺寸小于陶瓷层厚度时，使用电磁超声方法基本无效。

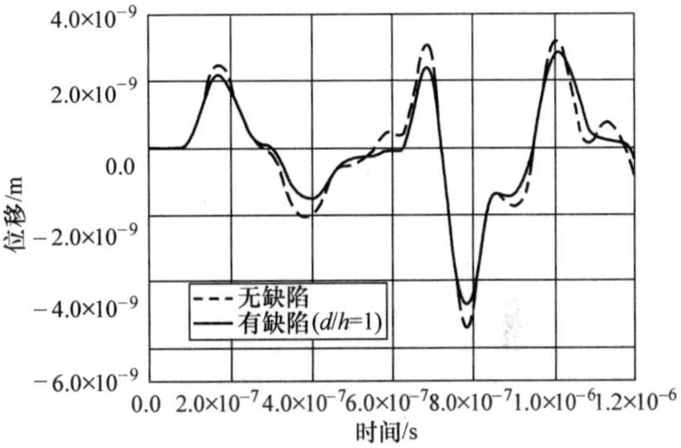

图 8-17　$d/h=1$ 的检测信号与无缺陷时的信号比较

（2）$d/h=2$ 时检测信号波形与无缺陷检测信号的比较　由图 8-18 可以看出，当所选激励信号中心频率为 5MHz、缺陷尺寸与陶瓷层厚度比 $d/h=2$ 时，检测信号（实线）与无缺陷检测信号（虚线）相比信号幅值明显减小，说明通过信号分析可以检测 $d/h=2$ 以上的脱粘缺陷。

（3）$d/h=3$ 时检测信号波形与无缺陷时的检测信号比较　图 8-19 给出了当所选激励信号中心频率为 5MHz、缺陷尺寸与陶瓷层厚度比 $d/h=3$ 时的检测信号与无缺陷检测信号。这时含缺陷时信号幅值大幅度降低，并产生明显的时间延迟效应，这进一步说明了电磁超声方法对于涂层检测的可能性。

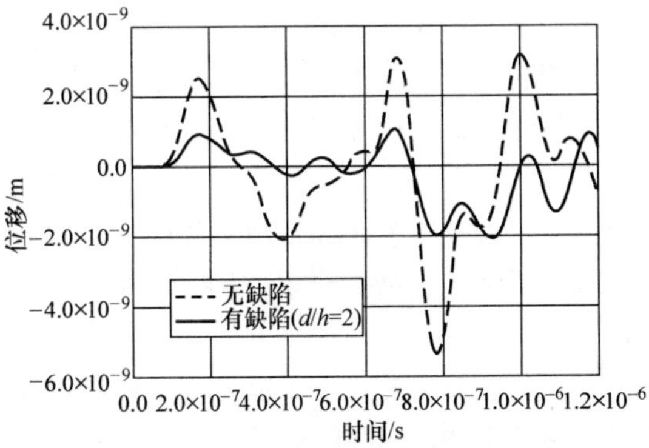

图 8-18　$d/h=2$ 的检测信号与无缺陷时的信号比较

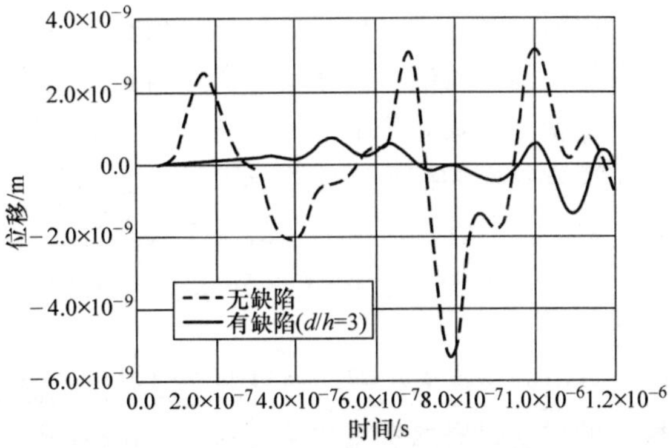

图 8-19　$d/h=3$ 的检测信号与无缺陷时的信号比较

以上结果显示激励信号中心频率为 5MHz 时无法检测 $d/h=1$（即宽度为 0.3mm）的界面裂纹。为明确激励频率对电磁超声涂层检测能力的影响，对不同激励频率时 $d/h=1$ 缺陷模型的检测信号进行计算。当激励中心频率为 2. 5MHz 时，如图 8-20 所示，相对于无缺陷模型，$d/h=1$ 模型的检测信号幅值无明显变化，说明降低频率不能提高对小缺陷的检测能力。

当激励信号中心频率增加为 10MHz 时，如图 8-21 所示，$d/h=1$ 模型的检测信号与无缺陷模型的检测信号相比，幅值明显降低，即激励频率的增加可以提高对热障涂层局部微小界面裂纹的检测能力。同时，从图 8-20 和图 8-21 可以看出，随着激励频率的增加，超声波检测信号的幅值逐渐减小，这对用于测量超声检测信号的激光位移传感器提出了更高的要求。

综上所述，本节通过数值模拟方法初步验证了对热障涂层局部界面裂纹进行电磁超声无损检测的可行性。

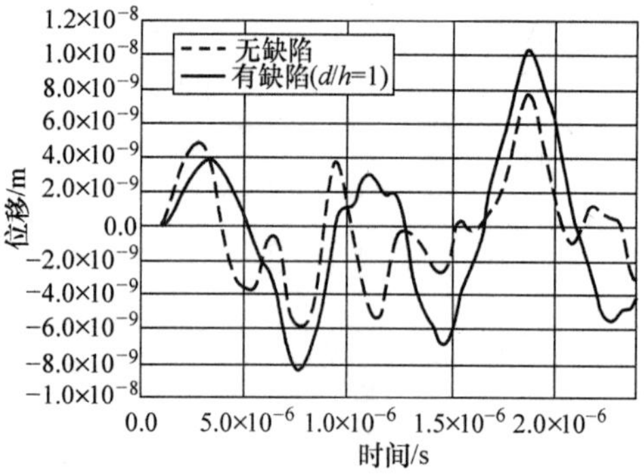

图 8-20　激励频率 2. 5MHz 检测信号比较

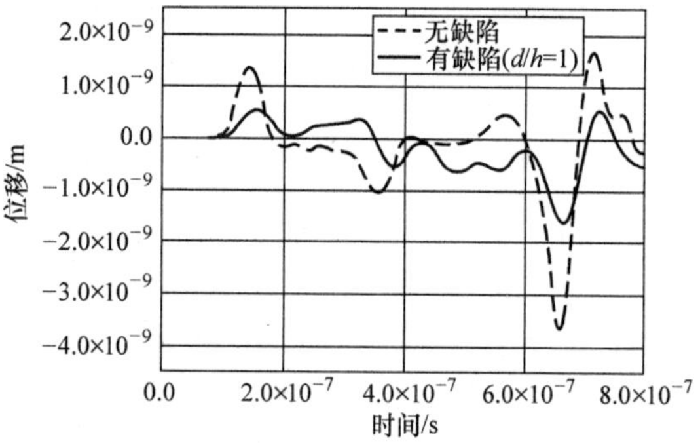

图 8-21　激励频率 10MHz 检测信号比较

8.3　基于数值模拟的核电站换热管涡流检测探头评价

8.3.1　核电站蒸汽发生器换热管涡流检测

涡流检测方法是目前核电站蒸汽发生器换热管无损检测的主要手段。为了提升涡流检测的可靠性和检测能力，需要对实际涡流检测探头的性能有一个全面的比较和了解。因探头对于不同检测对象有着不同的检测性能，不同探头的比较评价需要依据一个共同的检测性能指标。通常这样的探头性能指标并不容易确定，但从实际应用的角度，信噪比是一个重要指标。对于换热管涡流检测，信号应取为给定缺陷的信号，如蒸汽发生器换热管缺陷通常设定深度为 20% 管壁厚、长度为 5mm 的外表面裂纹，而噪声则应考虑可能发生的各种主要噪声源。

核电站蒸汽发生器换热管的实际涡流检测中，有六种主要检测噪声可能发生。两种源于探头的摇摆即提离变化和探头倾斜，其他的噪声可能来自扩管、压痕、附着物以及复合型，如图 8-22 所示。加强板引起的噪声不可避免，但由于可通过一些数据处理简单剔除，此处不予考虑。

作为例子，以下考虑两种常用涡流检测探头，即十字探头和简化旋转探头（图 8-23）检测性能的数值模拟评价问题。表 8-5 是这两种探头的主要尺寸参数。十字探头包含两个

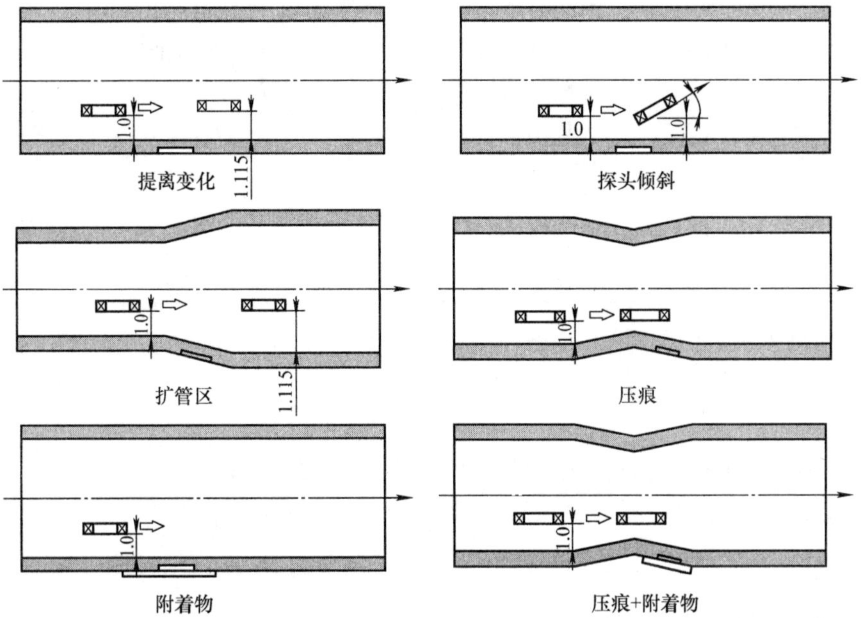

图 8-22 涡流检测可能的噪声来源

垂直放置的方形线圈，主要沿管轴45°方向分布的涡流和信号差分输出使得这种探头对轴向和环向的裂纹都十分敏感，且对提离和倾斜噪声有较好鲁棒性。另一方面，使用旋转探头的目的是提高常用全管检测 DF Bobbin 探头的检测性能。和 DF Bobbin 探头一样，这一探头的检测线圈由两个 Bobbin 线圈构成，但具有可产生旋转磁场的复杂激励线圈，计算中这一激励线圈由一个饼式线圈代替。

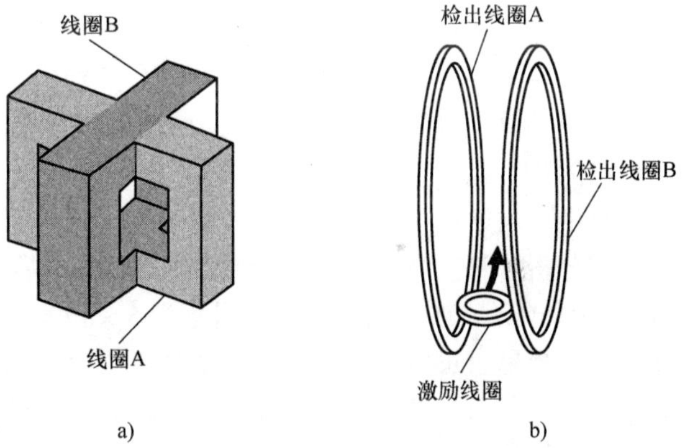

图 8-23 被评价探头的结构示意

a）十字探头 b）旋转探头

表 8-5 十字探头和旋转探头的尺寸参数

尺寸/mm	十字探头		旋转探头	
	激励	检出	激励	检出
内径(边长)	2.0	2.0	0.5	7.845
外径(边长)	3.0	3.0	2.0	8.845
厚度	1.5	1.5	1.0	2.0
线圈间距	—	—	—	2.0

为比较探头的检测性能，选定轴向长 5mm、宽 0.2mm、深度为 20% 管壁厚的槽形裂纹作为检测对象，该裂纹也是核电站涡流检测标准中的标定裂纹。计算中，在管壁内侧/外侧和环/轴向分别设置裂纹以模拟实际情况。根据实际核电站涡流检测情况，分别选定 100kHz 和 400kHz 为计算激励频率。内/外裂纹、100kHz 和 400kHz 激励频率、两种探头结构分别用

于计算上述5种类型噪声条件下的信噪比。管、探头、沉积附着物的基本参数列于表8-6中。换热管材料为常用铬镍铁合金600。管的尺寸和沉积物的参数都采用了实际数值。

表8-6 管、探头、附着物的参数

参数	数值	参数	数值
管内径/mm	19.69	检出线圈匝数	100
管厚/mm	1.27	标准提离/mm	1.00
管的电导率/(MS/m)	1.0	附着物的电导率/(MS/m)	58
管的相对磁导率	1.0	铜的相对磁导率	1.0
总激励电流/A	1.0	压痕的尺寸/mm	0.3

针对所有噪声源采用式（8-1）进行信噪比计算：

$$S/N = \frac{|S_{nc} - S_n|}{|S_n - S_t|} \tag{8-1}$$

式中，S_{nc}为噪声源和缺陷同时存在时的管道检出信号；S_n为没有缺陷但有噪声源时的检出信号；S_t为无缺陷直管的检测信号。每种情况的S_t都被重新计算以评估网格划分带来的影响。

8.3.2 数值计算模型

为模拟复杂管道的涡流检出信号，本节采用基于**A**-ϕ法的有限元-边界元混合程序作为计算工具。如第2章所述，FEM-BEM程序分析区域局限于导体区域，因此沿轴向和环向扫描时不需要重复划分网格，易于实现扫描。虽然边界元方程为满阵，需要较大的计算资源，但是对于各种复杂导体形状和探头结构，使有限元-边界元混合程序可方便实施计算，并可得到较高的计算精度。

计算中，由于两个探头的激励线圈较管道尺寸很小，可以使用图8-24所示的数值计算模型，即分析计算区域选为环向90°、轴向60mm的管壁部分。计算区域被划分为4×17×41个六面体单元，或有铜沉积物时划分为5×17×41个六面体单元。通过比较划分更多层单元的计算结果，可以确认厚度方向划分4层单元对于20%内部缺陷或者20%外部缺陷信号的模拟计算具有足够精度。为降低网格划分对扫描信号的影响，通过相同网格下有缺陷信号和无缺陷信号的差分进行计算，获取缺陷信号。对噪声信号也采用相同的处理办法。因此，对于每种参数需要附加计算两种无缺陷信号。计算采用$y=-10$mm到$y=10$mm及步距为1mm的扫描点。为进一步降低网格划分的影响，对扫描区域外的换热管也沿轴向均匀划分。图8-25所示为换热管扩管区的典型有限元网格划分。

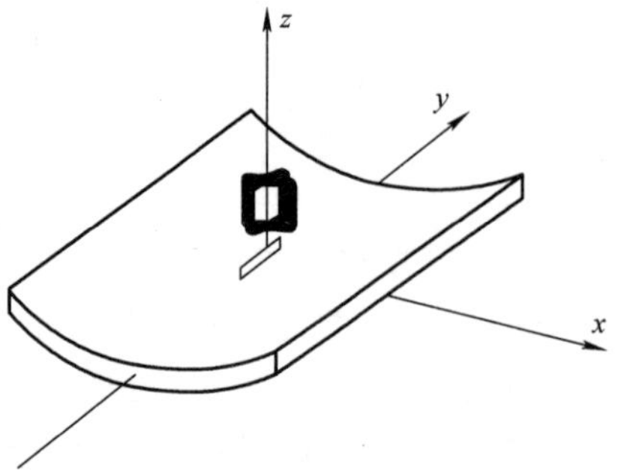

图8-24 涡流分析数值计算模型

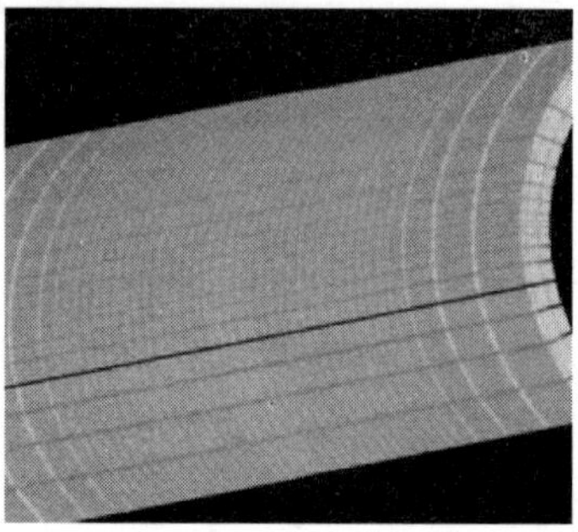

图8-25 扩管区的典型有限元网格划分

8.3.3 数值计算结果及分析

图 8-26 和图 8-27 所示为激励频率为 100kHz 时十字探头对深为 20% 管壁厚的内外面裂纹缺陷的典型检测信号，其中左图为信号绝对值、右图为李萨如图形。图 8-28 所示为内面裂纹缺陷信号和来自扩管区噪声的混合信号，从图中很难判断缺陷是否存在。通过将混合信号和扩管区的标准信号做差分处理则容易分离出缺陷信号。图 8-29 给出从扩管区分离出的缺陷信号，与图 8-27 所示直管区裂纹信号基本相同。使用旋转涡流探头的计算结果基本类似，两种探头均能够检测出深度为管壁厚 20% 的外面裂纹。对于噪声源尤其是倾斜噪声，使用旋转探头时噪声信号明显更大。

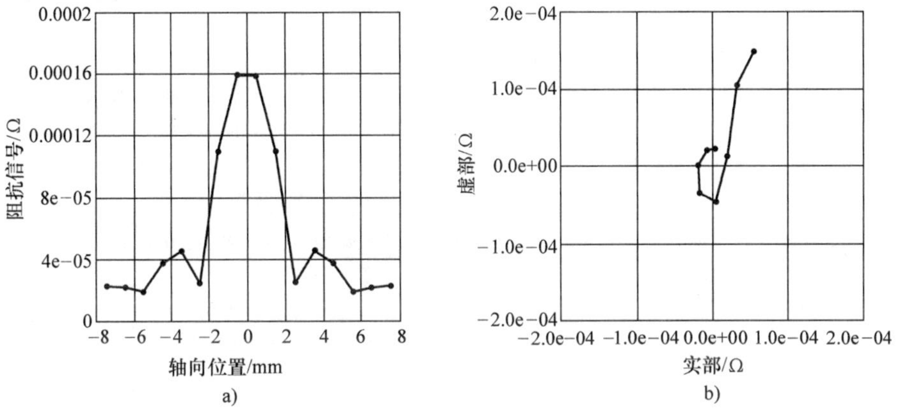

图 8-26　直管中外面裂纹信号（十字探头）

a）信号绝对值（OD20%，100kHz）　b）李萨如图形（OD20%，100kHz）

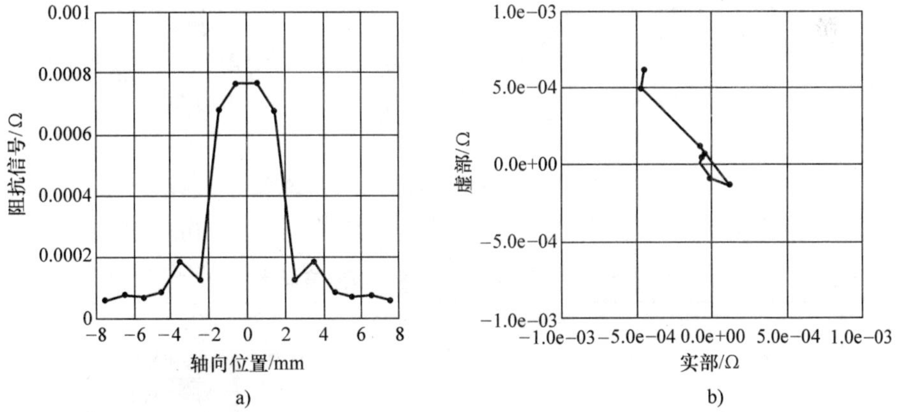

图 8-27　直管中内面裂纹信号（十字探头）

a）信号绝对值（ID20%，100kHz）　b）李萨如图形（ID20%，100kHz）

使用十字探头时提离、倾斜和扩管区噪声的信噪比计算结果分别列于表 8-7 ~ 表 8-9。由于篇幅限制，其他噪声源信噪比细节省略。表 8-7 给出在两种频率、两种类型缺陷下对提离噪声相应的信噪比，而表 8-8 则给出了探头对倾斜噪声相应的信噪比，而表 8-9 则列出了对扩管区噪声相应信噪比。

旋转探头对倾斜噪声的信噪比见表8-10。旋转探头的提离变化引起的噪声为零，所以提离噪声的信噪比为无穷大。由于探头倾斜会改变两个检出线圈的相对位置，十字探头的倾斜噪声较大。相较于十字探头，旋转探头的倾斜噪声信噪比要小得多。

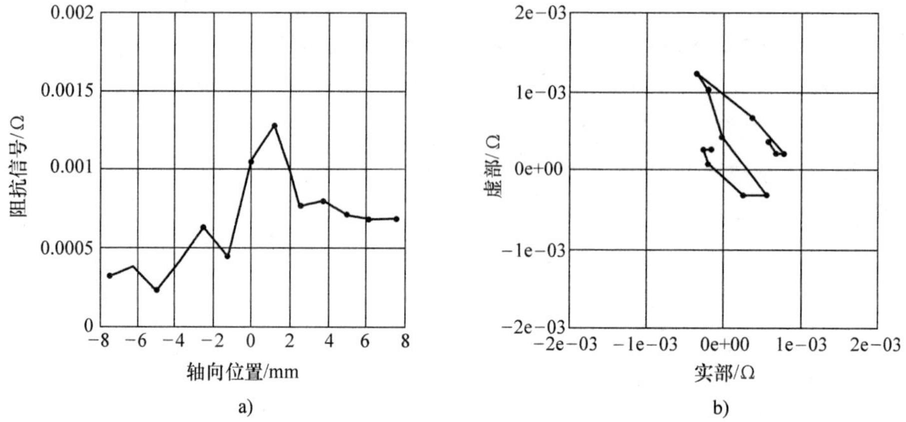

图8-28 扩管区混合信号（十字探头）

a）信号绝对值（ID20%，100kHz） b）李萨如图形（ID20%，100kHz）

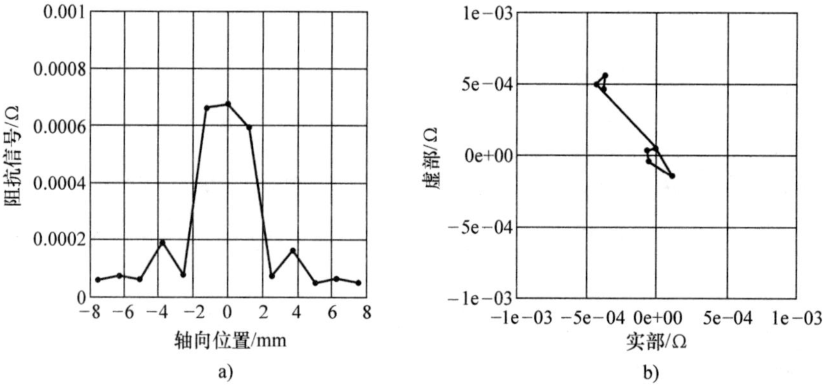

图8-29 扩管区的裂纹信号（十字探头）

a）信号绝对值（ID20%，100kHz） b）李萨如图形（ID20%，100kHz）

表8-7 十字探头对提离噪声的信噪比

频率	缺陷	缺陷信号		提离信号		信噪比
		绝对值	相位	绝对值	相位	
100	ID20%	7.660	126.3	5.829	9.1	1.3141
100	OD20%	1.589	70.1	5.829	9.1	0.2726
400	ID20%	4.481	111.5	2.796	−81.2	1.6026
400	OD20%	3.903	−23.7	2.796	−81.2	0.1395

表8-8 十字探头对倾斜噪声的信噪比

频率	缺陷	缺陷信号		提离信号		信噪比
		绝对值	相位	绝对值	相位	
100	ID20%	7.660	126.3	1.054	−28.4	7.2675

（续）

频率	缺陷	缺陷信号		提离信号		信噪比
		绝对值	相位	绝对值	相位	
100	OD20%	1.589	70.1	1.054	-28.4	1.5075
400	ID20%	4.481	111.5	5.262	-82.8	8.5157
400	OD20%	3.903	-23.7	5.262	-82.8	0.7417

表 8-9　十字探头对扩管区噪声的信噪比

频率	缺陷	缺陷信号		提离信号		信噪比
		绝对值	相位	绝对值	相位	
100	ID20%	6.764	124.9	7.793	88.6	0.8679
100	OD20%	1.392	54.6	7.793	88.6	0.1786
400	ID20%	4.220	117.4	4.453	-75.4	0.9476
400	OD20%	3.732	-39.7	4.453	-75.4	0.0838

表 8-10　旋转探头对倾斜噪声的信噪比

频率	缺陷	缺陷信号		提离信号		信噪比
		绝对值	相位	绝对值	相位	
100	ID20%	3.246	115.4	6.370	43.1	0.5373
100	OD20%	9.517	65.3	6.370	43.1	0.1492
400	ID20%	1.419	102.3	3.579	-36.8	0.3964
400	OD20%	1.735	-47.8	3.579	-36.8	0.0484

表 8-11 对比了上述两种探头以及 Cecco 探头和新 Bobbin 探头的信噪比。可以发现，除了提离噪声的信噪比，十字探头拥有比其他探头更高的信噪比。实际上，提离噪声和倾斜噪声对于探头的检测能力评估始终比较重要，因为其他的噪声可以视为这两种噪声的结合。由于 Cecco 探头和旋转探头的倾斜噪声信噪比要比十字探头小得多，因此认为十字探头是检测内外轴向和环向微小裂纹的最佳方式。

表 8-11　几种典型涡流检测探头信噪比比较

	缺陷	十字探头	旋转探头	Cecco 探头	新 Bobbin 探头
提离	OD20%	0.2726	—	—	0.0021
	ID20%	1.3141	—	—	0.0075
倾斜	OD20%	1.5075	0.1492	0.0652	0.6040
	ID20%	7.2675	0.5373	0.2491	2.0590
扩管	OD20%	0.1718	0.1044	0.1810	0.0196
	ID20%	0.8679	0.3816	0.7240	0.0744
压痕	OD20%	0.2576	0.2369	0.4670	0.0363
	ID20%	1.3871	0.8215	2.2026	0.1302
附着物	OD20%	0.0035	0.0033	—	0.0001
	ID20%	0.1063	0.0961	—	0.0019

（续）

	缺陷	十字探头	旋转探头	Cecco 探头	新 Bobbin 探头
复合型	OD20%	0.0037	0.0032	—	0.0001
	ID20%	0.1139	0.1022	—	0.0235

8.4 飞机蒙皮多层铆接结构涡流检测数值模拟

飞机蒙皮多层铆接结构是无损检测的重要对象。涡流检测因单面检测，实施方便，以及涡流能穿透多层导电结构等优点，成为多层铆接结构检测的首选技术。这里介绍两个用有限元法模拟多层铆接结构涡流检测的例子：一个是用传统的 $\boldsymbol{A}$，$\boldsymbol{A}$-V 表述方法模拟磁光成像检测；另一个是用区域分解方法模拟传统涡流检测。

8.4.1 磁光成像检测数值模拟

磁光成像检测（Magneto-Optic Imaging，MOI）是美国 PRI 公司针对飞机蒙皮多层铆接结构研发的一种高效的无损检测技术。与传统的涡流检测一样，选择合适的参数对于提高磁光成像检测的效果非常重要，以下用有限元法模拟磁光成像检测并研究各种因素对成像质量的影响。

1. 磁光成像检测原理

磁光成像检测技术主要用于检测飞机蒙皮多层铆接结构中的表面和表面下的腐蚀及铆钉孔边裂纹。其基本原理是：用交变电流产生交变磁场，在工件中感应出涡流；用磁光薄膜将因材料不连续而受到扰动的涡流产生的垂直于工件表面的磁场分布转化为图像；分析图像可得出工件中的材料不连续状况，从而发现缺陷。利用该方法可实时、大面积地对工件结构进行成像，所得图像直观。

磁光成像技术根据法拉第旋转效应来检测磁场。如图 8-30 所示，当线性偏振光穿过处于外加磁场的磁光薄膜时，偏振面发生旋转。当薄膜的材料和厚度一定时，旋转的角度主要取决于磁场的方向，而与磁场大小的关系不大。如图 8-31 所示，磁光薄膜、金属箔片和被检工件三者平行。用线性偏振光照射薄膜，偏振光穿透薄膜后被金属箔片反射，再次穿过薄膜。假设薄膜的敏感轴垂直于薄膜。如果在敏感轴上存在磁场分量，那么偏振光两次穿透薄膜时都将发生旋转，且旋转方向相同；否则，偏振面保持不变。在金属箔片中通以交变电流，则在周围空间将会产生交变磁场，从而在导电工件中感应出涡流。如果工件是一块完整的金属板，那么在箔片中心附近区域，涡流将完全平行于工件表面。此时的磁场平行于薄膜，没有垂直分量，薄膜对偏振光的角度没有影响。如果工件中存在材料不连续性（如铆钉孔和裂纹），那么涡流将受到扰动，产生的磁场含有垂直于薄膜的分量，使穿过薄膜的偏振光发生旋转。用分析仪分析偏振光，就能得到反映工件结构的图像，所得图像是二进制图像。当薄膜上某点处的磁感应强度垂直分量超过某一阈值时，该处磁畴才对偏振光起作用，该点对应的像素呈黑色；否则，此像素呈背景颜色。偏置线圈起到调节阈值从而调节成像灵敏度的作用，同时也可补偿地磁场的影响。

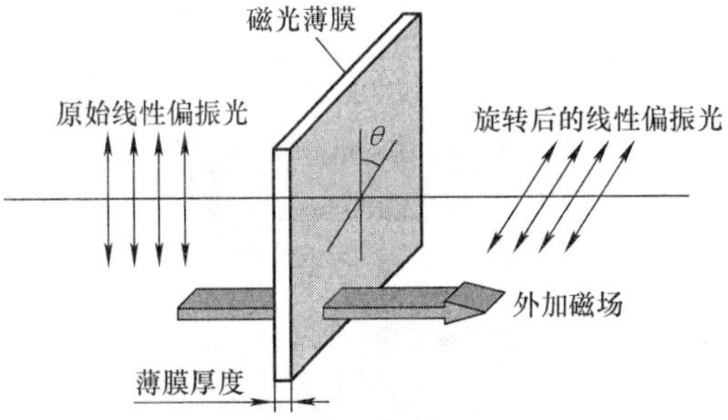

图 8-30　法拉第旋转效应

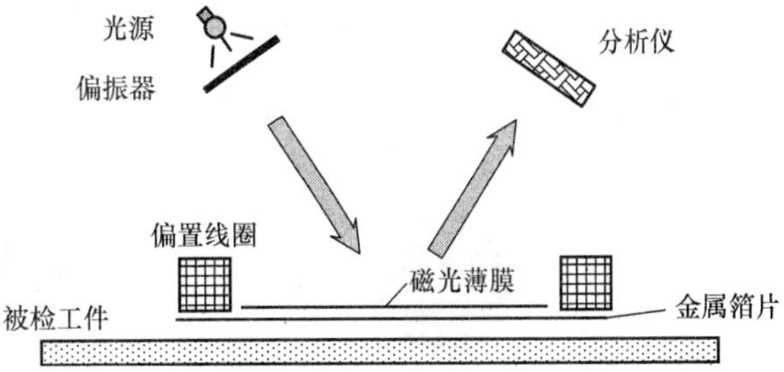

图 8-31　磁光成像检测

2. 数值模拟

磁光成像系统不需要扫描就可以迅速获得一定面积的图像，因此可以使用传统的 ***A***，***A-V*** 表述方法来进行模拟。求解代数方程组得到磁向量位后，计算薄膜所在平面上的磁感应强度的法向分量。将平面内的磁感应强度的法向分量与阈值比较，得到二进制图像。同时，还可计算并显示工件中的涡流密度，以了解材料不连续性对涡流分布的影响。

多层铆接结构涡流检测中，下表面孔边裂纹检测是最困难的，因而成为我们的研究对象。如图 8-32 所示，被检工件是由铆钉铆接在一起的厚度各为 1mm 的三层铝合金板。这里忽略相邻铆钉和结构边缘的影响，将模型简化为只有一个铆钉的无限大平板结构。铆钉尺寸示于图中。下层铝板中有一自铆钉孔沿径向扩展的裂纹。裂纹高为 1mm，宽为 0.1mm，长度可变。相邻铝板的间距以及铝板与铆钉的间距都设为 0.1mm。金属箔片厚为 0.05mm，其下表面与铝板上表面距离为 0.35mm。激励电流密度的有效值是 100mA/m^2，频率可变。在箔片上方 0.2mm 处检测磁场。

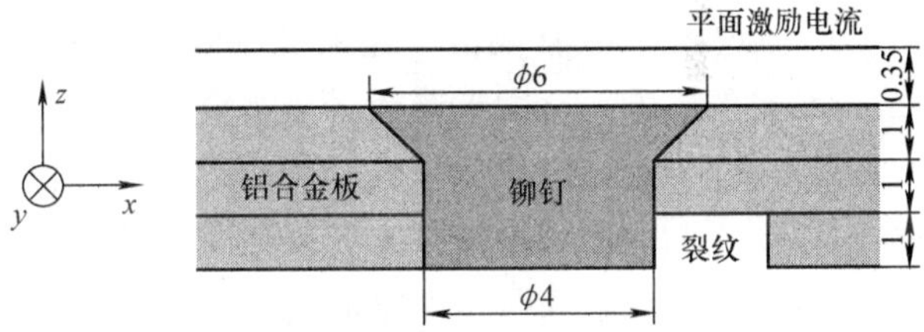

图 8-32　多层铆接结构磁光成像检测模型

金属箔片中的平面激励电流可以是在一个方向上变化的均匀的线性电流，其产生的磁场只有一个方向，在工件中感应出的涡流对与电流方向平行的线性缺陷不敏感。为检测任意方向的缺陷，要求金属箔片中的激励电流随时间改变方向。在 x 方向和 y 方向上施加大小相同、相位相差为 90°的线性电流，则合成电流随时间变化而旋转，旋转的频率与线性电流的频率相同。

图 8-33 所示为计算得到的铆接结构下表面某一时刻的涡流密度。图 8-34a、b 所示分别为计算得到的顺时针方向和逆时针方向（从上往下看）旋转电流作用下的磁光图像。裂纹的存在表现为图像不是圆形，而是向裂纹扩展方向倾斜。激励电流旋转方向不同，得到的图像也有差异，这可以在理论上得到解释。图 8-34c所示为实验得到的图像，对比可看出模拟结果与实验结果相近。

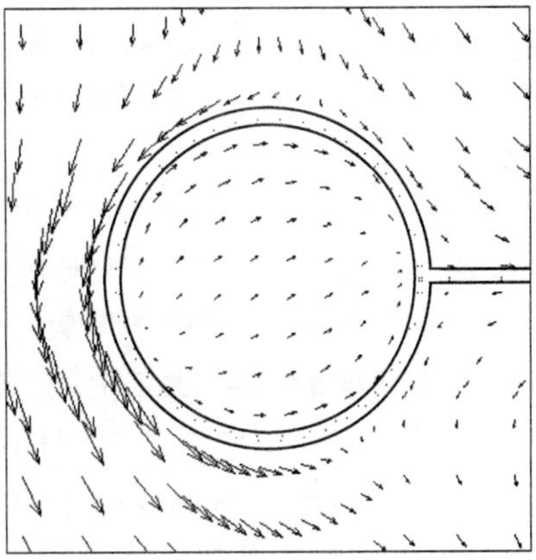

图 8-33　铆接结构下表面的涡流密度

该模型既可用于分析检测参数对成像结果的影响，也可用于研究检测概率以及对检测参数进行可靠性设计。下面介绍检测参数对成像结果影响的分析。

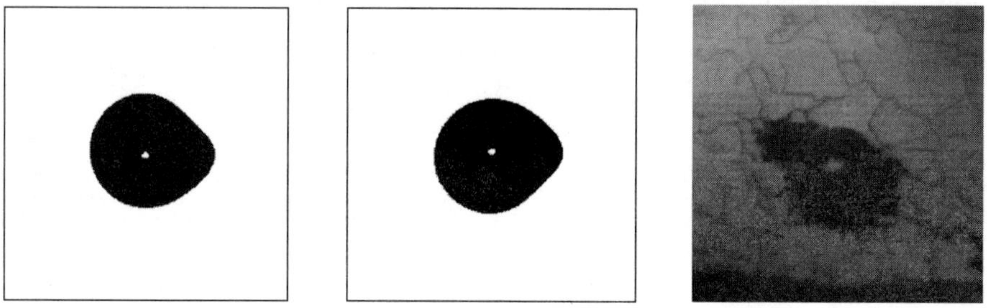

a) b) c)

图 8-34 旋转电流激励下的磁光图像（铝合金铆钉；频率 3kHz；裂纹长 5mm；阈值 2G）
a）计算结果（顺时针方向） b）计算结果（逆时针方向） c）实验结果

3. 参量分析

（1）倾斜度与最佳阈值 在二进制磁光图像中引入倾斜度概念来量化孔边裂纹对涡流及成像结果的影响，有助于选择最佳阈值及进行参量分析。将这种技术与图像处理技术相结合，可以对缺陷进行量化和分类，有助于开发自动磁光成像检测系统。

可以用不同的方式定义图像的倾斜度。这里对磁光图像的倾斜度做简单、直观的定义。当铆钉孔边不存在裂纹时，图像的中心即铆钉中心；存在裂纹时，图像向裂纹方向倾斜。以铆钉中心为原点，裂纹方向为 x 方向，垂直于工件表面的方向为 z 方向，建立直角坐标系。定义磁光图像的倾斜度为

$$S = 1 - \min\left(\frac{P_1}{P_2}, \frac{P_2}{P_1}\right) \tag{8-2}$$

式中，$P_1 = \sum\limits_{x_i > 0} x_i^k$，$P_2 = \sum\limits_{x_i < 0} (-x_i)^k$，分别是右半平面所有黑色像素的 x 坐标的 k 次方之和与左半平面所有黑色像素的 x 坐标绝对值的 k 次方之和。S 的取值范围是 $0 \leqslant S < 1$。没有裂纹时，$S = 0$。黑色像素的 x 值越大，对 P 值的贡献越大。k 值起到调节此贡献的作用。此处令 $k = 1$。裂纹越长，图像倾斜越厉害，S 值就越大。仅用像素的 x 坐标而不用 y 坐标来定义倾斜度可以避免因激励电流旋转方向不同造成磁光图像差异而影响倾斜度的大小。

图 8-35 所示为顺时针方向旋转电流激励下得到的磁感应强度垂直分量等值图。每条等值线代表不同阈值时二进制磁光图像的轮廓。阈值为 0.5G 和 0.85G 时的图像比阈值为 2.0G 和 4.0G 时的图像更加倾斜，更能说明裂纹的存在。计算得到这四个由小到大的阈值对应的图像的倾斜度分别是 0.32、0.34、0.24 和 0.08。因此，我们可以选择一个合适的阈值，得到最大的倾斜度，使得孔边裂纹检测最容易。倾斜度达到最大值时的阈值称为最佳阈值。图 8-36 所示为铆钉材料为铝合金、频率为 3kHz、裂纹长为 5mm 时倾斜度随阈值的变化曲线。曲线表明，这一条件下检测此裂纹的最佳阈值就是 0.85G。

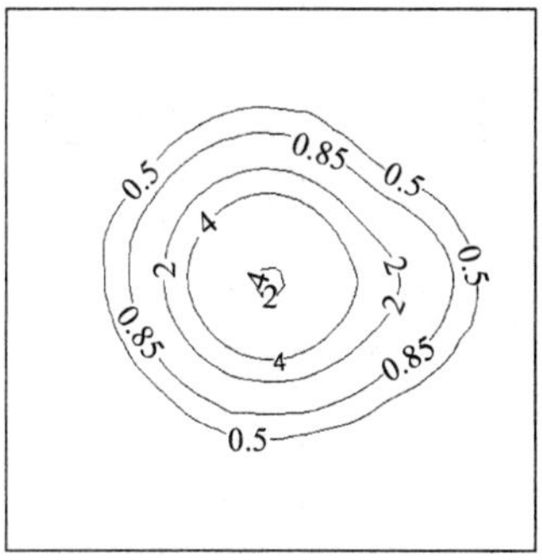

图 8-35　磁感应强度（G）垂直分量等值图（铝合金铆钉；频率 3kHz；裂纹长 5mm）

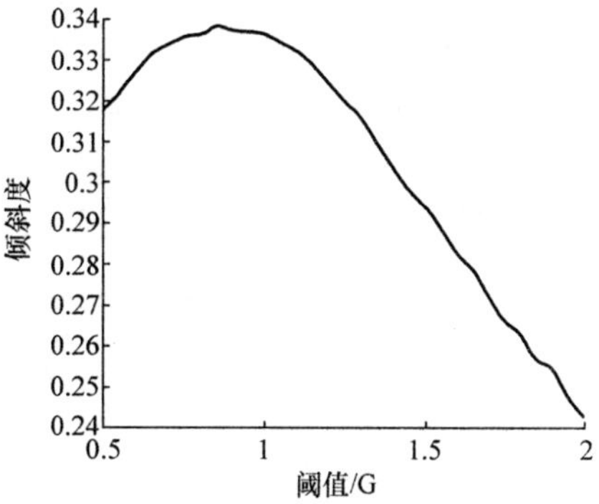

图 8-36　倾斜度与阈值的关系（铝合金铆钉；频率 3kHz；裂纹长 5mm）

（2）频率的影响　与传统涡流检测一样，磁光成像检测的效果与频率的选择也有很大关系。频率太高，则涡流渗透深度不够，难以检测下表面缺陷；频率太低，则检测灵敏度差。图 8-37 所示为频率分别为 3kHz 和 5kHz 时，检测 5mm 长裂纹得到的磁感应强度垂直分量等值图。两个频率下的最佳阈值分别是 0. 85G 和 0. 35G，对应的倾斜度分别是 0. 34 和 0. 28。因此 3kHz 频率较适合用于检测此裂纹。

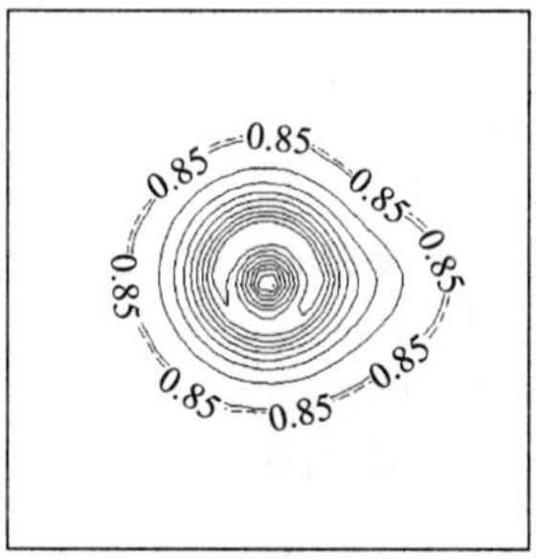

a)

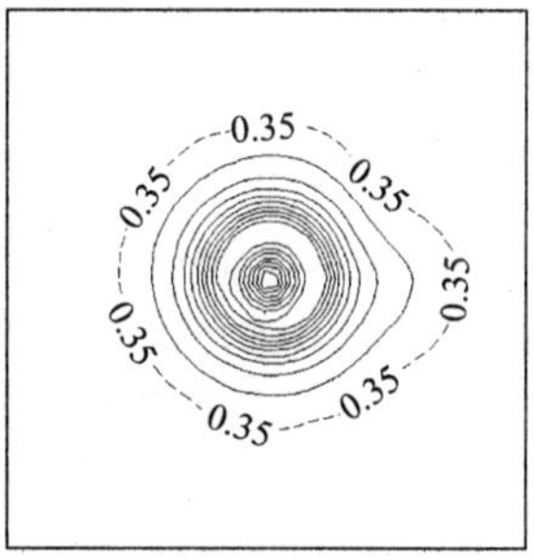

b)

图 8-37　不同频率下的磁感应强度（单位：G）垂直分量等值图（铝合金铆钉；裂纹长 5mm）

a）频率 3kHz，最佳阈值 0. 85G，最大倾斜度 0. 34

b）频率 5kHz，最佳阈值 0. 35G，最大倾斜度 0. 28

（3）裂纹长度的影响　图 8-38a、b、c 分别是 3kHz 频率下检测 3mm、5mm 和 8mm 长裂纹时得到的磁感应强度垂直分量等值图。最佳阈值分别是 0. 60G、0. 85G 和 0. 85G，对应的倾斜度分别是 0. 15、0. 34 和 0. 56。显然，裂纹越长，磁光图像的倾斜度越大，检测越容易。

（4）铆钉电导率的影响　图 8-39 所示为铆钉材料分别为钛合金和铝合金时在 3kHz 频率下检测 5mm 长裂纹得到的磁感应强度垂直分量等值图。钛合金的电导率远低于铝合金的电导率。这两种铆钉材料下的最佳阈值相同，均为 0. 85G。最大倾斜度也相同，均为 0. 34。磁感应强度垂直分量的最大值略有不同。铆钉材料为钛合金和铝合金时，磁感应强度垂直分量最大值分别是 9. 63G 和 9. 42G。这说明对于磁光成像检测来说，铆钉的电导率并不重要。产生磁光图像的主要贡献来自铆钉与铝板间的气隙。气隙使得涡流发生偏转，从而产生磁感应强度垂直分量。

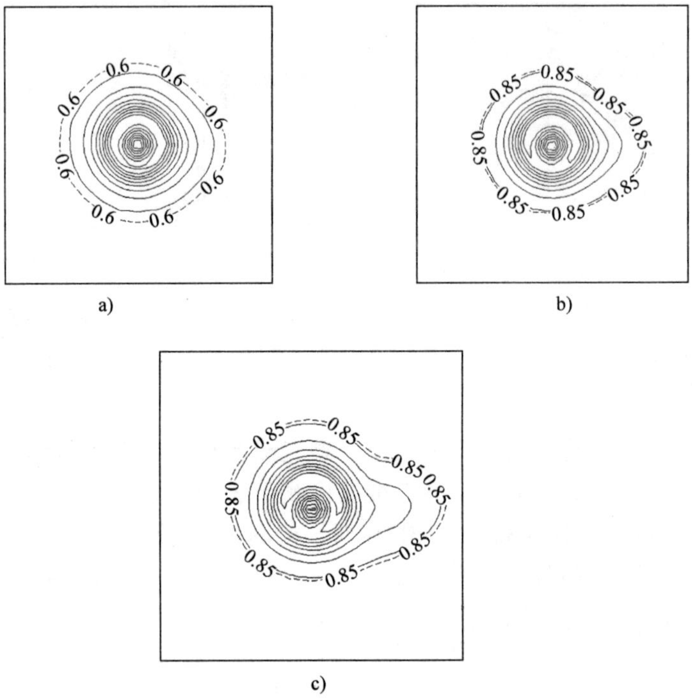

图 8-38　不同裂纹长度时的磁感应强度（单位：G）垂直分量等值图（铝合金铆钉；频率 3kHz）
a）裂纹长 3mm，最佳阈值 0.60G，最大倾斜度 0.15
b）裂纹长 5mm，最佳阈值 0.85G，最大倾斜度 0.34
c）裂纹长 8mm，最佳阈值 0.85G，最大倾斜度 0.56

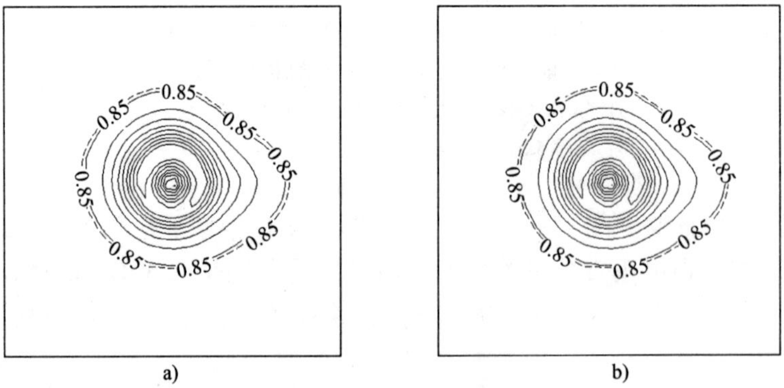

图 8-39　不同铆钉电导率时的磁感应强度（单位：G）垂直分量等值图（频率 3kHz；裂纹 5mm）
a）钛合金铆钉，最佳阈值 0.85G，最大倾斜度 0.34，峰值 9.63G
b）铝合金铆钉，最佳阈值 0.85G，最大倾斜度 0.34，峰值 9.42G

8.4.2　常规涡流检测高效数值模拟

飞机蒙皮多层铆接结构的常规检测方法是使用扁平磁心线圈进行扫描检测，如图 8-40 所示。为避免模拟探头扫描过程中重新剖分网格及由此带来的计算效率低和计算信号噪声大等问题，采用 3.2 节介绍的区域分解方法进行计算。

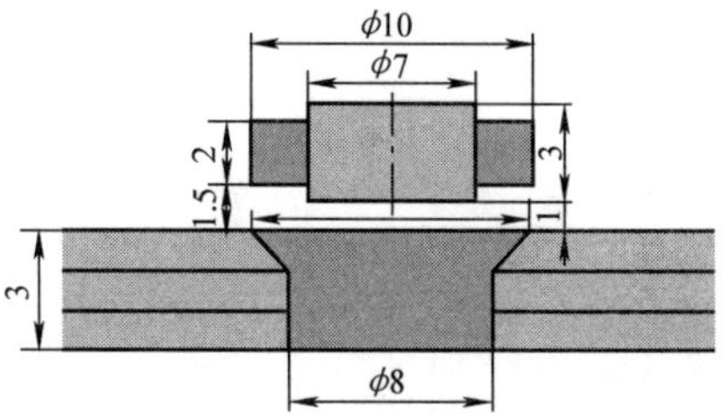

图 8-40　飞机蒙皮多层铆接结构与涡流探头

1. 区域分解

将铆接结构及周围空气作为子域 D_1，将磁心及周围空气作为子域 D_2，对 D_1和 D_2分别剖分网格。线圈产生的磁场及磁向量位可由解析式计算而得，因此不必将线圈置于任何子域中，不必剖分网格。求解该问题的基于插值耦合的区域分解方法如图 8-41 所示。

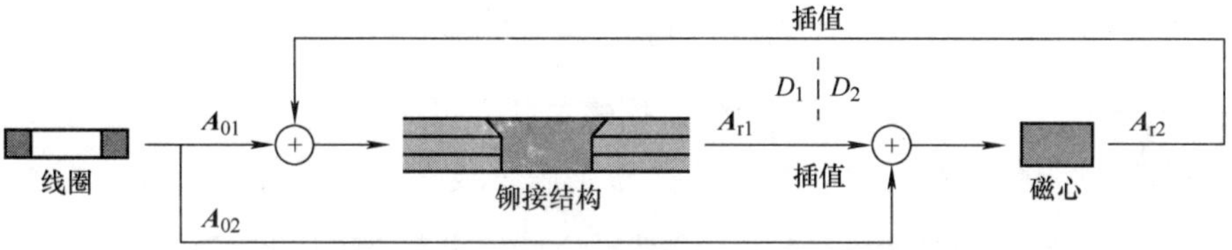

图 8-41　用基于插值耦合的区域分解方法模拟飞机蒙皮多层铆接结构涡流检测

飞机蒙皮多层铆接结构中，铆钉可以是由不同材料加工而成的。当铆钉材料为铝合金或钛合金等非铁磁性材料时，D_1 中可以采用效率很高的带库仑规范的节点有限元法进行求解。D_2中的磁心是导磁材料，因此 D_2中不能使用库仑规范，否则磁心表面处磁场强度切向分量的连续性得不到满足，导致计算结果错误。而不使用库仑规范就会影响求解效率。但是磁心通常具有规则形状，且尺寸小，所以 D_2上的网格规模小，不用库仑规范对总的求解效率影响不大。

当连接件为钢铆钉时，D_1 中的求解就不能使用带库仑规范的节点有限元法。使用不带库仑规范的节点有限元法或者棱边有限元法可以得到正确的解，但计算效率低。D_1 中的求解效率低会严重影响整个模拟过程的效率。

解决上述问题的办法是进一步使用区域分解的思想，将钢铆钉与铝合金板置于不同的子域，即将整个求解区域分解为包含铝合金板的子域 D_1，包含磁心的子域 D_2 及包含钢铆钉的子域 D_3。如果模拟的检测区域包含多个铆钉，则将每个铆钉单独置于一个子域中，如图 8-42所示。铝合金板所在的子域中可以使用计算效率高的带库仑规范的节点有限元法进行求解。钢铆钉所在的子域与磁心所在的子域一样，不能在其中使用库仑规范。但是，铆钉形状简单，尺寸小，在其所在的子域中不施加库仑规范对总的求解效率影响不大。

2. 模拟步骤

设 $\boldsymbol{A}_0$ 是激励线圈产生的磁向量位，$\boldsymbol{A}_{ri}$是 D_i中的感应电流与（或）磁化电流产生的退化磁向量位，则全磁向量位可表示为

$$\boldsymbol{A} = \boldsymbol{A}_0 + \sum_{i=1}^{N} \boldsymbol{A}_i \tag{8-3}$$

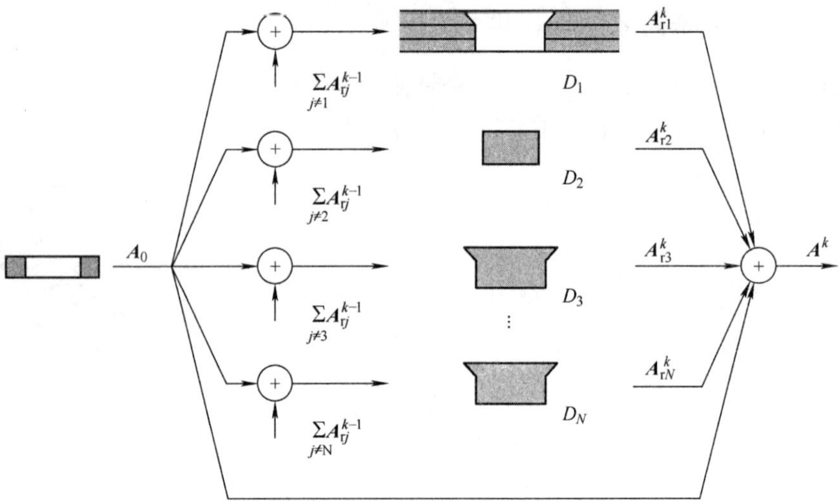

图 8-42　飞机蒙皮多层铆接结构涡流检测数值模拟中的区域分解方法

式中，N 为子域个数。由于各子域产生的退化磁向量位相互影响，因此需要一个迭代过程来更新这些退化磁向量位。对于 D_i 上的计算，激励源是线圈电流和各个子域中的感应电流和（或）磁化电流。因此，当用 $\boldsymbol{A}_r$，$\boldsymbol{A}_r-V$ 表述方法计算第 k 次迭代中 D_i 产生的退化磁向量位 $\boldsymbol{A}_{ri}^k$ 时，输入是 $\boldsymbol{A}_0+\sum\limits_{j(j\neq i)}\boldsymbol{A}_{rj}^{k-1}$。具体过程为：

1）对各个子域剖分有限元网格。

2）在各个子域上生成代数方程组，并对系统矩阵做相应预处理。

3）对探头位置进行循环：

① 计算激励线圈在各个子域产生的磁向量位 $\boldsymbol{A}_0$。

② 在各个子域 $D_i(i=1, 2, \cdots, N)$ 上以 $\boldsymbol{A}_0$ 为输入计算退化磁向量位的初始值 $\boldsymbol{A}_{ri}^0$，然后计算线圈电压的初始值 V^0，并令 $k=1$。

③ 对于各个子域 $D_i(i=1, 2, \cdots, N)$，将所有 $D_j(j=1, 2, \cdots, N;\ j\neq i)$ 中计算得到的 $\boldsymbol{A}_{ri}^{k-1}$ 插值到 D_i，以 $\boldsymbol{A}_0+\sum\limits_{j(j\neq 1)}\boldsymbol{A}_{rj}^{k-1}$ 为输入计算新的退化磁向量位 $\boldsymbol{A}_{ri}^k$，然后计算线圈电压 V^k，并令 $k=k+1$。

④ 比较 V^k 与 V^{k-1}，若两者的相对误差大于预设值，则回到步骤③继续迭代计算，否则说明迭代已收敛，退出循环。

3. 计算结果

分别用传统的 $\boldsymbol{A}$，$\boldsymbol{A}$-V 表述方法、铆钉与铝板同在一个子域的区域分解方法和铆钉与铝板在不同子域的区域分解方法模拟图 8-40 所示的固定磁心线圈检测问题。模型中的被检工件包含 3 层厚度各为 1mm 的铝合金板和一枚钢铆钉。铝合金的电导率为 27.4MS/m，相对磁导率为 1。铆钉的电导率为 5.8MS/m，相对磁导率为 100。磁心线圈置于铆钉正上方，磁心电导率为 0，相对磁导率为 70。线圈有 100 匝，通有强度为 75mA、频率为 3kHz 的交变电流。

计算得到的线圈电压和所用时间列于表 8-12。三个计算结果相近。用区域分解方法求解时，如果铆钉与铝板同在一个子域，那么不能在该子域中使用带库仑规范的节点有限元法，使得此方法的计算时间与传统 **A**，**A**-*V* 表述方法的计算时间相差无几。当然，在模拟磁心线圈扫描检测时，传统 **A**，**A**-*V* 表述方法要求重新剖分网格，其效率无法与区域分解方法相提并论。将铆钉与铝板分置于不同子域，则铝板子域中可以使用高效的带库仑规范的节点有限元法，因此该方法的计算速度远快于铆钉与铝板同在一个子域的区域分解方法。

表 8-12　磁心线圈固定时用不同方法得到的计算结果及计算时间

计算方法	线圈电压/mV	计算时间/s
A,**A**-*V* 表述	14.54 + j181.13	2624
铆钉与铝板同在一个子域的区域分解方法	13.91 + j169.88	2444
铆钉与铝板在不同子域的区域分解方法	14.61 + j171.63	665

用铆钉与铝板在不同子域的区域分解方法模拟磁心线圈扫描检测三个不同的铆接结构工件。工件一即图 8-40 中的铆接结构，没有缺陷。工件二与工件一的区别是在上表面有一长 3mm、宽 0.2mm、深 1mm 的模拟孔边裂纹。工件三与工件二的唯一区别是孔边裂纹出现在下表面。计算结果如图 8-43 所示。图 8-43a 所示为线圈电压绝对值与探头位置的关系，从中可以看出，上表面裂纹容易检测，而下表面裂纹信号几乎被铆钉信号淹没。图 8-43b 所示为复平面内的线圈电压变化曲线。采用这种信号表示方式，上表面裂纹信号非常明显，下表面裂纹信号亦有所呈现。这证明了相位信息在涡流检测中的重要性。

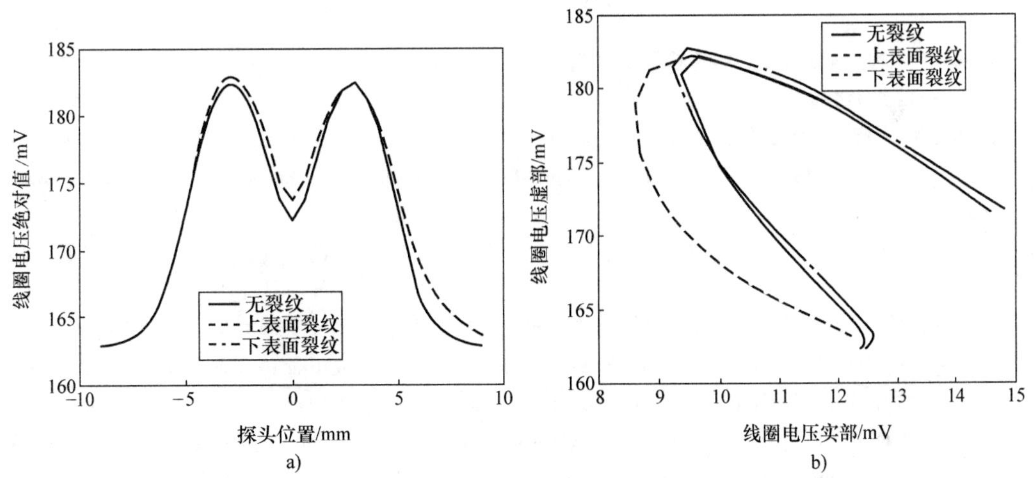

图 8-43　磁心线圈扫描检测飞机蒙皮多层铆接结构模拟结果

a）线圈电压绝对值与探头位置的关系　b）复平面内的线圈电压变化曲线

参考文献

[1] 日本无损检测协会. 新非破坏检查便览 [M]. 东京：日刊工业新闻社，1992.

[2] 李家伟，陈积懋. 无损检测手册 [M]. 北京：机械工业出版社，2002.

[3] 前田宣喜，矢川元基. 非破坏检查の理论 [M]. 东京：丸善プラネット株式会社，2006.

[4] 任吉林，林俊明. 金属磁记忆检测技术 [M]. 北京：中国电力出版社，2000.

[5] 任吉林，林俊明. 电磁无损检测 [M]. 北京：科学出版社，2008.

[6] 徐可北，周俊华. 涡流检测 [M]. 北京：机械工业出版社，2004.

[7] ASME. ASME Boiler and Pressure Vessel Code [S]. Section XI. 纽约：ASME，2013.

[8] 美国无损检测学会. 美国无损检测手册 电磁卷 [M]. 北京：世界图书出版公司，1999.

[9] 冯慈樟，马西奎. 工程电磁场导论 [M]. 北京高等教育出版社，2006.

[10] 雷银照. 电磁场 [M]. 2 版. 北京：高等教育出版社，2010.

[11] 谢德馨，杨仕友. 工程电磁场数值分析与综合 [M]. 北京：机械工业出版社，2008.

[12] 倪光正. 工程电磁场数值计算 [M]. 北京：机械工业出版社，2004.

[13] Chen Z, Xie S, Li Y. Electromagnetic nondestructive evaluation (XVⅢ) [M]. Amsterdan：IOS Press，2015.

[14] Tai C T. Dyadic Green's function in electromagnetic theory [M]. Scranton：Intext，Scranton，1971.

[15] Hirao M，Ogi H. EMATs，for science and industry non-contacting ultrasonic measurements [M]. Boston：Kluwe Academic Publishers，2003.

[16] 高松洋，宫健三，陈振茂. 加压水型轻水堆核电站电磁无损检测技术开发经纬 [J]. 日本 AEM 学会学报，2000，8 (1)：95-101.

[17] 聂勇，张建军. 中国核电站在役检查领域的国际交流和自主创新 [J]. 无损检测，2007，29 (10)：557-559.

[18] 丁训慎. 核电站蒸汽发生器传热管二次侧晶间腐蚀和晶间应力腐蚀及防护 [J]. 腐蚀与防护，2002，23 (10)：441-444.

[19] 马维，潘文霞. 热障涂层材料性能和失效机理研究进展 [J]. 力学进展，2003，33 (4)：548-559.

[20] Xu R，Fan X L，Zhang W X，et al. Interfacial fracture mechanism associated with mixed oxides growth in thermal barrier coating system [J]. Surface and Coatings Technology，2014，253：139-147.

[21] 卢天健，何德坪，陈常青，等. 超轻多孔金属材料的多功能特性及应用 [J]. 力学进展，2006，(04)：517-535.

[22] 张东利. 超轻金属栅格夹芯板无损检测方法研究 [D]. 西安：西安交通大学，2012.

[23] Koyama K，Hoshikawa H，Kojima G. Eddy current nondestructive testing for carbon fiber-reinforced composites [J]. Journal of Pressure Vessel Technology，2013，135 (4)：1-5.

[24] Huang L，He R，Zeng Z. An extended iterative finite element model for simulating eddy current testing of aircraft skin structure [J]. IEEE Transactions on Magnetics，2012，48 (7)：2161-2165.

[25] Hughes D E. Induction-balance and experimental researches therewith [J]. Proceedings of the Physical Society of London，1879，3 (1)：81-89.

[26] Forster F. Nondestructive Testing Handbook [M]. 1st ed. Columbus：The American Society for Nondestructive Testing，1959.

[27] Libby H L，Wandling C R. Eddy current multi-parameter test for tube flaws in support region [J]. Nihon Ika Daigaku Zasshi，1981，48 (6)：844-847.

[28] Auld B A，Moulder J C. Review of advances in quantitative eddy current nondestructive evaluation [J]. Journal of Nondestructive Evaluation，1999，18：3-36.

[29] Ludwig R, Dai X W. Numerical and analytical modeling of pulsed eddy currents in a conducting half-space [J]. IEEE Transactions on Magnetics, 1990, 26: 299-307.

[30] Xie S, Chen Z, Takagi T, et al. Efficient Numerical solver for simulation of pulsed Eddy current testing signals [J]. IEEE Transactions on Magnetics, 2011, 47: 4582-4591

[31] T R Schmidt. The remote field eddy current inspection technique [J]. Material Evaluation, 1984, 42 (2): 225-230.

[32] Atherton D L. Remote Field eddy current inspection [J]. IEEE Transactions on Magnetics 1995, 31 (6): 4142-4147.

[33] Vasatis I P, Pelloux R M. Application of the DC potential drop technique in investigating crack initiation and propagation under sustained load in notched rupture tests [J]. Metallurgical &Materials Transactions A, 1988, 19 (4): 863-871.

[34] Miya K. Recent advancement of electromagnetic nondestructive inspection technology in Japan [J]. IEEE Transactions on Magnetics, 2002, 38 (2): 321-326.

[35] Jiles D C. Review of magnetic method for nondestructive evaluation [J]. NDT&E International, 1988, 21 (5), 311-319.

[36] Lord W, Palanisamy R. Development of theoretical models of nondestructive testing eddy current phenomena. Eddy Current Characterization of Materials and Structures [J]. ASTM STP 722, 1981, 722: 5-21.

[37] Sabbagh H A, Sabbagh L D. An eddy current model for three-dimensional inversion [J]. IEEE Transactions on Magnetics, 1986, 22 (4): 282-291.

[38] Bowler J, Johnson M. Pulsed eddy current response to a conducting half space [J]. IEEE Transactions on Magnetics, 1997, 33: 2258-2264.

[39] Takagi T. Benchmark models of eddy current testing for steam generator tube: experiment and numerical analysis [J]. International Journal of Applied Electromagnetics in Materials, 1994, 5 (3): 149-162.

[40] Badics Z, Pavo J, Komatsu H, et al. Fast flaw reconstruction from 3D eddy current data [J]. IEEE Transactions on Magnetics, 1998, 4 (5): 2823-2828.

[41] Fukutomi H, Takagi T, Tani J, et al. Three dimensional finite element computation of a remote filed eddy current technique to non-magnetic tubes [J]. Journal of the Japan Society of Applied Electromagnetics, 1998, 6 (4): 343-349.

[42] Tanaka M, Tsuboi H, Kobayashi F, et al. Transient eddy current analysis by the boundary element method using fourier transforms [J]. IEEE Transactions on Magnetics, 1993, 29: 1722-1725.

[43] Li Y, Tian G Y, Simm A. Fast analytical modelling for pulsed eddy current evaluation [J]. NDT&E International, 2008. 41 (6): 477-483.

[44] Xie S. Quantitative Nondestructive Evaluation of pipe wall thinning using pulsed eddy current testing [D]. Sendai: Tohoku University, 2012.

[45] Norton S J, Bowler J R. Theory of eddy current inversion [J], Journal of Applied Physics, 1993, 73: 501-512.

[46] Chen Z, Yusa N, Miya K. Some advances in numerical analysis techniques for quantitative electromagnetic nondestructive evaluation [J]. Nondestructive Testing and Evaluation, 2009, 24 (1), 69-102.

[47] 张思全，陈铁群，刘桂雄. 应力腐蚀裂纹涡流检测信号的处理及形状重构 [J]. 核动力工程，2008，29 (6): 50-53.

[48] 耿强，黄太回，陈振茂. 基于支持向量机和神经网络方法的应力腐蚀裂纹的定量重构 [J]. 电工技术学报，2010，25 (10): 196-199.

[49] Chady T, Enokizono M, Sikora R. Neural network models of eddy current multi-frequency system for nonde-

structive testing [J]. IEEE Transactions on Magnetics, 2000, 36: 1724-1727.

[50] Yusa N, Janousek L, Rebican M, et al. Caution when applying eddy current inversion to stress corrosion cracking [J]. Nuclear Engineering and Design, 2006. 236: 211-221.

[51] Oshima K, Hashimoto M. Research on numerical analysis modeling of SCC on eddy current testing [J]. Journal of the Japan Society of Applied Electromagnetics. Electromagn. Mech., Vol. 10, 384-388, 2002.

[52] Li Y, Udpa L, Udpa S. Three dimensional defect reconstruction from eddy current testing NDE signal using a genetic local search algorithm [J]. IEEE Transactions on Magnetics, 2000, 40: 410-417.

[53] 王丽. 基于涡流检测信号的应力腐蚀裂纹重构理论与应用 [D]. 西安: 西安交通大学, 2012.

[54] 福富広幸. 数値解析による渦電流を用いた非破壊評価法の高度化に関する研究 [D]. 仙台: 东北大学, 1998.

[55] 日本AEM学会ECT分科会. ECTによる高精度欠陥診断技術に関する研究調査報告書 [M]. 东京: 日本AEM学会, 2001.

[56] Chen Z. Enhancement of ECT technique by probe optimization and reconstruction of cracks [D]. Tokyo: The University of Tokyo, 1998.

[57] Pei C. Development of an Enhanced Laser-EMAT UT technique and its applications for inner defect inspection [D]. Tokyo: The University of Tokyo, 2012.

[58] Mihalache O. Direct and inverse analyses in nondestructive testing of ferromagnetic materials [D]. Tokyo: The University of Tokyo, 2000.

[59] Bowler J R. Eddy current interaction with an idea crack, I. the forward problem [J]. Journal of Applied Physics, 1994, 75 (12): 8128-8137.

[60] Matsuoka F. Calculation of 3-D eddy current by the FEM-BEM coupling method [J]. Proceedings of the IUTAM Tokyo, 1986: 327-334.

[61] Kameari A. Transient eddy current analysis on thin conductors with arbitrary connections and shapes [J]. Journal of Comptational Physics, 1981, 42: 124-140.

[62] Badics Z, Matsumoto Y, Aoki K, et al. An effective 3-D finite element scheme for computing electromagnetic distortion due to defects in eddy current nondestructive evaluation [J]. IEEE Transactions on Magnetics, 1997, 22 (2): 1012-1020.

[63] Albanese R, Rubinacci G. An integral formulation for 3-D eddy-current computation using edge elements [J]. IEEE Proceedings Part A, 1988, 135: 457-462.

[64] Dunbar W S. The volume integral method of eddy-current modeling: Verification [J]. Journal of Nondestructive Evaluation, 1985, 5 (1): 9-14.

[65] 陈德智, 王彬, 邵可然, 等. 裂纹检测中的涡流场计算 [J]. 无损检测, 2000, 22 (3): 99-105.

[66] Chen Z, Rebican M, Miya K, et al. 3D simulation of remote field ECT by using Ar method and a new formula for signal calculation [J]. Research in Nondestructive Testing, 2005, 16: 35-53.

[67] Chen Z, Miya K, Kurokawa M. Rapid prediction of eddy current testing signals using A-φ method and database [J]. NDT&E International, 1999, 32 (1): 29-36.

[68] Chen Z, Rebican M, Yusa N, et al. Fast simulation of ECT signal due to a conductive crack of arbitrary width [J]. IEEE Transactions on Magnetics, 2006, 42: 683-686.

[69] Yusa N, Chen Z, Miya K, et al. Large-scale parallel computation for the reconstruction of natural stress corrosion cracks from eddy current testing signals [J]. NDT&E International, 2003, 36: 449-459.

[70] Cheng W, Miya K, Chen Z. Reconstruction of crack with multiple eddy current coils using a database approach [J]. Journal of Nondestructive Evaluation, 1999, 18: 149-160.

[71] Rebican M, Yusa N, Chen Z, et al. Reconstruction of multiple cracks in an ECT round-robin test [J].

International Journal of Applied Electromagnetics and Mechanics, 2004, 19 (1): 399-404.

[72] Udpa L, Upda S S. Eddy current defect characterization using neural networks [J]. Materials Evaluation, 1990, 48 (3): 342-347.

[73] Yusa N, Cheng W, Chen Z. Generalized neural network approach to eddy current inversion for real cracks [J]. NDT&E International, 2002, 35 (8): 609-614.

[74] Wang L, Chen Z. A multi-frequency strategy for reconstruction of deep stress corrosion cracks from ECT signals at multiple liftoffs [J]. International Journal of Applied Electromagnetics and Mechanics, 2010. 33 (3-4): 1017-1023.

[75] Chen Z, Miya K. ECT inversion using a knowledge based forward solver [J]. Journal of Nondestructive Evaluation, 1998, 17: 167-175.

[76] Chen Z, Aoto K, Miya K. Reconstruction of cracks with physical closure from signals of eddy current testing [J]. IEEE Transactions on Magnetics, 2000, 36: 1018-1022.

[77] Chen Z, Yusa N, Rebican M, et al. Inversion techniques for eddy current NDE using optimization strategies and a rapid 3D forward simulator [J]. International Journal of Applied Electromagnetics and Mechanics, 2004, 20: 179-187.

[78] Zeng Z, Liu X, Deng Y, et al. A parametric study of magneto-optic imaging using finite element analysis applied to aircraft rivet site inspection [J]. IEEE Transactions on Magnetics, 2006, 42 (11): 3737-3744.

[79] Zeng Z, Liu X, Deng Y, et al. Reduced magnetic vector potential and electric scalar potential formulation for eddy current modeling [J]. Przeglad Elektrotechniczny, 2007, 83 (6): 35-37.

[80] Paul P, Webb J P. Reducing computational costs using a multi-region finite element method for electromagnetic scattering [J]. IET Microwaves Antennas & Propagation, 2008, 2 (5): 427-433.

[81] Bakir O. Domain decomposition based hybrid methods for solving real-life electromagnetic scattering and radiation problems [D]. Ann Arbor: University of Michigan, 2012.

[82] Shao Y, Peng Z, Lim K H, et al. Non-conformal domain decomposition methods for time-harmonic Maxwell equations [J]. Proceedings of the Royal Society A, 2012, 468: 2433-2460.

[83] Peng Z, Lim K, Lee J. Nonconformal domain decomposition methods for solving large multiscale electromagnetic scattering problems [J]. Proceedings of the IEEE, 2013, 101 (2): 298-319.

[84] Zeng Z, Udpa L, Upda S S. Finite element method for simulation of ferrite-core eddy current probe [J]. IEEE Transactions on Magnetics, 2010, 46 (3): 905-909.

[85] Zeng Z, Udpa L, Udpa S S. An efficient finite element method for modeling ferrite-core eddy current probe [J]. International Journal of Applied Electromagnetics and Mechanics, 2010, 33 (1): 481-486.

[86] Bíró O, Preis K. On the use of the magnetic vector potential in the finite-element analysis of three-dimensional eddy currents [J]. IEEE Transactions on Magnetics, 1989, 25 (4): 3145-3159.

[87] Inan U S, Inan A S. Engineering Electromagnetics [J]. Addison-Wesley, 1999: 521-531.

[88] Wang H, Zhu K, Yan Z. Three dimensional 2-direction & 3-direction mapped infinite elements [J]. Engineering Mechanics, 2002, 19 (3): 95-98.

[89] 任姗姗，皇甫超华，崔庆龙. 碳纤维复合材料的研究与应用 [J]. 科技向导，2010 (5): 67.

[90] 陈士杰. 碳纤维复合材料的应用 [J]. 精细化工原料及中间体，2012 (6): 20-21.

[91] 张澎涛. 碳纤维复合材料分层损伤的超声波无损检测研究 [D]. 哈尔滨：东北林业大学，2006.

[92] 徐丽，张幸红，韩杰才. 射线检测在复合材料无损检测中的应用 [J]. 无损检测，2004, 26 (9): 450-456.

[93] 戴景民，汪子君. 红外热成像无损检测技术及其应用现状 [J]. 自动化技术与应用，2009, 26

(1): 1-6.

[94] 杨小林，等. 红外热波技术在飞机复合材料损伤检测中的应用 [J]. 无损检测，2007，29 (4)：200-202.

[95] Carr C, Graham D, Macfarlane J C, et al. SQUID-based non-destructive evaluation of carbon fiber reinforced polymer [J]. IEEE Transactions on Applied Superconductivity, 2003, 13 (2): 196-199.

[96] Bonavolontà C, Valentino M, Peluso G, et al. Non-destructive evaluation of advanced composite materials for aerospace application using HTS SQUIDs [J]. IEEE Transactions on Applied Superconductivity, 2007, 17 (2): 772-775.

[97] Grimberg R, Savin A, Steigmann R, et al. Eddy current examination of carbon fibers in carbon-epoxy composites and Kevlar [J]. International Journal of Materials and Product Technology, 2006, 27 (3): 223-228.

[98] Yin W, Withers P J, Sharma U, et al. Noncontact characterization of carbon-fiber-reinforced plastics using multi-frequency eddy current sensors [J]. IEEE Transactions on Instrumentation and Measurement, 2009, 58 (3): 738-743.

[99] Salski B, Gwarek W, Korpas P. Electromagnetic inspection of carbon-fiber-reinforced polymer composites with coupled spiral inductors [J]. IEEE Transactions on Microwave Theory and Techniques, 2014, 62 (7): 1535-1544.

[100] Menana H, Féliachi M. 3-D eddy current computation in carbon-fiber reinforced composites [J]. IEEE Transactions on Magnetics, 2009, 45 (3): 1008-1011.

[101] Menana H, Féliachi M. An integro-differential model for 3-D eddy current computation in carbon fiber reinforced polymer composites [J]. IEEE Transactions on Magnetics, 2011, 47 (4): 756-763.

[102] Megali G, Pellicanò D, Cacciola M, et al. EC modelling and enhancement signals in CFRP inspection [J]. Progress in Electromagnetics Research M, 2010, 14: 45-60.

[103] Pratap S B, Weldon W F. Eddy currents in anisotropic composites applied to pulsed machinery [J]. IEEE Transactions on Magnetics, 1996, 32 (2): 437-444.

[104] 张力，张恒，李雯. 复合材料损伤与断裂力学研究 [J]. 北京工商大学学报：自然科学版，2004，22 (1)：34-38.

[105] Xuan L, Zeng Z, Shanker B, et al. Element-free Galerkin method for static and quasi-static electromagnetic field computation [J]. IEEE Transactions on Magnetics, 2004, 1 (40): 12-20.

[106] Belytschko T, Krongauz Y, Organ D, et al. Meshless methods: an overview and recent developments [J]. Computer Methods in Applied Mechanics and Engineering, 1996, 139: 3-47.

[107] Krysl P, Belytschko T. ESFLIB: a library to compute the element free Galerkin shape functions [J]. Computer Methods in Applied Mechanics and Engineering, 2001, 190: 2181-2205.

[108] Liu G, Yang Y. 无网格法理论及程序设计 [M]. 王建明，周学军，译. 济南：山东大学出版社，2007.

[109] Xuan L, Zeng Z, Shanker B, et al. Meshless method for numerical modeling of pulsed eddy currents [J]. IEEE Transactions on Magnetics, 2004, 1 (40): 12-20.

[110] 张雄. 无网格法 [M]. 北京：清华大学出版社，2004.

[111] Xuan L, Shanker B, Zeng Z, et al. Element-free Galerkin method in pulsed eddy currents [J]. International Journal of Applied Electromagnetics and Mechanics, 2004, 19: 463-466.

[112] Liu X, Deng Y, Zeng Z, et al. Model based inversion using the element-free Galerkin method [J]. Materials Evaluation, 2008, 7: 740-746.

[113] Tian G Y, Sophian A, Taylor D, et al. Wavelet-based PCA defect classification and quantification pulsed

eddy current NDT [J]. IEEE Proceedings-Science, Measurement and Technology, 2005, 152 (4): 141-148.

[114] Angani C S, Park D G, Kim C G, et al. The pulsed eddy current differential probe to detect a thickness variation in an insulated stainless steel [J]. Journal of Nondestructive Evaluation, 2010, 29: 248-252.

[115] Tian G Y, Sophian A. Defect classification using a new feature for pulsed eddy current sensors [J]. NDT&E International, 2005, 38: 77-82.

[116] Kim J, Yang G, Udpa L, et al. Classification of pulsed eddy current GMR data on aircraft structures [J]. NDT & E International, 2010, 43: 141-144.

[117] Xie S, Yamamoto T, Takagi T, et al. Pulsed ECT method for evaluation of pipe wall-thinning of nuclear power plants using magnetic sensor [J]. Studies in Applied Electromagnetics and Mechanics, 2011, 35: 203-210.

[118] Bowler J, Johnson M. Pulsed eddy-current response to a conducting half-space [J]. IEEE Transactions on Magnetics, 1997, 33: 2258-2264.

[119] Theodoulidis T. Developments in calculating the transient eddy-current response from a conductive plate [J]. IEEE Transactions on Magnetics, 2008, 44: 1894-1896.

[120] Fu F W, Bowler J. Transient eddy-current driver pickup probe response due to a conductive plate [J]. IEEE Transactions on Magnetics, 2006, 42: 2029-2037.

[121] Park D G, Angani C S, Kim G D, et al. Evaluation of pulsed eddy current response and detection of the thickness variation in the stainless steel [J]. IEEE Transactions on Magnetics, 2009, 45: 3893-3896.

[122] Fan M B, Huang P J, Ye B, et al. Analytical modeling for transient probe response in pulsed eddy current testing [J]. NDT & E International, 2009, 42: 376-383.

[123] Tsuboi H, Seshima N, Sebestyén I, et al. Transient eddy current analysis of pulsed eddy current testing by finite element method [J]. IEEE Transactions on Magnetics, 2004, 40: 1330-1333.

[124] Pávó J. Numerical calculation method for pulsed eddy-current testing [J]. IEEE Transactions on Magnetics, 2002, 38: 1169-1172.

[125] Fukutomi H, Takagi T, Tani J, et al. Numerical evaluation of ECT impedance signal due to minute cracks [J]. IEEE Transactions on Magnetics, 1997, 33: 2123-2126.

[126] Fukutomi H, Huang H Y, Takagi T, et al. Identification of crack depths from eddy current testing signal [J]. IEEE Transactions on Magnetics, 1998, 34: 2893-2896.

[127] Cardelli E, Faba A, Tomassini A. FEM time domain analysis for the detection of depth and thickness of cylindrical defects in metallic plates [J]. IEEE Transactions on Magnetics, 2005, 41: 1616-1619.

[128] Cheng W, Komura I. Simulation of transient eddy-current measurement for the characterization of depth and conductivity of a conductive plate [J]. IEEE Transactions on Magnetics, 2008, 44: 3281-3284.

[129] Xie S, Chen Z, Takagi T, Uchimoto T. Development of a very fast simulator for pulsed eddy current testing signals of local wall thinning [J]. NDT & E International, 2012, 51: 45-50.

[130] Li Y, Tian G Y, Simm A. Fast analytical modeling for pulsed eddy current evaluation [J]. NDT&E International, 2008, 41: 477-483.

[131] Xie S, Chen Z, Wang L, et al. An inversion scheme for sizing of wall thinning defect from pulsed eddy current testing signals [J]. International Journal of Applied Electromagnetics and Mechanics, 2012, 39: 203-211.

[132] Xie S, Chen Z, Takagi T, et al, Quantitative non-destructive evaluation of wall thinning defect in double-layer pipe of nuclear power plants using pulsed ECT method [J]. NDT&E International, 2015, 75: 87-95.

[133] Huang H Y, Takagi T, Fukutomi H. Fast signal predictions of noised signals in eddy current testing [J]. IEEE Transactions on Magnetics, 2000, 36: 1719-1723, 2000.

[134] Huang H, Takagi T, Fukutomi H, et al. Forward and inverse analyses of ECT signals based on reduced vector potential method using database [J]. Electromagnetic Nondestructive Evaluation, 1998, 2: 313-321.

[135] Takagi T, Huang H, Fukutomi H, et al. Numerical evaluation of correlation between crack size and eddy current testing signal by a very fast simulator [J]. IEEE Transactions on Magnetics, 1998, 34: 2581-2584.

[136] Preda G, Rebican M, Hantila F I. Integral formulation and genetic algorithms for defects geometry reconstruction using pulse eddy currents [J]. IEEE Transactions on Magnetics, 2010, 46: 3433-3436.

[137] Wang H, Zhang B, Tian G Y, et al. The research on the flaw classification and identification of the PEC NDT technology [J]. International Journal of Applied Electromagnetics and Mechanics, 2010, 33: 1343-1349.

[138] Narushima Y, Yabe H. Conjugate gradient methods based on secant conditions that generate descent search directions for unconstrained optimization [J]. Journal of computational & Applied Mathematics, 2012, 236: 4303-4317.

[139] Xie S, Chen Z, Chen H, Wang X, et al. Sizing of wall thinning defects using pulsed eddy current testing signals based on a hybrid inverse analysis method [J]. IEEE Transactions on Magnetics, 2013, 49: 1653-1656.

[140] Popa R C, Miya K. Approximate inverse mapping in ECT, based on aperture shifting and neural network regression [J]. Journal of Nondestructive Evaluation, 1998, 17: 209-221.

[141] Xie S, Takagi T, Chen Z. Sizing of metallic foam bubble flaws using direct current potential drop signals with the help of the neural network method [J]. International Journal of Applied Electromagnetics and Mechanics, 2011, 36: 339-353.

[142] 卢天健，何德平，陈常青，等. 超轻多孔多功能材料的特性及应用 [J]. 力学进展，2006，36 (4): 517-535.

[143] 解社娟，陈振茂，张东利，等. 基于直流电位法的泡沫金属定量无损检测方法 [J]. 无损检测，2008，30 (8): 536-539.

[144] 解社娟. 泡沫金属无损检测方法研究 [D]. 西安：西安交通大学，2009.

[145] 盛剑霓. 工程电磁场数值分析 [M]. 西安：西安交通大学出版社，1991.

[146] 张静，解社娟，陈振茂. 泡沫金属直流电位法检测技术 [J]. 无损检测，2010，32 (8): 612-615.

[147] 张静. 泡沫金属直流电位定量无损检测研究 [D]. 西安：西安交通大学，2011.

[148] Wang X, Xie S, Li Y, et al. Efficient numerical simulation of DC potential drop signal for application to NDT of metallic foam [J]. COMPEL, 2014, 33 (1-2): 147-156.

[149] 王小娟. 直流电位法用于泡沫金属无损检测的数值模拟方法研究 [D]. 西安：西安交通大学，2011.

[150] Xie S, Chen Z, Toshiyuki T. Development of a novel fast solver for the direct current potential drop method and its verification with nondestructive testing of metallic foam [J]. International Journal of Applied Electromagnetics and Mechanics, 2010, 33 (3-4): 1253-1260.

[151] 黄卡玛，赵翔. 电磁场中的反问题及应用 [M]. 北京：科学出版社，2005.

[152] Zhang J, Xie S, Wang X, et al. Quantitative non-destructive testing of metallic foam based on direct current potential drop method [J]. IEEE Transactions on Magnetics, 2012, 48 (2): 375-378.

[153] Wang X, Xie S, Chen Z. An efficient numerical scheme for sizing of cavity defect in metallic foam from sig-

nals of DC potential drop method [J]. IEEE Transactions on Magnetics, 2014, 50 (2): 700294.

[154] Badics Z, Komatsu H, Matsumoto Y, et al. Inversion scheme based on optimization for 3D eddy current flaw reconstruction problems [J]. Nondestructive Evaluation, 1998, 17 (2): 67-78.

[155] 汪友华，颜威利. 自适应模拟退火法在电磁场反问题中的应用 [J]. 中国电机工程学报，1995，15 (4): 234-252.

[156] 王小卫. 基于脉冲涡流检测信号的缺陷定量重构方法研究 [D]. 西安：西安交通大学，2012.

[157] Wang X, Xie S, Wang X, et al. Sizing of cavity defect in metallic foam from DC potential drop signals with stochastic inversion methods [J]. FENDT2013 proceedings, 2013: 55-58.

[158] Bouchard M, Hertz A, Desaulniers G. Lower bounds and a tabu search algorithm for the minimum deficiency problem [J]. Journal of Combinatorial Optimization, 2009, 17 (2): 168-191.

[159] Osman I. Metastrategy simulated annealing and tabu search algorithms for the vehicle routing problem [J]. Annals of Operations Research, 1993, 41: 421-451.

[160] Morabito F, Coccorese E. A fuzzy modeling approach for the solution of an inverse electrostatic problem [J]. IEEE Transactions on Magnetics, 1996, 32 (3): 1330-1333.

[161] Simone G, Morabito F. RBFNN-based hole identification system in conducting plates [J]. IEEE Transactions on Neural Networks, 2001, 12 (6): 1445-1454.

[162] Förster F. Nondestructive inspection by the method of magnetic flux leakage fields-theoretical and experimental foundations of the detection of surface cracks of finite and infinite depth [J]. Sov J Nondestr Test, 1982, 8 (11): 841-859.

[163] Jiles D C. Atherton D L. Theory of the ferromagnetic hysteresis [J]. Journal of Applied Physics, 1984, 55 (6): 2115-2120.

[164] Lord W, Bridges J M, Yen W, et al. Residual and active leakage fields around defects in ferromagnetic materials [J]. Materials Evaluation, 1978, 36 (7): 47-54.

[165] Hantila F I, Preda G, Vasiliu M. Polarization method for static field [J]. IEEE Transactions on Megnetics, 2000, 36 (4): 672-676.

[166] Kurtz S, Fetzer J, Lehner G. A novel iterative algorithm for the nonlinear BEM-FEM coupling method [J]. IEEE Transactions on. Magnetics, 1997, 33 (2): 1772-1775.

[167] Chen Z, Yusa N, Miya K, et al. Advanced MFLT for detecting far side defects in a welding part of an austenitic stainless steel plate [J]. International Journal of Applied Electromagnetics and Mechanics, 2004, 19 (1-4): 527-532.

[168] Chen Z, Preda G, Mihalache O, et al. A fast scheme for forward analysis of nonlinear electromagnetic problem [J]. International Journal of Applied Electromagnetics and Mechanics, 2002, 14: 513-520.

[169] Chen Z, Preda G, Mihalache O, et al. Reconstruction of crack shapes from the MFLT signals by using a rapid forward solver and an optimization approach [J]. IEEE Transactions on Magnetics, 2002, 38 (2): 1025-1028.

[170] 裴翠祥. 电磁超声无损检测的数值模拟方法及在 TBC 检测上的应用 [D]. 西安：西安交通大学，2009.

[171] 黄松岭，王坤，赵伟. 电磁超声导波理论与应用 [M]. 北京：清华大学出版社，2013.

[172] Masahiko Hirao, Hirotsugu Ogi. EMATS for science and industry noncontacting ultrasonic measurements [M]. Boston: Kluwer Academic Publishers, 2003.

[173] Alers G A, Burns L R. EMAT designs for special applications [J]. Materials. Evaluation, 1987, 45: 1184-1189.

[174] Alers G, Manzanares A. Use of surface skimming SH wave to measure thermal and residual stresses in in-

stalled railroad tracks [J]. Review of Progress in Quantitative Nondestructive Evaluation, 1990, 9: 1757-1764.

[175] Tzannes N S. Joule and Wiedemann effects-the simultaneous generation of longitudinal and torsional stress pulses in magnetostrictive materials [J]. IEEE Transactions on Sonics and Ultrasonics, 1966, 13 (2): 33-40.

[176] Thompson R B. Physical principles of measurements with EMAT transducers [J]. Physical Acoustics, 1990, 19: 157-200.

[177] Ogi H, Hirao M, Ohtani H. Line-focusing of ultrasonic SV wave by electromagnetic acoustic transducer [J]. Journal of the Acoustical Society of America, 1998, 103 (5): 2411-2415.

[178] Johnson, W, et al. Ultrasonic spectroscopy of metallic spheres using electromagnetic acoustic transduction [J]. Journal of the Acoustical Society of America, 1992, 91: 2637-2642.

[179] 周海强. 铁磁材料电磁超声检测数值模拟方法及应用研究 [D]. 西安: 西安交通大学, 2013.

[180] Dobbe E R. Electromagnetic generation of ultrasonic wave [J]. Journal of the Acoustical Society of America, 1970, 31 (8): 1657-1667.

[181] 张勇, 陈强. 用于无损检测的电磁超声换能器研究进展 [J]. 无损检测, 2004, 26 (6): 275-279.

[182] 裴翠祥, 陈振茂. 电磁超声的数值模拟方法 [J]. 无损检测, 2008, 9 (9): 603-607.

[183] 李景天, 宋一得. 用等效磁荷法计算永磁体磁场 [J]. 云南师范大学学报, 1999, 19 (2): 45-49.

[184] 马西奎. 电磁波时程精细积分法 [M]. 北京: 科学出版社, 2015.

[185] Sullivan J M, Ludwig R, Geng Y. Numerical simulation of ultrasound NDE for adhesive bond integrity [J]. IEEE Ultrasonics Symposium, 1990, 2: 1095-1098.

[186] Haikuo Peng, Guang Meng. Modeling of wave propagation in plate structures using three-dimensional spectral element method for damage detection [J]. Journal of Sound and Vibration , 2009, 320: 942 –954.

[187] 冯涛, 王晶. 声学中的数值模拟方法及其应用范围 [J]. 北京工商大学学报, 2004, 22 (1): 1-8.

[188] Baek E, Yim H. Development of an ulatrasonic testing simulator using the mass-spring lattice model [J]. Review of Quantitative Nondestructive Evaluation, 2004, 23 (2): 67-73.

[189] L Satyanarayan, C Sridhar. Simulation of ultrasonic phased array technique for imagingand sizing of defects using longitudinal waves [J]. International Journal of Pressure Vessels and Piping, 2007, 84 (5): 716-729 .

[190] 刘祥庆, 刘晶波. 时域逐步积分算法稳定性与精度的对比分析 [J]. 岩石力学与工程学报, 2007, 26 (1): 3000-3008.

[191] Zhang D, Chen Z, Xu M, et al. Quantitative NDE of cellular metallic material and structures by using eddy current testing technique [J]. International Journal of Applied Electromagnetics and Mechnatics, 2009, 30 (1-2): 29-38.

[192] Chen Z, Miya K. A new approach for optimal design of eddy current testing probes [J]. Journal of Nondestructive Evaluation, 1998, 17: 105-116.

[193] Pei C, Chen Z. Method improvement of EMAT signals simulation and its application in TBC inspection [J]. International Journal of Applied Electromagnetics and Mechnatics, 2010, 33: 1077-1085.

[194] Fitzpatrick G L, Thome D K, Skaugset R L, et al. Novel eddy current field modulations of magneto-optic garnet films for real-time imaging of fatigue cracks and hidden corrosion [J]. Proceedings of SPIE-the International Society for Optical Engineering, 1993, 2001: 210-222.

[195] Fitzpatrick G L, Thome D K, Skaugset R L, et al. Aircraft inspection using advanced magneto-optic imaging technology [J]. Proceedings of SPIE-the International Society of Optical. Engineering, 1996, 2945: 365-373.

[196] Fitzpatrick G L, Thome D K, Skaugset R L, et al. Magneto-optic/eddy current imaging of aging aircraft: a new NDI technique [J]. Materials Evaluation, 1993, 51 (12): 1402-1407.

[197] Zeng Z, Udpa L, Upda S, et al. Optimization of test parameters for magneto-optic imaging using Taguchi's parameter design and response-model approach [J]. Research in Nondestructive Evaluation, 2008, 19 (3): 164-180.

[198] Zeng Z, Deng Y, Liu X, et al. EC-GMR data analysis for inspection of multilayer airframe structures [J]. IEEE Transactions on Magnetics, 2011, 47 (12): 4745-4752.